数字化转型与创新管理丛书

全球数字化环境下的
服务集成与管理
SIAM 进阶导论

［澳］ 米歇尔·梅杰-戈德史密斯（Michelle Major-Goldsmith）

［澳］ 西蒙·多斯特（Simon Dorst） 著

［英］ 克莱尔·阿格特（Claire Agutter）等

李炜 译

U0230292

清华大学出版社

北 京

北京市版权局著作权合同登记号　　图字：01-2022-4297

Service Integration and Management (SIAM™) Professional Body of Knowledge (BoK), Second edition, Copyright©IT Governance Publishing, 2021
Author: Michelle Major-Goldsmith, Simon Dorst, Claire Agutter et al.
ISBN: 9781787783133
本书中文简体字版由 IT Governance Publishing 授权清华大学出版社。未经出版者书面许可，不得以任何方式复制或抄袭本书内容。

图书在版编目(CIP)数据

全球数字化环境下的服务集成与管理：SIAM 进阶导论 / (澳) 米歇尔·梅杰 - 戈德史密斯 (Michelle Major-Goldsmith) 等著；李炜译 . -- 北京：清华大学出版社，2024. 8. -- (数字化转型与创新管理丛书). -- ISBN 978-7-302-67093-3

Ⅰ . TP3

中国国家版本馆 CIP 数据核字第 2024RM4639 号

责任编辑：张立红
封面设计：钟　达
版式设计：方加青
责任校对：卢　嫣
责任印制：杨　艳

出版发行：清华大学出版社
　　　　　网　　　址：https://www.tup.com.cn，https://www.wqxuetang.com
　　　　　地　　　址：北京清华大学学研大厦 A 座　　　　　邮　　编：100084
　　　　　社 总 机：010-83470000　　　　　邮　　购：010-62786544
　　　　　投稿与读者服务：010-62776969，c-service@tup.tsinghua.edu.cn
　　　　　质 量 反 馈：010-62772015，zhiliang@tup.tsinghua.edu.cn
印 装 者：三河市龙大印装有限公司
经　　销：全国新华书店
开　　本：185mm×260mm　　　印　　张：22.25　　　字　　数：540 千字
版　　次：2024 年 8 月第 1 版　　　印　　次：2024 年 8 月第 1 次印刷
定　　价：128.00 元

产品编号：097715-01

推荐序

　　《全球数字化环境下的服务集成与管理——SIAM 进阶导论》是国际信息科学考试学会（Examination Institute for Information Science，EXIN）SIAM Professional 认证考试的核心教材。该书全面深入地阐述了数字化时代企业如何运用对服务提供商进行集成管理的核心理念与实践方法，从而进一步协调整合价值链上下游的服务供应商，实现数字化转型的战略目标。

　　EXIN 是 ITIL 的创始认证机构，2005 年 ITIL 成功被纳入 ISO/IEC 20000 国际标准，成为全球 IT 服务管理的最佳实践之一。18 年后，服务集成与管理（Service Integration and Management，SIAM）作为数字化服务管理的行业实践知识体系，在 2023 年底被纳入 ISO/IEC 20000 国际标准。这标志着全球企业在从本地化部署逐渐迁移到云端的过程中，需要通过服务集成商不断提升内部 IT 组织与外部服务提供商（如云服务等多源服务供应商）的集成与管理能力。

　　为了满足数字化时代企业对人才发展的需求，EXIN 发布了新的"梳"型人才数字化高级岗位认证。该系列认证涵盖了 SIAM 知识体系，SIAM 成为敏捷服务项目经理（Agile Service Projects，ASP）、数字化服务经理（Digital Service Manager，DSM）以及服务集成经理（Service Integration Manager，SIM）等认证的核心科目。

　　数字化高级岗位认证知识体系对传统的项目管理方法——如 PMP、IMPA 和 Prince2，以及传统 IT 服务管理方法——如 ITIL 和 ISO/IEC20000 等知识体系进行了系统的升级和补充。通过学习并考取数字化岗位资格进阶认证，获得更为全面和升级的知识，使得项目管理者和 IT 管理者可以全面提升个人和企业在数字化时代的核心竞争力，从而进一步地满足数字化时代企业的业务和人才需求。

孙振鹏

EXIN 亚太区总经理

译者序

经过多年来在数字化、信息化方面的投入、发展和沉淀，国内多数大型传统企业的IT建设已经进入或正在考虑进入集成阶段。一方面，虽然孤立信息系统的应用仍会持续存在，原因是行业不同、企业发展阶段不同、企业信息化建设阶段不同，但是消除孤岛已经成为趋势，这一点已经被企业普遍认识，并正在付诸实施。企业对数据集成、流程集成、应用集成、安全集成的需求日益增长，并在这些方面开展了探索和实践。我们可以把这类集成视为传统方式以技术为主导的集成。一些大型企业出于集团化管控、降本增效等考量，以整个企业从上到下全级次纵向贯通、横向打通为战术，对企业信息化整体框架进行了重构，也是围绕这些传统的集成方式来实现的。

另一方面，当下恰逢"数字化转型"概念如火如荼的时代，数字化转型看似成为企业破局、应对危机和风险、提升竞争力的必要条件。数字化转型同样离不开信息集成技术。传统企业纷纷将自身信息化建设与数字化转型趋势相结合，希望借鉴互联网成功企业的经验，通过数字化带来更现代的工作方式和运营方式，提升企业的效益，于是，"云大物移智链边"等新一代信息技术不断融入传统企业业务之中。根据国际数据公司（International Data Corporation, IDC）《全球数字转型支出指南》，预计到2027年，全球数字化转型支出将达到4万亿美元，5年年均复合增长率为16.2%。企业对新技术的投资呈增长趋势。

但是，传统集成方式难以管理、协调复杂、处理耗时、无法实现初衷、难以支撑企业战略战术，传统企业数字化转型达不到预期目标、投资浪费、甚至失败，这样的案例时有所闻。

传统的集成方式，以技术为中心，尽管实现了基本的集成，但可能得到的是一个在集成程度上打了折扣的集成，存在数据不一致、连接延时较长、故障解决效率较低等各种问题。举例来说，如果集成的某个环节需要进行优化或需要进行功能调整，那么受此影响的其他服务提供商应该收到通知，以便做出应对，但是变更内容只能通过人工方式（电话或电子邮件）进行传递；如果集成的某个环节出现了故障，很可能最先发现系统出错的是最终用户，由用户上报故障后，再由客户来组织各服务提供商通过会议等形式进行沟通，经过多轮排查，才能解决问题。可想而知，其中的效率会是多么低下，可是对很多传统企业来说，当下的现实可能就是这样。

传统企业在数字化转型的过程中，可能将云计算、人工智能、大数据等新技术引进了自身的产品与服务之中，但是在实施、运用这些新技术时发现并不是那么顺利。新一代信息技术要比传统的信息技术复杂得多，企业投入了巨资却未达预期效益的情景时有发生。福布斯媒体曾经报道，根据麦肯锡、波士顿咨询、毕马威和贝恩等咨询公司的数据，全球数字化转型失败率在 70% ～ 95%。究其原因，我个人认为，传统企业可能看到了这些新技术对外界的影响和改变是如此巨大，但是在引进这些新技术的过程中忽视了与之配套的实施方法。这些新技术在互联网企业应用过程中，形成、演进的那些方法论、框架和最佳实践，例如 DevOps、精益、敏捷等，可能恰恰是新技术在这些企业成功落地的关键原因之一。而传统企业没有意识到这些方法论、框架和最佳实践在数字化转型成功中所发挥的作用，对这些方法论、框架和最佳实践未能很好地领会和掌握，也就更谈不上深入、熟练地应用了。没有在思维、工作方式上进行相应的转变，也就无法发挥出新技术的最大优势，从而难以实现预期收益。

在引进、翻译 SIAM 基础知识体系书《全球数字化环境下的服务集成与管理——SIAM》的过程中，我体悟到，数字化转型成功的一个关键因素，是针对 IT 服务集成进行有效管理，数字化转型中的难题最终成为针对多供应商环境下的 IT 服务集成进行有效管理的问题。SIAM 方法论的特色之一，是引入了"服务集成商"的概念，服务集成商提供了一组服务集成能力，负责实施端到端服务的治理、管理、集成、保证和协调，确保每个服务提供商都为端到端服务做出贡献。同时，SIAM 方法论在发展的过程中，融合了敏捷、精益、ITIL、DevOps、COBIT 等全球最佳实践，传统企业在数字化转型中面临的战略挑战、管理挑战、集成挑战、文化挑战，在 SIAM 方法论中都能找到解决之道。在翻译 SIAM 专业知识体系书（即本书）的过程中，我更坚定了信念，解决传统集成方式和数字化转型困境的途径、方法之一，也许就是依托 SIAM——服务集成与管理。

首先从集成的视角浅论。什么是服务集成？与数据集成、流程集成、应用集成不同，服务集成不以技术为中心，更注重行事方式、方法的运用，更倾向于理念的一致性。SIAM 中的服务集成，以我个人的理解，是确保两个或多个 IT 服务能够以一种统一的方式运行，确保两个或多个 IT 服务提供商能够无缝连接在一起，就像一个统一的组织一样。在客户和服务集成商的治理、管理、指导之下，各服务提供商均以客户为中心，按照一个一致的协作模型，基于一个协调机制，在端到端服务的交付过程中，共享必要的数据、信息和知识，开展积极的协作。在 SIAM 模式下，不但力争将客户、服务集成商和服务提供商打造成一个目标一致的生态系统，而且更将其中不同层级的应用、流程、数据、元素和服务以一个统一的工具或方式连接在一起，形成一个整体、连贯、统一、自动、智能、高效的端到端体系。这也许是 SIAM 的终极理想目标。

具体来说，SIAM 方法论所主张的服务集成，其关注点之一是更多地考虑以自动化手段来实现实时集成。对于某个服务中发生的任何变更，其信息都会立即被复制到其他服务中，同步到其他服务提供商的相关系统中。当其他各方完成既定同步、调整任务后，也会将信息再反馈至原始来源方。在不同服务提供商之间，实现了无缝、透明、有效的协同。SIAM 融合了 DevOps 自动化的价值观，SIAM 认为，如果缺乏了自动化，可能会阻碍团队之间的协作，可能导致挫折、重复处理以及资源和时间的浪费。在 SIAM 方法论中，倡导以下做法：

- 如果一项任务执行了两次以上，则应将其自动化
- 上游流程的输出常常成为下游流程的输入；在可能的情况下，应自动进行交互，提供一致性并减少手动活动

■ 通过自动化手段，防止风险发生，或尽量减小风险发生的可能性；当风险发生或即将发生时，通过触发某种形式的更正措施或恢复行动来降低风险

……

当然，以上仅仅是以自动化为例进行说明，服务集成的内涵不只是强调自动化这一点。可以说，服务集成理念能够对传统集成方式给予指导，服务集成是对传统集成方式的补充，更加注重协同机制等非技术因素，依靠稳健的集成管理、集成治理方法，为实现各种新技术和数据、流程、应用的无缝集成保驾护航。

再从数字化转型的视角探讨。如前所述，与互联网企业相比，传统企业在新技术的应用方面，可能更多地关注了技术的表面，只是在自身的产品和服务中加进了云计算、大数据、移动技术等因素；而在实施方式上，还是保持原有的工作习惯，继续采用传统的瀑布式建设模式，按照需求、设计、构建、开发、测试、部署、上线这样固定的阶段性过程推进数字化项目，却没有重视、没有拥抱那些广泛应用于互联网成功企业的敏捷、精益、DevOps 等模式和实践，对每日站会、Scrum、冲刺、回顾、待办事项列表、看板、持续改善、共享、自动化等概念和框架没有进行深入研究与运用。因为固有的思维模式、工作方式没有改变，没有把新技术与新方法结合起来，像驾驶汽车一样去驾驶飞机，不但难以发挥出新技术的优势，还造成了资源浪费、时间浪费，导致无法实现投资回报。个人认为，这是数字化升级或转型不够成功的原因之一。

毕竟传统企业与互联网企业在商业模式等方面有着巨大的差异，甚至可以说，是基因不同。传统企业进行数字化转型实践，更需要"名师"的指导，而 SIAM 方法论定是"名师"之一。SIAM 方法论充分融合了与新一代信息技术配套的最佳管理实践，对于在何种情况下、何种阶段中，该运用哪些最佳管理实践，SIAM 方法论也给出了一个良好的指导。例如：

■ 在转型路线图的探索与战略阶段，SIAM要求结合转型项目的实际，首先对项目交付方法（瀑布式、敏捷式或混合方式）进行明确，同时倡导整个生态系统中的所有相关方都应秉持敏捷价值观

■ 在规划与构建阶段，当设计流程模型时，SIAM要求在每个流程的每个步骤中融入精益思想，使用精益技术来提高交付价值，最大程度地提高效率、减少浪费

■ 在实施阶段，SIAM认为采用分期建设方法将更符合DevOps原则；同时，按照精益原则，可以将重点放在单件流和小批量工作上，以避免实施中过度依赖截止日期

■ 在运行与改进阶段，SIAM建议将反馈、学习与实验等DevOps原则融入工作中，运用这些原则对改进活动提供保障，并遵循精益原则，进行持续改善

……

因此，对于传统企业，为了规避数字化转型失败的风险，可以在 SIAM 方法论的指导下，迎接新技术带来的各种挑战，逐步变得敏捷、精益、灵活，从而提升企业的竞争力，形成双赢、多赢、共赢局面。

当然，以上只是从服务集成、SIAM 众多特点和优势的某些方面进行了初步探讨。其实服务集成的内涵和价值更加广泛，SIAM 在数字化转型中所能发挥出的优势，也不止这一点。

2023 年 11 月，国际标准化组织和国际电工委员会已将 SIAM 正式纳入了 IT 服务管理国际标准之中，SIAM 成为了 ISO/IEC 20000 标准的第 14 部分，即《信息技术 服务管理 第 14 部分：ISO/IEC 20000 服务集成与管理应用指南》。其中指出，组织可以运用 SIAM 方法论，引进服务集成商，建立或改进多服务提供商环境下的服务管理体系。SIAM 带给企业和 IT 从业者的更多收益，请读者们阅读《全球数字化环境下的服务集成与管理——SIAM 进阶导论》及系列图书，从中找到答案，相信一定会收获颇丰。

李炜
研究员，信息中心主任
中国卫通集团股份有限公司

序一

这是一个颠覆者不断出现、颠覆性技术不断涌现的时代。为了在现代世界中竞争,企业都在关注着自己的客户,非常注重客户的体验,而所有这一切都是通过技术来实现的。今天,每一家公司都必须成为软件公司,或者计划转型成为软件公司,否则,就有可能成为被其他公司甩在身后的数字尘埃!对速度、质量和差异化的追求,都利用了技术,这意味着企业必须注重创新的实现。企业越来越依赖于供应商与合作伙伴,在这样的环境中,对供应商生态系统的管理是成功的关键——企业几乎不能容忍停机,更不用说失败了。

这种转变不是一朝一夕的事,而是经过了多年的发展。在 21 世纪的头 10 年,在全球范围内,企业纷纷开始了从整体外包模式向多源模式的转变,当时它们需要一个流程来整合和管理各种服务及其供应商。作为响应,在公共部门机构(如英国就业与养老金部)以及富有创新精神的外包用户(如通用汽车公司)的推动下,SIAM 模型应运而生。SIAM 主要活跃于外包领域,在逐渐变得难以管理的环境中提供控制,这是我们对 SIAM 模型的认知。

遗憾的是,从业人员几乎得不到任何指导或培训,这导致 SIAM 的影响力不够大。但是,随着云计算的普及、物联网的发展和机器人技术的出现,外包商和供应商管理变得更加复杂。同时,随着 SIAM 基础知识体系的不断完善,2016 年,全行业 SIAM 指导书首次面市。现在,这本 SIAM 专业知识体系书进一步提供了既全面又一致的指导,这也是自 SIAM 问世以来业界一直在寻求的。本书借鉴了多个成功 SIAM 组织和行业专家的经验,其中包含了一些原则,这些原则支持企业在其日益增长的供应商队伍中驾驭复杂性,或者在 SIAM 模型中作为供应商开展工作。

除了理论之外,该指南还探讨了管理实践,包括如何设计 SIAM 路线图,如何有效管理所有供应商的工作成果物,以及两者之间的联系,其中涉及遗留合同、商业问题、安全、文化契合度与行为、控制度与所有权,当然还有服务级别协议(Service Level Agreement, SLA)。

对于正在面临整合多个供应商和外包商这一挑战的组织,特别是那些正在考虑采用 SIAM 模式或者已经采用了 SIAM 模式的组织,我强烈推荐本书。此外,我也将本书强烈推荐给那些希望实施 SIAM 的从业人员,当然也包括所有参加 SIAM™专业课程学习和考试的人员。

我相信,您会发现本书——《全球数字化环境下的服务集成与管理——SIAM 进阶导论》——将为您的 SIAM 之旅提供很大的指导，我鼓励您在前行的过程中回馈社区，就像那些为本书做出贡献的人一样。

罗伯特·E. 斯特劳德
（Robert E Stroud）
企业信息技术治理认证专家，风险与信息系统控制认证专家
弗雷斯特研究公司首席分析师

关于罗伯特·E. 斯特劳德（1963—2018）

罗伯特·E. 斯特劳德是业界公认的思想领袖、演讲家、作家，也是多种最佳实践和标准的贡献者。他在快速发展的 DevOps 和持续部署领域发挥了思想引领作用。

序二

2019 年，SIAM 专业知识体系得到了更新，这是一个可喜的进展。

SIAM 从未像今天这样重要。组织必须时刻走在前列，随时准备对变化做出快速反应，并保持领先地位。

为了保持竞争力和关联性，组织需要越来越具备适应性、敏捷性、创新性，并能够快速响应不断变化的业务需求。这意味着，组织将寻求更多（而不是更少）的供应商提供产品和服务，而这些供应商在各自的专业领域是市场领导者。

因此，需要 SIAM 来管理日益增多的供应商所带来的复杂性。

相比于《全球数字化环境下的服务集成与管理——SIAM》，本次更新包含了一些变化，这些变化将使这种复杂性的管理变得更加容易。其中包括有关合同的信息、对基于信任的管理的探讨、对指标和报告论述的加强，以及有关 SIAM 技能和能力的更多细节。此次更新还就 SIAM 在 DevOps 等环境中的定位以及组织向更灵活的工作方式转变方面提供了更多指导。

以一致、连贯的方式，有效地管理多个供应商，《全球数字化环境下的服务集成与管理——SIAM 进阶导论》是关于这一领域的信息、主题、专业知识的首选来源。

凯伦·费里斯

（Karen Ferris）

组织变革管理叛逆者

关于凯伦·费里斯

凯伦·费里斯曾荣获信息技术服务管理论坛（IT Service Management Forum，itSMF）澳大利亚终身成就奖，被服务台研究院（Help Desk Institute，HDI）评为 2017 年度、2018 年度服务管理领域前 25 位思想领袖之一，被日景软件（Sunview Software）评为 2017 年度 20 位最佳信息技术服务管理（IT Service Management，ITSM）思想领袖之一。

致谢

Scopism 感谢以下人员和组织对 SIAM 专业知识体系的贡献。

首席架构师

- 米歇尔·梅杰-戈德史密斯（Michelle Major-Goldsmith），Kinetic IT
- 西蒙·多斯特（Simon Dorst），Kinetic IT

特约作者和审稿人

- 艾莉森·卡特里奇（Alison Cartlidge），Sopra Steria
- 安德里亚·基斯（Andrea Kis），独立人士
- 安杰洛·莱辛格（Angelo Leisinger），CLAVIS klw AG
- 安娜·莱兰（Anna Leyland），Sopra Steria
- 巴里·科利斯（Barry Corless），Global Knowledge
- 比丘·皮莱（Biju Pillai），Capgemini
- 卡斯帕·米勒（Caspar Miller），Westergaard
- 夏洛特·帕纳姆（Charlotte Parnham），Atos Consulting
- 克里斯托弗·布利万特（Christopher Bullivant），Atos
- 克里斯·泰勒-卡特（Chris Taylor-Cutter），独立人士
- 克莱尔·阿格特（Claire Agutter），Scopism
- 达米安·鲍文（Damian Bowen），ITSM Value
- 丹尼尔·布雷斯顿（Daniel Breston），独立人士
- 戴夫·希顿（Dave Heaton），BAE Systems
- 迪恩·休斯（Dean Hughes），独立人士
- 法兰奇·迈耶（Franci Meyer），Fox ITSM South Africa
- 格雷厄姆·库姆斯（Graham Coombes），Holmwood GRP
- 汉斯·范登·本特（Hans van den Bent），CLOUD-linguistics
- 海伦莫里斯（Helen Morris），Helix SMS Ltd
- 伊恩·克拉克（Ian Clark），Fox ITSM South Africa
- 伊恩·格罗夫斯（Ian Groves），Fujitsu

- 雅科布·安德森（Jacob Andersen），独立人士
- 扬·哈尔沃斯洛（Jan Halvorsrød），KPMG
- 凯伦·布鲁施（Karen Brusch），Nationwide Building Society
- 凯文·霍兰德（Kevin Holland），独立人士
- 莉丝·达尔·埃里克森（Lise Dall Eriksen），BlueHat P/S
- 利兹·加拉赫（Liz Gallacher），Helix SMS Ltd
- 马克·汤普森（Mark Thompson），Kinetic IT
- 马库斯·穆勒（Markus Müller），ABB Information Systems
- 马丁·纳维尔（Martin Neville），Tata Consultancy Services
- 马修·布罗斯（Matthew Burrows），BSMimpact
- 尼尔·巴特尔（Neil Battell），Micro Focus
- 彼得·麦肯齐（Peter McKenzie），Sintegral
- 拉吉夫·杜阿（Rajiv Dua），Bravemouth Consulting Limited
- 沙钦·巴塔那加尔（Sachin Bhatnagar），Kinetic IT
- 萨米·劳里南蒂（Sami Laurinantti），Sofigate
- 塞缪尔·桑托什库马尔（Samuel Santhoshkumar），独立人士
- 西蒙·霍奇森（Simon Hodgson），Sopra Steria
- 西蒙·罗勒（Simon Roller），BSMimpact
- 斯蒂芬·豪威尔斯（Stephen Howells），Kinetic IT
- 史蒂夫·摩根（Steve Morgan），Syniad IT
- 苏珊·诺斯（Susan North），Sopra Steria
- 托尼·格雷（Tony Gray），PGDS (Prudential)
- 特里莎·布斯（Trisha Booth），Atos
- 克里斯坦·奎克（Tristan Quick），Kinetic IT
- 特洛伊·拉特尔（Troy Latter），4PM Group
- 威廉姆·胡珀（William Hooper），独立人士

其他贡献者

以下人员和组织也对本书做出了贡献：

- 艾莉森·卡特里奇（Alison Cartlidge），Sopra Steria
- 安德烈·佩皮亚特（Andre Peppiatt），Capgemini
- 安娜·莱兰（Anna Leyland），Sopra Steria
- 比丘·皮莱（Biju Pillai），Capgemini
- 克莱尔·阿格特（Claire Agutter），Scopism
- 丹尼尔·布雷斯顿（Daniel Breston），Virtual Clarity
- 伊恩·格罗夫斯（Ian Groves），Syamic
- 朱利安·怀特（Julian White），Capgemini
- 凯文·霍兰德（Kevin Holland），独立人士

- 马库斯·穆勒（Markus Müller），Blueponte
- 马丁·纳维尔（Martin Neville），Tata Consultancy Services
- 马修·布罗斯（Matthew Burrows），SkillsTx\BSMimpact
- 米歇尔·梅杰-戈德史密斯（Michelle Major-Goldsmith），Kinetic IT
- 莫滕·布赫·德雷尔（Morten Bukh Dreier），Valcon
- 帕特·威廉姆斯（Pat Williams），Syamic
- 雷尼·弗里斯（Reni Friis），Valcon
- 理查德·阿姆斯特（Richard Amster），Working-Globally
- 沙钦·巴塔那加尔（Sachin Bhatnagar），South32
- 塞缪尔·桑托什库马尔（Samuel Santhoshkumar），Heracles Solutions
- 西蒙·多斯特（Simon Dorst），Kinetic IT
- 史蒂夫·摩根（Steve Morgan），Syniad IT
- 威廉姆·胡珀（William Hooper），Oareborough Consulting

本书用途

本书是对 SIAM 专业知识体系（Body of Knowledge，BoK）[a] 的全面介绍，扩展了较早之前发布的 SIAM 基础知识体系对 SIAM 概念的描述。在阅读本书前，建议先阅读基础知识体系书《全球数字化环境下的服务集成与管理——SIAM》。

SIAM 专业知识体系的内容，是 EXIN BCS 服务集成与管理（SIAM™ Professional）专业认证的官方指定参考文献。

商标声明

EXIN® 是国际信息科学考试协会注册商标。

SIAM ™是 EXIN 的注册商标。

COBIT® 是信息系统审计与控制协会和信息技术治理研究院的注册商标。

ITIL®、PRINCE2® 和 M_o_R® 是 AXELOS 有限公司的注册商标。

ISO® 是国际标准化组织的注册商标。

OBASHI 是 OBASHI 有限公司的授权商标。

Cynefin™ 是认知边缘私人有限公司的商标。

ADKAR® 是 Prosci 公司的注册商标。

SFIA® 是 SFIA 基金会有限公司的注册商标。

CMMI® 是卡内基·梅隆大学的注册商标。

TOGAF® 是开放群组的注册商标。

PMI® 和 PMBOK® 是项目管理协会的注册商标。

---

a   SIAM 专业知识体系英文版资料详见 Scopism 官网。

目录

插图目录

插表目录

1 简介

1.1 预期受众

本书专为以下受众设计，包括：

- 基于自身现有的SIAM基础知识水平，希望获取SIAM专业认证的个人
- 在管理多服务提供商环境领域寻求指导的客户组织及其员工
- 希望在SIAM生态系统中高效地开展工作的服务集成商及其员工
- 希望了解自身在SIAM生态系统中角色的内外部服务提供商及其员工
- 希望扩展自身在SIAM领域的知识的服务管理顾问和其他框架顾问

1.2 SIAM 的背景

当组织供应链网络形成多服务提供商（有时称为多源）环境时，挑战也随之而来。为了应对这一挑战，SIAM 方法论应时而生。针对端到端服务中的每一个服务元素，多源模式为组织提供了选择最佳服务提供商的能力，但也可能因此而产生巨大的管理开销和成本。有些组织可能并不具备管理服务提供商及其服务的能力。

📋 **SIAM 的范围**

尽管 SIAM 起源于 IT 服务领域，但现在越来越多的组织运用它来管理业务服务。

本章将对 SIAM 基础知识体系的以下内容进行回顾，以帮助读者理解本书的其余部分：

- SIAM基础知识体系的历史
- SIAM术语
- SIAM路线图

以往，由 IT 部门管理着基础设施和应用程序，组织通过这样一个简单的结构使用内部 IT 服务。随着技术变得越来越复杂，业务部门的要求越来越高，一些组织将服务外包给多个服务提供商。这种多源采购的方式可以实现服务元素的分离，释放灵活性，降低只依赖一个服务提

供商的风险，还可以从众多专业服务提供商中选择"同类最佳"的服务。

组织必须考虑，服务如何提供，服务从何处提供，以便在预算范围内最大限度地发挥出价值网络的效能。一个组织将管理多个服务提供商，由此带来了巨大的管理挑战。

SIAM 为集成和管理多个服务提供商及其服务提供了一个标准化方法。它强化了对端到端供应链的管理，并提供了治理、管理、集成、保证和协调，以便最大限度地获取价值。

SIAM 支持在复杂的采购环境或生态系统中进行跨职能、跨流程和跨提供商的集成。它确保所有各方了解自身的角色与职责，并得到授权履行自身的职责，对所支撑的结果负责。

SIAM 建议选定一个服务集成商。服务集成商是负责端到端服务交付的单一逻辑实体。客户组织负责对服务集成商进行关系管理，服务集成商负责对服务提供商进行关系管理。

1.3　SIAM 基础知识体系的历史

在很多地区，都有不同的组织在开发和更新 SIAM。每个组织都在编制自己的专用材料，但对于从业人员，却很少有客观的指导意见。

为了响应行业对 SIAM 指南的期盼，Scopism 有限公司与诸多组织和个人贡献者合作，于 2016 年创建了 SIAM 基础知识体系，在此基础上，EXIN、BCS 和 Scopism 随后推出了 SIAM 基础认证计划。

1.4　SIAM 关键概念

以下各节介绍 SIAM 中的关键概念：
- SIAM层
- SIAM结构
- SIAM驱动力
- SIAM术语
  - SIAM实践
  - SIAM职能
  - SIAM角色
  - SIAM机构小组
  - SIAM模型
- SIAM路线图

在 SIAM 基础知识体系中，提供了更多详细信息（参见《全球数字化环境下的服务集成与管理——SIAM》一书）。

1.5　SIAM 层

SIAM 生态系统由 3 个基本层组成：客户组织、服务集成商和服务提供商。

每一层的侧重点、活动和职责各不相同，如图 1.1 所示。

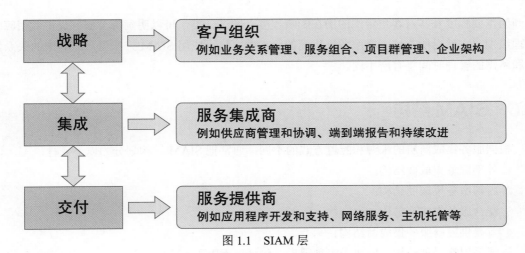

图 1.1　SIAM 层

以下对每一层进行简要介绍，详细信息包含在 SIAM 基础知识体系中。

1.5.1　客户组织

客户组织是服务的委托方，根据企业战略提供发展方向。在传统的多服务提供商模式中，客户组织与每个服务提供商都有直接的关系。在 SIAM 模式中，客户组织与服务集成商有直接关系，由服务集成商执行管理、治理、集成、协调和保证工作，但客户组织也保留了与每个服务提供商的商业关系的所有权。

客户组织可能设立了保留职能，具备"保留能力"，这些能力对于服务交付至关重要。保留职能有时被称为"智能客户职能"。

1.5.2　服务集成商

服务集成商负责管理服务提供商，针对整个 SIAM 生态系统，开展治理、管理、集成、保证和协调工作。服务集成商注重端到端服务提供，确保所有服务提供商都充分致力于服务交付和价值提供。服务集成商鼓励服务提供商之间的协作。

服务集成商层可以由包括客户组织在内的一个或多个组织组成。但是由多个组织担任服务集成商角色会带来额外的挑战，因此必须精细管理这种结构，确保角色与职责得到明确定义（参见第 1.6.3 节"混合服务集成商结构"）。

1.5.3　服务提供商

SIAM 生态系统中有多个服务提供商，每个服务提供商向客户组织交付一个或多个服务（或服务元素），负责管理整体服务交付中与自身有关的部分，包括用以支持端到端服务的技术和流程。

服务提供商可以来自客户组织内部，也可以来自客户组织外部。

- 外部服务提供商是不隶属于客户的组织，通常使用服务级别协议及其与客户组织签订的合同来管理其绩效
- 内部服务提供商是隶属于客户的团队或部门，通常使用内部协议和目标来管理其绩效

通常，可将服务提供商划分为战略、战术和商品化服务提供商 3 类。分类的依据是服务提

供商的重要程度及其对客户组织的潜在影响程度。通过分类，可以明确每个服务提供商相应的治理级别。在针对所有这 3 类服务提供商的管理中，均可应用 SIAM 方法论，但其中的关系性质和所需的管理时间将有所不同。

1.6 SIAM 结构

根据服务集成商层的来源和配置方式的不同，通常把 SIAM 结构划分为以下 4 种：

1. 外部服务集成商结构；

2. 内部服务集成商结构；

3. 混合服务集成商结构；

4. 首要供应商服务集成商结构。

选择采用哪一种结构，取决于多种因素，包括但不限于：

- 业务需求
- 内部能力
- 客户所用服务的复杂程度
- 客户组织的类型与规模
- 立法与监管环境
- 客户预算
- 客户组织当前具备的服务管理能力
- 时间周期要求
- 生态系统中服务提供商的类型和数量
- 客户组织的成熟度以及风险偏好

1.6.1 外部服务集成商结构

外部服务集成商结构如图 1.2 所示。客户组织委托一个外部组织担任服务集成商角色。外部服务集成商仅仅负责管理服务提供商，不承担任何服务提供商的职责。

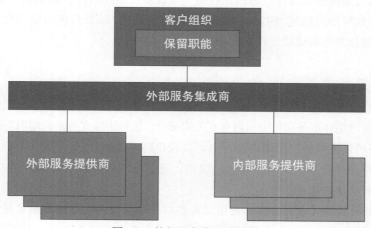

图 1.2 外部服务集成商结构

如果客户缺乏足够的技能，不具备服务集成能力，也不打算发展服务集成能力，并且充分信任一个外部组织能够履行服务集成商的职责，那么适合采用这种结构。

正如在 SIAM 基础知识体系中所讨论的，这种结构具有明显的优劣势。

1.6.2　内部服务集成商结构

在内部服务集成商结构中，由客户组织承担服务集成商角色。服务集成商必须被视为一个独立的逻辑实体。如果对客户组织和服务集成商这两个角色未加以区分，那么这种结构就属于传统的多服务提供商模式，从而失去了 SIAM 的优势。

如图 1.3 所示，服务提供商既可以来自内部，也可以来自外部。已具备服务集成能力的客户，或者希望发展服务集成能力的客户，适合采用这种结构。SIAM 基础知识体系中详细介绍了这种结构的优劣势。

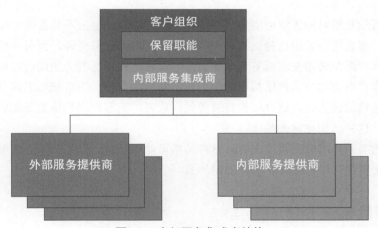

图 1.3　内部服务集成商结构

📖　**组建内部服务集成商**

在不同的 SIAM 模型中，内部服务集成商在组织机构中所处的位置不同。一种情形是，内部服务集成商设置于 IT 部门之内；另一种情形是，内部服务集成商是组织的一个独立部门。选择哪种方式，取决于 SIAM 模型范围、组织规模等因素。

1.6.3　混合服务集成商结构

在混合服务集成商结构中，客户与外部组织协作，共同提供服务集成能力，如图 1.4 所示。与其他结构相同，服务提供商角色可由内部或外部提供商承担。

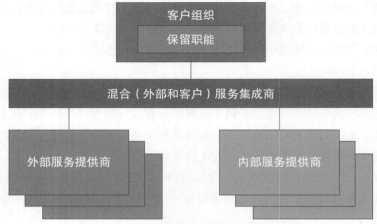

图 1.4　混合服务集成商结构

如果客户组织希望对服务集成商角色保留一定的控制权，但又不具备履行服务集成商的全部职责的能力，那么适合采用这种结构。一些能力来自内部现有资源，而另一些能力则是从外部获取的。若客户组织希望发展服务集成能力，并且希望在发展能力的同时能够借鉴外部专业经验，这种结构将很有用。这种结构可能属于一个临时的安排。当客户组织具备了能够独自承担服务集成商角色的能力时，这种结构将被替代；或者，当客户组织将服务集成能力完全转移给外部组织时，这种结构也将被替代。

尽管从角色与职责的分配角度来看，这种结构可能很复杂，但是在某些情况下，其优势可能超过劣势。更多信息详见 SIAM 基础知识体系。

1.6.4　首要供应商服务集成商结构

在首要供应商服务集成商结构中，一个外部组织既承担了服务集成商角色，又承担了服务提供商角色，如图 1.5 所示。

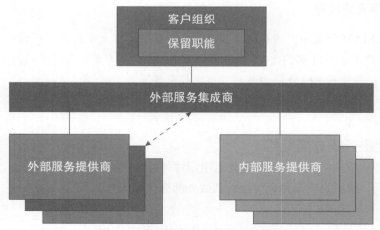

图 1.5　首要供应商服务集成商结构

选择这种结构的原因与选择外部服务集成商结构的原因类似。如果客户的一个现任服务提供商具备服务集成能力，或者现任服务集成商具备交付能力，那么适合采用这种结构。这种结构的优劣势与外部服务集成商的优劣势相似，但正如 SIAM 基础知识体系中所讨论的那样，也有一些需要关注的其他特点。

1.7　SIAM 术语

采用 SIAM 模式前，应着重考虑一些元素。关于这些元素的重要信息，在 SIAM 基础知识体系中进行了详细描述，本节对此进行简要介绍。

1.7.1　SIAM实践

SIAM 实践分为 4 类：

- 人员实践，例如跨职能团队管理
- 流程实践，例如跨服务提供商流程集成
- 评价实践，例如端到端服务报告编制
- 技术实践，例如工具策略制定

1.7.2　SIAM职能

在 SIAM 生态系统中，每个组织都有其自身的结构、流程和实践。在每一层，都存在与特定组织角色有关的流程和实践。

服务集成商层的职能包括与运营有关的治理、管理、保证、集成和协调。对于客户组织或服务提供商而言，职能有所不同。在每个 SIAM 生态系统中，都必须认真考虑每个组织执行的活动以及它们与其他提供商的交互方式。

1.7.3　SIAM角色

对角色与职责进行明确的定义，是 SIAM 生态系统有效运行的保障。SIAM 实施失败的一个常见原因，就是没有充分考虑角色与职责，或对角色与职责的理解不到位。

在 SIAM 路线图的不同阶段，适合不同 SIAM 层的角色将被定义，或者开始生效。每种 SIAM 模式都有其自身的特定要求，需要对与这些要求相关的要素进行定义、创建、监测和改进，其中就包括了在每一层、每个组织、每个职能和每个机构小组中的角色与职责。

1.7.4　SIAM机构小组

"机构小组"一词，是指跨多个组织、跨 SIAM 层担负特定职责的实体。机构小组将每一层中的职能与整个 SIAM 生态系统中的流程、实践和角色关联起来。

有 3 种类型的机构小组：

- 委员会
- 流程论坛
- 工作组

机构小组成员包括来自服务集成商、服务提供商的代表，根据需要也可包括来自客户的代表。为了促进各相关方协同工作以实现共同的目标，机构小组鼓励在整个生态系统中开展协作，充分沟通。

1.7.5 SIAM模型

没有唯一"完美"的 SIAM 模型。每个组织要结合自身需求、服务范围和所期望的结果开发自己的模型。在向 SIAM 转型期间，组织可以借鉴外部服务集成商提供的专有模型，也可以借鉴外部顾问和专家提供的专有模型。无论客户组织选择哪种 SIAM 模型，它们都具有一些共同的特征，如图 1.6 所示。

图 1.6　一个顶级 SIAM 模型

1.8 SIAM 路线图

SIAM 路线图描述了建立 SIAM 模型和向 SIAM 转型所需经历的主要阶段和活动。路线图包括 4 个阶段，每个阶段的目标和主要输出如下。

1. **探索与战略阶段**：启动 SIAM 转型项目，制定关键战略，梳理当前状况。输出包括：

- SIAM转换项目的立项批复
- 战略目标
- 治理要求与顶级SIAM治理框架
- 设计角色与职责须明确的原则与政策
- 在用服务与采购环境状况
- 当前成熟度与能力水平
- 对市场的认知
- 获批准的SIAM商业论证大纲

- SIAM战略
- SIAM模型大纲

2. **规划与构建阶段**：完成 SIAM 设计，制订转型计划。输出包括：
- SIAM模型的完整设计
  - 服务模型，包括服务、服务分组和服务提供商
  - 选定的SIAM结构
  - 流程模型
  - 实践
  - 机构小组
  - 角色与职责
  - 治理模型
  - 绩效管理与报告框架
  - 协作模型
  - 工具策略
  - 持续改进框架
- 批准的商业论证
- 组织变革管理活动
- 选定的服务集成商
- 选定的服务提供商
- 服务提供商和服务退出计划

3. **实施阶段**：管理从当前模式到未来 SIAM 模式的转换过程。实施阶段的输出是，在相关合同和协议的支撑下，新的 SIAM 模式处于可运营的状态。

4. **运行与改进阶段**：管理 SIAM 模型、日常服务交付，以及流程、团队和工具，进行持续改进。运行与改进阶段的输出分为两类：
- 运行输出，即业务常态（business as usual，BAU）输出，包括报告、服务数据和流程数据
- 改进输出，用于发展SIAM模型、持续改进SIAM模型的信息

2 SIAM 路线图第一阶段：探索与战略阶段

探索与战略阶段的主要工作包括：分析客户组织现状，制定关键战略，并适时启动 SIAM 转换计划。客户组织将能够取得以下结果：

- 根据预期收益和风险，确认SIAM是否是一种适当的方法
- 根据现任服务提供商状况，确定采购策略，明确哪些服务属于保留范围，哪些服务适合从外部采购
- 对在SIAM转换过程及后续SIAM生态系统运营过程中可能需要的额外技能和资源进行考虑

📄 为什么要采用 SIAM 方法？

IT 环境正在发生改变，很多服务面临商品化（云化、某某即服务等）的情况，多个供应商需要协同工作才能提供关键业务服务。这导致越来越多的企业需要花费更多的时间进行供应商管理，而企业本应更加专注于自身业务的交付。因此采用 SIAM 方法的企业在不断增多，因为 SIAM 能够在以下方面给予帮助：

- 理解服务提供的端到端全貌
- 协调跨多个服务提供商的活动
- 提供有关服务绩效的唯一事实来源
- 在开发新服务、发展新战略方面，成为值得信赖的合作伙伴
- 通过人员、流程、工具和供应商治理，优化交付
- 确保日常运营的顺利进行，使客户组织能够专注于更具革新性的活动

2.1 路线图"流"

实现 SIAM 并没有一种绝对正确的方式。大多数委托建立 SIAM 的组织已经与一个或多个服务提供商展开合作，而且不同的组织有着不同的目标、优先事项和资源。组织是否采用 SIAM，选择何种 SIAM 模型，以及运用何种方法向 SIAM 模式转换，当对这些事项做出决策时，

会受到很多因素的影响。

　　探索与战略阶段非常关键，因为每个客户组织的成熟度、所使用的服务和针对 SIAM 的准备情况都是不同的。例如，一些组织可能已经制定了采购战略，具备成熟的供应商管理能力，而另一些组织则需要在 SIAM 实施过程中构建这些能力。如果探索与战略阶段的相关活动缺失，或者只是部分完成，都可能对转换项目其余阶段的活动带来不利影响。

　　探索与战略阶段的很多输出，需要在规划与构建阶段进行完善、扩展。执行 SIAM 计划可能需要使用迭代方法。通常，在完成一项任务的过程中，会有必要对早期活动进行修正。例如，制定 SIAM 战略是探索与战略阶段的一项活动，在规划与构建阶段细化 SIAM 模型时，可能需要对 SIAM 战略进行审查。定期进行复审，并在必要时重新评估以前的决策，至关重要。

　　路线图中所展现的排序活动并不是应执行的预定义"检查表"或应遵循的规定性方法。相反，这只是一种基于作者经验的最佳方法。每个要素都应作为 SIAM 路线图的一个因素加以考虑，每项任务的结构、顺序和优先级将取决于客户组织的具体情况。对某些组织而言，出于时间压力，可能要求部分活动并行开展。

　　📖　**无裁剪设计**

　　一家小型公司拥有 50 名员工。公司 CIO 在尚未了解内部 IT 团队能力及服务现状的情况下，制定了一项 SIAM 战略。

　　他聘请了外部顾问来设计 SIAM 模型。外部顾问复用了以前为某大型跨国组织创建的一个模型，其中所包含的合同附件提出了对外部服务集成商和若干服务提供商的要求。随后，该 CIO 召集了一个由外部采购专家组成的独立团队，进行了一次重大采购活动。12 个月后，公司选定了服务集成商和服务提供商。

　　由于未考虑 SIAM 模型应该适应小型公司的需求，公司未对"标准"SIAM 模型进行裁剪，结果导致 IT 服务成本增加了 3 倍。

2.2　SIAM 转换项目立项

　　组织应运用既定项目管理方法[1]对 SIAM 转换项目正式立项。

　　管理向 SIAM 模式的转换是一项重大任务。不应低估有关各方所付出的时间、成本、努力和资源。本节提供一些指导，说明在整个 SIAM 路线图各阶段中最适用的项目管理方法论和原则。

　　本节内容旨在提供有关探索、规划和实施 SIAM 模式的指导，并非为应用项目管理框架而提供建议。

　　1　出处：《全球数字化环境下的服务集成与管理——SIAM》，克莱尔·阿格特著，李炜、CIO 思想汇译，清华大学出版社，2020 年。

2.2.1 项目管理方法

有多种项目管理标准、方法和框架可供选择，包括：

- 国际标准，例如ISO® 21500
- 国家特定标准，例如ANSI，BS 6079，DIN 69900：2009
- 普适或全球方法，例如PMI®，PMBOK®，APM，SCRUM，PRINCE2®
- 行业特定实践，例如HOAI，V模型等

将这些标准、方法和框架与组织现有的各种实践相结合，将为管理 SIAM 转换项目、管理 SIAM 路线图各个阶段的活动提供一个良好的基点。

> **将复杂性降至最低**
>
> 大多数组织已经建立了首选的项目管理方法。一般来说，最好沿用这种方法。在组织了解 SIAM 原则的过程中，如果强加一种不同的方法，例如一种新的项目管理方法，可能会造成进一步的干扰。

要成功完成像 SIAM 转换这样复杂的项目，几乎总是需要选择若干不同的支撑实践、方法和框架，并进行深度运用。重要的是，要考虑 SIAM 转型所需要的技能组合和专业知识水平。

某些组织可能会选择与具备一定项目管理能力的外部提供商进行合作。当组织缺少项目管理能力，没有可用资源，或者在管理一定规模、特定类型的项目方面经验不足时，可能会出现这种情况。在这些情况下，与那些遵循通用标准或遵循项目管理国际标准的组织合作，可能会有所帮助。相比于过度依赖专用框架及其提供商，这种选择的风险较低。

无论选择哪一种项目管理方法，或者参考哪一种项目管理实践，都必须就所采用的原则和方式达成一致。这将确保参与项目交付的利益相关方和开展项目治理的利益相关方之间达成共识。

对许多组织来说，实现 SIAM 模式转型不是以一个项目的方式进行，而是以一个包含多个项目的项目群的方式进行。在这种情况下，除了项目管理方法之外，还需要考虑项目群管理方法或机制。

> **项目群与项目**
>
> 虽然项目群和项目有许多相似之处，但它们也表现出一些不同的特点和功能。
> **项目**定义明确，有起点、终点和具体目标，目标一旦实现，就意味着项目完成。
> **项目群**的不确定性更大。项目群可以被定义为：为了获得管理单个项目所难以企及的收益，以协调方式管理的一组相关项目。

向 SIAM 模式转换，通常涉及一个可能跨越数年的项目群，其中包括几个独立的项目。在探索与战略阶段，将有很多未知因素和变数需要我们去发现、定义，并进行解决。SIAM 转换项目商业论证大纲是探索与战略阶段的成果，将为路线图其余阶段所用。（参见第 2.7 节"商业论证大纲编制"）。

2.2.2　敏捷式还是瀑布式？

敏捷（详见敏捷宣言[2]）是一套软件开发方法，也是一种软件开发实践。它以迭代、增量开发以及对变化的快速灵活响应为根本。通过自组织团队、跨职能团队之间的协作，对需求和解决方案进行逐步完善。

虽然 SIAM 项目不是软件开发项目，但应用敏捷实践可以令其受益。在 SIAM 基础知识体系中对此有更详细的讨论（参见《全球数字化环境下的服务集成与管理——SIAM》一书），其中对敏捷原则的一致性、如何将敏捷原则应用于 SIAM 进行了阐述。

瀑布式方法是一种更传统的开发、实施方法，它遵循的是阶段的顺序性，以固定模式制订工作计划，例如，将生命周期划分为规划、设计、构建和部署等不同阶段。在 SIAM 项目群中，有一部分活动可以通过敏捷或迭代式方法开展，而另一部分活动可能更适合以传统的瀑布式方法进行协调安排，从而有助于形成更详细的规划。因此可以采用混合方法，即使用瀑布式方法来设定总体里程碑，但在每一阶段中使用迭代式方法进行实施。

📋　**瀑布式方法与敏捷式方法**

一家英国制造业公司引进了服务集成商，制订了瀑布式实施计划。

公司分阶段对流程进行迁移。服务集成商编写了流程说明文件，通过一系列研讨会，向已纳入 SIAM 生态系统的服务提供商推介该计划。

然而，公司在尽职调查期间发现，一些关键流程只适用于单个服务提供商环境，在多服务提供商模式中不起作用。服务集成商认为有必要使用敏捷式方法，并与新服务提供商一起重新开发这些流程，以确保关键流程适用于 SIAM 生态系统中的所有服务提供商。这将作为优先事项进行。其他流程尚未得到充分执行，但从进展来看，也需要加以调整，估计使用的时间会比预期的更早。

这种协作开发方式带来了好的结果，新服务提供商对运行流程做出承诺，服务集成商和各服务提供商建立了良好的工作关系。一些流程比预期更早实施，显而易见的是，协作也更加有效，客户组织因此而受益。

2.2.3　项目治理

项目治理是做出项目决策的管理框架。项目治理独立于整体的 IT 治理、组织治理和 SIAM 治理之外，它为所有项目提供了一组规则和制度，无论它们采用的是敏捷式方法还是瀑布式方法。

项目治理并不专门探讨针对 SIAM 生态系统的治理。作为 SIAM 转换项目的一个环节，它将构建 SIAM 治理模型，详见第 2.3 节 "SIAM 治理框架构建"。

对所有项目来说，治理都是一个关键要素。它提供了与项目有关的问责机制和职责框架，这对于确保控制和促进项目的整体成功至关重要。项目治理的作用是提供一个合乎逻辑、稳健和可重复的决策框架，它确保决策和指示是以正确和及时的方式进行的。有多种选择可用于支持项目内部决策，包括：

2　参考敏捷软件开发宣言官网。

- 共识决策
- 多数表决制
- 将决策委托给专家或小组，允许SIAM治理领导人在讨论后做出决策（参见第2.3.7.1节 "SIAM治理领导人"）

治理侧重于组织的需求，应以业务（而不是 IT）为导向。治理流程应与业务价值相关联，并根据业务价值进行评价。项目治理基于客户组织的总体战略。项目经理必须理解客户组织的目标和愿景，以及目标、愿景与项目治理框架的关系。

项目治理框架提供了一种机制，以保持项目状态的可见性，了解并管理与项目有关的风险。最理想的项目治理框架，是使项目能够在不受官僚作风、微观管理和不必要审查影响的情况下达成目标。

2.2.3.1　项目治理要素

以下是项目治理工作成果物和要素的示例：

- 项目委托书
- 项目启动文件
- 商业论证
- 业务需求
- 商定的项目交付物规范
- 关键成功因素
- 明确分配的项目角色与职责
- 项目指导委员会和项目经理
- 利益相关方图谱，识别所有与项目有关的利益相关方，按其角色和影响力进行分类
- 沟通策划，定义与各类利益相关方的沟通方式
- 组织变革管理（organizational change management，OCM）方法
- 项目计划和/或阶段计划
- 资源需求
- 精确状态与进度报告体系
- 项目完成结果与其原始目标的比较方法
- 项目文件中心存储库
- 集中保存的项目术语表
- 问题管理流程
- 风险与问题日志，以及在项目期间记录、传达这些信息的流程
- 关键治理文件和项目交付物的质量审查标准

并非每个 SIAM 项目都需要这份清单，但每个项目都必须考虑取得成功所需的工作成果物。

2.2.3.2　项目角色

在 SIAM 转换项目中，弹性组织结构能够在整个项目中保持稳定。应尽可能避免在项目实施中途变更项目角色与职责，否则会造成混乱。对于由个人承担的角色，在调整人员的同时，应确保项目结构中的角色与职责保持不变。

应该建立一个项目团队，成员主要包括现任服务提供商的代表，如果已经选定了服务集成商，也须包括服务集成商的代表。成员还须包括客户组织的代表，特别是在探索与战略、规划与构建等早期阶段，因为这些阶段涉及 SIAM 模式的确定。随着其他组织的选定和加入（例如外部服务集成商或其他服务提供商），它们也必须被包含在项目结构中。

如果选定了服务集成商，客户组织往往将其在项目结构中的角色委派给服务集成商，特别是对于内部服务集成商结构。而对于外部服务集成商结构，为了避免脱离项目管理和决策活动，客户组织可能希望在项目团队中保留代表角色。客户组织在项目结构中的作用是提供指导、进行监督，利益相关方和其他相关方将客户组织视为 SIAM 转换项目的发起方和委托方。

📖 **项目代表**

并不是每个服务提供商都有兴趣成为项目团队中的一员。服务提供商的参与程度各不相同，具体取决于服务提供商的交付模式。SIAM 转换方法应足够灵活，以适应这种情况。

例如，在大多数情况下，大型云解决方案提供商不会委派代表参加客户的项目管理团队或会议。

当某个外部服务提供商无法或不愿被包含在项目结构中时（可能是因为尚未选定），组织必须确保仍在项目结构中保留其角色，由代表来履行其职责，以便为项目管理提供意见和建议。例如，在项目结构中，可以由保留职能中的服务负责人作为该外部服务提供商的代表。

在 SIAM 转换项目中，一些机构小组独立运用项目管理方法和治理框架，这已被证明是有效的。

项目委员会

📖 **项目委员会**

项目委员会负责监督并掌控 SIAM 模式转换项目，进行项目决策，必要时调整项目，并在整个转换期间提供沟通、进行指导。有时称其为指导委员会。

一个由所有利益相关方参与的、运作良好的项目委员会，对于有效的项目管理和快速决策至关重要。当项目结构中的较低级别人员（例如项目经理）需要更高的决策权限时，或者无法解决问题（例如缺乏资源）时，项目委员会将介入。

PRINCE2® 提供了项目委员会的角色定义，可用于 SIAM 转换项目：
- **高管人员**：来自客户组织的发起方，负责配备充足的资源，确保项目群/项目达到预期收益
- **高级用户**：SIAM计划之成果消费者的授权代表，通常来自保留职能
- **高级供应商**：来自各服务提供商、内外部服务集成商的代表

📖 **高级用户**

服务提供商也可以作为高级用户。例如，在某项目中，必须使用故障管理系统等工具。如果要更换工具系统，服务提供商可以协助定义新系统的质量标准，对新系统进行测试。

在规定的权限范围内，由项目经理代表项目委员会对项目进行日常管理。客户组织可以为 SIAM 转换项目委派一名项目经理，或聘请一名项目经理，或在已选定服务集成商的情况下，要求服务集成商履行该职责。

转换审查委员会

转换审查委员会是由服务提供商、服务集成商和客户保留职能成员组成的联合委员会。该委员会并不是必须设立的，其角色比项目委员会更具操作性和实战性，并且介于项目委员会和项目经理之间。在后续的规划与构建阶段和实施阶段，当服务集成商和众多服务提供商被选定后，该委员会将发挥作用。

该委员会负责：

- 根据活动计划，审查转换进度
- 向项目委员会报告进度
- 识别、管理项目问题
- 必要时，将问题或决定上报项目委员会
- 确保各方在计划执行方面步调一致
- 建议项目委员会肯定当前阶段的成果并启动下一阶段工作，建议批准项目的最终验收和运营移交

一旦项目完成，该委员会可以解散，或者作为 SIAM 治理框架内的一个委员会继续存在，例如成为服务审查委员会（参见第 2.3.7.4 节"治理委员会"）。

项目管理办公室

项目管理办公室（Project Management Office，PMO）是定义、维护组织内项目管理标准的小组或部门。项目管理办公室致力于在项目执行过程中实现标准化，并引入重复经济。在项目管理实践和执行过程中，由项目管理办公室提供相关文献、指南和指标。

除提供标准和方法以外，项目管理办公室可能还具有其他职能。在 SIAM 体系中，项目管理办公室可能作为服务组合管理流程的推动方或责任方参与战略项目管理。项目管理办公室负责监测在建项目和项目组合，并向高级管理层报告进展情况，以促进做出战略决策。在 SIAM 项目中，项目管理办公室可以带来以下收益：

- 使项目组合（包括SIAM项目）与客户组织的其他活动保持一致
- 汲取以往项目中的经验教训，有助于避免错误，规避不正确的做法
- 监测、报告项目进度，检查项目是否按规定的时间执行，是否在预算范围内执行，同时跟踪风险与问题
- 针对SIAM项目群中的多个项目，理解项目之间的联系及依赖关系
- 促进项目群、项目团队和利益相关方（包括服务提供商、服务集成商和其他人员）之间的沟通
- 客户组织的项目管理办公室能够为项目中的服务集成商和服务提供商提供指导，可推进SIAM环境中的标准化
- 为项目文件提供控制，或保障项目文件受控，维护文件存储库

解决方案架构职能与保证职能

在 SIAM 模式转换项目的战略、规划、构建和实施等不同阶段，会有不同的利益相关方参

与进来。为了支撑这些阶段的工作，需要设计一个精细的 SIAM 生态系统，其中包含流程模型、工具策略和报告框架。

设计 SIAM 模型需要专业能力。利益相关方将参与解决方案架构团队的组建，团队成员包括诸如企业架构师这样的主题专家（Subject Matter Expert，SME）。在任何一个 SIAM 模型的设计中，都可以运用集成架构原则，因为该原则高度聚焦于业务需求和业务驱动因素。架构的一切内容和所有架构决策的需求来源都可以追溯到业务及其优先级，必须始终考虑这一点。

> **企业架构（Enterprise Architecture，EA）框架**
>
> 大多数企业架构框架将架构描述划分为域、层或视图，并提供用于记录每个视图的模型（通常是矩阵和图表）。
>
> 这有利于对系统的所有组件进行体系化设计决策，同时可以围绕新的设计要求、可持续性和支撑情况进行长期决策。

除了解决方案架构职能之外，在项目生命周期的早期引入解决方案保证职能也是有益的。通常，为了符合商定的方法和原则，必须对早期的设计决策进行重新审视或修改。有时，解决方案保证职能和架构职能被合并到一个团队中。或者，可以将解决方案保证团队合并到项目管理办公室中，这样就可以为多个项目提供保证。

沟通团队

对每一个组织变革计划，沟通都是关键成功因素。重要的是，为了促进向 SIAM 文化的转变，需要对沟通进行策划、组织和设计。在项目结构中，将包含专门的沟通团队，分布于受影响的组织之中。跨层沟通活动包括：

- 对于**客户组织**——对于跨地理位置运营的大型组织，与不同国家或地区的利益相关方进行沟通，通常需要付出更多的努力。在几乎所有的SIAM项目中，都可以观察到，在这些利益相关方群体中存在着不同形式的对变革的抵制，需要对此有所预见，并设法消除
- 对于**服务集成商**——需要从一个中心沟通团队的角度出发，针对自身人员及SIAM生态系统中服务提供商的人员，开展沟通活动，指导沟通活动
- 对于**服务提供商**——理想情况下，服务提供商层的沟通专员应成为服务集成商沟通团队的延伸，落实沟通工作并进行反馈

合同管理团队与采购管理团队

在很多 SIAM 模式转换项目中，都会选择新的服务提供商，也都会涉及新合同的创建以及既有合同的结束或终止等事项。在项目中为这些活动建立结构、制订计划非常重要。

合同管理团队需要评估既有合同，审查、了解现存问题，理解目标 SIAM 模型，并适当地创建新的合同。因此，应将合同管理团队纳入 SIAM 模式转换项目结构中。否则，将存在合同管理团队孤立工作的风险，可能导致合同范围与所选 SIAM 模型需求范围之间存在差异。

可以在客户组织保留职能内部组建合同管理团队。如果内部能力不够成熟，也可以从外部组建。无论如何，SIAM 模式下合同管理的责任必须由客户保留职能承担。如果最初的合同管理团队来自外部组织，也仍须在客户组织内部组建合同管理团队，并将这一事项作为 SIAM 模式转换项目的交付计划之一。

采购管理团队应根据战略目标和选定的采购方法（参见第 3.1.2 节"采购方式与 SIAM 结构"），与项目团队就采购方式达成一致。采购管理团队需要利用 SIAM 项目团队和合同管理团队的工作成果物编制采购文件，确保其符合法律要求。采购管理团队还将管理采购过程，包括与服务提供商进行对话，提出需要服务提供商投入资源的要求，或者针对服务提供商不愿意承担特定责任的情况进行处理。

采购管理团队将与潜在的服务提供商进行谈判，并进行合同签订。谈判的宗旨必须与 SIAM 战略、SIAM 模式保持一致。很多客户组织使用外部采购资源，因为它们很少具备为 SIAM 生态系统寻找服务提供商的能力或经验。如果使用外部资源，需要注意的是，一旦 SIAM 生态系统建立起来，将如何提供这种能力。

作为通向成功的关键路径之一，必须将合同管理活动和采购管理活动纳入 SIAM 模式转换的总体规划之中（参见第 3.3.3 节"转换策划"）。

2.2.3.3　打造"一个统一团队"文化

在探索与战略阶段，明确每一个利益相关方的行为期望至关重要。应该尽早与项目团队共同启动"一个统一团队"的文化建设。在路线图的后期阶段，文化会对 SIAM 活动的成功产生重大影响，因此必须在路线图的每个阶段予以仔细考虑。

在多个组织之间建立信任，并让它们作为一个统一团队行动，可能是一项挑战。本书的其他部分将讨论与文化和行为有关的内容（参见第 3.2 节"组织变革管理方法"）。

项目治理方式将对 SIAM 环境中培养的信任和行为产生重大影响。项目团队成员的行为，以及他们与他人的互动方式，将给刚加入的服务提供商树立一个榜样。在管理项目时，重要的是要注意公平性，还要注意利益相关方是否感到它们的意见被听取了。为防止会议被某些利益相关方主导，可能需要以一种新的方式进行意见听取。

例如，如果服务集成商展现出了所期望的行为，那么服务提供商更有可能表现出相同的行为。如果服务提供商感觉到另一个服务提供商受到青睐，它们可能会避开服务集成商，将问题升级至客户保留职能，从而导致项目延迟。

每一个服务提供商必须从一开始就清楚，客户对它们的期待是与其他服务提供商进行项目合作，分享有关项目进展和存在问题的信息。在合作中可以运用一些技巧，例如查塔姆宫守则。根据该守则，参与者可以自由地使用收到的信息来推进 SIAM 项目，但不能披露信息来源，也不能在 SIAM 项目之外使用收到的信息。

📖　查塔姆宫守则 [3]

查塔姆宫守则指的是：如果一个会议或会议的一部分，是按照查塔姆宫守则进行的，则与会者可自由使用在会议中获得的信息，但不得透露发言者及其他与会者的身份与所属机构。

该守则发源于查塔姆宫，目的是为发言者提供匿名性，鼓励开放和共享信息。现在，查塔姆宫守则在世界范围内被用来促进自由讨论。

3　出处：皇家国际事务研究所官网。

协作和开放对于 SIAM 模式的成功至关重要。在采购过程中，为了了解服务提供商是否具备良好的文化契合度，应该对相互竞争的服务提供商是否履行了协同工作承诺进行检查。

如果希望项目取得成功，就需要首先认识到很多商业敏感问题的存在，然后还能处理好这些问题。因此，需要有一个从一开始就能应对这些问题的项目治理模型。建议在 SIAM 项目中，尽早成立一个跨服务提供商机构，专注于伙伴关系和协作（参见第 2.3.7.4 节"治理委员会"之"伙伴关系与协作指导委员会"）。

以 SIAM 项目的交付为主题，开展一次启动活动，这对于打造"一个统一团队"文化、建立信任、构建共同愿景，都可能是很有用的第一步。客户、保留职能、服务集成商和（现任的或已分配的）服务提供商都应参加启动活动。

2.2.4　实现路径

在初步制订项目计划、为路线图各阶段申请充足的预算时，与高级利益相关方共同设定合理的期望非常重要。在某些情况下，为了商业论证更易于被批准，SIAM 项目的成本会被低估，收益会被夸大，或者周期会被缩短。不切实际的商业论证存在高风险，客户组织很有可能最终认定项目是失败的，因为项目不符合客户的期望。

项目管理方法论允许将项目划分为不同的阶段。可以在项目启动的初期，先确定完整的转型路线图阶段，而这些阶段的具体工作可以在以后再明确，最好不需要寻求更多的资金。正如第 2.2.2 节"敏捷式还是瀑布式？"一节所建议的，在分期实施中可以采用敏捷迭代方法，每个阶段都可以从之前的阶段中汲取经验并进行调整。

📖　**集成迭代——流程示例**

即使采用迭代式方法也仍然必须交付结果。对于流程而言，重要的一步是建立角色与职责，明确支撑流程的交互和活动。流程的第一次迭代可能是手动集成活动（例如运用"转椅"方法记录故障日志）。接下来，可以结合反馈意见和经验教训进行开发，实施数据集成的下一次迭代。

2.2.4.1　开始之前

开启任何旅程之前，都需要很好地理解目标和结果——终点、途径点和起点（或者称之为"原点"）。了解并评估当前状态至关重要，包括为转换中的关键资源（含其能力、成熟度、可用性或所有其他约束）建立基准（参见第 2.5 节"现状分析"）。

在项目的不同阶段该交付哪些工作成果物？所选择的项目管理方法应有助于对此设定标准。商业论证、立项和项目启动等早期阶段很重要，因为在这些时期，高级管理层设定了对项目的期望（并做出了承诺）。对时间、预算和成果质量的期望，在后续阶段并不容易改变。决定项目成败的因素，往往是设定的期望是否合理，而不是从 SIAM 模式中实际获得的收益。

2.2.5　结果、目标与收益管理

项目结果和项目目标应与客户组织定义的战略目标相一致。项目质量标准和验收标准应作为效益分析图或效益资料的内容之一，并在项目的产品说明和质量计划中进行定义。

2.2.5.1　转换与转型的区别

> 📖　**转换与转型**
>
> 　　**转换**是从一种形式、状态、风格或定位向另一种形式、状态、风格或定位变化的过程。SIAM 模式转换将客户组织从之前的非 SIAM 状态带到运行与改进阶段的起点。转换是一个具有起点和终点的明确的项目。
>
> 　　**转型**是转变的行动或转变后的状态。SIAM 转型是指，经历了路线图的所有阶段，完成了 SIAM 总体规划中所有的变革，实现了 SIAM 模式的全部收益，客户组织转变了以前的工作方式。为了转变运营方式，组织需要完成转换。

2.2.5.2　收益实现管理

　　SIAM 项目如何为企业增加价值？客户组织可以采用收益实现管理方法对此进行评价。很多项目管理、项目群管理和项目组合管理方法论都纳入和定义了收益实现方法，将其贯穿于从最初提出设想到最终实现设想的整个生命周期中。为了评估效益是否已经实现，必须在 SIAM 项目范围中定义实施（或每期实施）完成的时间节点。随着 SIAM 模型的不断发展和改进，设定这一时间点可能具有挑战性，但这对于如何衡量收益、如何评价成功至关重要。

　　通常，量化项目收益比较困难，将项目收益与 SIAM 模式转换的实际结果和目标联系起来也很难（参见第 3.5.2.4 节"选择正确的评价指标"）。

> 📖　**定性收益**
>
> 　　在现实中，往往基于主观指标来衡量 SIAM 带来的收益，例如，减少了对客户组织的干扰，包括更加意识到与服务提供商的分歧，总体上感觉事情更加可控。
>
> 　　虽然这种类型的收益难以量化，但就客户的价值而言，它们非常重要，因此必须将其纳入绩效框架之中予以考虑。

　　对预期收益进行定义（以及明确如何、何时衡量这些收益），将为项目各阶段的决策提供支持。这确保了所有的决策（特别是与变革有关的决策）都是在考虑到收益的情况下做出的。项目经理和项目团队其他成员往往过于关注项目的细节，而忘记了目标和所要求的结果。这可能导致在不经意间做出的决策对预期收益产生了不利影响。

　　重要的是要有一系列明确的目标，以及衡量财务和非财务收益的一个商定的方法。经过良好的交流，完成一个清晰的商业论证，同时辅之以持续的项目报告、评价和沟通，将有助于确保进行有效的期望管理。

　　在探索与战略阶段，应将预期收益作为商业论证大纲中的内容之一；在规划与构建阶段，应在商业论证中进一步细化和明确预期收益。衡量 SIAM 带来的收益可能具有挑战性，因此在这一领域需要一种稳健的方法。商业论证将阐明创建和实施 SIAM 模式的目的，以及预期的结果和收益，也将阐明 SIAM 路线图后续阶段的方向和目的，为后续阶段的工作提供参考。

📋 **收益实现计划**

项目管理协会建议，所制订的收益实现计划应具备以下特征：

- **确定收益**——确保客户组织能够明确预期收益，以确定最佳项目（群）投资
- **执行/实现收益**——为组织提供能够获取、实现预期和非预期收益的做法，并对该做法进行分析评判
- **持续实现收益**——为组织提供能够持续产生收益并实现战略目标的做法，通过将产出和结果再投入业务中，持续交付价值

在路线图的早期阶段，就应创建 SIAM 转换项目（群）的收益实现计划。只要部署了 SIAM 模式，无论是在转换期间还是在转换之后，均应安排检查节点。在 SIAM 模式运转一段时间之后，很多收益才可能完全实现。检查机制可确保所有活动都按计划进行，按照预期时间交付计划中的收益。如果情况并非如此，则需要考虑采取纠正措施来改进不足之处，避免对商业论证中所规划的投资回报产生影响。有效的商业收益实现计划是评估 SIAM 模式成功与否的关键。

2.2.5.3　期望管理

必须主动管理利益相关方对新 SIAM 模式的期望。良好的期望管理将减少意外情况的发生，并有助于识别需求，可在必要时对项目过程做出调整。以下活动将支撑期望管理：

- 设定目标，审查目标
- 制订项目计划
- 减少未经验证的假设
- 开诚布公地与所有利益相关方沟通
- 发布状态报告和项目关键绩效指标（key performance indicator, KPI）信息
- 避免做出无法实现的承诺，或者适当地说"不"

设定目标

为了成功管理 SIAM 转换，应在 SIAM 各层中设定彼此认可的目标，并与客户组织的目标保持一致。只要客户组织的目标明确，就可以使用这些目标对变革进行评估。这一变革会帮助客户实现目标吗？或者这仅仅成为了一种干扰？服务集成商与利益相关方沟通时，将参考这些目标。

制订项目计划

制订项目计划对于 SIAM 模式转换是必要的。即使客户组织声称自己对于模式如何实现、活动如何交付并不关心，一个时间轴计划也有助于设定期望，进一步明确尚未阐明的假设或领域。客户组织应该始终能够了解项目的状态。

在 SIAM 模式转换中，需要很多不同利益相关方的参与，需要对不同利益相关方进行协调，也需要具有足够的准备时间，以确保所有（内部和外部）利益相关方能够规划并调动项目所需的有关资源。

> 📖 **缺乏计划**
>
> 　　一家大型政府组织在选定外部服务集成商后，启动了 SIAM 模式转换工作。服务集成商组织了一系列研讨会，邀请了全体现任服务提供商参会并协助定义流程。由于没有制订总体计划，也没有公布时间安排，没有说明在何时需要主题专家参与，结果在这一系列的研讨会上，针对什么是正确的模型、流程应该如何工作，共有三四十位成员参与讨论，各方难以达成一致。
>
> 　　如果服务集成商事先制订了一个计划，确定了研讨会需要哪些人员参与、何时需要他们出席、需要开展哪些活动，那么参与者就可以更好地理解研讨会的目的、目标和所要取得的结果。对于开发有效且符合目的的流程，这种做法将增加成功的机会。

减少未经验证的假设

　　如果假设所有利益相关方对某一情境、项目、截止日期或任务都有相同的理解，那么就会给 SIAM 项目的成功带来风险。通过充分地沟通，讨论清楚预期的是什么、如何实现收益、如何衡量收益，就可以很容易地解决这个问题。项目失败的一个更常见的原因是对截止时间存在误解，这可能导致混乱和延迟。

开诚布公地与所有利益相关方沟通

　　管理期望的最佳方法之一，是与 SIAM 项目中的所有利益相关方进行频繁、清晰的沟通。沟通的重要时机包括：一个新项目的早期阶段、临近里程碑的时期、临近截止时间的时期。在充分沟通和过量沟通（有时称为沟通过载）之间取得平衡非常重要。在 SIAM 模式转换期间，服务提供商和利益相关方可能会被要求进行首次合作。持续的沟通有助于建立信任。

　　在整个项目过程中，与利益相关方不断进行状态核查，可以获取实时更新，有利于对出现的任何延迟、风险或瓶颈进行管理。主动、诚实和透明的沟通增进了信任，为项目进行过程中做出改变带来了灵活性。相比承诺交付但又错过最后期限，坦诚面对延误是更好的做法——这是 SIAM 文化的重要组成部分。

避免无法实现的承诺

　　管理期望的很大一部分工作是评估期望是否合理。

> 📖 **低调许诺，超值交付**
>
> 　　在如此复杂的环境中，有如此之多的来自不同组织和团队的利益相关方，可能很难提供保证。有太多的因素可以影响交付。
>
> 　　"低调许诺，超值交付"是一句古老的格言。这意味着最好承诺你确定的事情，并尽可能做得更好。超出确定范围的承诺会带来失败的风险。在 SIAM 模式中，所有利益相关方需要共同确定能够给客户组织做出的实际承诺。

　　期望应该是切合实际的、可实现的。如果不是，说"不"也是可以接受的。对所服务的客户和消费者敞开心扉，告诉他们，现在可以交付什么，也许在后续阶段还可以交付什么，在后续阶段交付其他需求的计划是什么，这有助于树立信心、建立有效的长期关系。

2.3　SIAM 治理框架构建

通过明确治理需求、建立顶层治理框架，对未来 SIAM 模型的设计提供指导。这与前述第 2.2.3 节"项目治理"中定义的项目治理有所不同。治理框架的运用将贯穿于 SIAM 模式转换和运营的所有阶段（参见第 3.1.5 节"治理模型"、第 5.1 节"运营治理机构小组"）。

📄 **什么是治理？**

治理是指业务运营、监管和控制应依据的规则、政策和流程（在某些情况下是法律）。在一个业务场景中，可能存在从企业到公司再到 IT 的多层治理结构。在 SIAM 生态系统中，治理是指对政策和标准的定义与应用，它定义了授权、决策和问责所需的级别并提供保证。

有效的治理提供了对 SIAM 生态系统的控制和保证，即确保 SIAM 生态系统能够恰当地与客户组织的需求保持一致，能够对客户需求的变化做出响应，能够按照战略和规划进行运营。有效的治理也有助于组织及时做出决策，对风险、问题和什么是成功进行讨论，促使客户组织了解服务交付中相关各方的不同观点。

2.3.1　IT治理

有效的 IT 治理将有效应对 IT 层面的挑战。对大部分组织来说，IT 属于关键能力和推动因素，但是，组织也因 IT 而面临着广泛的威胁。当今互联互通、"永远在线"的网络环境、即时的社交媒体以及全天候的新闻报道，都依赖于 IT，都有可能因 IT 故障而造成重大的财务影响、声誉影响。

从"即服务"到云，有许多 IT 选项可供客户组织选择。虽然这些选项提供了获取工作解决方案的更快、更"容易"的路径，但由于服务提供商、架构和工作方式的组合不断扩展，服务环境的整体复杂性往往会增加。与之相伴随的是，业务部门绕过集中式的 IT 治理模式、自行采购解决方案的可能性增加，这可能会导致漏洞，出现需要 IT 部门随后提供支持的"影子 IT"。

IT 治理的作用表明，基于适当的结构和流程，管理层能够及时做出决策，了解组织面临的风险，并能够采取适当的措施监测和控制这些风险。越来越多的立法意味着，这不仅仅是一个 IT 问题。如果组织不能证明实施了充分的内部控制，就有可能导致巨额罚款，甚至董事会级别的人员将面临刑事诉讼。

客户组织需要一种明确定义且稳健的 IT 治理方法，用于由内外部提供的服务。在开展风险评估、采取适当的控制措施、保障平稳运行方面，客户组织始终负有责任。在控制层面，即使将部分或全部运营职责交由服务集成商承担，客户组织也不能将其中的责任外包。

2.3.2　SIAM生态系统中的治理

在 SIAM 生态系统中开展治理，可确保在整个 SIAM 层中有一个控制体系。进行决策时，要考虑到生态系统内所有各方的情况，要清楚地了解、控制和监测风险。在 SIAM 生态系统中，治理不到位可能导致：

- 合同的不当分配、次优分配
- 信任和关系的破裂
- 在处理重大故障、问题和变更时，缺乏协调
- 基于"怎么做能逃脱惩罚就怎么做"而被指控
- 由于沟通不畅和信息共享不畅而造成延误
- 因角色与职责不明确而引发争议

在 SIAM 生态系统中，治理和管理分为 3 个层面：

- 战略层
- 战术层
- 运营层

治理实践包括：

- 明确的问责机制
- 公平对待各方
- 道德实践
- 开放性与透明度
- 防止利益冲突的程序

这些概念非常适合于 SIAM 环境，因为 SIAM 方法论特别提倡在相关组织之间开展协作、建立伙伴关系。SIAM 顶级治理侧重于 3 个关键方面：

- 确保SIAM战略与客户组织当前业务需求、未来业务需求均保持一致
- 确保成功进行SIAM战略及SIAM模式的规划与实施
- 确保在符合内部政策、遵守外部法规的情况下，以受控与协作的方式管理、运营并改进SIAM模式

在 SIAM 体系中，委员会是在开展治理和监督方面发挥关键作用的机构小组。委员会作为决策机构，由生态系统内相关利益相关方委派的适当级别的代表组成。

2.3.3 治理支撑引擎

利用既有资源 [例如，国际信息系统审计与控制协会（Information Systems Audit and Control Association, ISACA）关于信息与相关技术的 COBIT® 治理和管理框架] 可获得有关有效治理方面的指导意见。COBIT 的指导原则之一是，为了实现有效、高效的治理，组织需要运用一个整体的方法，重点关注 7 类相互交互、相互支持的支撑引擎，如图 2.1 所示。在 SIAM 环境中实施治理时，需要考虑这 7 类支撑因素。

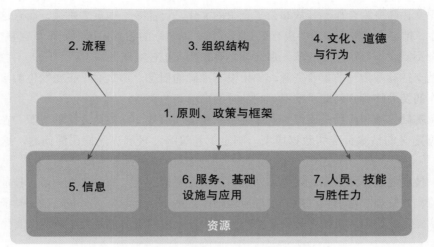

图 2.1　企业支撑引擎（ISACA COBIT® 框架）

在 SIAM 模型中应用这些支撑引擎，对于识别哪些因素应成为组织 SIAM 治理框架的关键组件很有帮助。

原则、政策与框架建立了对 SIAM 模式进行持续管理和运营的指导机制。如果构建得当，这些组件将为决策提供信息，支撑生态系统中的活动，并确保在整个生态系统中的一致性。随着时间的推移，需求将发生变化，因此必须定期审查这些支撑因素，并在必要时进行更新，以与客户组织保持一致。

流程描述了如何在 SIAM 生态系统中实现特定目标，理想情况下，应确保将标准化和互操作性在流程中进行有机结合。流程的定义清楚地表明了事物应该如何运作，以及如何重复地运作，这一点反过来又有助于支持理想的行为（例如持续改进）。同时，在 SIAM 环境中，重要的不是强制服务提供商该如何执行流程活动，而是将重点放在内容（结果）方面，应关注的是不同提供商之间的交互，以及服务提供商与服务集成商之间的交互（参见第 3.1.4 节"流程模型"）。

组织结构为决策机构提供了明确的范围、角色与职责。在 SIAM 生态系统中，每个委员会都有明确的职责，治理委员会的结构确保了是在适当的级别上做出决策的，同时也已征求了各相关方、相关角色和相关技能领域人员的意见。

文化、道德与行为。在 SIAM 环境中，会强调企业文化的重要性，鼓励展现良好的道德理念，融入公平竞争等关键行为，这些文化因素对于 SIAM 的必要性不容低估。一些组织可能正在从单一提供商模式转变，在这种模式下，一些负面行为（例如区别"我们和他们"的思维模式）已经形成。在其他模式下，不同的服务提供商在文化、道德与行为方面可能存在着显著差异。

📖 **个体文化与群体文化**

有时情况是这样的，在 SIAM 生态系统中工作的个人是诚实、开放、理性的，但其所在组织的团队文化或企业文化就不是这样了。反之亦然。重要的是要认识到，文化往往根植于组织的最高层，因此，文化问题可能需要先升级，然后才能将变革自上向下贯彻到运营层。

将组织文化转变为合作、开放和公平竞争的文化，可能是一项重大挑战，而且这种转变不会偶然发生。推行文化变革，需要进行谋划和实施，以清晰的领导力从上到下贯穿整个管理链。如果现任者不能或不愿意接受变革，那么有必要让新人担任其职务。

信息是支持有效治理的重要资源。如果没有准确的信息，那么对于正在发生的事情、事情是如何运作的及面临哪些问题，就不可能及时做出明智的决策。

服务、基础设施与应用是确保 SIAM 生态系统能够有效、高效地运转的资源。在 SIAM 环境中，依据定义的技术标准和数据模型，制定工具策略，来解决互操作性问题，这一点尤为重要。

人员、技能与胜任力是 SIAM 生态系统中的重要考量因素，需要进行人员、技能与胜任力的规划、监测、管理和治理。有效的治理应包括：定期审查组织是否具备适当的技能，履行职责的人员或做出决策的人员是否具备必要的胜任力，人员数量需求是否正在发生变化。

2.3.3.1 不同支撑引擎的交互

可以从这些不同支撑因素彼此的交互中获益。例如，只有具备一定胜任力的人员才能执行流程，政策规定了流程执行的规则，应用程序存储信息并允许在其中操作信息以支持决策。在设计 SIAM 模型时，组织必须对治理流程和管理流程进行评审。为了展示每个流程活动在 SIAM 模型中所处的层级，可以使用 RACI（responsibility, accountability, consulted, informed, 职责、问责、咨询与知会）矩阵等类似工具。

2.3.4 治理需求

要理解治理需求，首先需要明确治理对象（即资产）有哪些，接下来识别、评估这些资产存在的风险，最后确定需要设计、采取哪些控制措施（如果有的话）来管理这些风险并提供保证。

以下各小节将从战略、战术和运营层面描述 SIAM 模型中的资产和风险示例。其中所罗列的清单并非详尽无遗，目的是提供常见的例子。采用哪些选项，在很大程度上将取决于特定组织及其选择的 SIAM 模型。

2.3.4.1 战略层面

在战略层面，SIAM 生态系统中可能需要治理的领域包括：

- SIAM 商业论证（大纲和完整版）及后续收益实现
- 战略规划
- 战略风险与控制
- SIAM 战略（实施与维护）
- SIAM 模型，包括 SIAM 流程架构
- SIAM 工具策略与架构
- SIAM 组织职责
- 须符合所适用的外部因素（例如法律和法规）要求的领域
- 须符合所适用的内部因素（例如组织政策和标准）要求的领域
- 须符合公司治理要求（包括可持续性、环境因素等方面要求）的领域

一旦确定了需要治理的领域和事项清单，下一步工作就是识别相关的潜在风险（参见第 2.3.11 节"风险管理"）。换句话说，"会出什么问题？"

潜在风险可能包括：

- SIAM计划的预期收益未能实现
- SIAM战略和模式未能得到全面、正确的实施
- 一方或多方未履行其组织职责
- 对战略规划文件进行未经授权的更改
- 由于SIAM生态系统内服务提供商的行为，未能履行环境义务或实现可持续发展目标

在很多情况下，可能没有必要进行全面的定量风险分析，但应考虑对重大风险进行识别，根据商定的阈值对识别出的风险进行审查。应结合可用资源、可能性、潜在影响和缓解措施可行性等因素，对风险进行优先级排序，在进行决策时考虑这些因素。接下来，筛选出高于风险偏好阈值的风险，需要将重心集中在这些风险上，考虑如何管理这些风险，通常可运用上节描述的治理支撑引擎组合方法。

效益跟踪

战略治理的一项内容，是根据最初的商业论证目标，确保对结果进行了监测和跟踪（参见第 2.2.5.2 节"收益实现管理"）。组织是否仍位于实现 SIAM 计划战略目标的轨道上，是否正在实现预期的价值，应对此进行定期审查。根据组织的不同，目标也会有所不同。例如，如果该计划的关键目标之一是提高企业对 IT 交付的满意度，那么这一目标已经实现了吗？如果目标是在 5 年内节省 400 万美元的成本，那么该计划是否仍致力于实现这一目标？

某些组织可能已经建立了适当的机制，根据商业论证目标来跟进项目收益和价值实现。无论是不是这种情况，SIAM 转换项目 / 计划的管理层都需要了解这些信息并进行跟踪。在转换期间，范围、业务需求或外部因素经常会发生变化，这些变化可能会影响或改变预期收益。当这种情况发生时，就需要通过正式的机制来审批变更事项（参见第 2.2.3.2 节"项目角色"）。

在审批过程中，首先对预期收益发生的变化进行了解，然后再进行批准。如果范围发生变化，导致原来的目标或价值无法实现，则需要在批准变更时，就修订后的价值目标达成一致。可能的情况是，管理层在了解了拟议变更对价值实现的影响后，会做出否定的决策。

无论何时，都必须保持 SIAM 转换与其预期收益一致，以确保目标是可以实现的，并且成功是可以量化和得以验证的。无论在哪一阶段，如果效益跟踪表明预期的收益可能无法实现，就必须对此进行审查，并在必要时采取纠正措施，以使计划重回正轨。

工具策略治理

在每个 SIAM 转换项目中，都必须考虑服务管理工具系统是如何实施和配置的。这将在第 3 章中得到更广泛的讨论（参见第 3.1.9 节"工具策略"）。工具策略是治理所重点关注的事项之一。必须确保对工具策略进行了全面治理，并形成文件记录，其中包括了对工具所有权的描述。

2.3.4.2 战术层面

在战术层面，SIAM 生态系统中可能需要治理的领域如下：

- SIAM规划（针对不同流程领域的实施和运营）

- SIAM工具规划（针对不同工具系统的实施和运营）
- SIAM流程和工具的所有权
- 服务管理数据（持续所有权和治理）
- 持续的行动、目标和计划，包括服务改进计划
- 服务提供商转换计划（进入、交接和退出）
- 项目管理与协调
- 培训和教育计划
- 对政策、规划和日程的审核

在这些领域进行治理，有助于发现潜在的风险，例如可能存在以下风险：

- 规划没有得到完全或适当的实施
- 对规划、流程或工具没有所有权
- 有价值的服务管理数据丢失，例如在服务集成商更换期间
- 关键知识遗失，例如在服务提供商更换期间或当员工离职时
- 引入了新技术，组织掌握的技能水平却在不断下降
- 在多服务提供商项目中缺乏协调，导致出现代价高昂的延误

在 SIAM 治理框架中，应包括用以缓解战术层面风险的控制措施。

2.3.4.3 运营层面

在运营层面，SIAM 生态系统可能需要治理的领域如下：

- SIAM模型
- 合同与协作协议
- 流程与程序
- 作业指导书
- 能力、技能与知识
- 工具系统
- 集成与接口
- 策略与控制
- 与流程相关的角色与职责
- 对服务管理数据的访问和使用
- 工具系统配置及其相关文件
- 针对以下领域定义的关键绩效指标和评价指标：
  - 服务集成商
  - 服务提供商
  - 流程和机构小组
- 运营报告工具、模板与程序
- 运营风险与控制
- 争议解决

常见的运营风险示例如下：

- 与战略治理层、战术治理层缺乏沟通，导致对新的战略方向存在误解，对战略支持不足
- 在战术和运营层面，缺乏对SIAM战略的理解，导致实际运营无法与预期战略保持一致，SIAM项目的预期收益无法实现
- 未充分理解合同义务，或未履行合同义务
- 缺乏协作，未建立合作伙伴关系
- 绕过流程，或未遵守流程
- 由于单方面变更，工具系统之间（流程之间、工具系统与流程之间）的接口被破坏
- 工具系统未得到良好维护，或未经授权而进行了变更
- 控制措施未得到实施和应用
- 在创建、治理特权账户方面缺乏控制与约束
- 在批处理作业和备份计划方面缺乏控制和治理，导致对其他提供商和服务产生意想不到的影响
- 对评价指标欠缺考虑而导致消极行为

在 SIAM 治理框架中，还应包括降低运营层面风险的控制措施。

2.3.5　控制的所有权

在 SIAM 模式中，客户组织始终对公司治理、公司风险管理、服务集成商治理负主体责任。客户组织还在战略层面对 SIAM 治理负主体责任，职责包括：

- 组织编制SIAM商业论证，并进行审批
- 监测收益实现（参见第2.2.5.2节"收益实现管理"）
- 对SIAM战略进行审批
- 对SIAM模型的关键设计原则（例如是否从内部采购）和全方面内容进行审批
- 确保遵守法规和其他公司治理要求

在设计、细化 SIAM 模型、流程架构和工具策略时，客户组织可以聘请外部顾问，也可以将工作委托给服务集成商。然而，应该意识到的是，这仅仅是对从事设计工作的职责进行了委托；而确保完成一份合理的设计方案、确保设计方案得到批准的责任，仍将由客户组织承担。

无论是客户组织的保留职能，还是服务集成商，都希望确保控制措施适当且能执行到位，以及服务按照设计运行。在控制方法中，允许共同分担职责，因此在适当的情况下，可以将职责委托给服务提供商。采用这种做法之所以能取得成功，原因之一是能够确保控制措施到位、可衡量且有效，从而为保留职能提供长期保证。对控制的所有权如何分配，需要各相关方达成一致、理解到位。控制的所有权不因员工角色发生变化而改变，也不因服务提供商更换而改变。

2.3.6　治理框架

应该运用控制和治理支撑引擎构建一个全面的治理框架，在此框架中，各个组件之间的相互联系使它们能够相互支持。图 2.2 展示了一个 SIAM 治理框架示例，其中包含了不同的治理组件及其相互关系。

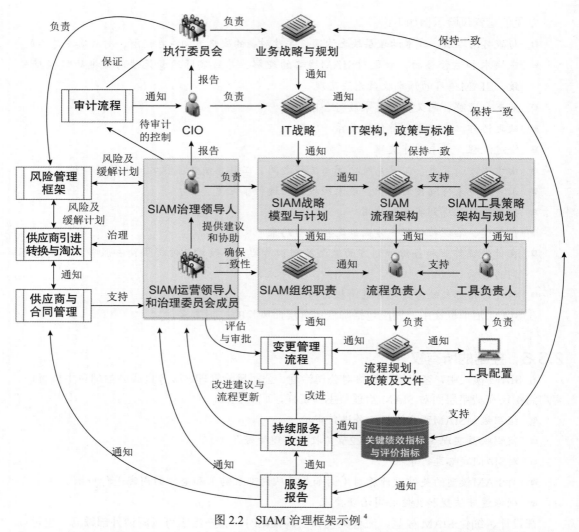

图 2.2　SIAM 治理框架示例 [4]

　　不同治理组件的确切性质，取决于组织及其治理需求和所采用的 SIAM 模型。在设计一个合理的治理框架时，需要考虑的因素很多，包括传统、行业、规模、成熟度和文化。重要的是要认识到，试图将一个过于官僚化和僵化的治理框架强加给一个拥有非正式文化的小型组织时，是不可能成功的。规模越大、公司结构越复杂的组织可能期望采用更正式的控制体系。

　　应结合不断变化的业务需求、行业趋势、新兴技术和新型威胁，对治理框架及其组件（例如 SIAM 战略）进行定期审查和维护。为满足不断发展的需求，可能需要对框架或单个组件进行更新或调整。应在框架之中建立这种机制，通过设立治理委员会开展这些工作。

2.3.7　SIAM治理角色

　　理解治理角色与交付角色的差异非常重要。治理角色是 SIAM 治理框架的组件之一，主要负责监测、提供保证，在必要时通过做出决策和 / 或采取行动来实施控制，修正方向。交付角

4　出处：《多供应商环境下的治理》，尼尔·巴特尔（Neil Battell），itSMF UK SIAM 特别利益集团。

色负责 SIAM 生态系统中的执行工作，主要负责生态系统运行及服务交付所要求的日常活动的实施工作（参见第 5.1 节"运营治理机构小组"）。

本节将进一步详细讨论以下内容：

- SIAM 治理领导人
- SIAM 运营领导人
- 流程负责人角色
- 治理委员会

2.3.7.1 SIAM 治理领导人

SIAM 治理领导人是客户保留职能中的高级角色，主要负责为 SIAM 战略和运营模式的实施、运行提供保证。该角色需要具备以下知识、技能和经验：

- IT 治理与风险管理技能
- 审计知识或审计经验
- 与服务提供商合作的经验
- IT 运营与大型项目管理技能
- 服务管理技能
- 优秀的沟通与汇报能力
- 跨多个组织在各个层面进行沟通的能力

对于 SIAM 战略、SIAM 模型等关键 SIAM 治理成果物，SIAM 治理领导人拥有所有权，并负责确保这些成果与业务需求保持一致。该角色的职责包括：

- 管理战略层面 SIAM 治理工作成果物的所有权
- 确立 SIAM 治理委员会结构，确保该委员会成功、持续运作，主持治理委员会会议
- 确保所有与治理相关的角色得到分配，其职责得到理解与履行
- 确保所设计、定义、实施的 SIAM 治理框架符合客户组织要求，与客户组织文化契合，与所采用的 SIAM 模型一致，与所议定的风险状况相匹配
- 确保对 SIAM 治理框架进行审查和持续维护
- 与项目委员会一起工作，在 SIAM 模式转换期间，对治理工作进行监督
- 与服务集成商和服务提供商一起工作，确保 SIAM 治理框架得以成功持续运行
- 识别与 SIAM 生态系统治理有关的风险，并进行管理
- 确保 SIAM 生态系统得到有效治理，为此向高级管理层提供保证
- 确保 SIAM 运营符合战略目标
- 确保定期对服务集成商绩效和总体绩效进行评价和审查
- 持续改进 SIAM 治理
- 指导、领导治理工作

应充分定义该角色，就职责达成一致，并正式形成职责说明书。

> 📖 **委托治理**
>
> 　　一些客户组织仅仅赋予其保留职能保障组织目标实现的职责，由保留职能对服务集成商进行问责，而其余职责（如设立治理委员会、持续改进等）被委派给 SIAM 运营领导人角色，而该角色通常是由服务集成商承担的。

2.3.7.2　SIAM 运营领导人

　　SIAM 运营领导人负责领导、管理 SIAM 生态系统的整体运营。当存在管理问题时，该角色将提供指导，并作为问题的升级点。一般情况下，SIAM 运营领导人角色位于服务集成商层。可能有一些例外情况，如果需要更多的参与或控制，该角色也会由客户组织保留职能承担。

> 📖 **SIAM 运营领导人**
>
> 　　通常，该角色由拥有"服务交付负责人"等头衔的人员担任。

　　SIAM 运营领导人必须与生态系统中不同组织的交付负责人密切合作，也必须与负责运营流程的流程负责人和流程经理密切合作。该角色将在整个生态系统中建立、运营、改进服务交付，确保计划和目标得到了沟通、理解，确保问题得以及时解决。该角色与 SIAM 治理领导人角色共同确保运营治理工作准备就绪，并得以顺利开展。

2.3.7.3　流程负责人角色

　　客户组织保留职能、服务集成商和服务提供商均应设立流程负责人角色。在服务提供商层中，该角色负责其所在组织内的流程治理，确保其流程与 SIAM 生态系统中运行的端到端流程保持一致。

　　服务集成商的流程负责人负责其职责范围内的一个或多个流程的端到端治理和集成，确保它们得到正确实施、有效管理、按预期运行，并能够跨提供商、跨团队正常运转。对于不在服务集成商治理范围之内的那些流程，例如合同管理流程，由客户组织保留所有权。

> 📖 **分配流程负责人**
>
> 　　一个负责人不一定只单独负责一个流程。在实践中，根据组织的规模，一个人可能负责几个流程。可以根据业务线、生命周期阶段等因素对此进行分组。服务集成商的流程负责人有时被称为"服务架构师"。

　　与流程相关的接口问题，可能需要服务集成商来协调解决。例如，下游服务提供商需要来自上游服务提供商的数据。对于上游服务提供商来说，提供这些数据可能意味着增加了一种没有直接价值的成本，因此可能不会免费提供。服务集成商必须做到的是，采取适当的激励措施，确保及时、有效地解决接口问题。

　　流程负责人对流程文件拥有所有权，须确保流程文件得到维护，并随时可供流程中的参与者使用。他们需要确保所有流程接口均处于正常状态，在必要时可制订改进计划，同时推进计划的执行。

流程负责人必须与流程经理通力合作，共同对流程进行治理和管理，确保：

- 员工对流程有所了解，知道何时使用流程以及如何触发流程
- 对流程文件进行良好维护，可供需要的人员使用
- 对流程参与人员定期进行充分的培训
- 所有利益相关方都了解流程及其政策、相关责任
- 必要时对流程角色进行分配、审查
- 流程受到监测和控制，确保合规
- 流程输出结果的质量符合要求
- 对流程中存在的风险进行识别、评估和管理
- 具备足够的资源和技能，流程能够有效运转
- 所有接口、集成功能均正常

流程负责人不一定是一个全职角色。该角色有可能负责多个流程，也可以赋予该角色其他职责。

2.3.7.4　治理委员会

SIAM 中的委员会属于机构小组的一种类型。在 SIAM 生态系统中，这种类型的组织实体承担特定的职责，跨组织、跨层开展工作。委员会在提供治理方面发挥着关键作用。委员会属于决策机构，对其所做出的决策负责。在 SIAM 模式运行的全生命周期过程中，委员会通过定期召开会议履行职责。

📖 **治理**

　　法人组织经常使用"治理"一词来描述委员会或类似机构指导公司的方式，以及用于进行指导的法律和惯例（规则）[5]。

对于一个着手向 SIAM 模式转换的组织来说，必须从一开始就对治理委员会结构进行设计，并成立各种治理委员会，以确保面向全体服务提供商存在一个完整统一、协调一致、清晰、可理解的问责结构。在 SIAM 治理框架中，应该设计一些不同的治理委员会，每个委员会都有自己的职责和职权范围。根据 SIAM 生态系统的规模和复杂性、客户和服务集成商的企业文化差异，委员会的数量和类型将有所不同。

📖 **委员会结构**

　　一个全球性组织可能需要一个基于地理区域的委员会层次结构，在国家层面、地区层面和全球层面设立不同的委员会。如何设立委员会结构，将基于不同地理区域，根据其在服务、基础设施、服务提供商和文化方面的差异程度做出决定。

5　出处：维基百科。

设计委员会结构时，应从战略、战术和运营层面的治理角度进行考虑。例如：

- 战略层面：对资金、合同、商业协议和战略进行审批
- 战术层面：对政策进行审批
- 运营层面：对服务和流程的（小型）变更进行审批（注意，服务变更可能看起来是运营层面的，但取决于变更的范围和影响，它可以被视为战术层面的，甚至是战略层面的）

委员会结构应按照 MECE（mutually exclusive, collectively exhaustive，相互独立、完全涵盖）原则进行设计，即：

- 相互独立：每个可能的问题或议题，都在一个且只在一个委员会的职权范围内进行讨论
- 完全涵盖：将各委员会的职权范围综合起来，共同涵盖服务的方方面面，以确保开展有效的治理

图 2.3 展示了治理委员会结构的一个示例。大多数委员会由服务集成商中的高级角色（例如 SIAM 运营领导人角色）推动运作，而其他委员会由特定职能角色的人员（例如首席架构师或变更经理）进行运营。SIAM 治理保留了监督职能，以确保委员会按照预期有序开展工作。

图 2.3　治理委员会类型示例 [6]

不同类型的治理委员会示例如下。

执行指导委员会

这是一个高级委员会，负责 SIAM 模式设计、转换和运营方面的战略决策。该委员会制定 SIAM 组织结构治理的政策，并予以发布。必须把战略决策信息提供给所有各方，并将这些信息存储于共享存储库中。关于更多详细信息，参见第 2.3.7.5 节"执行指导委员会"。

伙伴关系与协作指导委员会

这是一个联合委员会，专注于在生态系统内的不同各方之间建立伙伴关系、促进协作。该委员会致力于对期望的行为方式进行促进、鼓励、跟进和奖励。

架构治理委员会

该委员会负责创建、议定在整个生态系统中必须遵守的架构标准，并对其进行维护。同时

6　出处：由克里斯·泰勒-卡特（Chris Taylor-Cutter）提供。

负责审查服务设计提议，确定必要的变更，对最终设计和例外豁免进行审批。成员由来自整个生态系统中各方的代表组成。

正如本书前面所讨论的，该委员会可以由转换项目团队的架构职能形成。该委员会鼓励技术创新，积极推动对新技术的了解，寻求减少技术债务。

持续服务改进与创新委员会

这是一个联合委员会，负责促进、跟进持续服务改进与创新工作，通过调查、确定优先级、规划和实施等方式推动服务改进。

信息安全标准与审查委员会

该委员会负责根据客户组织的安全策略商定应用于整个 SIAM 生态系统中的信息安全标准，负责审查新服务以及服务变更的设计提案。

在很多组织中，该委员会存在于 SIAM 生态系统之外。该委员会制定政策和标准，由运营委员会执行。

需求与项目 / 项目群管理委员会

该委员会负责审查需求、汇总需求，了解并商定优先事项，并管理项目和项目群的资源分配。根据 SIAM 生态系统在 IT 职能中的地位，该委员会可能位于 SIAM 治理框架之外的更高层级。

服务审查委员会

该委员会负责联合其他委员会共同审查服务级别达成情况，对与跨服务提供商服务交付有关的短期、长期计划和活动进行审批，解决跨服务提供商交付问题，在必要时确定须升级的问题以及升级的时机，管理跨服务提供商风险（参见第 5.1.2 节"战术治理委员会"）。

集成变更顾问委员会

这是一个联合委员会，负责审查、评估可能对多个供应商产生影响，在规模或复杂性方面具有高风险或属于重大事项的变更提案，并提供建议。

除集成变更顾问委员会外，还将在运营层面针对特定流程设立工作组和论坛。这些工作组和论坛（参见第 1.7.4 节"SIAM 机构小组"）为流程领域的主题专家建立了跨服务提供商的伙伴与协作关系。

必须对委员会成员的职责进行规定，对成员进行分配和商定，其中包括主席和副主席。必须明确会议频度、会议日程、会议组织工作（地点、虚拟或实际场景、提前分发讨论材料等）和标准议程。必须明确每个委员会的职权范围，界定其职权、领域和权限级别。对会议礼仪进行说明，这应作为新员工入职流程和服务提供商加入流程中的一项内容，有助于鼓励期望的行为方式（参见第 2.3.13.4 节"服务提供商的进入与退出"）。

在设计 SIAM 模型的过程中，服务集成商必须与客户组织相互合作，就 SIAM 治理框架（包括委员会结构）达成一致。在实施过程中，框架往往会发生变化。重要的是，要根据期望建立一个具备灵活性的目标模型。

2.3.7.5 执行指导委员会

鉴于执行指导委员会所发挥的重要作用，值得更深入地探讨其目标。其职权范围包括：

- 确保SIAM生态系统中的各方在战略、业务运营层面保持一致
- 分析客户、服务集成商和服务提供商的业务计划，并对新的服务、变更的服务进行监督

- 编制与服务相关的战略需求、规划
- 对治理委员会及其成员进行定期审查
- 对从其他治理委员会升级上来的问题和例外事项进行处理
- 审查并商定对服务集成商和服务提供商的绩效评估
- 对以下事项进行监督（并提供保证）：
  - 关键可交付成果、关键活动的转换计划、进度和成果
  - 根据服务级别、持续改进要求而调整的运营绩效
  - 针对政策、标准、制度的治理、风险和合规性义务
  - 安全报告、漏洞、合规性仪表板
  - 财务绩效与财务预测
  - 有效的风险管理与监控，包括针对审计行动的补救情况
  - 对合同交付物、合同义务的追溯

执行指导委员会的会议议程示例如下：

- 上次会议的纪要和行动落实情况
- 审查其他治理委员会的权限、成员
- 讨论所有升级上来的问题
- 讨论并商定业务目标和目的、优先事项及业务战略
- 审查绩效、客户满意度和财务问题报告
- 审查内部和/或外部审计结果
- 审查风险和问题日志
- 对成功的事项进行庆祝（许多此类会议被认为是枯燥的，因此一个好的做法是增加一些积极因素，展示大多数事项的进展是顺利的）
- 其他事务

执行指导委员会必须确保，每个服务提供商在向客户组织交付服务时，须遵守有关公司法规和制度，履行合同规定的义务。还必须确认影响 SIAM 生态系统的商业决策获得正确授权。

📖 **公司法**

每个司法管辖区对公司运营、人员管理、治理和报告都有特定要求。当 SIAM 的实施范围跨越管辖边界时，必须考虑所有适用的法律因素。

例如，对于总部位于英国的组织，可能需要执行委员会确保：所有服务提供商都是依据《公司法》和一般法进行注册和管理的。另一个例子是，在美国注册的公司必须遵守《萨班斯 - 奥克斯利法案》（Sarbanes-Oxley, SOX）之董事会级报告规定。

遵守法律规定是每个服务提供商的责任。SIAM 生态系统中每一层的服务提供商都应遵守所有相关法律要求，对此必须向执行指导委员会提供确认信息。国内法或国际法可能会定期发生变化，可能会对当事各方的服务和义务产生影响。所有各方都需要遵守所有适用的法律与修订后的法律。

> 📖 **法律的变动**
>
> 在欧洲境内出台的《通用数据保护条例》（General Data Protection Regulation, GDPR）会对任何与欧洲客户进行交易的组织产生影响。
>
> 该条例于 2016 年 4 月 27 日获得通过，在经过两年的试运行后，于 2018 年 5 月 25 日起正式生效。与指令不同，该条例无须各国政府通过任何立法授权，因此具有直接约束力和适用性。

执行指导委员会应由客户组织内的高级管理人员、服务集成商的代表和每个核心服务提供商的代表组成。核心服务提供商是那些在 SIAM 生态系统中发挥积极作用的服务提供商。可能还有其他服务提供商（例如那些仅仅提供商品化的"即服务"解决方案的服务提供商）参与，不必期望它们定期参加治理委员会会议（它们也不太可能有兴趣这样做）。

必须注意的是，应确保委员会成员人数是适当的。成员过多会令委员会臃肿，成员过少又显得缺乏合法性。成员需要有足够的权力对 SIAM 模式的产出进行有效监督。对与会者有以下期待：

- 作为所在组织的代表，阐述组织的绩效和未来计划
- 评估在服务、客户体验、监管和其他值得关注的方面面临的风险和存在的问题，并帮助降低和解决这些风险和问题
- 讨论商业问题和/或敏感问题，以确保端到端 SIAM 生态系统的质量符合预期

执行指导委员会重点在以下领域开展工作：

- 政策
- 治理流程
- 工作方式
- 监管因素
- 管理和控制方法

政策

在 SIAM 生态系统中，执行指导委员会负责确保与服务交付有关的政策得以制定，确保政策是正确无误的，确保政策得以维护。委员会可能不会直接制定这些政策，但委员会的确保证了这些政策得到了制定，并且得到了遵守。

这些政策必须被所有服务提供商接受，如果发生冲突或变化，则需要将问题升级至执行指导委员会层面。这些政策必须符合组织的质量管理标准和程序，并定期接受审查。例如，以下治理领域需要制定政策：

- 财务治理
  - 对 SIAM 生态系统及其服务提供商实施财务控制
  - 合同的商业内容和合同后交付
  - 及时的信用控制和现金管理政策
- 治理风险与保证
  - 在整个 SIAM 环境中，保持有效的风险意识和管理文化
  - 根据盈利能力和风险，对服务承诺进行独立审查和批准

- 定期监测交付管理的成效
- 通过审计，遵循经批准的业务流程
- 持续改进业务流程
  - 公司服务治理
  - 符合相关法律和道德规范
  - 经营决策得到相关法律咨询的支持
  - 有效且高效地提供设施
  - 符合采购政策和流程
  - 遵守合同承诺

流程

执行指导委员会也负责确保 SIAM 模式治理流程得以定义、实施和控制。相关工作组和论坛必须审查已定流程的执行情况和遵守情况，当发现问题时，应将问题升级至执行指导委员会，由执行指导委员会进行评估和指导；当发现流程故障时，应采取纠正措施，并对可能的服务改进活动进行规划和实施。

工作方式

工作方式通常被称为"文化"或"习惯和实践"，是指将服务交付给客户组织的方法。

每个服务提供商的协作需求必须得到关注。对于构建端到端服务愿景、制定利益相关方行为规范，执行指导委员会必须充分参与其中。

对工作方式进行规划、培育、管理和评估的示例如下：

- 实施关系管理流程，特别关注服务提供商之间的接口和传递程序，传递程序是必须存在的，为了保护端到端服务交付，这是对合同管理、供应商管理和绩效管理等流程的补充
- 商定在服务提供商之间（包括内部和外部）进行人员调动的方法。务必关注角色与目标的变化、提供服务的商业基础的变化以及可能影响决策过程的驱动因素的变化（参见第3.3.3.4节"资源退出"）
- 对某些利益相关方可能会抵制变革表示理解。这种阻力往往基于不确定性，尽管如此，这仍然是一个理应得到关注的、需要解决的问题
- 留出时间，与所有受影响的人员进行沟通，这样做的好处就是有助于人们理解SIAM模式的目标、结果和其中的预期行为
- 对范围的变化进行评估，并进行公布。SIAM模式将改变组织和人员的职责与责任，通常会导致复杂性增加，因此什么工作由谁来做是很重要的，需要对此进行良好的定义并进一步明确[7]
- 运用协作协议，该协议为服务提供商交付端到端服务而协同工作奠定了基础（参见第3.1.8节"协作模型"）

监管因素

在 SIAM 模式下，服务交付依然受到外部标准和监管要求的影响。客户组织的性质不同，

7　出处：《萨班斯 - 奥克斯利法案》。

其所在行业不同，外部标准和监管要求也会有所不同，务必关注这一点。

📖 **金融行为监管局（Financial Conduct Authority, FCA）**

例如，在英国，属于金融服务业的企业，其治理模式必须符合金融行为监管局的要求，如下所述：

"金融行为监管局颁布了法规，要求金融服务企业对自身运营保持有效控制，对各个方面的风险进行严格管理。除常规风险外，云服务（或任何第三方服务提供商提供的服务）将是金融服务企业面临的另一个风险，当使用云服务时，必须从一开始就进行风险评估、量化、论证和管理，并随着服务提供商关系的发展变化而对风险进行持续管理。"

最近，金融行为监管局发布了《关于企业使用云服务和其他 IT 外包服务的指导意见》(FG 16/5)，对其现有的外包规定进行了扩展。

那么，这对企业意味着什么呢？

- **控制与数据安全**——这是金融行为监管局关注的首要问题，外包过程管理仍然是企业的责任，企业需要配备足够的专业人员来管理外包
- **预研**——使用云服务有良好的商业案例吗？供应商是否可靠且具备能力？企业将如何对此进行监测？如果各个层面都发生了大的问题，企业该如何应对？
- **转换与应急**——企业能否顺畅更换供应商，能否妥善管理交接问题，最大限度地减少中断的影响

在一个新的动态环境下，执行现有规则并不总是容易的，该指导意见引发了一些有趣的实际问题，例如：

- **管辖权**——企业能控制自己的数据在哪里被处理吗？金融行为监管局建议企业接受数据驻留政策
- **进入经营场所**——金融行为监管局依旧坚持，公司、审计师和监管机构应能实际进入服务提供商的经营场所，以监督其执行情况。这给高度安全的云设施带来了挑战，但如何实现这种访问，取决于客户组织与云提供商的约定[8]

管理和控制方法

在 SIAM 生态系统中，需要塑造一个始终如一的共同愿景，执行指导委员会负责对愿景进行定义，并进行管理。这意味着，在 SIAM 运营模式中考虑了对所有利益相关方的影响，具体体现在以下方面：

- 跨服务提供商流程被各方充分理解，在各方之间是一致的
- 与加入SIAM生态系统的每个服务提供商签订合同，签订服务级别协议，践行跨服务提供商协同工作实践
- 治理委员会、流程和控制机制均有效，能够为客户组织提供指导，使客户组织具备管理风险、实施适当控制的能力

8　出处：金融行为管理局。

- 结合业务变革生命周期，尽早考虑新服务如何与在用服务集成
- 通过沟通、培训，对利益相关方角色形成一致的认识
- 客户对服务集成商进行授权，以零容忍政策对不遵守模式和流程的行为进行约束，确保服务提供商与服务集成商进行对接，并给予服务集成商适当的支持

2.3.8 所有权

通过追溯发现，很多问题的发生是因为缺乏清晰的所有权。由于所有权和维护责任不够明确，随着时间的推移，工具系统、文件、目标、监测解决方案、控制措施和报告可能已经过时了。在 SIAM 生态系统中，所有权是一个关键的治理概念。服务提供商数量的增减、服务提供商的更换都会造成环境的不稳定。在关键事项不够明确的情况下，可能做出不正确的假设，进一步导致风险增加。

> 📄 **灰色地带**
>
> 在进行 SIAM 模型评估时，顾问们发现，当被问及所有权和职责时，"这是一个灰色地带"这句话已经成为组织通用的企业用语了。几乎在每次访谈中都能听到这种表达。

在 SIAM 治理框架内产生的工作成果物，例如战略、规划、政策、工具系统和流程，都需要对其所有权进行明确、分配、记录，对所有权的界定应该是恰当的、经各方一致同意的。所有权需要分配给适当的角色，因为它是动态的、持续的。将所有权分配给过低的级别（缺乏经验或权威）或过高的级别（对此无关注或尚未关注）都没有什么价值。对治理工作成果物拥有所有权的角色，也负责对该工作成果物进行维护，还需要获得足够的预算来支撑其活动。

2.3.9 职责分离

职责分离是一个重要的治理概念，在确定 SIAM 模型及其相关流程中运用的方法时，需要对此加以考虑。在流程、程序和任务中进行适当的职责隔离，确保始终有两个或两个以上的人员参与其中，直到端到端活动的最终完成。这对于可能遭受欺诈或其他存在弄虚作假等不良行为的活动尤其重要。职责分离提供了监督机制，有助于确保错误能被识别，同时也使舞弊行为更加难以进行。

> 📄 **职责分离**
>
> 对于内部服务集成商 SIAM 结构，在内部服务集成商角色和保留职能之间应该有职责分离。这样做避免了潜在的问题，例如，将不会有看法认为内部提供商得到了优先对待。
>
> 这同样适用于首要供应商服务集成商结构，服务集成商和服务提供商的角色需要分离。

职责分离的常见示例包括：
- 由某个人员发起的订单需要由另一人员签字

- 购买新设备或更换设备的请求，需要由申请人以外的其他人批准
- 对关键服务的变更在发布之前需要经过同行评审
- 变更发起人不得批准自己的变更
- 差旅费用需要得到部门经理的批准
- 属于内部服务集成商的员工，不得向其内部服务提供商角色的管理层汇报，以避免被认为存在利益冲突
- 服务集成商可获得的特权信息不与内部服务提供商单独共享，除非同时也与外部服务提供商共享
- 内部服务集成商的绩效报告与内部服务提供商的绩效报告是分开的

> 🗎 **利益冲突**
>
> 在一个超大型企业实施 SIAM 的早期阶段，各方发现获提名的外部服务集成商可能与服务提供商之间存在利益冲突，各方对此表示严重关切。甚至有建议指出，竞标服务集成商合同的企业不应再竞标服务提供商合同。
>
> 允许一个组织竞标多个合同的利益冲突（Conflict of Interest，CoI）管理计划应时而生。在该计划中，包括了针对服务集成商全体员工的特定培训，以及对不当的请求和做法进行升级的途径。

通常，职责分离等控制机制属于标准的管理控制方法，它超出了 SIAM 模式的范围，并且早已存在。这些控制机制需要经过评审，能被接受并包含在 SIAM 模型中（参见第 2.4 节"设计角色与职责的原则与政策"以及第 3.1.6 节"细化角色与职责"）。

2.3.10　文件

另一个值得关注的治理因素是如何存储、控制和维护与 SIAM 相关的关键工作成果物，例如 SIAM 战略、SIAM 模型定义、规划、流程定义、合同和政策。这些文件中包含了有价值的信息，需要随时提供给有关人员，而无须他们浪费时间进行搜索获得。

还需要防止对文件进行任何未经授权的更改，并根据角色与职责限制访问。

> 🗎 **文件分类**
>
> 举一个例子，服务集成商创建了一个数据分类大纲，并对与之关联的访问权限进行了划分，为所有运营数据都分配了默认的分类。这大大地减少了文件访问的管理工作，并形成了基本访问策略。

2.3.10.1　文件存储与访问控制

从采用非结构化的共享磁盘到使用内置版本控制和工作流的完整文件管理系统，不同的组织有不同的文件存储方式。

> 📖 **文件可用性**
>
> 　　受控文件通常保存在公司内网中,外部组织(例如外部服务提供商)可能无法访问。这可能导致文件的多个副本被下载和存储,从而无法知道每个人在同一时间使用的是哪一个版本。

　　需要明确 SIAM 项目文件治理需求。可以对每一个现有的文件管理解决方案进行评估,检查它们是否适用,或者可以制定新的解决方案。

2.3.10.2　文件审核与变更审批

　　对于在 SIAM 治理框架内产生的文件(例如流程和政策定义),必须进行定期审核,至少每年审核一次,当文件发生更改时也应进行审核。以此确保文件仍然符合业务需求,并保持最新状态。在对文件进行必要的修改后,须对新版本的文件进行审批,再按规定进行存储。确保文件经过审核是每一位文件负责人的职责。

　　虽然一些组织将重要文件置于正式变更管理流程的控制之下,但这种做法仍未得到普及。在变更管理流程的工作流中,可能包含了对变更的影响评估、批准和通知,也可能包含了一些辅助工具。因此,不论是使用正式的、既有的,还是使用规划中的变更管理流程,都应对变更管理流程进行认真考虑。或者,组织可以转向其他解决方案,例如文件管理工具,或在小型组织中采用简单的程序,将新版本的文件通过电子邮件发送给治理委员会成员进行审查和批准。

2.3.10.3　文件治理需求

　　对 SIAM 文件的治理应确保:

- 文件已由有关机构创建、正式批准、签署
- 给文件分配了有效的负责人
- 所使用的版本是最新的、最终的版本,对此可以得到保证
- 定期审查文件的一致性和时效性
- 文件对授权用户可见并易于查找
- 未经授权的用户无法查看文件
- 未经授权无法更改文件
- 对文件的修改保留痕迹、进行审查和批准

2.3.11　风险管理

　　在 SIAM 治理框架中,应纳入风险管理的政策、程序和职责。风险管理是识别风险、评估风险、并适时采取措施将风险降低到可接受水平的过程。通常,在向 SIAM 模式转换的过程中,以客户组织所用的风险管理方法作为支撑机制。

　　组织可能已经拥有了一种进行企业风险管理的方法。既便如此,也应通过 SIAM 治理确保建立一个适当的、有效的机制,用以识别、了解、跟踪和管理 SIAM 生态系统中的特定风险。只要建立了这种机制,就可以在需要时通过企业风险管理获取有关风险级别的信息。如果客户组织没有既定的方法,则可以采用诸如 M_o_R® 或 ISO 31000 标准等最佳实践技术。

📖　**风险管理**

ISO 31000:2009《风险管理原则与指南》提供了风险管理的原则、框架和流程。不论规模、活跃度和行业，任何组织都可以采用该标准。运用 ISO 31000，通过提升对机会和威胁的识别能力，有效分配和使用风险处理资源，可以帮助组织提高实现目标的可能性[9]。

在风险管理过程中所采用的流程、技术、工具，以及在其中所定义的角色与职责，由所选择的方法决定。在风险管理计划中，描述了如何建立项目风险管理体系，以及如何实施项目风险管理。通过开展治理，确保：

- 对风险管理政策、程序和矩阵以及确定风险优先级的方法进行定义、记录和批准
- 对与风险管理有关的角色与职责进行明确定义并分配
- 在合同中明确要求，服务提供商须遵守既定的风险管理政策与程序
- 在流程与程序设计、筹划会议、团队会议和评审期间，预留时间对潜在风险进行考虑、识别和讨论
- 对已识别的风险进行记录、分类、跟进、分析，明确风险负责人
- 超出组织风险偏好的重大风险得到解决，即使这仅仅是管理层正式接受风险的记录性决定
- 针对特定风险事件的发生，必要时制定应急预案
- 定期审查风险，以防风险的性质、可能性或潜在影响发生变化

建立有效风险管理体系的第一步，是了解组织所面临的各类不同风险之间的区别，如下所述。

可预防的风险

可预防的风险属于内部风险，产生于每个组织内部，是可控的，应该被消除或避免。例如，由员工和经理的未经授权、不合法、不道德、不正确或不适当的行为所带来的风险，以及在日常运营过程中发生故障所带来的风险。

每个组织必须为缺陷或错误定义一个容忍区，位于容忍区的缺陷或错误不会对企业或转换项目造成严重的损害，但是要完全避免这些缺陷或错误，付出的代价却会过高。一般情况下，组织应该设法消除这些风险。

最好通过积极预防来管理此类风险，监控运营流程，引导人们的行为和决策符合预期的规范。有很多信息来源可为组织提供基于规则的合规性方法，为在 SIAM 项目中运用这种方法提供充分的指导。

战略风险

战略风险与可预防风险有很大的不同，因为从本质上来说，战略风险并非不可取。为了从战略中获得更高的回报，客户组织会自愿接受一定的风险。

具有高回报预期的战略通常要求组织承担重大风险，而管理这些风险是获取潜在收益的关键驱动因素。例如，英国石油公司（BP）接受了在墨西哥湾地表以下数英里处进行钻探的高风险，因为该公司期望开采出的石油和天然气的价值很高。

9　出处：国际标准化组织（International Organization for Standardization, ISO）。

战略风险无法通过基于规则的控制模型进行管理。相反，为了降低假定风险发生的可能性，提高组织在风险发生时管理风险、遏制风险的能力，需要设计一个风险管理体系。这样一个体系不会阻挡组织进行高风险的投资；相反，它将使组织能够进行更有效的风险管理，使组织能够承担更高的风险，进行更高回报的投资。

对于客户、服务提供商和服务集成商来说，向 SIAM 模式转换可以被视为一种战略风险。

外部风险

有些风险由公司外部的事件引发，超出了公司的影响范围或控制范围。这些风险源于自然灾害、政治灾难以及宏观经济的重大变化。由于向 SIAM 模式的转换通常会增加生态系统中不同参与方的数量，因此外部风险也可能会增加。

应对外部风险需要另辟蹊径。由于公司无法阻止源头事件的发生，因此公司必须重视对外部风险的主动识别，减少外部风险带来的各种影响。从组织的历史和未来可能的情景中挖掘一些案例，以此加强沟通，帮助高管们更容易地理解自身所处的运营环境。

📖 **SIAM 的范围**

诸如肯尼芬框架™[10]这样的方法在这里很有用。肯尼芬框架™给决策者带来一个看待事物的新视角，通过对复杂的概念进行透彻的理解，解决现实世界的问题并把握机遇。

组织应针对不同的风险类别定制不同的风险管理流程。虽然基于合规的方法对于可预防风险的管理是有效的，但远不足以应对战略风险管理或外部风险管理。对后两种风险，需要采取不同的方法，而这些方法应建立在开放、坦率、基于风险讨论的基础上。

需要为每个风险定义控制措施。可行且有效的控制措施具备以下特点：

- 适用于它们正在应对的风险
- 与战略保持一致
- 成本合理
- 稳定且可重复，因此它们每次都以预期的方式运行
- 可验证，因此检查控制措施的存在和运行是可行的
- 考虑到协作性，使关键利益相关方参与到决策、控制措施的设计和实施中
- 明确了负责人，因此有人负责按照设计部署控制、实施控制

图 2.4 展示了资产、威胁、漏洞、风险和控制之间的关系。当资产存在对应特定威胁的漏洞时，就会发生风险。如果风险规模超出了组织能够接受的程度，并且无法通过移除资产或消除威胁来消解风险，则应采取一种或多种控制措施来降低风险。

10　参见肯尼芬官网。

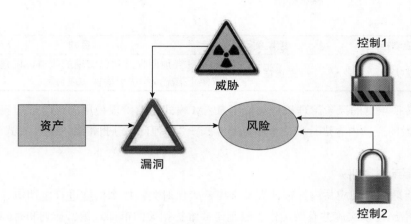

图 2.4　资产、威胁、漏洞、风险和控制

在处理风险时，使用不同类型控制的组合是很好的做法。表 2.1 中描述了常用的控制类型。

表 2.1　常用的控制类型

控制类型	描述	示例
指导性	通过提供方向和指导来降低风险	• 政策 • 程序 • 标准
预防性	通过防止风险发生，或尽量减小风险发生的可能性，或尽量减少风险发生带来的影响来降低风险	• 自动化 • 培训 • 审批流程 • 密码 • 职责分离
侦查性	当风险事件正在发生或即将发生时，通过侦查来降低风险	• 根据预算监测支出 • 事件监视工具系统 • 指标趋势分析 • 审计 / 抽样
更正性	当风险事件发生或即将发生时，通过触发某种形式的更正措施或恢复行动来降低风险	• 自动故障切换 • 存在安全缺口时应遵循的规定程序 • 恢复计划

例如，针对"从 SIAM 计划中无法实现预期收益"这一风险，可采取一些控制措施进行管理。这些控制措施的示例如表 2.2 所示。

表 2.2　管理"从 SIAM 计划中无法实现预期收益"风险的控制措施示例

控制措施	控制类型	目的
正式审查和批准商业论证和预期收益	指导性	确保正确阐明商业论证及其中的预期收益，商业论证具有较高水准，预期收益可实现
计划变更审批流程	预防性	在未对预期收益的影响进行适当考虑的情况下，防止对计划的目标、范围或实施进行变更
在计划期间和计划之后，定期监测预期收益和已实现的收益	侦查性	确定收益实现是否按计划实现了预期结果

续表

控制措施	控制类型	目的
定期审查收益实现	更正性	定期审查预期收益和已实现的收益，确定是否需要采取纠正措施或举措以确保实现目标

SIAM 转换项目的风险管理流程类似于 SIAM 模式运营阶段使用的风险管理流程，并且可作为实施阶段的一项内容进行移交（参见第 4.2 节"如何向已获批准的 SIAM 模式转换"）。

2.3.12 审计控制

SIAM 治理领导人应与内部审计人员合作，确保对关键控制措施进行定期审计，以保证所要求的控制措施得以实施并有效运作。应制定并维护相关的审计政策、计划和时间表。必须对发现的每一个审计问题明确负责人，并进行跟踪，直至问题解决。

一些组织可能会选择采用 ISO/IEC 20000 等标准，或者纯粹将标准作为参考，或者以获取标准认证为目的。选用标准时，应检查该标准是否与 SIAM 生态系统兼容，这一点很重要。

2.3.13 供应商与合同管理

供应商（包括外部服务提供商）管理及合同管理需要成为任何一个 SIAM 生态系统中的核心能力。其目的是打造一种注重伙伴关系、协作和创新的整体文化，而不是"按合同办事"的文化。"按合同办事"是指经常围绕合同中约定的内容和未约定的内容，以及可能收取的额外费用或可能收取的罚金而发生争论的情况。理想情况下，成本透明、价格公平是良好供应商与合同管理的基础。

> 🗎 **价格不公平的一个示例**
>
> 如果价格已经被压低到服务提供商不可能实现收支平衡的水平，那么与服务提供商签订合同几乎没有意义——除非它们对合同中没有涵盖的每一个小的额外请求都收取额外费用。
>
> 这种做法几乎总是导致关系紧张。客户组织会觉得，要实现它们提出的每一个需求都要付出代价；而服务提供商则会感到失望，因为它们提出的任何一个小的创新或改进建议，都会因为合同利润太低而不得不收费，因此这些创新或改进都得不到推进。

通常，客户组织采用 SIAM 的目的之一，是将自身非常受限的境况（可能是签订单一整体外包合同的情形）转变为自身可获得更大灵活性的境况。客户组织因此可以将不同的服务外包给这一时期能够提供最佳产品或最优价格的（内部或外部）服务提供商。在规划、创建企业架构的各项因素时，在有关战略和设计活动中，需要对这种灵活性予以适当考虑。随着需求或产品、服务的变化，能够轻松引进、淘汰服务提供商，在引进和淘汰之间轻松切换，这是 SIAM 模式的主要优势之一。

为了避免被长期绑定，SIAM 合同的期限通常较短，并且在结构上，为未来服务变更及服务交付方式的变化提供了灵活性。然而，在某些情况下，客户和服务提供商之间需要加强关系，因此需要签订较为长期的合同，以维护更好的关系，并保证更大程度的稳定性。

2.3.13.1　供应商与合同管理职能

供应商与合同管理职能需要认同并支持 SIAM 模式。因此，在 SIAM 实施过程中，在项目团队和供应商与合同管理团队之间尽早建立合作关系非常重要。在每个服务提供商合同的整个生命周期中，项目团队和服务集成商（一旦被选定）应获得供应商与合同管理团队的资源，并得到其指导。通常情况下，服务集成商将与客户保留职能的合同管理团队一起工作，在变更管理、服务绩效管理和供应商管理等方面发挥核心作用。

通常，供应商与合同管理属于组织中非 IT 部门的职责，但这项活动不能完全脱离 IT 部门。采用 SIAM 模式，将涉及组织变革和文化变革。SIAM 通常在超出 IT 范围但依赖于 IT 的集成服务（例如财务与会计、人力资源服务或其他业务流程）方面发挥作用。因此，整个组织，包括高级管理层、供应商与合同管理职能，都需要了解 SIAM 项目的收益，并全身心地投入其中。

2.3.13.2　对供应商与合同的约束

组织在对 SIAM 运营模式和未来服务提供商布局进行规划时，可能希望制定设计原则。这些原则可以转化为约束条件，这可能会限制单个服务提供商能够竞标或承担的服务范围，但也可以防止（无论是内部还是外部）服务提供商的垄断和不正当竞争。约束还可能阻止服务提供商跨层竞标，例如，既是服务集成商又是服务提供商的组织将无法竞标（因此排除了首要供应商结构参与生态系统的可能性）。

虽然在 SIAM 环境中，既是服务集成商又是服务提供商的组织并不罕见，但一些客户组织可能会决定禁止这种情形出现。这促使服务集成商专注于其集成职责，而不会存在服务提供商之间的不公平或潜在利益冲突等问题（参见第 1.6.4 节"首要供应商服务集成商结构"）。请注意，作为仅有单一业务的服务集成商，有时在商业上很难实现盈利，因此，服务集成职能经常与其他服务捆绑在一起，尽管各自有单独的合同。

2.3.13.3　供应商与合同治理

为了评估人员变动情况，须针对关键服务提供商合同进行治理，包括定期召开审查会议，并采取措施。这可确保无论是客户组织还是服务提供商的人员发生变化时，新员工能够尽快参与进来，并能够快速适应首选的工作方式，保证了方法的一致性（另参见第 3.1.2 节"采购方式与 SIAM 结构"）。

治理需要确保：

- 具有一个明确、有效、符合SIAM特定要求的框架来管理服务提供商与合同
- 框架设计人员具备适当的合同管理资源、知识和技能水平，能够成功设计和运行框架
- 对角色与职责进行明确的定义、分配
- 从合同的全生命周期考虑合同相关的因素，包括职责和可交付成果
- 对关键服务提供商与合同的治理是积极有效的
- 在合同中明确服务集成商作为客户组织的代理，无论其来自内部还是外部
- 根据合同承诺和服务绩效评价指标，按照商定的时间周期，对服务提供商绩效进行评

价并提供报告，同时采用商定的方法补齐短板
- 生态系统内的所有服务提供商都得到公平对待
- 服务提供商目标与端到端服务级别保持一致
- 控制到位，可确保合同审查、续签和终止日期能被追溯，以便在必要时及时采取行动
- 当任一SIAM层的人员或高级利益相关方发生变动时，采取措施防止合同关系受到影响
- 合同应尽可能遵循标准模板制定，其中包含明确定义的条款和条件、升级和争议程序
- 合同包含促进协作与创新的条款
- 针对未来可能发生的服务变更和交付机制改变，合同具有灵活性

2.3.13.4　服务提供商的进入与退出

在供应商与合同管理过程中，必须高度重视以下事项，并对其进行规划：
- 如何将新服务提供商引进生态系统中
- 当合同结束时，如何将服务工作项从一个服务提供商迁移至另一个服务提供商
- 即将离任的服务提供商将如何退出生态系统

这些转接事务的成效和效率是判断 SIAM 运营成熟度的良好指标。这些转接点涉及一定风险，因此在 SIAM 治理框架中，需要确保这些转接点能被识别、理解及管理。应该为服务提供商进入与退出生态系统制定明确的程序，为不同服务提供商之间服务工作项的交接管理制定明确的程序。这些程序应在与服务提供商签订的合同条款中得到明确。

每一次服务提供商的进入或退出，都应被视为一次改进的机会，随着时间的推移和经验的积累，相应的程序也将得到改进。

2.3.14　服务绩效监测与评价

SIAM 治理中的一项重要内容，是能够监测、衡量和理解生态系统的运行状况。如果没有中肯的、准确的、最新的信息，就不可能做出及时、正确的决策，不可能采取有效的纠正措施，也不可能了解计划是否成功。

服务是否满足既定的业务需求，可通过服务绩效进行衡量。趋势分析至关重要，因为很难通过单一数字或指标来判断绩效，还需要评估绩效是否有所改善。

在 SIAM 环境中，应该从实现合同目标转向关注端到端服务的绩效、创新、协作，以及满足客户组织不断变化的需求。这并不是说，根据服务级别协议或运营级别协议（Operational Level Agreement，OLA）中规定的合同服务目标对服务绩效进行评价并不重要，但这是一个基本期望，而不是关注的重点。根据服务目标了解绩效、治理绩效仍然很重要。这可能涉及对服务的一系列考量因素，例如可用性、故障响应与修复时间、常见请求的解决时间和实际系统响应时间。这些评价指标有助于表明业务需求正在得到满足，从中也可发现对创新、良好实践和经验教训进行分享的机会。

在 SIAM 生态系统中，绩效评价对客户保留职能和服务集成商都很重要，但其出发点不同。客户组织通常对以下方面感兴趣：
- SIAM模式和服务交付的整体绩效，目的是了解SIAM战略是否成功得以实施、是否提

供了价值，以及战略要求是否得到了满足

- 服务集成商的绩效，目的是了解服务集成商是否按照预期的要求执行工作，是否达到了服务交付所要求的协作、集成和创新级别

服务集成商负责为每个服务提供商的绩效和端到端服务绩效提供保证，以便将预期结果交付给客户组织。服务集成商对以下方面感兴趣：

- 正在交付的每项服务的总体状态。目的是了解该服务在相关服务提供商之间聚合时的运行情况
- 服务目标之下单个服务提供商的绩效。目的是了解可能存在的问题或改进机会。例如，在某一特定领域，如果一家服务提供商持续取得较好的结果，这表明该服务提供商可能形成了一种良好实践，值得进行探讨，并有可能为其他服务提供商提供借鉴

虽然通常在合同中有条款规定，在未能达到商定的服务目标时应提供补偿，但重要的是要记住，SIAM 生态系统倡导的是协作与伙伴关系文化，不提倡在是否应该进行处罚的问题上争论不休。

当没有达到服务目标时，首先考虑的重点应该是共同努力，推动改进并解决所有的问题。应一视同仁地执行合同补偿条款，确保平等对待所有服务提供商，没有任何模棱两可之处。最好对那些表现出有意愿改进和有能力改进的服务提供商进行奖励。

与价值损失相关的处罚

有些合同试图包含对服务失误（例如，对客户的价值损失）进行补偿的条款。如果失误和损失之间没有任何关系，则可能导致服务提供商对因不足道的失误受到巨额处罚感到不满。如果补偿办法被认为是不合理的，可能会降低补偿办法在追回损失及发挥威慑作用方面的影响力。

无论如何，这种方法都会导致问题，因为它将服务失误处罚与间接损失或损害混为一谈。间接损失或损害由特定法律要求界定，通常在合同中单独约定相应条款。

需要谨慎制定服务目标，因为指标驱动行为——这也被称为"观察者效应"。人们会做自己认为需要（或想要）做的事情，如果他们知道这些事情可能会被检查，就更有可能给予更多的关注。然而，对某些目标进行严苛的解释可能会导致适得其反的行为，特别是在实现目标的压力增加的情况下。

人们做的是你检查的事，而不是你期望的事 [11]

服务台有一个指标，即 100% 接听来电，铃声最多不超过 3 次。

服务台工作人员很快就学会了不接听任何响了 3 次以上的电话，让它一直响，直到来电者挂断，这样他们就可以达成目标。

11　出处：《谁说大象不能跳舞？》，小路易斯·V. 郭士纳，哈珀·柯林斯出版社，2002 年。

在设计新的评价指标或目标时，要同时考虑可能由此产生的积极行为和消极行为。服务提供商需要像遵守协议中的文字一样遵守协议中的精神，在对目标进行定义时应鼓励这一点。

> 📑 **问题管理中的目标与结果**
>
> 例如，针对某一特定服务，可以设定一个目标：逐月减少未解决问题记录的数量。
> 虽然设定该目标的初衷可能是好的，期望推动服务改进，但可能会导致负责服务的团队在发现新问题时决定不做记录，因为这将对其指标产生负面影响。

需要通过治理来确保：

- 对绩效进行监测、评价并报告，具有明确的政策和程序
- 对角色与职责进行了明确定义，并进行了正确分配
- 提供了适当的工具系统，并进行了配置，以支持对绩效的监测、评价与报告
- 分配了充足的资源
- 定期审查绩效指标与报告，并在必要时采取行动
- 设定的所有目标都是基于SMART原则的（specific，measurable，attainable，relevant，time-bound，具体的、可衡量的、商定的、相关的和有时限的）
- 必要时对指标、评价标准和报告进行维护、更新或更改，以确保它们与业务需求保持相关性

由于不同组织之间的协作与伙伴关系是 SIAM 环境的差异化因素之一，因此，协作应该成为评价一个组织在生态系统中表现如何的一个重要指标。挑战在于如何定义协作，以及如何衡量它。这不是一项容易明确的事项，不同的组织对如何实现这一点会有不同的想法。

以下是一些例子：

- 衡量协作流程论坛的出席率，例如，关键服务提供商是否定期参加、参与治理委员会活动
- 针对协作，定期开展问卷调查和评估
- 要求每个组织在评价期内对生态系统中的最佳协作服务提供商进行提名，并表彰提名最多的组织
- 监测上一季度内涉及每个服务提供商的纠纷数量
- 使用评价标准构建平衡记分卡方法，可能包括：
  - 服务改进的实施次数
  - 客户满意度评分提高情况
  - 数量的变化，例如，故障减少数量、已识别问题的增加数量或变更失败减少数量
  - 创新活动

另一个难点可能是如何评价和比较不同服务提供商在交付不同服务时的绩效。一个服务提供商可能会比其他服务提供商发生更多的故障，但如果其负责的是陈旧的遗留服务或正在经历重大变更的服务，那么这可能是合理的。另一家服务提供商可能总是需要更长的时间才能解决服务请求，但这可能是因为其接收请求的性质造成的。

所设定的评价标准和目标必须始终适用于单个服务提供商及其所支持的服务。然后，可以

根据每个服务提供商实现或未实现其目标的频率来对不同的服务提供商进行比较。

2.3.15　需求管理

在 SIAM 治理框架中必须包括控制，以确保需求得到识别、验证、聚合、监测和适当的分配。如果没有控制，会总存在以下趋势：

- 当业务部门需要新服务时，会与最熟悉的服务提供商接洽，而不会联系那些具备最佳成本效益的服务提供商
- 需求得不到聚合，导致存在很多类似但非标准且分布复杂的服务，而标准化服务却得不到利用，无法发挥规模经济的优势

需要通过治理来确保：

- 对新服务或变更服务的需求请求被反馈到一个中心点（例如，服务集成商或客户组织保留职能），并对需求进行分析和理解
- 对服务在当前和未来的需求进行监测、分析、预测和理解，由此可对服务进行提供、扩展、缩减或终止，确保始终能满足所需的服务体量，同时过剩的产能又不会产生不必要的成本
- 在可能的情况下，应聚合来自不同业务领域的需求，以便能够设计并提供标准化服务，从而降低复杂性和成本
- 对需求变化的影响进行量化，为适应这些变化对SIAM模型进行必要的修订，将所有修订事项都报告给执行指导委员会，并获得适当的授权和资源

📖 **需求的变化**

由于商业周期中的季节性活动或事件，需求可能会发生变化。

食品行业在收获季节可能需要不同的服务级别协议，而制造商在产品面市前可能需要进行更严格的控制。

对需求管理的治理控制应包括以下内容：

- 为需求管理定义流程与政策
- 在所有SIAM层中，对进行需求管理的角色与职责进行明确的定义，并进行分配
- 为执行需求管理活动分配充足的资源
- 建立反制措施，防止业务部门绕过治理框架创建"影子"计划
- 定期审查指标、评价标准，监测需求管理能力绩效，推动持续改进

2.4　设计角色与职责的原则与政策

在探索与战略阶段，SIAM 项目必须确定与角色、职责界定有关的原则与政策，在规划与构建阶段，将运用这些原则与政策为定义角色与职责提供指导（参见第 3.1.6 节"细化角色与职责"）。

建议企业建立一份技能基线清单，了解员工都拥有哪些技能。很多企业没有对角色及支撑技能进行清晰地定义，因而要求员工执行超出其能力范围的任务。相反地，员工所拥有的技能也可能无法为企业所用。先建立角色侧写，再根据角色要求对人员进行评估，这种做法可能会忽视员工已经拥有但尚未被利用或维护的技能。

对客户组织（包括保留职能）、服务集成商和服务提供商，应规划哪些角色、制定哪些职责，在 SIAM 模型中明确原则与政策至关重要。应制订一份开发或获取所需技能和经验的计划，一旦建立了角色侧写，就可以将角色与现有技能进行匹配，与计划进行比较。

在定义每个角色的技能时，使用标准框架非常有用，因为这有助于确保在所有层的理解保持一致；相比于对专有技能的定义，使用通用语言描述技能也是有益的，因为专有技能可能只与 SIAM 环境中的某一方有关，而无法被其他方所理解。重要的是在招聘时，无论是针对长期工作人员、服务提供商、承包商还是针对临时工作人员，都必须明确无误地说明所需要的技能和经验水平。

📖 **技能框架**

SFIA®（The Skills Framework for the Information Age，信息时代技能框架）

SFIA® 使用通用语言，针对信息与通信技术、数字化、软件工程、网络安全和其他技术相关角色，提供了技能和胜任力说明。

SFIA® 在多个方面可为个人及其效力的组织所用，包括：进行个人评估以创建当前技能清单、定义角色侧写和职位描述、识别项目和其他变革计划中所需技能、进行差距分析、制订发展行动计划。

模型中的每个角色都需要一组特定的技能。对此进行定义，确保承担每个角色的人员都拥有适当的技能，将增加成功的可能性。对内部员工和外部员工（例如来自外部服务提供商或承包商的人员），该框架均适用。

日本 i 胜任力词典（Japanese iCompetency Dictionary，iCD）

目前存在几种本土化的框架，例如 iCD，由日本 IT 促进会（IT Promotion Agency，IPA）开发。IPA 与 SFIA 基金会合作，将 iCD 映射到 SFIA® 框架。

欧洲 e 胜任力框架（e-Competence Framework，e-CF）

e-CF 提供了适用于信息与通信技术（information and communication technology，ICT）工作场所的 40 种胜任力的参考，使用了欧洲各地都能理解的通用语言，对胜任力、技能、知识和熟练程度进行了描述。

在设计 SIAM 战略和 SIAM 模型大纲时，以下用于定义角色与职责的原则非常有用。应在规划与构建阶段运用这些原则对角色与职责定义进行指导：

- 在 SIAM 战略、商业论证大纲和完整的商业论证中定义了 SIAM 生态系统的目标、目的和愿景，在角色与职责中必须体现出对这些目标、目的和愿景的支持
- 所有定义必须与 SIAM 模型相关。来自另一个模型的通用定义可以是一个有用的参考，但必须根据生态系统的设计对其进行审查，以确保关联性

- 在所有定义的角色与职责中，必须包括必要的能力、技能、胜任力、知识和经验等内容
- 对于客户组织、保留职能、服务集成商和服务提供商中的角色，应该有一套相互区分的定义，有明确的界限
- 在定义中应体现出服务集成商是客户组织的代理，因此，在生态系统中服务集成商处于主导地位
- 在定义中应酌情包括集成职责、协作职责
- 角色与职责必须涵盖SIAM路线图的所有阶段，体现出在不同的阶段需要不同的技能和能力
- 如果现有合同将延续于新的SIAM模式中，则必须审查其中定义的所有角色与职责，并在必要时进行更新
- 当模式覆盖多个地理位置、地区（地点）和组织时，清晰的角色、职责和所有权尤为重要。在这些复杂的环境中，角色雷同或角色缺失的风险更高
- 建议采用统一的技能框架
- 当运用技能框架时，重点关注SIAM角色要求，使用适当的技能和级别来描述所需要的内容
- 无论是运行既有服务，还是发展和实施新的工作方式，都需要资源、角色和职责的保障。通常，在SIAM模式初始实施和转换期间及持续运营期间，都需要对角色建立侧写，但不同时期会有差异
- 在定义角色与职责时，应考虑对现职员工造成影响的一切变革事项（参见第3.2节"组织变革管理办法"）
- 在所有层和所有角色上都应考虑职责分离要求（参见第2.3.9节"职责分离"）
- 应接受对总体结构和职责分工的持续审计、审查和持续改进，以确保角色既与其定义一致，又仍然是合适的——反映了不断变化的业务和客户需求。

当个人被要求承担日常工作职责之外的角色时，有必要评估他是否具备成功完成任务所需的权限、自主权、影响力、能力、技能和经验。

2.5 现状分析

在制定 SIAM 战略、编制商业论证大纲、设计 SIAM 模型大纲之前，了解组织当前所处的内外部环境和未来预期状态至关重要。

2.5.1 全景描绘

对当前服务状态进行全景描绘，提供关于 SIAM 转型变革目标的当前状况信息，开展基线评估。全景描绘为评估变革及其影响提供了一个重要的参考点，为比较变革前后的状态以及检查项目的有效性奠定了基础。所用的方法是，事先收集基线信息，在项目结束后，再重新获取相同类型的数据，对结果进行比较，评估变革的实现程度或不足之处。

基线评估的信息来源包括：

- 观察

- 访谈
- 现有文件分析，包括对合同、流程说明和角色说明的分析
- 服务绩效报告分析
- 现有工作成果物分析，包括对工具系统、服务目录等的分析
- 发展态势分析
- 利益相关方分析
- 资源图谱
- 服务管理成熟度评估
- 流程成熟度评估
- 技术评估
- 人员能力评估

通过这些信息，可以对能力差距、资源差距进行初步识别。以下领域对于描绘当前服务模型全景图非常重要，应在这些领域进行充分沟通：

- 在用服务
- 在用服务提供商（内部和外部）
- 利益相关方
- 客户对服务的态度，包括对需求实现的满意和不满意
- 利益相关方的目标及其定位（影响力和偏好）评估
- 当前服务绩效
- 交易量
- 技术环境，包括已过维护期的组件、易损元件、许可证和标准化
- 资产、配置与架构
- 既有合同定位，包括义务和期限
- 合同的严格程度和激励措施
- 服务提供商和供应商的成本模型及灵活性
- 商业、技术、服务契合度和义务
- 财务模式及预算
- 流程、服务和技术的接口、交互关系和依赖关系、对断裂环节和单点故障的识别
- 必须变更的服务组件及其变更时间，包括关键日期
- 灵活性（已具备的和需要提升的）
- 现职人员及其技能和能力情况
- 员工的优势、劣势、绩效、志向和职位空缺
- 关键技能或难以获得的技能
- 就业市场及招聘、解聘或保留资源的难易程度
- 任何"已知的未知数"或即将发生的变化

使用需求说明（statement of requirement，SoR）和数据室来表达以上内容很有用。

📑　**数据室**

数据室是存储某个组织或某种情景的所有信息的地方，它类似一个图书馆，人们可以在此对该组织或该情景进行了解，对实际情况和数据进行查看。可存储的数据类型不受限制，包括但不限于以下示例：

- 组织结构和业务运营模式
- 业务战略文件
- IT战略文件
- 运营模型与运营结构
- 收费模式，包括IT是以非盈利模式、成本模式还是盈利模式运行
- 服务目录，用于确定服务的体量及服务的用户
- 服务报告（理想情况下，周期至少为13个月），提供有关绩效趋势的信息
- 合同（谁支持IT、如何支持IT以及为什么支持IT）
- 人力资源信息（关于员工数量以及员工在组织中的分布情况）
- 风险登记册、问题登记册
- 已知债务/亏损
- 法律状况

这份清单并非详尽无遗，但说明了数据室中存放的数据种类可以根据需要而有所不同，数据范围也可以更广泛。数据室通常对商业活动提供支持，律师、分析师和专业采购人员能够查询其中的数据以获取信息。

数据室可以是实体的，也可以是虚拟的。这将取决于与之有关的利益相关方的偏好。数据室将在合同谈判的尽职调查期间开放，但通常在做出相关战略决策后立即投入使用。因为数据室通常包含高度敏感的信息，因此对数据室的访问会受到限制。各方必须签署保密协议。

2.5.2　市场分析

通过全景描绘，可以了解组织当前使用的服务情况。同样重要的是，要放眼外部，了解外部组织通常所用的市场产品及服务情况。特别是针对那些与本组织规模相当的外部组织，了解哪些服务提供商给它们提供了哪些服务，并对此进行评估。

应对潜在外部服务提供商、外部服务集成商及其运营的 SIAM 模型进行评估分析。组织可以将目光投向自身行业之外和地理区域之外，但必须意识到，不同的驱动因素可能会影响不同领域的组织做出不同的选择。

对于实体 IT，许多产品和服务都是相当标准且具有可比性的，例如，数据中心托管和商品化云服务。其他服务可能更加灵活，甚至包括了标准和非标准产品及服务的组合，例如，一个服务可能涉及标准应用程序与定制级应用程序的集成，其中还包含了支持服务和托管服务。

对于外部服务集成商来说也是如此。大多数外部服务集成商都拥有一个标准化的核心产品或服务，其中会提供额外选项，很多外部服务集成商还提供定制服务。应谨慎对待偏离规范太

远的产品及服务。定制会产生差异，可能导致成本和复杂性增加，超过了所实现的价值。标准产品比非标准产品更容易更换，通常称为"松耦合"。

客户组织应在采购模型中建立变量：

- 通常将哪些服务组合在一起（例如，终端用户计算和服务台）？为什么？
- 哪些服务通常作为标准服务提供（例如，云服务）？哪些服务是可定制的？

很多服务提供商设定了合同的最小可行体量，通常表示为年度合同价值。如果客户组织暗示，正在考虑的结构合同的价值小于此值，那么潜在服务提供商可能会建议，需要组合其他服务以增加合同价值，也可能决定不参与投标。

当客户组织正式制定了战略，确定了项目内容，并希望邀请服务提供商参与竞标时，一个好的方法是寻找自愿参与的服务提供商对计划进行非正式的测试。如果在进入决策阶段之前执行此操作，并且从可信赖的、知名的服务提供商那里收到真诚的反馈，将会避免以后出现问题。

📖 **公开讨论，增进理解**

一个隶属于公共部门的机构计划采用 SIAM，希望在最终确定其 SIAM 战略之前探索可能的方法。该机构通过政府市场途径找到了潜在外部服务集成商，并邀请这些服务集成商进行交流，围绕服务集成市场和客户目标进行公开讨论。

客户提供了有关其服务、内部能力和实施 SIAM 预期结果等信息。服务集成商针对可能适合该客户的 SIAM 模型，发表了它们的观点和建议。

通过这次交流，客户了解到了自己有哪些选择，并在发布正式采购通知之前确认了自身需求。

声誉良好的服务提供商可能拥有超出它们预期的更多的机会。它们对竞标机会有选择权，因为这个过程可能需要大量的时间和金钱投资，可能会持续数月，还需要一支强大的团队。大型服务提供商倾向于与大型客户合作。小型客户和小型需求可能对大型服务提供商没有吸引力，小型客户更有可能从小型服务提供商那里获得更好的响应。

📖 **未摸清行情的甲方**

隶属于英国卫生服务部门的一个小型机构，计划更新一组常规服务中的 IT 服务。该机构决定采用 SIAM 模型，并定义了 6 个服务批次。

经过几个月的努力，支出了大量经费，该机构将符合政府采购监管要求的采购文件准备妥当，并正式对外公布。

市场最初的反馈结果是，采购费用报价 120 万英镑，有两家服务提供商隐约感兴趣，6 个批次中还有一个批次根本没有竞标者。最后采购失败。

2.5.3　分析师、基准分析师和顾问角色

一些组织倾向于在做出最终承诺之前，通过研究来验证决策。分析师在这一验证中起着重要作用，但必须认识到，他们往往既向客户组织销售研究报告，又向服务提供商销售研究报告，由此赚取更多的利润。优秀的分析师可以推进市场调查，并用事实支持他们的论断。糟糕的分析师有倾向性或带有偏见，可能会将自己有偿提供给服务提供商的研发报告重复利用，重新包装再提供给客户。

基准分析师收集合同数据，构建循证价格比较模型。这些数据可以帮助客户快速地进行假设分析，给出每种选择在市场上可能的价格。这类数据是市场数据的替代品，比起精心编制的报价，能更迅速、更便宜地获得。在长期协议中也使用基准数据进行对标，以确保报价与当前市场价格一致。

在 SIAM 模型的设计和实施中，组织通常会聘请顾问为其提供支持。顾问是否具备广泛的 SIAM 模型方面的知识、是否具备 SIAM 采购及实施经验，以及是否会青睐某一种模式或某一个服务集成商，客户组织必须对这些情况进行核实。凭借在 SIAM 转换过程中的经验和对领先服务提供商的了解，顾问可以为客户提供加快转换过程的方法，确保转换过程的严谨性。这也有助于降低服务提供商的销售成本。顾问也可以借鉴、运用基准数据进行分析。

一些外部商业机构同时提供分析、对标和咨询服务。既是服务集成商又是服务提供商的组织可能更倾向于推荐自己的 SIAM 模型，一般不会选择其他模型，因此获得独立建议是一个很好的做法。

2.5.4　各组织的既有能力

> **能力**
>
> "做事的才能或力量。"[12] 能力包括人员、流程和工具。

为了合理设计 SIAM 模型、做出采用何种 SIAM 结构的决策，有必要评估组织的当前状态和既有能力，确定组织的成熟度等级。这项工作将有助于识别在组织当前运营模式中尚未达到预期成熟度等级的那些能力，有助于明确组织是否有能力或意愿来弥补这些不足。组织通常会聘请外部顾问协助开展成熟度评估工作，外部顾问会提供对组织能力的客观看法。

潜在服务集成商和服务提供商也应开展这项评估，因为在路线图后期阶段，它们也将成为 SIAM 生态系统中的成员。建议所有组织对其员工的技能进行评定，并以评定结果为基线，对与项目、运营相关的需求和风险、基本商业论证及收益进行评估。

应在转换项目开始之前进行基线能力评估。这有助于了解现状，形成未来的理想状况的基线。

12　出处：《牛津英语词典》，牛津大学出版社，2016 年。

> 📑 **诚实的评估**
>
> 遗憾的是，很多组织为了节省时间或者资源而忽视了评估活动。
>
> 有一些组织开展了内部分析，得出的结果却与现实大相径庭。组织可能过于乐观，因此，在规划与构建阶段，当发现实际情况与评估结果不相匹配，缺失了必要的能力时，组织会大吃一惊。

开展能力评估，主要历经以下两个阶段。

梳理当前状态下的能力组合

第一步，从 SIAM 模型的角度，识别组织的当前能力，可以包括服务管理流程、运营职能、实践、项目方法论、计划方法论、配套的工具与技术及其组合。显而易见的是，可以以当前运营模式和流程的 RACI 矩阵作为起点。应对每个职能、每个团队当前所提供的每项能力进行识别，并将这些能力映射到运营模型之中。

进行能力评估

应将当前状态下的能力组合与 SIAM 愿景、SIAM 目的、目标 SIAM 模型中的要求进行比较。能力评估的目标之一是确定当前能力组合对 SIAM 战略的支持程度。应对以下事项提出建议：在服务集成商层中应保留哪些能力？客户组织应发展哪些能力？应选择具备哪些能力的外部服务提供商？这将有助于确定哪种 SIAM 结构最为合适。例如，如果客户组织的能力被评估为良好，那么客户组织可能就会选择内部服务集成商结构，而不会选择外部服务集成商结构或混合服务集成商结构。

2.5.4.1 评估

应就评估的范围达成一致，这一点非常重要，例如，应评估哪些流程和功能，应审查哪些文件，应采用何种方法。是否由质量团队或内部审计师对评估进行内部管理，或者是否应该聘请独立的评估人员，也有必要就这些事项达成一致。

开展评估有几种方式，包括由利益相关方个体或团队对流程负责人、流程经理进行访谈，或召开流程演练研讨会。应基于行业最佳实践框架和标准（例如 ITIL® 或 SFIA®），针对以下事项开展评估：

- 流程在整个组织中的覆盖率与一致性
- 业务一致性与价值
- 流程指标及评价标准
- 配套的服务管理工具
- 人员，包括组织、角色与技能
- 人员、流程、工具的当前集成水平
- 流程、功能的持续改进水平

请注意：对以上事项进行评估，需要侧重于流程、能力、角色等方面在 SIAM 模式中的实践，而不是传统的服务管理成熟度。

开展评估时的输入示例如下：

- 现有能力模型

- 利益相关方图谱（包括流程/能力负责人与经理）
- 行业框架与标准
- 当前流程与程序
- 当前RACI矩阵
- 工具架构
- 流程接触点与接口

能力评估的预期输出包括：

- 当前状态评估
- 能力热图
- 个人能力成熟度等级
- 保留组织的培训与发展计划
- 单个流程成熟度等级
- 利用客户组织资源进行改进或弥补差距的可行性
- 工具建议
- 未来状态模型草案

📋 **热图**

　热图是对数据的一种图形化展现，将包含在矩阵中的各个数值用颜色表示。热图通常用于展示从须关注（热）区域到已明确/稳定/成熟（冷）区域中所发现的结论。

2.5.4.2 运营基准

进行健康状况检查与成熟度模型评估，是建立运营基准的一种方式，其中针对服务在某一方面的质量，以结构化的方式将其与外部规范进行比较。一些数据在统计上是有效的，另一些数据是从各种比较组织获取的基准数据。

开展这些评估的目的是检查所审查的领域是否如预期正常运转，是否明确了纠正措施或改进机会，同时衡量在实现预期结果方面的效果。通常，可以通过持续改进活动来管理这些行动。然而，如果发现任何可能影响 SIAM 模式实施或转型成功的问题，则需要通过转换项目来进行解决。在采购情境下，以下模型或框架对于健康状况检查与成熟度模型评估会有所帮助：

- CMMI服务模型（CMMI-SVC）：由ISACA管理，为服务管理提供了一种方法，但没有提供比较数据，出于认证目的，可以进行独立评估
- SFIA®：一个国际公认的针对IT从业人员的能力框架，对处于不同责任和经验层级人员的职责特征和技能进行了描述
- 合同管理流程绩效基准：由国际合同与商业管理协会（International Association for Contract and Commercial Management，IACCM）为合同与商业专业人士开发的一个评估标准
- 众多ITIL®成熟度评估或COBIT®流程评估模型之一

还有一些框架可以与当前的实践进行比较，一些实用的框架示例如下：

- 服务管理：ITIL®
- 项目管理：PRINCE2®、PMBOK®或敏捷项目管理方法（Agile Project Management，APM）
- 项目群管理：成功项目群管理（Managing Successful Programs，MSP®）
- 架构：TOGAF®
- 治理：COBIT®

与标准不同，以上框架都是非规定性的，可以对其选择性采用，或在运用时进行调整，以满足特定的要求。由于这些模型、评估、框架、实践、基准和方法不一定是根据 SIAM 模式的特定要求而定制的，因此需要进行选择、实测和诠释，这一点很重要。

2.5.4.3 流程成熟度

大多数 SIAM 转换项目并不是从"绿地"情景开始的。更常见的是，提出转型建议是为了改变一个或多个现有的交付模式，在这些模式中，服务提供商、内部资源和服务均已处于就绪状态。SIAM 模型和支持流程可能会在一定程度上基于现任服务提供商的既有流程和内部能力运行，也可能必须在更广泛的企业流程框架（enterprise process framework，EPF）内运行。无论所提议的流程是否是全新的，向 SIAM 模式转换的所有各方都需要了解初始状况。

可能需要进行流程成熟度评估，特别是未来模式是在当前模式的基础上建立或开发的情况。成熟度评估可以提供整个组织当前流程的能力基线，有助于识别整个组织中以及组织的每个部门中存在的良好实践和薄弱环节。例如，CMMI 服务模型提供了一个良好的评估框架，尽管它更适用于传统模式的服务交付流程，而不一定适用于 SIAM 模式。

> ### 📖 时间有限
>
> 对于很多 SIAM 项目，只能将有限的时间投入路线图的探索与战略阶段和规划与构建阶段。如果是这种情况，客户组织可能不得不在当前状态评估方面做出时间上的妥协。一个更务实的方法可能是顺其自然，随着项目的展开再做出调整。但是，应始终确保对这些调整进行适当级别的控制。
>
> 全面评估对于推动改进项目、转型项目非常重要，但可能必须将其与运营职责相结合。

开展流程成熟度评估，有助于：

- 为未来流程模型的设计提供有价值的输入
- 对既有的、已知的和经过验证的流程提供重复利用的机会
- 对流程是否需要裁剪或是否需要完全重新设计提供信息

评估的输出物将为流程设计工作提供参考。后期，在各方实施、运行新流程或定制流程时，评估的输出物也将为各方提供支持。

流程模型定义了有效执行流程活动所需的活动、角色与职责。RACI 矩阵是一个相对简单的工具，可用于识别 SIAM 转换期间的角色与职责。

> **RACI 矩阵**
>
> RACI 分别代表职责、问责、咨询与知会，代表可以分配到一个活动中的 4 个主要参与方角色。
>
> 通过 RACI 图表或矩阵，可以明确组织中的所有人员或角色在全部活动与决策中的责任。

2.5.4.4 经验参考

组织也可以与已经采用了 SIAM 的类似组织进行交流，为了解 SIAM、了解潜在服务提供商和 / 或外部服务集成商收集参考数据。应收集尽可能多的信息，为做出 SIAM 模式转型决策提供帮助，这一点很重要。也可通过会议、在线论坛和社交媒体，收集其他组织在 SIAM 方面的经验信息。

2.5.5 在用服务与服务分组

服务、服务组件和服务边界会发生变化，因此应该首先对在用服务进行定义。然后，评估其对当前业务条件、预期业务条件的适用性。这可能是一个挑战，因为一个服务可以支撑、支持或增强其他服务，因此边界可能是模糊的。

2.5.5.1 服务定义

定义服务的目的，是为了对服务层次结构中的所有离散服务及其依赖服务进行梳理，建立对映关系，同时明确每个服务或每组服务由哪个服务提供商负责。在定义中，应包括以下内容：

- 在用服务定义（无论是内部提供还是外部提供）
- 服务边界
- 每个服务的服务提供商（包括内部运营支持单位或分包商）及其地理位置，其中服务包括：
  - 从单个服务提供商采购的的服务（一组服务）
  - 从多个服务提供商采购的服务，例如应用程序开发服务
- 合同条款，包括需要变更的条款
- 合同到期情况，包括剩余运行时长、提前终止和退出条款的影响
- 商定或合同规定的服务级别
- 服务绩效，其依据为合同规定的服务级别，如果可能的话，通常需要提供至少13个月的报告和事务数据（相当于一年加上去年同月），这提供了一个快照和一个趋势
- 服务使用者和高级利益相关方对服务和服务提供商的看法
- 需要调整的需求，可通过以下分析得出：哪些现时义务正在得到有效履行？哪些方面还需要做出改变？（参见第2.5.6.1节"合同评估"）
- 期望的服务级别，包括哪些目标是必不可少的，以及当前是否覆盖了这些目标
  - 如果要求提高服务级别，是否有资金或资源支持来弥合其中的差距？
- 季节性变化和高峰需求、关键业务事件和需求
- 已发现的组件之间的集成问题，或服务提供商之间的移交问题，这些问题需要在新的SIAM模式中解决。哪些问题会引起摩擦？

- 关于资产、人员、服务和事务量的数据
- 资产所有权
- 知识所有权
- 成本、收费模式、外部服务提供商成本、预算
- 相关服务（例如，项目工作、目录项、可变元素）
- 有计划的变更、有安排的变更
- 成为制约因素的关键事件（对此能做些什么吗？）
- 外部服务提供商的支持与维护合同
- 工作时间，包括可能的对核心时间与延长时间的规定
- 所涉及的语言和其他参数，例如，由每个运营单位或由每个服务所提供的
- 软件许可协议

请注意，并不局限于只从保留职能处收集服务的有关信息，尽管很可能从那里开始。该事项涉及所有业务领域和利益相关方，例如：

- 财务人员
- 商务人员
- 发起人和业务部门内使用服务的高管
- 服务使用者
- 项目经理
- 一线业务运营人员

这些利益相关方可能不仅拥有在用服务的有关信息，而且可能还有尚未实现的需求，如果这些需求在经济上是可行的，则应在定义理想的未来状态时加以考虑。

在某些情况下，业务部门可能有不切实际的愿望，而实现这些愿望是非常不经济的。如果面对的是一个成本高昂的需求，请考虑提出问题："我们如何说服财务总监相信它的价值？谁会为此买单？"在收集需求的过程中，避免做出任何超出考虑范围的承诺。

📖 凭感觉确定服务级别

某公司需要一种新的广域网（wide area network，WAN）服务，并将此项工作作为向 SIAM 模式转换的一项内容。由于在用服务提供商的客户满意度良好，在考虑服务规范时，合同团队将该服务提供商合同中规定的服务级别作为规范内容之一。

值得庆幸的是，当客户的内部服务管理团队审查合同附件时，他们发现实际的服务级别明显优于合同中规定的服务级别。

2.5.5.2 服务映射

了解全部服务内容可能是一项挑战，因为很多服务可以支撑、支持或增强其他服务，因此边界可能不清晰。一个好的方法是使用其他实践（如 ITIL®）中描述的服务目录技术。一些组织可能已经建立了全面的服务目录，可以提供必要的信息。

在层次结构的最底层，你可能会发现基础设施服务，例如：

- 数据中心托管

- 局域网
- 广域网
- 电话

最顶层是由客户组织的用户直接使用的应用程序服务，例如：

- 电子邮件
- 文字处理
- 订单管理
- 工资管理
- 服务台工具

可能还存在用于支持应用程序的技术服务，例如：

- 互联网服务
- 短信服务
- 移动电话

以及非技术支持服务，例如：

- 桌面支持
- 服务台
- 由外部服务提供商提供的工资管理支持
- 设施管理

有用的信息来源包括：

- 服务台工具
- 探索工具
- 技术架构模型
- 配置管理数据库（configuration management database，CMDB）
- 支持合同
- 预算
- 个人在IT、服务管理和业务方面的知识

2.5.5.3　知识产权

收集到的一些信息对采购战略很重要，但可能需要保密。应考虑与何方、在何时、以何种方式共享哪些内容。

有些信息具有商业敏感性，可能知识产权（intellectual property，IP）归属于现任服务提供商。在这种情况下，请确保这些信息被授予了共享权限。也许有必要创建新文件，对不违反保密义务做出适当的说明。

未来的所有合同都必须包含各方拥有知识产权、使用知识产权的明确条款。在现阶段对这些事项进行了解，在后续的规划与构建阶段将有所受益（参见第 3.1.3.8 节"知识产权"）。

2.5.6　现任服务提供商

通常很难将服务与其服务提供商分开考虑。请思考以下问题：

- 运营人员、高级IT人员和服务用户对每个服务提供商的看法是怎样的？哪些服务提供

商值得留用？

- 哪些活动一贯执行得很好？哪些执行得很差？哪些还存在问题？
- 参考既有合同的频次如何？一种情况是当事双方经常根据合同义务来确定是否正确运营了服务，另一种情况是双方很少查阅合同，那么相比之下，后一种情况中的双方关系可能会更好
- 服务提供商之间相互协作的程度如何？
- 与服务提供商的关系如何？服务提供商之间的关系如何？存在"我们与他们"的心态吗？
- 在每个服务提供商处花费了多少精力、时间或金钱？
- 服务提供商的服务合同与当前业务需求是否仍然保持一致？
- 关键服务断点和终止日期是什么？有多容易改变它们？
- 现任服务提供商是否希望继续提供服务？如果是，它们想要改变什么吗？
- 知识产权状况如何？更换服务提供商且同时保留服务信息是否容易？
- 根据当前安排以及未来SIAM模式的需要，如何做好服务提供商替换管理？如何做好供应合同变更管理？
- 为什么每个提供商都应该同意变更提议？（记住，变更必须经双方同意）

📖 **角色扮演**

为了预测现任服务提供商对潜在变化的反应，测试做出的改变是否可行，对客户组织来说，可以考虑创建一个场景，由不同的团队扮演不同的角色。角色均由客户组织自己的员工扮演，在私底下对应对策略进行测试，若确认可行则可正式实施。其中的角色包括：

- 团队1（有时被称为"红队"）：由未参与该计划策划但具备相关技能和经验的同事组成。他们扮演对手方，在客户的场景中是服务提供商（或者如果组织者是服务提供商，他们将扮演客户角色）
- 团队2（有时被称为"蓝队"）：由该计划的策划人员组成

在这种方法中，通过红队的私下攻击可以快速发现计划中的弱点。服务提供商在提交投标之前，也可以采用这种方法开展评估工作。在这种情况下，红队既可以扮演客户角色，也可以扮演投标竞争方。

2.5.6.1 合同评估

对现有合同状态以及服务提供商绩效管理方式进行评估非常有用。可以考虑以下问题：

- 服务定义的详细程度如何
- 是否有服务进度计划
- 服务进度计划是否反映了客户需求
- 提供商的表现是否始终如一
- 是否有指定联系人负责合同管理和供应商关系管理
- 成本模型是否透明

- 了解在用成本模型和收费要素，如：
  - 每月固定使用情况
  - 非固定使用情况（基于单位的定价）
  - 按目录项使用情况
  - 按项目使用情况
- 模型的动态性和模型调整的灵活性
- 强义务或弱义务，基于所提供服务的长期或短期关系和关键程度
- 绩效激励措施有多大的吸引力
- 合同是否物有所值

如果现任服务提供商的绩效低于预期，但是要留用该服务提供商，那么了解根本原因并解决这些问题非常重要。如果可能的话，考虑进行合同变更，以确保其合同与其他合同保持一致，并符合拟定 SIAM 模式的要求。

2.5.6.2 现任服务提供商退出或重新竞标

须确认每个现任服务提供商的退出计划是否是最新的、可行的。对于不够完善的退出实施计划，应发出商务通知，要求对退出计划进行更新以符合要求。在某些情况下，可能在合同中未对服务提供商应制订退出计划作出规定。如果是这种情况，那么客户组织（以及服务集成商，若已选定）需要与服务提供商合作，寻求一个可接受的结果。

如果现任服务提供商希望重新竞标服务，那么需要就治理要求进行明确的沟通。可能会造成这样的印象，即一个非正式的决定已经做出了（要么是赞成现任服务提供商，要么是反对现任服务提供商），这可能会令其他（合适的）服务提供商望而却步。在每一次竞标中，所有竞标者都应该得到平等、公平的对待，包括现任服务提供商。可能需要在竞标管理团队和现任服务交付团队之间建立一道"道德墙"，不得共享关于潜在服务提供商的有关信息。

2.5.7 客户组织

在客户组织的构成中，包括了保留职能，也可能包括服务集成商层中的职能（对于 SIAM 内部结构或混合结构来说），还可能包括一个或多个内部服务提供商。如果在不同的 SIAM 层中，都有客户组织的员工担任角色，那么各层之间的这些角色必须明确进行职责分离。

未来的 SIAM 模型将采用何种结构？这与客户组织的能力强弱有关，也与 SIAM 生态系统中哪些采购元素将被保留、哪些采购元素依赖外部的决定有关。客户组织应该考虑自身定位，考虑自己的市场对自身定位的认知。

以下示例问题值得讨论：

- 一个诚实的服务提供商会如何评价其客户组织？与该客户打交道有什么感受？
  - 在进入市场建立新的关系之前，还可以做哪些改进？
  - 现任服务提供商是否有可能重新竞标客户组织的业务？
- 现任服务提供商和客户组织之间的交互和接口是什么情况，它们的运作状况如何？
- 角色及岗位说明是否准确？是最新的吗？
  - 它们是对实际角色及岗位的准确定义吗？

- 客户组织的能力是否与角色及所要求的能力相匹配?
- 当前的工具是否适用?
- 是否清楚了解与服务模式相关的当前成本?
- 是否允许或接受人员在服务提供商和客户组织之间调动? 或确实有必要这么做?

2.5.7.1 采购管理能力与实力

针对 SIAM 模式转换的管理, 客户组织需要考虑其人员的胜任力, 这涉及相关任务的时间、能力和资源。可能需要以下角色:

- 项目发起人
- 采购经理
- 当前服务负责人
- 负责筹备、管理数据室的经理
- 商务经理
- 采购经理
- 财务经理
- 法律支持人员
- 来自现任服务提供商的支持人员
- 项目与项目群经理, 包括项目管理办公室

不论是内部角色还是外部角色, 客户组织都应评估这些角色的履职能力, 同样, 潜在服务提供商也应评估客户是否具备成功交付采购计划的能力。

2.5.7.2 在建项目

在 SIAM 转换期间, 在所涉及的组织中, 不发生其他变革的情况很少见。无论这些各不相同的变革活动是否与 SIAM 项目直接相关, 都需要考虑这些变革与 SIAM 项目的依赖关系, 以及可能对 SIAM 项目的成功所造成的限制和影响(反之亦然)。对于正在进行中的项目, SIAM 项目可能起到支持作用, 也可能起到阻碍作用, 也可能没有任何影响(参见第 3.3.3.7 节"理顺在建项目")。

必须考虑以下方面:

- 过多的变革活动可能会对SIAM项目产生负面影响
- 制定项目时间表时, 可能需要考虑其他项目、运营活动或其他限制条件, 特别是在资源共享的情况下
- 交互项目的发起人可能关心的是他们的主要利益不要受到影响, 以及从他们的项目流向SIAM项目的任何需求都能被考虑

在这种情况下, 项目管理办公室将发挥作用(参见第 2.2.3.2 节"项目角色")。

2.5.8 其他影响

在决定 SIAM 模式和采购方法时, 客户组织、服务集成商和服务提供商不仅要考虑自身的优势和劣势, 还要考虑那些影响它们在 SIAM 生态系统中成功的其他因素。以下是相关的考量因素:

- 特定的组织期望与要求
- 客户体验
- 员工体验
- 当前服务级别
- 信息治理与隐私保护
- 变化速度与响应能力
- 合规性与标准：
  - 安全与数据管理
  - 法律与行业规范
  - 监管机构
- 交付服务的新方法与新途径，以及存在的新选项
- 制约因素：
  - 存在哪些限制条件？
  - 有哪些义务？
  - 它们适用于谁？谁能打破它们？如何打破？
  - 它们的影响是什么？
  - 它们的灵活性在哪里？
  - 有什么潜规则和不成文的规则吗？（注意：有些可能是有效的，有些只是感觉或习惯。）

跨国组织必须对每个地理区域的法律和监管框架进行评估。

其中一些影响因素会保持稳定，而另一些则会随着时间的推移而改变。所有各方都需要在各自的计划中考虑到这些影响因素。这些因素可能已经被纳入计划之中了，也可能被忽略了，但每一个因素都有与之相关的风险和价值，需要加以考虑。

📖　**地方因素**

了解影响合同竞标成功的因素很重要。澳大利亚某地的政府部门规定，所有投标都必须遵守一个当地因素评估标准，且其权重最低占 30%。投标人必须证明其提案在以下方面结合了当地因素，考虑了当地收益：

- 就业
- 技能提升（包括见习工作、正式和非正式培训）
- 当地行业的参与程度
- 本土发展
- 区域发展

2.5.9　协作

在 SIAM 生态系统中，各方之间的有效协作和团队合作至关重要。每一方不仅要努力满足对其自身的要求（通常是合同规定的），还要交付有益于客户组织的端到端结果。在全景式描

068 | 全球数字化环境下的服务集成与管理——SIAM 进阶导论

绘中，包含与协作相关的内容非常重要（参见第 3.1.8 节"协作模型"）。

须对协作进行延伸考虑，包括对当前协作状态的评估和对未来协作需求的分析。很多组织只是孤立地考虑了单个服务或单个服务提供商的协作需求和挑战，却忽视了受 SIAM 模式影响的跨利益相关方的整体协作需求和挑战，没有对此进行审查。如果没有考虑协作，就会存在风险，即在与服务提供商签订的合同中，仅仅关注了所交付的目标，而忽略了协作需求。

2.6　战略制定

📖　**SIAM 战略目标**
SIAM 的战略目标是 SIAM 为支持组织的长期目标而要实现的目标。

2.6.1　什么是战略?

📖　**战略的定义**
旨在实现长期或总体目标的行动计划 [13]。

制定战略可以令组织对活动进行协调和规划，而不是仅仅依赖于机会、个人主动性或偶然性。在以下情景中，战略规划尤为重要：需要协调的当事方很多；在发展能力和实现利益之间需要很长的准备时间；决策存在着高风险，一旦做出决策就难以逆转，或者逆转需要付出高昂的代价且费时费力。

为了让利益相关方清楚地了解总体战略意图，一个简明的战略应包括以下内容：
- 组织必须进行变革的原因
- 变革的收益，包括金钱、竞争、速度、客户服务等方面
- 组织必须构建什么，或必须改变什么
- 愿景
- 需要的成本，包括资金、人员及其他方面
- 交付所需要的时间
- 路线图，阶段划分
- 困难/风险
- 选项（如果不这样做，组织还可以怎么做）
- 在个体层面，解释"这对我有什么好处？"（有时也称为WIIFM，what's in it for me?）

13　出处：《牛津活辞典》。

在 SIAM 项目中，SIAM 战略应该用于指导 SIAM 路线图中的所有活动，包括指导 SIAM 模型的设计，指导各层的采购决策，指导服务提供商的引进。

📖　**战略的重要性**

艾伦·柯蒂斯·凯（Alan Curtis Ray）：预测未来的最好方法就是创造未来。

德怀特·D. 艾森豪威尔将军（General Dwight D. Eisenhower）：在准备战斗时，我发现计划毫无用处，但计划是不可或缺的。

在 SIAM 模式中，需要对多方进行协调，而且往往需要得到大规模投资的长期承诺和支持。战略提供的是一个总体方向和顶层规划，引领组织及其人员完成转型。SIAM 战略必须始终支撑组织的企业战略，甚至可能是其中的组成部分。

不同的力量影响着一个组织的战略。战略驱动力包括以下因素：

- 应对新进入者对核心市场的竞争威胁
- 希望利用新兴机会，拓展服务发展不够完善的市场
- 希望持续降低成本
- 希望提高服务交付质量
- 希望精心组建或探索一个不断扩大的服务范围

根据这些因素，组织将制定战略，改变其构成，建立新的能力，并调整资源配置。SIAM 战略、企业战略和部门战略之间的联系必须是清晰的、可理解的，并且经过了商定和沟通，进行了记录。与 SIAM 有关的决策（例如，批准 SIAM 商业论证）需要支撑公司战略。如果分配给 SIAM 项目的资金和资源将对企业战略和业务结果提供支持，那么组织的高层领导将更有可能批准这样的分配，因为用于其中的资金和资源支持了公司议程。

2.6.2　SIAM战略驱动力

对于很多组织来说，随着时间的推移，服务提供商的数量有所增加，从外部采购服务的类型也有所增加，从而产生了"同类最佳"等概念，有了更多的选择。这也给客户组织造成了更多的复杂性，增加了管理开销。如此庞杂而分散的服务提供商环境可能会带来很多问题：

- 服务提供商各自为阵，只关注自身的绩效目标，而不重视端到端服务
- 客户组织分别管理每个服务提供商，对其进行单独评价，从而产生了管理开销
- 客户组织尝试构建端到端视图时会面临挑战
- 分散的流程、工具，以及不同服务提供商的工作方式，引发了摩擦
- 合同和相关法律规定的差异会造成在报告、发票和服务信用等方面的差异，增加了额外的开销，增加了复杂性
- 服务提供商之间存在冲突
- 服务提供商之间之间缺乏协作，难以为了客户组织的更大利益而努力
- 服务未聚合，且未分清责任

一些组织认为，将其所有服务提供商整合为一个或几个大型服务提供商，将有助于应对这

些挑战。

SIAM 方法有所不同。运用 SIAM 方法，在与多个服务提供商合作的过程中，客户组织既能从中受益，也能减少管理开销。服务集成商根据明确的问责机制和职责，以一致且透明的方式落实负责制，在服务提供商之间开展协调。采用 SIAM 模式，客户组织可以在需要时更轻松地引进或淘汰服务提供商。

影响向 SIAM 模式转换的（内部或外部）战略力量，可能包括企业战略驱动力，以及那些对构成 SIAM 模型的服务来说更特定的因素。例如，某公司指示，要将合同集中起来管理以提高效率，或者从服务角度指示淘汰旧技术，并以更高效的解决方案取而代之。

驱动力可能来自组织外部，也可能来自组织内部。在 SIAM 基础知识体系中确定的 SIAM 驱动因素包括：

- 服务满意度
- 服务环境
- 运营效率
- 外部驱动力
- 商业驱动力

好的战略应该考虑到这些驱动因素的适用性，但不应该仅仅由它们来定义。归根结底，战略是实现目的、推进目标的一个规划。它是通过战术与运营层面的计划和活动来实施的。

2.6.3　战略形成

战略永远不应该孤立存在。通常，它通过以下方面得以体现：

- 愿景
- 目的
- 目标

首先，可以（也应该）从组织的角度，对这些领域中的每一项进行阐述，然后逐步扩展到组织的每个层级进行论述。

📑 **SIAM 战略规划**

战略规划可以由 4 个关键步骤组成：

- 了解当前状态（"现状"），包括任何存在的问题
- 描述未来状态（"未来状况"），以及问题是如何解决的
- 勾勒出迈向未来状态须历经的各个高级阶段
- 详述后续步骤

在执行向 SIAM 转型的战略规划时：

- 第 1 项对应的是探索与战略阶段的活动
- 第 2 项对应的是在探索与战略阶段制定 SIAM 模型大纲，在规划与构建阶段完成 SIAM 模型的详细设计

- 第3项对应的是完整的SIAM路线图
- 第4项对应的是规划与构建阶段所开展的具体工作

当前，很多组织都力图变得更加敏捷，响应更加迅速。如果实现战略调整和采用新服务所需要的准备周期是客户组织所关注的一个问题，那么变革的速度可能是一个成功因素。

形成战略所需的能力是多种多样的，通常包括创造力、建模能力、场景分析能力以及运用图片、文字和数字方面的能力。在制定战略时，明智的做法是广泛征求所有利益相关方的意见，从不同的视角审视预期的结果和可能的选择。一个只考虑了有限选项的计划不太可能是稳健的。

📖 **换位思考**

有一个有用的思维过程（或认知练习）可用于战略形成。这涉及有意识地从各种视角来看待形势。理想情况下，会在动态模式下运用这种方法，随着场景的展开进行选择，完成首选。

可以假设正在下一盘国际象棋，想想："如果我吃掉了女王的车会发生什么？"然后站在对手的角度，去思考下一步将会如何应对。有时这种经历是痛苦的，但洞察力可能是无价的。

对于任何组织来说，都没有一个完美的战略。然而，有很多方面表现出：

- 不一致：例如，"我们希望在6个月内完成×××，但我们只有能力在18个月内实现这一目标。"
- 不连贯：不同的部门在追求相互冲突的目标
- 过于狭隘地关注目标或目的：战略不仅仅是目标，还包括实现这些目标的规划
- 对风险难以置信（假设这一次事情会顺利进行）
- 对关键决策者没有吸引力：例如，是否影响他们的奖金

战略形成的艺术在于广泛而仔细地考虑各种选项。在对行动方针做出承诺之前，必须确保能获得资源和预算的支持。

2.6.3.1 SIAM 愿景

建设一种无缝管理利益各不相同的服务提供商的能力，提供一个完整、统一、透明的服务视图，实现客户组织的目标，这是 SIAM 的整体愿景。对于 SIAM 生态系统中的不同组织和服务提供商来说，这个愿景的内涵将略有不同，但其中可能有一些共性的内容。每一方的愿景都应该包含鼓励配合、协作、信任和双赢的文化。

从客户组织的视角来看，SIAM 愿景意味着：

- 培养由客户代理对服务进行管理的能力，实现客户的战略目标，提供一个完整统一和透明的服务视图
- 转变对服务提供商的管理方式，从交易关系转向战略合作伙伴关系，从松散管理转向收益实现管理
- 无论涉及哪些服务提供商，它们都能以始终如一、高效和透明的方式交付服务
- 能够快速适应变化

- 整合服务交付的各个方面，包括运营、项目、服务转换、绩效报告和持续改进等方面

从外部服务集成商的视角来看，SIAM愿景意味着：

- 与客户建立持续的、积极的且盈利的关系
- 与服务提供商建立持续的、积极的关系
- 赢得"回头客"，或扩大现有范围
- 获得一份可供参考的合约
- 培养代表客户对服务进行无缝管理的能力，实现客户的战略目标，提供一个完整统一和透明的服务视图
- 帮助客户转变对服务提供商的管理方式，从交易关系转向战略合作伙伴关系，从松散管理转向收益实现管理
- 助力客户在合同约束范围内实现服务的预期收益
- 无论涉及哪些服务提供商，它们都能以始终如一、高效和透明的方式交付服务
- 能够快速适应变化，充满信心地加速推进转换举措，并根据需要引进和淘汰服务提供商
- 整合服务交付的各个方面，包括运营、项目、服务转换、绩效报告和持续改进等方面

从内部服务集成商的视角来看，SIAM愿景意味着：

- 与客户保持持续的、积极的关系
- 继续作为内部服务集成商（保护其地位免受外部替代）
- 与服务提供商建立持续的、积极的关系
- 培养代表客户对服务进行无缝管理的能力，实现客户的战略目标，提供一个完整统一和透明的服务视图
- 帮助客户转变对服务提供商的管理方式，从交易关系转向战略合作伙伴关系，从松散管理转向收益实现管理
- 助力客户实现服务的预期收益
- 无论涉及一家或多家服务提供商，它们都能以始终如一、高效和透明的方式交付服务
- 能够快速适应变化，充满信心地加速推进转换举措，并根据需要引进和淘汰服务提供商
- 整合服务交付的各个方面，包括运营、项目、服务转换、绩效报告和持续改进等方面

从外部服务提供商的视角来看，SIAM愿景意味着：

- 与客户建立持续的、积极的且盈利的关系
- 与服务集成商发展持续的、积极的关系
- 与其他服务提供商保持持续的、积极的关系
- 赢得回头客或扩大现有范围
- 获得一份可供参考的合约
- 向客户交付服务，实现其需求
- 助力客户在合同约束范围内实现服务的预期收益
- 始终如一、高效和透明地提供服务
- 快速适应变化

从内部服务提供商的视角来看，SIAM 愿景意味着：

- 与客户保持持续的、积极的关系
- 与服务集成商建立持续的、积极的关系
- 继续作为内部服务提供商（保护其地位免受外部服务提供商替代）
- 与其他服务提供商建立持续的、积极的关系
- 向客户交付服务，实现其需求
- 助力客户实现服务的预期收益
- 始终如一、高效和透明地提供服务
- 快速适应变化

2.6.4　战略传达

战略的优劣取决于它所支持和促成的行动。可以通过将战略传达给他人来促进行动，使他们支持战略。进行战略传达主要有以下 3 种形式，都必须在战略获得批准后尽快进行：

- 通过面对面沟通的形式。项目发起人和项目领导者面对面交流，鼓励推动变革。在这种形式中，应该加强说服力和吸引人，并且需要经常重复和反复提及；否则，可能会变成"有人曾经说过什么"，而被遗忘或忽视
- 战略文件形式。要求战略文件已经生效，易于理解，令人信服，尽可能简洁，并且解释每一方在战略中的定位
- 商业论证形式。在商业论证中，对方法、结果、资源、风险和成本进行了阐述。从本质上讲，商业论证经过了深思熟虑，包含了分析过程，并带有情感元素

在实施 SIAM 模式时，先讲故事，进行商业论证，再进行转换。这意味着，在新服务提供商被选定时，它们完全了解预期将发生什么，以及它们将如何适应。

📋　**战略启动会议**

　　一家小型公司，在 SIAM 转型的探索与战略阶段结束时，邀请全体员工参加了一场启动活动。活动由首席执行官主持，他勾勒了未来的愿景。他得到了董事会其他成员的支持，他们各自解释了该战略的一项特定内容。该活动形成了纪要，并在该公司的内部网上发布。

　　只要选定了外部提供商，就会举行一次类似的活动，但这次活动也邀请了每个提供商的首席执行官和高级经理参加。在首席执行官介绍了战略后，每个提供商的首席执行官也就他们将如何支持这一战略的实现进行了介绍。

　　组织内部存在的惰性可能成为一个潜在的挑战。很多组织没有经历过像 SIAM 这样重大的变革，很多人也没有动力去改变（相信这就是"认识魔鬼比不认识好"）。如果没有足够强大的理由采取行动——而且现在就采取行动——SIAM 战略将根本无法启动或维持。可以利用感知到的或实际的危机（正面的或负面的）向组织表明，保持当前状态是不可容忍的。此外，利用故事、希望和恐惧，可能会克服这种惰性。

📄 **如果我们不这样做会发生什么?**

科特（J.P.Kotter）提出了组织变革的 8 个步骤[14]，第一个步骤就是**"营造紧迫感"**。这就要求组织的领导者解释，为什么他们计划实施一项特定的战略，通过一份勇敢自信、充满抱负的机会宣言，传递立即行动的重要性，这将有助于其他人看到变革的必要性。

另一种选择是试着反过来问一个问题："如果我们不这样做会发生什么？"。

📄 **一场正面的危机**

经过一段时间的几次合并，一个公共部门旗下的机构成立了。这导致有 4 个不同的 IT 部门存在，每个部门都有自己的 IT 主管、工具和工作方式。此外，共有 10 家外部服务提供商提供 IT 托管服务，但没有单一的管理和协调点。

有两次事件表明，非常有必要做出改变：

- 其中一家外部服务提供商始终未能达到其服务可用性级别，导致该机构无法实现政府设定的目标
- 一个内部IT部门提供的关键业务服务发生了重大中断，造成向政府提供关键信息的延误

这些事件成为战略转向 SIAM 的理由之一，包括内部和外部供应商都必须转变到一个一致的 SIAM 模式。

2.6.5　利益相关方

提高认识，获得利益相关方的支持，可以克服对战略的抵制。利益相关方是在某件事情上具有利害关系或参与其中的实体。它们（在不同程度上）对资源分配和决策都有影响。在制定向 SIAM 模式转型的战略时，应考虑利益相关方的观点、它们对拟议方法的可能反应以及它们对转换计划的影响。利益相关方包括：

- 客户组织中的既有客户和潜在客户
- 客户组织中的高级管理人员，特别是SIAM发起人
- 提倡者和有影响力的人物（组织中的重要人物，对项目感兴趣但没有直接参与）
- 客户组织中的最终用户
- 客户组织中的交付人员，包括内部服务提供商
- 可能邀请来协助SIAM转换项目的咨询公司和专业组织
- 资助机构
- 与SIAM竞争资源的任何职能或项目，这些资源本可能被分配到SIAM活动中
- 监管机构
- 现任服务提供商（关注正在执行中的合同、义务及其商业实力）
- 潜在服务提供商，包括潜在的外部服务集成商
- 市场上的竞争对手

此列表并非详尽无遗，每个组织的利益相关方也会有所不同。

14　参见科特公司官网上的 8 步法介绍。

利益相关方的特征包括：

- 影响程度
- 权力等级
- 关联与关系
- 信任
- 可靠性
- 支持
- 态度
- 利害关系、优先事项
- 希望、恐惧和抱负

这些特征可能使它们对 SIAM 模式产生积极、中立或消极的影响。在形成 SIAM 战略时，识别出那些对结果有支配力或影响力的人物是有帮助的（参见第 2.5.1 节"全景描绘"）。

通过以下策略可以获得利益相关方的认同：

- 从那些有影响力的人物的视角，确定取得成功所需的能力，实现最佳整体价值
- 最大程度地顾及利益和优先事项（并解释在哪些方面不适合）
- 在整个项目期间和路线图的各个阶段都寻求支持

> **📖 推销战略**
>
> 利益相关方映射技术通常可以在销售社区中找到，在获得利益相关方对新战略的认同时，这些技术非常有用。为了制定与利益相关方打交道的策略，为新业务赢得批准，大客户销售人员已经开发了关系映射和可视化连接的方法。
>
> 这些技术同样适用于向利益相关方推销 SIAM 模式。

并非每个人都会和其他人建立积极的关系。在评估谁最适合与利益相关方接触时，需要考虑团队的所有成员。成功取决于信任和尊重，虽然喜欢某个人是有帮助的，但这不是最重要的。

作为组织变革管理（参见第 3.2 节"组织变革管理方法"）中的一项内容，应该在整个生命周期中，将利益相关方映射技术应用于利益相关方管理活动中。在 SIAM 模式转型初始阶段所建立的关系，在 SIAM 模式实施之后也将得以维护，因此考虑其中所涉及的人员至关重要。

2.6.6　战略管理

向 SIAM 模式转换涉及变革，将在很多层面上给所涉及的组织带来影响。它需要资源来实现交付，需要进行商业论证来获得支持（参见第 2.7 节"商业论证大纲编制"）。

必须看到战略实施带来的改变。只有交付可信、有意义的结果，才有继续下去的权利。因此在不同的阶段（有时是迭代），都需要得到发起人对项目的支持。如果看不到 SIAM 项目的效果，那么在管理议程中它的地位可能会下降，资源和重点将转移至其他项目。应定期审查战略，并在必要时作出改变。

📑 **失去战略重点**

　　很多企业已经开始了向 SIAM 模式转型的旅程，制定战略、进行商业论证并启动项目。然而，如果没有得到积极的管理，高级利益相关方的注意力可能会转移到更加新颖、更令人兴奋的领域，例如新的商业机会或新的数字解决方案。

　　这意味着失去了对 SIAM 转型的长期承诺，并可能标志着 SIAM 转型项目的结束，全面交付 SIAM 模式以及实现既定收益已无可能。

　　需要迅速识别不切实际或无法实现的战略，并重新进行评估。造成失败的一个常见原因是，在资源不足的情况下，组织仍试图在太多的战线上快速推进。

2.7　商业论证大纲编制

　　一份清晰易懂的商业论证大纲将阐明设计和实施 SIAM 模式的目的、预期成本和结果，为编制完整的商业论证提供参考。完整的商业论证将于规划与构建阶段编制，于后续的路线图阶段使用。

　　商业论证的内容需要包含：

- **SIAM战略**：对SIAM模式的战略目标进行简要描述，战略意图可能是解决特定痛点、财务考虑或满足运营与业务需求
- **拟定服务**：计划采用的服务
- **SIAM模型大纲**：预期SIAM模型的顶级大纲
- **当前运营模式**：当前交付模式的顶层表示，包括导致需要变革的当前痛点
- **预期收益**：转换到SIAM模式的预期收益，包括收益评价指标定义以及每个指标的当前值和目标值
- **成本**：对转换到SIAM模式所涉及的成本进行预估，在成本类型、现金流预测和其他财务技术（通常是特定的，并且是在组织内部建立的）方面，按要求提供相应级别的详细内容；此外，还可以将预估的持续运营总成本与当前成本进行比较
- **顶级计划**：向SIAM模式转换的大纲，其中列出了宽泛的时间线和活动，以及重大事项的截止日期
- **风险**：实施（和不实施）SIAM模式的顶级风险。应依据受影响的组织和交付单位的不同，对风险进行分类。风险可能包括业务风险、IT组织风险、服务提供商风险以及SIAM环境或生态系统风险
- **关键成功因素**（参见第2.7.2节"关键成功因素"）
- **分析**：对商业论证可行性的书面分析（可能使用痛点价值分析或成本效益分析方法）

2.7.1　制定SIAM模型大纲

　　利用探索与战略阶段前期活动的信息和输出，结合 SIAM 战略，编制 SIAM 模型大纲，形

成商业论证大纲的基础。SIAM 模型大纲论述了 SIAM 模式将如何与预期目的保持一致，以及如何实现这些目的。

SIAM 模型大纲应包括以下内容：

- 原则与政策
- 治理框架
- 角色与职责大纲
- 流程模型、实践、机构小组大纲
- 服务与服务模型大纲
- 服务提供商淘汰情况

在规划与构建阶段，SIAM 模型大纲将用于创建完整的 SIAM 模型（参见第 3.1 节"设计完整的 SIAM 模型"）。

2.7.2　关键成功因素

关键成功因素（critical success factor，CSF）是一个管理术语，指的是一个组织或一个项目实现其使命所必需的要素。它是确保组织成功所需的关键因素或活动。

一个成功的 SIAM 模型，其中的关键成功因素包括：

- 精心策划的SIAM战略
- 设计得当的SIAM模型
- 对流程结果进行管理，而不是对流程活动进行管理
- IT作为战略合作伙伴
- 客户保留职能和服务集成商的公正性
- 清晰的职责边界
- 治理模型
- 服务集成商胜任力置信度
- 受信任的关系
- 服务协议
- 信息管理，正确运用数据进行报告

关键成功因素将为商业论证大纲提供输入，这将在下一节进一步描述。面临的挑战在于，在实施战略、运用设计之前，不知道它们是否是一个良好的构思。有时，在纸面上看起来很明智的方法却失败了，因为其中的缺陷只有到了实施阶段才会暴露出来。

2.7.2.1　精心策划 SIAM 战略

如果客户组织不清楚自己的目的和希望获得的价值，那么任何相关的政策和战略也不会是清晰的，从而增加了服务集成商和服务提供商交付的难度。

2.7.2.2　精心设计 SIAM 模型

为了达到预期的结果，一个包含服务模型和采购方法的完整的 SIAM 模型应该得到服务客户的认可。以何种方式采购服务，在哪种结构下、使用哪种类型的服务提供商将更有利于交付，

客户组织必须对此做出决策。客户组织必须确保模型具有可扩展性，以便可以轻松增加、扩展或终止业务流程和功能。

一旦选定了服务集成商，就应该让服务集成商立即参与进来，最终形成一个联营企业的模式。如果服务集成商有更多的经验，客户应该利用这一点，而不是强行采用自己的（可能有缺陷的）模型。

SIAM 设计元素融合了职责分离、模块化和松耦合等概念。这提供了灵活性，支持与绩效欠佳或冗余的服务提供商脱钩。

📖 **企业架构**

按照设计原则，企业架构描述了企业目标、业务功能、业务流程、角色、组织结构、业务信息、软件应用程序和计算机系统之间的关系，以及它们之间如何进行交互，目的是确保组织的生存和发展。

如果企业架构设计良好，那么由此可确定将如何实现职责分离、如何定义架构模式、如何定义系统之间相互通信的规则。它为 SIAM 战略提供了智慧，为业务流程提供了清晰的定义。在为组织创建、管理一组可重用的架构域方面，它也发挥着重要作用。架构域可能划分为业务域、信息域、治理域、技术域、安全域和其他域。这些结构定义了构建 SIAM 控制的基本原则。

2.7.2.3　管理流程结果，而不是活动

在 SIAM 模型中，需要包含一个交付结构，支持流程的输入和输出，同时纳入治理原则、标准与控制，但不会限制模型中每个服务提供商专有的个性化程序活动。SIAM 注重的是开放标准和互操作性，及其对工作流、绩效管理和服务管理的支持，这很重要。就像任何关系一样，各方都需要明了自己的角色，既需要接受有价值的贡献，又需要提供有价值的贡献。如果缺少了这一点，在关系中就缺少了目的或价值。

📖 **关系的重要性**

在个人关系中，不满情绪会导致关系破裂，甚至可能不相往来。类似地，在 SIAM 环境中，不平衡的关系可能随着客户与服务提供商或服务集成商的合同终止而结束，或者以服务集成商或服务提供商离开生态系统而告终。

客户组织希望从选择、接触专业服务提供商的过程中受益，这些服务提供商将与 SIAM 生态系统中的其他服务提供商协同工作。由于注重的是流程结果，SIAM 模型可以实现服务提供商的松耦合，通过一个相对简单的方法可以将服务提供商切换出去（以及切换进来）。如果在环境中没有采用有效的战略与设计，那么脱钩将变得困难：

- 服务提供商的转换需要在不影响端到端服务的前提下进行（参见第 3.3.3 节"转换策划"）
- 在新引进和将退出的服务提供商之间，有必要共享知识

■　需要一个有效的服务提供商退出策略（参见第3.1.3.10节"合同结束"）

在 SIAM 模式中，所有服务提供商都清楚自己的角色和对流程结果的贡献。它们受益于明确的合同和清晰的关系，这促进它们进行创新，提供服务改进。

集成服务管理解决方案的大部分价值是无形的、复杂的。价值在于如何定义、提供和控制服务元素。如果没有 SIAM 战略和服务设计方法，服务集成商就只不过是一个裁判。如果不具备衡量、监控和脱钩的能力，客户就无法实现 SIAM 所承诺的灵活性和选择权。

2.7.2.4　IT 作为战略合作伙伴

采用 SIAM 模式的理由之一，是在面对挑战，从多服务提供商环境中寻求价值时，确保 IT 和业务战略保持一致。因此，客户组织的角色与职责至关重要。IT 领导力的体现，可以是在有关技术趋势、开放市场服务、机遇与挑战等方面贡献智慧，但 IT 战略必须正确地体现了业务或客户的意图。

在业务部门和 IT 部门之间建立积极和富有成效的关系，是使 SIAM 有效的关键。服务集成商作为客户组织的代理，必须被视为客户组织的一部分（即使来自外部），并代表客户组织的观点。理想情况下，服务集成商将在客户组织的管理委员会（例如执行指导委员会）中拥有代表席位（参见第 2.3.7.5 节"执行指导委员会"）。

客户组织必须定义服务战略和企业架构模型，定义通过治理机构实施的控制。可以与服务集成商或值得信赖的顾问共同开展这项工作，但是客户组织仍然是责任主体。

2.7.2.5　SIAM 公正性

采用 SIAM 模式所面临的挑战之一，是创建一个公正的环境，在这个环境中，人们既能看到公正，也相信公正的存在。第一要务是设定期望。

这涉及对服务提供商进行治理时须遵循的政策与原则的确定。如果服务提供商积极参与，或者至少充分理解其中的必要性，那么建立"游戏规则"就会变得更加容易。服务提供商的参与有助于克服不切实际的期望，也有助于确认其对义务有清晰的理解。

2.7.2.6　清晰的职责边界

在 SIAM 模型中，通过服务说明、服务协议、任务、章程、流程和运营模型来界定职责边界。必须充分理解每个服务提供商的职责边界，以避免工作重复或无法完成。

2.7.2.7　治理模型

通过治理模型或治理框架的创建、传达，在服务提供商之间建立了平等关系。它以一种所有服务提供商都可以参考的形式（参见第 2.3 节"SIAM 治理框架构建"），为控制和治理各级活动提供了基础。

2.7.2.8　服务集成商胜任力置信度

在服务集成商展示公正性、建立可信性方面，可能最困难的一点是证明其服务管理专业知识和业务的一致性。当服务集成商进行流程治理和结果评价时，需要确保始终如一和公正。就如何遵循流程和开展评价达成一致，有助于达成该目的。

2.7.2.9 受信任的关系

在多源环境中，建立信任和发展融洽的关系可能是一项挑战，特别是存在与 SIAM 模式不完全一致的遗留服务提供商及遗留合同的情况下。建立牢固的跨服务提供商关系，在遇到挑战时进行有效的调解，这一点非常重要。

服务集成商充当调解人，服务提供商需要信任服务集成商，相信服务集成商有意愿帮助各方解决可能出现的任何问题。这让它们不太可能质疑调解人的公正性。

服务集成商与每个服务提供商之间的关系建立在信任的基础之上，因为服务集成商与服务提供商之间没有任何合同。这并不意味着服务集成商没有管理合同的权限，但服务集成商通常不会拥有合同管理关系。

2.7.2.10 服务协议

服务协议可以是合同承诺、运营级别协议或服务级别协议，具体取决于服务提供商和客户之间的关系。协议应该包括明确的服务集成目标，这些目标从端到端的视角（而不仅仅是从服务提供商单一的商业视角）关注服务绩效、易用性和可用性。

在服务提供商协议中不应规定程序性活动，而应利用服务提供商的知识，促进端到端结果和改进的实现。

支持集成合同很重要，但是，由于存在遗留协议，或既有协议依然有效，集成并不总是从一开始就可能实现。如果服务提供商合同反映了与其他服务提供商和服务集成职能合作的要求，那么 SIAM 将更有效地融入这些组织中。如果合同中没有明确规定该要求，服务提供商可以拒绝与服务集成商合作。这就是良好的合同、关系和治理至关重要的地方。

2.7.2.11 信息管理

在正确的时间，向正确的人提供正确的数据、正确的分析和洞察（包括数据相关性）结果是至关重要的。有效的信息管理并非易事。通常有许多系统需要集成，服务提供商需要管理，工具面临挑战，广泛的业务需求需要得到满足，复杂的组织问题和文化问题需要得以解决。有效的工具是必不可少的，可以避免耗时的人力工作。

质量保证必不可少，它有助于提高效率、支持合规性、支持法规要求、支持决策。如果信息管理这一关键成功因素未落实到位，组织可能会发现服务提供商保留着自己的数据，所有权不明确，端到端状态难以衡量和管理。

2.8 SIAM 实践探索

📖 **实践的定义**

实践是一种想法、理念或方法的实际应用或运用，与之相对的是理论。[15]

---

15 出处：《牛津英语词典》，牛津大学出版社，2017 年。

在 SIAM 基础知识体系中，描述了 4 种类型的实践：

1. 人员实践；

2. 流程实践；

3. 评价实践；

4. 技术实践。

这些实践领域涉及跨各层的治理、管理、集成、保证和协调。在设计 SIAM 模型、管理向 SIAM 模式转换以及运营 SIAM 模式的过程中，都需要考虑这些实践。本节逐一探讨这些实践，提出在探索与战略阶段应考虑的、特定的和实际的因素。请注意，人员实践和流程实践是结合在一起的，称为"能力实践"。

2.8.1　能力（人员/流程）实践

在探索与战略阶段，相关利益相关方需要以当前视角、未来视角评估各方面的适用性。这些方面包括：

- 业务战略、业务方向和优先次序
- 技术发展趋势
- 当前（内部）人员/资源/能力
- 既有合同（期限、针对性、灵活性、成本等）

这将需要具备不同的能力和专业知识，包括组织的内部知识、组织的战略方向、对当前（和未来）技术趋势及其应用方式的洞察。

在探索与战略阶段，编写商业论证大纲，制定 SIAM 战略（和模型大纲），进行立项。同样，需要多种能力，尤其是 SIAM 方法和实践的知识，以及娴熟的销售和市场营销技能，以确保相关高管对 SIAM 战略 / 论证 / 项目给予支持，并愿意在后续阶段分配资源。

此外，还应建立治理框架，为角色与职责制定政策，这需要进一步的能力，例如法律或合同义务方面的知识、人力资源政策与实践方面的知识（参见第 2.3 节"SIAM 治理框架构建"）。

> 📖 **宽泛的方法**
>
> 　尽管在探索与战略阶段提倡提纲挈领，但是输出多项顶层成果不应成为某一个人（通常是一位热情的 IT 经理）的工作。在探索与战略阶段，狭隘的视角不仅会导致有限的输出，也更难获得其他利益相关方的认可。
>
> 　一个多职能、多技能的团队将提高 SIAM 转换的质量和认可度（从而获得成功）。

胜任力是做事或完成事情的能力或技能。如果 SIAM 项目需要特定技能，但目前组织还不具备，通常的解决方法包括：

- 从外部服务提供商处购买技能
- 与现职员工和既有资源一起发展技能
- 借用技能

上述每个选项都会对时间、资源、结果价值、风险和技能造成影响。构建 SIAM 模型的困难在于，如果客户组织的能力不成熟，则评估当前状态是否适当就是一项挑战（参见第2.4节"设计角色与职责的原则与政策"）。

客户组织可以采取以下方法来减少这项挑战带来的影响（参见第2.2.2节"敏捷式还是瀑布式？"）：

- 试点/渐进式构建，在进一步构建之前使用反馈来优化方法（敏捷式）
- 规划、设计、快速构建、部署（瀑布式）

2.8.1.1 考虑在职员工离职问题

在探索与战略阶段以及规划与构建阶段，客户组织必须考虑其选择的采购模式所带来的法律影响，特别是对在职员工的影响。在构建完整的 SIAM 模型时，重要的是要有一个全面而详细的劳动力计划（参见第3.1.6节"细化角色与职责"）。

世界各国关于就业和其他相关方面的法律种类繁多，如果对此没有充分考虑，可能会带来挑战。例如，在澳大利亚某地，有一项政府授权要求地区政府雇主要考虑到为当地企业和居民提供机会，目的是优先为当地社区提供合同和就业机会。

当进行业务收购或处置、外包、通过竞标交付外包服务或内包计划时，只要涉及跨境的场景，就必须预先关注当地雇员转移法在受影响的司法管辖区的适用情况。义务可能会改变采购模式的战略方向。

并非所有的情况都是相同的。在以下情况中，有必要考虑该如何处理员工的流动和离职问题：

- 客户组织希望由内部提供服务，但仍要确保连续性；客户可能请求将提供商的员工调入客户组织
- 客户希望将以前由内部提供的服务转移给外部服务提供商
- 承接新合同的服务提供商可能希望从现任服务提供商处招募员工，以便于提供持续的支持
- 外部服务提供商承担以前由内部服务提供商担任的角色，但不希望聘用任何现职员工，因为工作将被重新定位，并以完全不同的方式执行，或者是因为需要大幅节省成本

在一些国家，这些目标实现起来比较简单，但在另一些国家则高度复杂。在保护雇员的法律原则适用方面，全球没有统一的标准（参见附录 D "雇员安置立法"）。

谨慎处理这些问题将有助于避免违法违规行为，保护企业形象或企业品牌。如果不存在法律方面的问题，也并不意味着一切万事大吉。公然无视任何道德和社会义务，可能会造成前雇员的不满，并由此引发对恶劣待遇的公开报道，从而导致出现潜在的负面新闻，使企业声誉受到损害。

在探索与战略阶段，客户组织在策划 SIAM 模型时，应针对员工留用问题考虑有关义务的可能性和局限性。应寻求本组织人力资源部门、法律部门以及工会等其他机构提供建议与支持。

以下是客户组织应考虑的事项，其中涉及对员工的影响：

- 相关法律义务
- 行业参与计划
- 在不存在法律义务的情况下，考虑道德和社会责任

- 考虑影响时，缺乏相关法律和人力资源方面的专业知识
- 考虑当前和未来结构之间的角色匹配，以及角色匹配可能导致的人员留用需求
- 员工咨询期规划
- 留用，确保关键员工不离开
- 员工自然流动
- 离职
- 所需通知期的影响及限制
- 与以下方面有关的费用：
  - 遣散费
  - 搬迁补贴
  - 为被裁减人员提供再就业支持、再培训和重返工作岗位准备计划的费用
- 员工权利
- 区别对待
- 来自不满员工的法律诉讼

📖 **行业参与计划**

在一些地方政府管辖区域内，用人单位必须按照相关行业参与计划提供的指导方针开展工作。这通常是为了支持一个地区及其经济的增长，以及为当地商业和行业的发展提供更大的空间。

在澳大利亚的一个例子中，一项政府计划对人员使用做出了特定的声明：

"我们还鼓励当地企业采用最佳实践方法，尽可能雇用、培训和留住本土雇员，并争取与本土组织建立合资企业的机会。"

2.8.2　评价实践

由于 SIAM 项目在现阶段尚未正式启动，因此几乎没有可评价和报告的目标。

从评价的视角来看，在探索与战略阶段，因为商业论证尚未得到正式批准，所以重点关注的是对时间、成本和资源的总体承诺。需要根据组织的常规惯例，考虑以某种形式对时间和成本进行记录、汇报。

制定战略、进行商业论证需要时间、成本和资源，建议将探索与战略阶段范围内的这些事项定义为一个单独的项目，特别是如果涉及多职能团队时（参见第 2.8.1 节 "能力（人员 / 流程）实践"），由此也可获得对所需时间、成本和资源的承诺。将探索与战略阶段的工作界定为一个项目，可以根据预算密切监测进度和资源支出。

探索与战略阶段最重要的评价指标包括：那些将被纳入商业论证大纲中的指标，SIAM 项目的时间进度和成本，以及量化的预期收益（包括何时评价收益、如何评价收益）。这些指标将构成项目执行人、发起人批准项目、做出承诺的基础。

考虑以下事项：

- 确保以正确的认识来驱动决策
- 决策是由数据主导的，而不仅仅是推测
- 后续阶段合理性论证和方向指标
- 获取端到端服务级别和用户满意度基线，以供将来进行比较

📋 **红褐绿报告**

报告项目状态的一种有用方法是使用红褐绿（red/amber/green，RAG 或交通信号灯）报告，其中：

- 按照计划进行的项目以绿色突出显示
- 有错过计划日期风险的项目以琥珀色突出显示
- 已错过计划日期的项目以红色突出显示

进一步的改进是以蓝色突出显示已完成的项目（blue/red/amber/green，BRAG）。

可以定义一个高级 SIAM 记分卡，其中的指标包括：与上述评价指标相一致的单个关键绩效指标，与 SIAM 模式实施相一致的指标和关键绩效指标，以及实现收益、开展运营所需的任何其他运营关键绩效指标。随着 SIAM 项目的进展，该记分卡也将不断得到发展，并变得成熟。

2.8.3 技术实践

在探索与战略阶段，对技术和工具的关注度有限。直到规划与构建阶段，才确定工具策略，考虑许多技术方面的因素。然而，编制商业论证大纲和 SIAM 模型大纲需要了解技术趋势，并对当前能力进行评估，其中包括技术和工具。

技术能够对企业的战略方向产生深远的影响。不妨思考一下近年来基于云的基础设施、一切即服务（Anything as a Service，XaaS）或数字颠覆的影响。

SIAM 模型大纲将为工具策略提供输入，因此需要包含以下信息：

- SIAM战略，包括实行松耦合和服务提供商集成的目的
- 企业架构评估

在探索与战略阶段使用的工具有助于对项目进行管理，为商业论证大纲提供分析。

3 SIAM 路线图第二阶段：规划与构建阶段

在探索与战略阶段的工作完成之后，如果组织确认有意继续进行 SIAM 转换，那么将正式触发规划与构建阶段。可能会有一些事项更早启动，以使利益相关方和团队能够为此阶段做好准备。根据组织的时序安排、战略和方法，路线图可能以线性方式进行，也可能存在阶段和活动并行进行的情况。

在探索与战略阶段，定义了治理需求、顶层框架。这为规划与构建阶段提供了可控制的"护栏"，以此确保 SIAM 模型的设计与业务需求保持一致，确保对所有的预期收益进行了分析，其中包括可根据需要增补、淘汰服务提供商的能力。规划与构建阶段的目标是创建一个适应性强、可伸缩的模型，以对业务和服务提供商环境中不可避免的变化做出响应。

设计活动通常以迭代方式交付，从初始定义开始，逐渐变得详细，直至完成 SIAM 模型的设计，创建实施阶段的转换计划。

3.1 设计完整的 SIAM 模型

SIAM 模型包含诸多要素，如下所示：

- 服务模型与采购方法
- 建议的SIAM结构
- 流程模型（包括服务提供商之间的交互，参见第3.1.4节"流程模型"）
- 治理模型
- 角色与职责的详细描述
- 绩效管理与报告框架
- 协作模型
- 工具策略
- 持续改进框架

在设计 SIAM 模型的细节时，必须从 4 种不同的架构观出发进行考虑：

1. 组织结构，涉及保留职能、内部服务集成商和每一个内部服务提供商，应包括正式职位和人员编制，因为它们彼此关联，且呈现于人力资源系统所展示的组织层次结构中；

2. 流程模型，展示了角色与职责、各方之间的交互、所有权和机构小组；

3. 服务模型，展示了服务分组、采购策略和分配给各服务提供商的服务范围；

4. 技术模型，包括工具系统，展示了用于支撑以上 3 个结构和模型的技术。

在这 4 种架构观中，各自都有与其相关联的角色与资源，这些角色与资源相互对映、相互交织，有必要仔细考虑。在某些情况下，这 4 种架构观是审视相同角色与资源的不同视角。

通常，专门从事 SIAM 设计的咨询机构可以提供 SIAM 参考架构形式的蓝图。这有助于加快设计阶段，使客户组织能够更迅速地进入 SIAM 路线图的实施阶段。然而，参考架构对客户组织和战略结果是否适用，必须经过测试，而不能只是做出假设。依托专家支持，可以对整个 SIAM 路线图阶段（特别是早期阶段）须开展的工作进行优化。

3.1.1 服务模型考量因素

服务模型展示了所建议的服务层次结构、每个服务元素的服务提供商、与其他服务提供商所提供服务的接口，以及来自客户组织的服务资产和接口。此外，它还可以展示与外部治理机构或立法机构的交互和活动。

精心设计服务模型是成功的关键。设计活动是迭代的过程，历经发布、评审、反馈等环节，多次迭代。从一个初始定义开始构建服务模型，随着对每次迭代的认可，服务模型的细节逐渐变得丰富。

3.1.1.1 服务分组

采用 SIAM 模式将改变服务和服务分组。首先对在用服务进行定义，对其边界、服务分组和服务提供商进行定义，并评估它们是否适合 SIAM 模式，这一点至关重要。须仔细考虑服务分组设计，因为将据此定义不同服务提供商的服务范围。

服务分组将影响后续的采购方式，须考虑的因素包括：
- （内部或外部）服务提供商的可用性
- 外部服务提供商合同的商业可行性
- 适用性及与常规做法的一致性
- 替换服务提供商的能力，以后可能需要
- 与其他服务、服务元素和服务提供商交互的数量与性质
- （技术）规范的可行性和所需的能力级别
- 地区、时区、语言、当地工资水平、经济环境和其他特定地理性因素

如果没有考虑这些因素，就有可能做出一种对市场缺乏吸引力的安排。这是导致采购举措失败的一个常见原因，因为这些举措不会吸引所寻求的服务提供商。

> **无效的服务分组**
>
> 某公司决定对服务进行分组，并为每个分组选择不同的服务提供商。服务分组如下：
> - 网络
> - 主机托管
> - 终端用户支持
> - 应用程序开发
> - 应用程序支持

> 有一个复杂的遗留程序在一个过时的大型机上运行，该公司希望继续使用它。这意味着需要将这项服务拆分到除网络分组之外的每个分组中。
>
> 虽然有几个服务提供商倾向于提供网络分组的服务支持，但只有一个服务提供商愿意提供对其他 4 个分组的服务支持，其中包括对遗留程序的支持。

SIAM 转换带来的改变之一，是客户组织要将关注点从系统、技术方面转向服务方面，这可能具有挑战性。既有服务提供商合同可能侧重于技术元素，没有与端到端服务大局联系起来。通过服务模型设计，将对服务范围、服务层次结构进行定义，也将结合采购实际，确定如何进行服务分组。

对服务进行分类分组，然后将特定的服务提供商纳入分组之中。其目的是将一个服务提供商提供的相似服务组合在一起，最大限度地减少不同服务提供商之间的交互。交互的最小化，使将来在需要时能更容易地调整 SIAM 模型，能有效地让服务提供商加入和退出。

在探索与战略阶段，对当前服务和服务分组进行了分析（参见第 2.5.5 节"在用服务与服务分组"），可以明显发现哪些在用服务的分组是有效的，哪些是无效的。这为将来的进一步考虑提供了有用的意见。

📖 **有效的服务分组**

> 某客户将其所有服务外包给了两家服务提供商。第一家负责网络，第二家负责主机托管、终端用户计算和应用程序开发等其他服务。
>
> 第二家供应商在大多数服务中都表现良好，但对客户销售团队使用的笔记本电脑的支持表现欠佳。基于这一体验，在设计 SIAM 模型时，客户决定将终端用户计算分为两种不同的服务——移动用户支持和桌面用户支持——以便能够以最有效的方式获得这些服务。

为了获得最优服务分组，建议采用以下步骤：

1. 在探索与战略阶段，了解客户组织期望使用的服务。
2. 将期望服务与在用服务进行比较，识别出转型后仍将保留的服务。
3. 识别出其中缺失的服务。
4. 根据上一阶段进行的市场分析，提出填补缺失服务的建议。尽量避免定制服务，而要使用那些现成的服务。关注服务，而不是服务提供商，后者将在以后考虑。
5. 根据所建议的服务创建服务地图，包括业务使用的服务、基础服务和技术服务。
6. 评估能够提供所需服务的服务提供商。
7. 对结果进行分析，按服务提供商对服务进行初步分组。避免将过多服务分配给一个服务提供商，或者给某个服务提供商分配它们通常不会执行的服务；否则将会带来风险，它们可能无法很好地交付服务，或可能将服务分包出去，从而增加了成本与复杂性。
8. 考虑服务提供商之间的交互，并尽可能减少这些交互。
9. 重回第 5 步，重新审视，直到找到最佳匹配。

此项活动的输出是创建一个顶层服务模型，其中包含了所有服务，并按服务提供商进行了分组。

> **📖 一对多分组**
>
> 对于同一种类型的技术服务，由多个服务提供商提供服务是可行的。例如：
> - 可能有两个主机托管提供商，帮助进行服务连续性规划
> - 可能有几个应用程序服务提供商，每个提供商专门负责一个或多个应用程序
>
> 不需要将所有应用程序分配给一个服务提供商，即使这是先前采取的方法。虽然原有方法可以最大限度地减少服务提供商的数量，但也可能会推高成本，降低服务质量。

大多数客户组织习惯于与提供系统交付、电子邮件和互联网访问等服务的服务提供商打交道。管理这些服务提供商的传统方法，要求对技术需求进行详细说明，而在客户组织中，无论是执行者还是利益相关方，都对此感兴趣，乐于扮演设计权威的角色。

转向 SIAM 模式，要求客户组织注重基于结果的服务，例如，基于云的解决方案，符合客户需求，但几乎不需要技术或设计的投入。起初，这可能会导致一些焦虑，因为不再需要客户组织习惯的直接控制了（或不建议这么做了）。转向 SIAM 模式，可能要求客户组织发展不同的能力，将重点放在治理和供应商管理方面，而不是技术细节方面。

> **📖 睁大眼睛，放开双手**
>
> 通常，客户试图保留一定程度的直接控制，除非它们已经经历了一个组织变革管理过程，对计划中的改变更加了解、更具信心。服务集成商需要努力在所有 SIAM 层中强化适当的行为。

转向 SIAM 模式，不是简单地迁移到一个多服务提供商环境（很多客户组织已经拥有了），而是整合、控制该环境，以更好地满足业务需求。这就是特意创建服务集成层并由其进行管理的挑战所在。与管理系统不同，管理服务的关键是确保所有各方对需求、目标以及他们在端到端服务中的定位都有据可查，且有一个清晰的理解。

因此，在定义需求、承诺交付需求方面，服务级别协议、关键成功因素和关键绩效指标变得至关重要。这些文件之间的联系也很重要，可确保端到端服务得到理解。图 3.1 展示了这些元素之间的关系。

图 3.1　目标与绩效文件之间的关系

> **服务级别协议兜底条款**
>
> 当将服务中的所有服务级别协议、运营级别协议和基础合同整合到一起时，服务级别协议兜底条款会很有帮助。它会显示出异常所在，并可以作为重新协商协议的基础。

客户组织不再需要充当技术组件复原能力的设计权威，也不需要提供基础设施的全生命周期管理。相反，客户要对服务提供商的可用性、安全性、绩效和利用率提出级别要求，以确保其符合相应的评价标准。合同（或与内部服务提供商的协议）将强调失败的后果，例如服务信用受到的影响。

3.1.1.2 开发 SIAM 模型

对 SIAM 模型进行定义时，所采用的具体形式因组织而异。形式本身并不重要，重要的是，使所有利益相关方都能充分理解：

- 作为一个整体的 SIAM 模型
- 模型中利益相关方的范围及其上下左右关系

这样的模型应该既全面又详细，对所有服务元素、接触点、角色与职责进行了清晰的定义。图 3.2 给出了一个简单的顶层服务链示意图示例，该"直升机"视图展现了每个服务提供商的服务与其他服务的关系，以及这些服务之间主要的衔接路径。

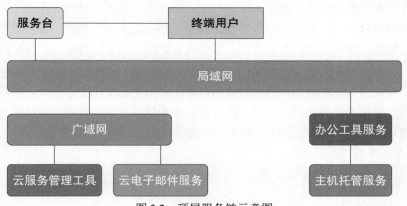

图 3.2　顶层服务链示意图

在更细致的层面上，可以借助一系列技术来确保 SIAM 模型得到充分的定义和理解。

> **OBASHI® 数据流分析**
>
> OBASHI 是一种帮助进行服务映射的技术。图 3.3 提供了一个数据流分析示例。在业务与 IT（Business and IT，BIT）图表中，清晰地展现了支持业务流程的元素，从图中可以很容易地理解业务与 IT 之间的关系。箭头用于表示数据流动的方向。必须明确起点和终点，这样才能理解端到端数据流。

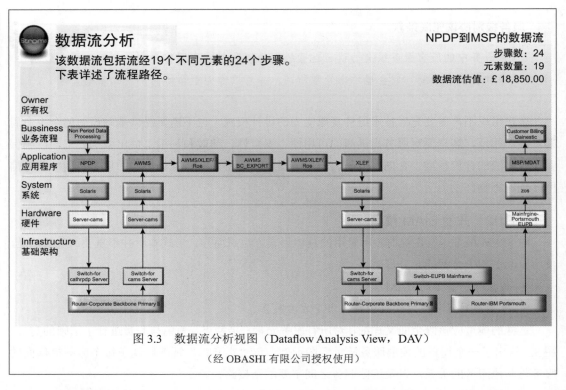

图 3.3　数据流分析视图（Dataflow Analysis View，DAV）

（经 OBASHI 有限公司授权使用）

　　除了进行可视化表示以外，在 SIAM 模型中，还应包含对每个组件的描述，详细说明每个组件如何与其他组件交互，说明每个组件是如何纳入框架之中的。此外，还应附带服务模型示意图，作为详细描述治理机制的参考信息。需要在示意图中说明升级机制、升级流程和升级联系信息。

　　不同的受众需要 SIAM 模型中的不同数据，因此对每个利益相关方来说，要能够查看简单或复杂的数据，具体取决于它们的需求，这一点非常重要。

　　业务环境也必须清晰，并与 SIAM 模型相关联，例如：

- 业务是否受到严格监管？
- 是否需要考虑治理需求或法规？

3.1.1.3　SIAM 转换方法考量因素

　　在可能采用的转换方法中，有一些值得考虑的重要因素，可能会影响 SIAM 模型的详细设计。在 SIAM 路线图四个阶段的大背景下，这些因素应纳入 SIAM 战略中予以初步考虑（参见第 2.6 节"战略制定"）。

　　在规划与构建阶段，一项重要的工作是结合客户以及其他利益相关方的实际情况和需求，对 SIAM 模型的实施规划大纲予以考虑（参见第 3.3.3 节"转换策划"）。

　　这些考量因素包括：

- 客户组织的风险偏好
- 现任服务提供商的表现、能力和变革意愿
- 每个利益相关方的文化因素，例如对变革的态度

- 客户组织的业务对服务级别中断的敏感度
- 客户能力，包括商业、运营、服务管理、业务变更、项目、服务集成和服务提供商管理
- 服务和业务波动性
- 服务替代的便捷性
- 在可选终止条款生效前，每个既有协议的期限
- 在促进变革、管理协作和引进新的服务提供商方面，资源的可用性

> 📄 **风险偏好**
>
> 客户组织的风险偏好可能对 SIAM 模式造成影响，是应考虑的因素之一。
>
> 例如，一个对风险高度敏感的组织，对于无法实现目标的合同，可能准备寻求合同终止，对于与外部服务提供商签订的、不属于 SIAM 模式的既有合同，即将强制进行解除。是否执行，还取决于客户组织对服务级别的可能中断是否具有高容忍度。

这些考量因素都集中于业务的风险领域。管理从一种服务模式到另一种服务模式的转换，或者从一个服务提供商到另一个服务提供商的转换，涉及服务绩效和服务连续性的风险。客户组织需要思考：

- 我们实施变革的总体思路是什么（我们从哪里开始，下一步在哪里）？
- 我们的行动能有多快？
- 我们首先与哪些利益相关方合作？后续与哪些利益相关方合作？
- 我们需要哪些服务？什么时候需要？
- 在交付过程中，有哪些里程碑？
- 在转换期间，我们如何与将被淘汰的现任服务提供商合作？
- 有哪些可用的资源？
- 需要哪些资源？
- 如何弥合资源方面的差距？

向理想的 SIAM 模式迁移，可以在初始规划的基础上进行迭代，这有助于排除那些不可行的方法。最终的规划很可能结合了来自几个场景的元素。客户组织不应急于将选项视为不可能，它们可能包含很好的元素，或者有助于团队进行横向思考。

3.1.2　采购方式与SIAM结构

所有的 SIAM 模型都会包含各类服务提供商，其中一些是新引进的，另一些则是正在合作中的，但与其重新协商了合同。

一个优良的 SIAM 模型应该具备随着时间推移管理变化的能力。采购环境中可能存在多种选项，随着时间的推移，客户的需求在不断变化，这些选项和布局也随之发生变化。这将带来许多影响，例如，在知识产权的所有权或许可、工具、服务退出后仍须履行的义务方面，都可能会有所改变，需要在 SIAM 模型中加以考虑。

不同 SIAM 模型的差异很大，但它们有共同的特性，即模型中都包含（内部和外部）服务

提供商的组合。在一个稳健的 SIAM 模型中，应体现出运营/职能关系（在图 3.4 中，由蓝色和灰色箭头表示），包括：

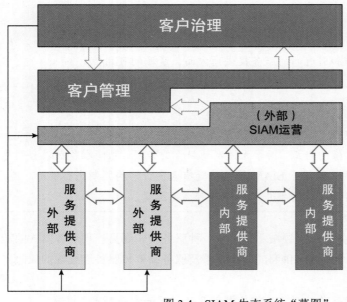

图 3.4 SIAM 生态系统"草图"

- 服务提供商之间的对等关系
- 服务提供商与服务集成商的关系
- 客户组织对服务集成商的治理和管理

合同关系（在图 3.4 中，由黑色箭头表示）包括：

- 与各类外部服务提供商签订的合同
- 与服务集成商签订的合同或协议（取决于是内部服务集成商还是外部服务集成商）

在 SIAM 模式中，客户与所有外部提供商均签订合同，不存在"总承包商"的概念。总承包商是指与客户签订合同，再直接与其他提供商签订合同的供应商，由总承包商对其他提供商进行管理。某些提供商可能雇用分包商，但是该提供商仍然对其服务和合同中的所有义务全权负责。许多合同都包含了未经客户许可禁止分包的条款。

> **资源增补**
>
> 如果内部服务集成商通过增补资源来加强能力，则不应将其视为外部服务集成商。相反，资源增补合同是传统的人员供应合同。
>
> SIAM 模式下的资源增补合同应包含职责分离条款，以避免潜在的利益冲突。

在 SIAM 生态系统中，合同具有双重目的：

- 建立传统外包合同应提供的合同关系与确定性
- 通过合同中所示的关系支持SIAM战略

3.1.2.1 服务集成商寻源

如何选择服务集成商，这是一个重要的决策。服务集成商的财务收益可能难以衡量，因为集成主要是非事务性的，处理的是避免的问题，而不是实现的效益（参见第 1.6 节"SIAM 结构"）。

有些组织可能认为没有必要寻求外部服务集成商，只须从内部寻找角色。如果客户组织具备合适的能力，这可能是一个很好的方法。如果客户组织没有合适的能力，则需要建设这些能力。对一些客户组织来说，这一挑战并不大，而且很快就能实现。对另一些客户组织来说，这要困难得多。

由于内部服务集成商不需要与客户组织签订法律合同，因此相对于外部服务集成商而言，内部服务集成商可以更灵活、更能适应变化。但是，如果内部服务集成商的角色发生重大变化，仍然可能需要额外的预算和资源。

如果采用混合结构，则需要考虑对集成层中的保留角色与外部组织角色进行区分。可以建立一个层次结构（客户员工在外部服务集成商员工之上），或一个垂直结构（两者并列）。

3.1.2.2 服务台角色规划

服务台的来源将因 SIAM 模式的不同而不同。在 SIAM 模式中，提供服务台的组织应被视为服务提供商，无论服务台是由客户组织、外部服务集成商还是一个或多个服务提供商提供的。应以与所有其他服务提供商相同的方式对服务台提供商进行管理。

虽然可以将服务台视为需要提供的另一项服务，但由于它在提高客户满意度、促进信息共享、支持集成活动以及在跨 SIAM 层、跨利益相关方的问题管理等方面发挥着重要作用，因此值得仔细考虑。

由于员工流动率高、管理开销大等因素，通常认为从外部采购服务台是最理想的选择。然而，一些组织倾向于从内部采购服务台，或采用混合方式。客户组织必须决定是从内部还是从外部采购服务台。

本节讨论的方式包括：

- 由客户组织提供服务台
- 由外部服务集成商提供服务台
- 由外部服务提供商提供服务台
- 由多个服务提供商分别提供各自的服务台

案例研究

AIR 是南非第二大移动技术和固定电话提供商，也是宽带和收费电视服务提供商。该公司以 AIR 品牌名称运营，但在内部依赖于许多其他子服务提供商提供专业服务：

- 服务提供商A提供收费电视服务
- 服务提供商B提供宽带服务
- 服务提供商C为移动技术服务提供网络设备
- 服务提供商D为移动技术服务提供管理应用程序
- 服务提供商E提供云服务，作为持续交付的一项内容

AIR 最初使用的是一个中心服务台，在运营 18 个月后遇到了一些问题，客户投诉称需要很长时间才能收到对基本查询和请求的响应。

AIR 的 ICT 部门希望提升服务台的能力，当用户首次联系服务台时服务台就能够处理更多请求。然而，由于需要具备移动技术、固定电话、宽带和收费电视服务等方面的复杂知识，服务台难以应对。客户对服务台的满意度很低，特别是在收费电视和宽带服务方面。

AIR 的 ICT 部门聘请了一名外部顾问来帮助其考虑如何改进服务台。其中一个建议是重新考虑服务台采购战略。AIR 转而选择了一家同业最优的独立服务提供商，由其提供服务台，利用技术将呼叫转接至每项服务的专家，从而极大地提高了客户满意度。

在 SIAM 模式中，服务台成为消费者满意度的"唯一事实来源"，同时提供有关服务绩效的重要管理信息。如果服务集成商不提供服务台，则其必须与服务台提供商密切合作，并使用服务台提供的服务数据。

在与服务消费者的日常接触中，服务台扮演着重要的角色，为服务集成商提供有关满意度的关键指标，包括定量指标和定性指标。没有最好的服务台，但在选择服务台时，可以对各种优势和劣势加以分析。

由客户组织提供服务台

在此情景中，服务台职能被客户组织保留，通常由内部服务集成商提供。如果客户组织希望掌控一切，或者具备内部业务知识，或者有着共享的价值观与文化，或者客户组织已经拥有了成熟的服务台能力，通常会选择这种方式。

但是，也可能出于特定的理由，客户组织必须将服务台保留在内部，例如国防工业的法律法规有要求，不允许敏感信息离开客户组织。

优势：

■ 客户组织能够通过服务台直接控制/影响服务质量及服务交付

■ 能够确定知识产权的所有权

■ 终端用户充分理解所有权、终端用户导向

■ 可以提供本地服务，因为服务台工作人员可以位于客户组织办公室内，而不是离岸状态或位于服务提供商所在地

■ 服务台工作人员掌握了业务流程知识，具有较高的胜任力，从而能够更好地评估问题的严重性与紧迫性

■ 能够基于更广泛的业务知识处理更广泛的问题

■ 没有复杂的合同结构

■ 可能会提高服务绩效的透明度，因为服务台没有隐瞒不良绩效数据的动机

■ 内部服务集成商和服务台团队隶属于同一组织，有助于实现流程和工具系统的标准化，例如，将故障记录或需求记录标准化，从而实现"唯一事实来源"

■ 服务台团队和内部服务集成商职能之间高效协作，文化定位一致

劣势：

■ 质量结果在很大程度上取决于客户组织内的流程与工具成熟度，而不是专业服务台提

供商的流程与工具成熟度

- 在当地劳动力市场上可能很难找到合适的技能资源
- 对于服务台团队成员的职业路径和发展机会，必须加以考虑和管理
- 存在服务台在孤岛中运行且未与服务提供商建立关系的风险
- 由于使用的是内部资源，因此进行人员优化（扩大或缩小规模）将更具难度，而外部服务台提供商可以更容易地进行调整

📋 **案例研究**

GBP 商业研究大学是澳大利亚第 7 所历史悠久的大学。该校的年收入为 1.2 亿澳元，其院系包括：

- 艺术、商业、法律和教育
- 科学
- 工程与数学科学
- 健康与医学科学
- 商业与技术管理

GBP 大学使用一个中心 IT 支持服务台，为两个校区提供服务。服务台管理着大学用户的工单记录和投诉记录。用于服务台缺乏对故障工单进行分类的机制，服务台技术人员一直处于救火模式之中，持续处理工单，应对工作。

一名外部业务分析师对此进行了差距分析，认为当前中心 IT 支持服务台模式面临以下挑战：

- 缺乏与服务台和服务管理流程相关的最佳实践方面的知识
- 没有为中心支持服务台定义关键绩效指标
- 没有注重重复性任务的自动化
- 没有服务请求的概念

GBP 大学希望改善客户体验，因为自身没有内部服务台能力，所做的第一步是重新思考如何提高当前中心 IT 支持模式和团队的成熟度。理想的选择可能是从外部专业服务台提供商处进行采购。

由外部服务集成商提供服务台

在此情景中，由外部服务集成商提供服务台，因为通过服务台提供了服务，因此服务集成商也是首要供应商。

采用这种结构，可以在服务台和服务集成商之间保持良好的一致性，当外部服务集成商具备提供服务台的额外且成熟的能力时，通常会选择这种方式。在外部服务集成商直接提供服务台的情况下，应考虑以下优势和劣势。

优势：

- 服务集成商能够影响服务台的结果，这可能会对最终用户体验产生积极影响

- 服务集成商和服务台团队隶属于同一组织，有助于实现流程和工具系统的标准化，例如，将故障记录或需求记录标准化，从而实现"唯一事实来源"
- 服务台团队和服务集成商职能之间高效协作，文化定位一致
- 对于外部服务提供商来说，这一组合角色可能更具商业吸引力

劣势：

- 需要将服务台提供商视为SIAM模式中的另一个提供商。将服务台与服务集成商层整合在一起，可能会损害（或被认为会损害）服务台绩效管理的公正性
- 如果服务台绩效欠佳，可能会影响服务集成商的声誉，并损害其有效执行、构建关系的能力
- 服务集成商和服务台组合起来，特别是将二者绑定于同一个合同中时，当在未来打算变更其中一个而不变更另一个时，可能会带来挑战

由外部服务提供商提供服务台

服务台被视为与 SIAM 模式中的任何其他服务一样的服务。这一领域的服务提供商可能会带来特定的专业知识、工具、灵活性、敏捷性和可伸缩性，否则将难以达成目标。

优势：

- 使客户组织能够专注于其战略方向和业务目标，而无须进行基于事务和运营的日常用户管理
- 服务集成商、客户组织与服务台职能是分离的，因此可以从独立的视角审视服务提供
- 从专业服务提供商那里采购，通常会获得专业知识和增强的性能
- 可以根据实际体量，协商更经济的合同，并且可将处罚/折扣等条款包含在内
- 服务台将被视为由其他服务提供商提供的一项服务，并成为协作、创新文化的践行者之一

劣势：

- 并不能保证外部服务提供商能够有效地掌握业务知识，这需要时间
- 当服务提供商的员工发生变动时，可能会经历服务绩效从良好到不良再到良好的阶段
- 服务台资源可能会在多个客户之间共享，某些客户可能会获得更高的优先级
- 需要解决安全和知识产权方面的问题

📋 **案例研究**

　　TRE 株式会社是日本最大的制药公司，也是世界 10 大制药公司之一。该公司在全球拥有 1.5 万名以上的员工，2015 财年实现收入 100 亿日元。

　　TRE 的信息系统部处于一个多服务提供商的环境中：

- 应用程序交付：TRE内部
- 基础设施运营：服务提供商A
- 服务台：服务提供商B
- 商业智能和报告：服务提供商C

在典型多服务提供商生态系统注重结果管理的需求驱动之下，TRE 信息系统部决定组建服务集成商职能，根据市场能力和以往的经验，与服务提供商 B 签订了服务集成商合同。

服务台仍由现任服务台经理进行管理，此外，服务提供商 B 新任命了一名服务经理来管理集成层，以保持两个职能之间业务的独立性。服务提供商 B 的内部组织结构表明，服务经理的级别比服务台经理高两级。服务经理管理服务提供商 B 与 TRE 公司发生的所有成本、预算和资源决策。大多数服务台计划在发布或与其他服务提供商和客户组织讨论之前，都需要得到服务经理的认可。

如果要成功履行服务集成商的职责，就必须确保服务集成商处于相应组织级别中，并具有适当的自主权，这很重要。

由多个服务提供商分别提供各自的服务台

在此情景中，不同的服务提供商提供各自的服务台和工具系统，而服务集成商提供一个统一的视图。只有在服务消费者很清楚该联系哪个服务台寻求支持的情况下，这才是有效的选择。例如，负责薪资的部门可以直接与财务应用程序提供商的服务台联系。

需要注意的是，不同的服务提供商往往都有自己现成的服务台。在 SIAM 模式中，如果允许消费者访问多个服务台，那么意味着取消了单点联系，可能会造成混乱。因此，在 SIAM 模式中应该有一个服务用户的一级服务台，而这些服务提供商的服务台可以作为二级升级点。

优势：

- 加强了知识管理，因为这些服务台位于交付、管理或支持特定服务的服务提供商内部
- 可能会提供更好、更快的支持，因为每个服务台的范围有限，从而推动了技能组合的专业化
- 能够更好地应对业务量激增或下跌的情况，因为如果与特定服务出现的问题有关，受到影响的只会是一个服务台，而不是所有服务台
- 可以非常具体地解决绩效不良问题，因为应用范围只涉及一个服务台

劣势：

- 使用多个服务台，将增加不同流程和工具系统应用于相似活动的风险，服务集成商必须促进所有服务台提供商提升端到端透明度
- 可能会有更大的报告编制开销，因为要处理的数据必须从多个服务台收集整理
- 如果不同的服务台使用不兼容的指标，并以不兼容的指标进行报告，那么汇总报告可能变得困难或成为不可能
- 存在最终用户体验不一致的风险（例如，一个服务台提供了优质的服务，而其他服务台可能做不到）
- 当消费者联系了错误的服务台，或者在服务台之间跳转寻找解决方案时，可能会导致效率低下。这将需要进行跨服务提供商的升级，可能还需要服务集成商进行协调
- 当用户不知道该联系哪个服务台时，会感到困惑或失望
- 存在指责文化的风险，不同的服务台互相推诿，将故障或请求"踢"给彼此
- 当跨多个服务台评估和处理客户满意度调查时，涉及复杂性和管理开销

3.1.3　合同在SIAM中的重要性

在 SIAM 环境中，设计稳健、可用、适用的合同至关重要。SIAM 所倡导的是，合同双方——客户和服务提供商——对需求有共同的理解，主体责任明确，职责清晰（参见第 2.3.13 节"供应商与合同管理"）。

传统的协议只关注单个服务提供商的责任，而 SIAM 所要求的是与此不同的合同结构。在 SIAM 模式中，应尽量通过合同将整个生态系统中所提供的服务连接起来，鼓励接受并遵守一套共同的交付规则和治理模式，并以支撑客户组织的服务、达成客户组织的预期结果为共同目的。

在 SIAM 合同中，除了简要描述各提供商（包括外部服务集成商）提供的服务和服务级别外，还必须包括集成方面的内容，其中涉及工具、流程集成、知识管理、协作和机构小组的参与等领域。集成是更为传统的合同与 SIAM 环境中的合同之间的关键区别。

在合同中解决集成问题，是对 SIAM 取得成功所必需的"一个统一团队"方法的巩固和加强。这也为服务集成商的工作奠定了一个坚实的基础，促进了协作行为，并有助于从一开始就避免形成指责文化。无论哪些服务提供商参与了服务提供，在设计用于 SIAM 生态系统中的合同时，都必须关注端到端服务交付。

📑　**三思而后行**

通常，在 SIAM 实施过程中，在路线图早期的探索与战略阶段和规划与构建阶段，会消耗大量可用资源，来确保将签订的 SIAM 合同是正确的。这可能比实际的实施活动花费更多的时间。

这对各方都很重要。如果低估了探索与战略阶段和规划与构建阶段的活动规模，甚至低估了生态系统启动和运行之前 SIAM 各层的管理开销，那么都可能对所实施的 SIAM 模型及其交付服务的质量产生破坏性影响。

客户组织需要就可接受的工作方式、协作和集成活动内容，在合同中提供足够的细节，同时仍要允许各个服务提供商采用自己的方式。如果用合同对服务提供商进行遏制，可能导致客户组织无法从特定服务提供商的专业能力中受益，也可能限制服务提供商有效且高效的执行能力。

资历较浅或不太成熟的服务提供商可能没有成熟的服务组合能力或相应的服务交付能力。这有可能对生态系统的整体能力产生负面影响。然而，结果可能是，它们会更容易地适应所要求的工作方式。

也存在与成熟的服务提供商相关的风险。在选择成熟的服务提供商时，往往对其所承诺的成本节约高度关注。成本节约通常基于规模经济和离岸外包模式，其员工都来自成本较低的国家。存在这样一种风险，即这些员工基于服务提供商的既有流程、工具和既定的具体工作方式，接受了严格的培训，但这些培训并不是针对未来的客户需求、客户所期望的结果和所选择的 SIAM 模式的特定培训。

教育、技能和经验的不足，可能会限制潜在服务提供商适应 SIAM 模式及工作方式的能力，而不会损害其通过规模经济给自身带来的利益。结果可能是其放弃参与 SIAM 竞标，或在未充分了解项目对自身影响的情况下接受了工作。对于客户来说，在签订合同之前评估潜在服务提供商的能力非常重要。

一些客户组织聘请外部顾问协助进行合同设计。这些顾问不仅应关注模型的简化和成本的优化，还必须关注价值。

如果在 SIAM 路线图的早期阶段就选定了服务集成商，那么客户组织可以与服务集成商一起审查现有的服务提供商合同，找出合同中与未来 SIAM 模式重复、有差距和所有不一致之处。然后，利用这些信息，结合客户组织特定的 SIAM 模型，定制设计新的合同。

合同必须细化到一定程度。先根据 SIAM 模型对合同进行审查，再将合同发送给潜在的供应商，这很重要。在 SIAM 生态系统中，合同专家通常专注于合同设计，服务集成专家通常专注于合同实施，角色的性质要求两者展开密切的团队合作。合同不应是约束性的，而应是能够起到促进作用的。只有在战略规划阶段正确地运用专业知识，才有可能做到这一点。

在探索与战略阶段早期，在企业架构和解决方案架构方面加强专业性投入，可以为设计 SIAM 模型打下有效的基础，其中包括建立适当的合同。

如果一个服务提供商同时也担任服务集成商，那么公正性就至关重要。职责分离是一项重要的原则，与所有选定的提供商公开合作建立整体解决方案时，应该注意这一点。

在传统的采购环境中，为了避免今后由于合同、法律和商业等因素而产生管理开销，许多合同的设计初衷都是防止职责和活动在未来发生改变。为了有利于 SIAM 模型的持续改进，SIAM 合同需要进行定期调整或重新调整。当一份合同发生重大变更时，例如引进了一家新的服务提供商，应同时审查相邻合同，并根据需要对相邻合同进行调整。

3.1.3.1　合同安排

在 SIAM 环境中，客户应该与所有外部提供商签订符合 SIAM 模式的合同。尽管这似乎是显而易见的，但即使是一个全球性的组织，也经常会使用未签订正式协议或正式协议已过期的服务提供商。

通常，这种情况发生在远离总部的地区，在这些地区，组织往往没有提供充分的基础设施，也缺乏相关职能的支持，因此员工只能使用本地服务。起初这种情况可能并不频繁发生，但员工对这种非正式服务的依赖性逐渐增加。只有在服务中断且组织受到不利影响时，未签订正式协议的问题才会凸显出来。

合同责任需要涵盖整个合同生命周期。通常情况下，合同重点关注的是服务的初始建立和运营，很少涉及持续改进或合同结束时需要处理的事项，对于服务转移至另一家提供商的情况，或者终止服务的情况，都很少考虑后续程序。这可能导致出现移交问题，以及中断、延误、知识损失、知识产权损失，并可能导致数据丢失。

> 📖 **无合同操作**
>
> 　　一家新成立的法律服务公司主要由律师组成。该公司决定建设一个电子商务网站，需要寻求一名应用程序开发人员。其中一位非执行董事曾在另一家公司接触过一名开发人员，认为他很适合。于是公司邀请该开发人员面谈并进行了聘用，但双方没有签订任何合同。

通过两年的努力，以及数千美元的开发费用支出，网站几乎没有取得什么成果。这家初创公司的新任运营总监表示对这名开发人员没有信心，并决定将其解雇。开发人员声称他已经交付了所要求的内容，但是需求在不断变化。

对该开发人员的能力调查表明，客户有理由提起诉讼。为了避免成本、精力和声誉受损的可能性，双方达成庭外和解，并分道扬镳。而一份正式的合同原本可以提供一种更简单、更具成本效益的方式来终止这种安排。

在合同中，应明确说明如何管理合同，包括以下内容：

- 升级路径
- 商定合同变更程序
- 扩展
- 争议处理
- 退出计划

依赖不同服务提供商提供的质量参差不齐的个性化合同模板，不是很好的做法，因为这些模板往往保护的是服务提供商，而不是服务消费者。组织应该尝试开发自己的标准合同模板，根据所需的特定服务进行定制，但其中应包含标准的治理控制和全生命周期考量因素、条款、条件，所有这些都应事先考虑好，并由组织的法律代表进行检查。

📄 **服务合同范本**

一个例子是英国政府的标准合同模板，特别是服务合同范本（可在英国政府官网上获得发布版）。

"内阁办公室、皇家商务署和政府法律服务局公布了《服务合同范本》（Model Service Contract，MSC）的最新版本。这个版本反映了政府政策、法规和市场的发展。MSC 形成了一套主要服务合同的示范条款和条件……并且……旨在为减少管理成本、法律成本以及谈判时间提供保证和帮助。

它适用于各种业务……并包含了业务流程外包和 / 或 IT 交付服务合同的适用条款。

该文件供采购专家和律师使用。你应仔细评估文件所包含的条款是否适合你的项目需求，并根据需要对文件进行适当的修改。"

服务集成商需要被认定为客户的代理，这需要在（外部）服务集成商和服务提供商合同中都有所体现，使用管理权条款为服务集成商的活动提供法律依据。在合同中纳入标准的、统一的服务绩效评价标准，也将有助于进行端到端绩效管理与报告。

一些服务提供商，例如那些提供商品化云服务的服务提供商，可能会强制要求使用它们自己的标准合同。在这种情况下，如果现有的大部分合同采用相对标准化的格式和内容，并且是为支持 SIAM 模式而定制的，那么对于客户组织和服务集成商来说，这仍然是一个显著的优势。

合同中使用的部分附件可能因服务类型而有所不同。例如，主机托管的服务级别可能不同于应用程序开发与支持的服务级别。不同类型（战略性、战术性、运营性、商品化）的提供商之间的合同往往存在差异。对大型战略提供商而言明智的做法，对小型运营提供商而言可能是不必要的。

在 SIAM 环境中，其他应考虑的合同因素包括：

- 合同期限
- 合同变更的触发因素
- 合同开始/结束日期的一致性。在理想情况下，SIAM模式中所有合同的开始日期和结束日期都是一致的，但这通常是不可能的，因为同时替换所有已签合同的服务提供商，会导致巨大的开销和风险（参见第4.1.1节"大爆炸方法"）
- 与其他服务提供商的合同或内部协议的依赖关系
- 数据的所有权与访问权
- 与支持性附件和授权文件的关联
- 退出和取消费用

在 SIAM 中，通常将合同结构化，目的是尽量减少它们之间的差异。如果对多个服务提供商有相同的要求，那么可以将这些相同要求编排到附件中。这些附件可以在个性化合同中重复使用，无须更改。

在客户组织和每个外部服务提供商的合同中，尽管总是存在独特的元素，但是在很多SIAM 实施中都采用通用合同结构，以最大限度地复用公用附件。使用这种方法有以下优点：

- 加快合同的起草速度，因为通用要求可以一次性起草并重复使用，类似的要求可以从另一份合同中复制，然后在必要时进行编辑
- 留出更多的时间专注于理解对特定合同的独特要求，并完成起草
- 便于合同之间的比较
- 增进对合同的理解
- 便于特定服务的新增和停用
- 通过将变更限制在合同结构中的特定部分，使后续合同变更更容易实现

如何设计一个通用的合同结构，以及如何应用该结构，将取决于每种 SIAM 模式的具体情况。

表 3.1 给出了设计和应用通用合同结构的示例，以及不同合同结构的优点和缺点。

表 3.1　不同合同结构的优点和缺点

合同结构	优点	缺点
所有合同采用相同的结构	• 最大限度地提高合同内容的复用性	• 对于某些服务提供商（例如，商品化服务提供商）来说，采用相同的结构可能是一个挑战 • 需要精心设计，以避免出现某些合同附件内容与特定服务提供商不相关的情况（例如，某些服务交付要求并不适用于服务集成商）

续表

合同结构	优点	缺点
服务集成商合同采用唯一的结构 所有服务提供商合同采用相同的结构	• 无须在服务集成商合同中包含与服务交付相关的附件 • 最大限度地提高服务提供商合同内容的复用性	• 对于某些服务提供商（例如，商品化服务提供商）来说，采用相同的结构可能是一个挑战
服务集成商合同采用唯一的结构 服务提供商合同采用多种结构	• 无须在服务集成商合同中包含与服务交付相关的附件 • 可根据不同类型服务提供商（例如，商品化服务提供商）的需求定制不同的结构	• 需要精心设计，以最大限度地提高合同内容的复用性和避免不必要的结构重复 • 在服务提供商合同之间的一致性方面存在挑战
每个合同都有不同的结构	• 每个服务提供商都采用适合其独特要求的合同结构	• 复用附件的可能性有限 • 难以对合同进行比较 • 延长了起草时间

通常，SIAM 合同结构包含以下组成部分：

■ 主服务协议（master service agreement，MSA），有时称为"主协议"，定义了客户组织和服务提供商之间的整体合同关系。主服务协议可以是SIAM生态系统中所有合同采用的通用结构，也可以仅用于服务集成商合同结构，并在服务提供商合同中对其进行引用

■ 服务通用附件，其中包含了对所有服务提供商都相同的要求。可在每个服务提供商单独的合同中复用该附件，无须做任何更改。其中的要求可能包括：
  ● 知识产权
  ● 保密规定
  ● 不可抗力声明
  ● 负债与豁免
  ● 转让或更新合同的权利
  ● 合同变更与解除安排
  ● 支付条款
  ● 合同争议处理

■ 一些支撑性附件，每个附件都包含了对一个特定主题的要求。在附件中定义了不受常规变更影响的要求，并且该要求对该服务提供商提供的所有服务都是相同的。支撑性附件还可以在多个服务提供商合同中复用。支撑性附件中的要求不应出现在主服务协议中，也不应出现在合同中的其他任何地方。支撑性附件的示例包括：
  ● 用于测试、部署新服务、变更服务的方法
  ● 详细的安全要求
  ● 绩效管理方法
  ● 服务管理要求
  ● 灾难恢复要求
  ● 服务台要求（如适用）

- 技术更新要求
- 应遵循的标准

虽然在主服务协议或服务通用附件中包含以上某些附件似乎是合乎逻辑的，这样对所有供应商都是适用的，但将其纳入支撑性附件中时，则允许根据特定服务提供商或特定地区的需要对有关内容进行变动：

■ 一份或多份工作说明书（state mert of work，SOW），其中包含了对所提供服务的特定要求，例如服务级别、收费情况和服务时间。可以针对某服务提供商的所有服务建立一份工作说明书，也可以针对其每个服务分别建立单独的工作说明书

■ 描述各方互动方式的通用文件，例如协作协议，有时将其包含在合同附录中

图 3.5 展示了一个合同结构示例，在该示例中，服务集成商采用了包含主服务协议的合同结构，两个服务提供商采用了包含服务通用附件的相同结构（尽管乙服务提供商提供了多份工作说明书）。

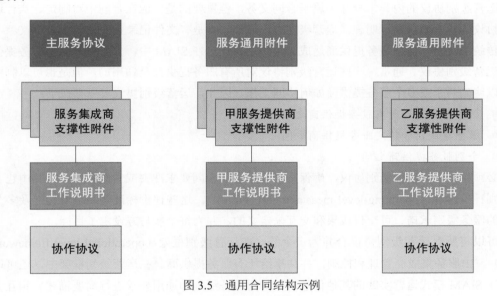

图 3.5　通用合同结构示例

重要的是确保合同是明确和具体的。如果情况并非如此，那么存在一种高风险，即在实施后，为避免出现服务信用问题或产生额外费用，可能会在具体问题上引发争论，从而消耗不必要的精力（参见第 3.1.3.9 节"争议管理"）。避免或降低此类风险的一种方法，是在合同中包含对特定术语的定义，有时称之为标准合同条款（standard contract term，SCT）。

📖 **含糊不清的合同条款**

在一份合同中，包含了对应用程序每一次的发布版本都要进行"见证取样检测"的要求。就该条款的含义，客户和服务提供商发生了争议，客户因此推迟了交付里程碑的付款。

一段时间过后，客户才承认自己并不知道这句话是什么意思。这句话是从一份之前用于安全系统的样板合同中复制过来的，适用于监控摄像头记录证据的情景。

在合同中，可能不一定包含与支持项有关的详细信息（例如流程定义），而是包含了对这些项的引用。这可以在维护引用项时提供灵活性，而无须重新进行合同谈判。需要注意的是，从合同角度来看，这些支持项仍然受到变更控制的影响。

3.1.3.2 非合同安排

在 SIAM 模式中，非合同的工作方式文件可以对合同起到补充作用。这些文件通常被称为运营级别协议，其中包含了对整个生态系统的有效集成、有效交付提供支撑的指导方针和通用工作方式说明。

运营级别协议通常由相应的流程论坛或工作组来制定，往往是针对特定流程（例如故障管理流程）或实践（例如工具）的。使用运营级别协议可以对任何正式的协作需求提供支持，并有助于建立一种公平的文化，服务提供商彼此之间、服务提供商与服务集成商之间公平、真诚地合作。

运营级别协议的内容本身并不属于合同义务，但重要的是，应在合同中对制定、执行运营级别协议的基本要求进行明确。运营级别协议应该始终是有文件记录且受控的正式协议。

传统上，仅与内部服务提供商达成运营级别协议。在 SIAM 中，也可以与外部服务提供商达成运营级别协议。通常，一些运营级别协议对所有服务提供商是通用的，但是也可以制定子协议以明确两个或多个服务提供商如何协同工作。因此，运营级别协议可以存在于：

- 服务集成商和所有服务提供商之间
- 服务集成商和特定服务提供商之间
- 个别服务提供商之间

必须精心设计运营级别协议，确保其内容不会与合同要求冲突或重叠。可以在其中包含运营级别评价标准（operating level measurement，OLM）。这些评价标准是通过解构涉及多个参与方的服务级别承诺、可交付成果和交互来定义的，并为每个参与方设定了目标。

可以将所有运营级别协议合并为一个统一的运营级别框架（operational level framework，OLF），由服务集成商管理和控制，并共享给所有服务提供商。在运营级别框架中，还可以包含描述 SIAM 模式运营实践的其他信息，例如对服务级别和通用要求进行简要描述。相互竞争的服务提供商不愿相互分享其合同的全部细节，通过运营级别框架有助于解决这一问题。

服务集成商负责协调运营级别协议、运营级别评价标准和运营级别框架的整体制定、沟通和管理。

📄 **服务级别协议、运营级别协议和运营级别评价标准**

一份服务级别协议包含了所有服务提供商恢复其服务的时间目标，规定在数小时或更短时间内恢复服务。由服务集成商和服务提供商的代表组成了工作组。工作组评估了每一方对端到端故障管理流程的贡献，对服务级别协议中的目标进行了分解。他们商定了一份包含较低级别运营级别评价标准的运营级别协议：

- 第一级服务台有15分钟的时间进行调查，然后将问题发送给相应的第二级服务提供商故障解决小组

● 如果在90分钟之内故障未得到解决，则服务提供商必须将此问题升级至其第三级支持

这有助于识别特定交互中的问题，促进这些问题的解决。此外，端到端支持模式现在得到了充分的映射和理解，故障管理流程论坛能够对端到端流程进行定期检查，识别瓶颈和改进机会。

工作方式发生改变后，能否取得积极的结果？可以首先使用运营级别协议对此进行测试，再决定是否进行合同修改。有些改变在实施后并不会带来任何收益，此方法可避免因合同变更而增加开销。

📄 **使用运营级别协议测试新的工作方式**

在系统上线几个月后，服务提供商发现，当发生故障，而它们无法联系到受影响的用户获得更多信息时，根据合同要求，它们无法为故障停止计时。

故障管理论坛决定设计一种适当的方法。在完成制定、评审后，该方法被收录于运营级别协议中。

所有服务提供商都试用了这种新方法，经论坛成员认定后，服务集成商请求客户向所有服务提供商提出合同变更，明确规定须按照运营级别协议中所定义的新方法执行。每个服务提供商都接受了，客户没有付出任何成本代价。

当确定需求时，应对运营级别协议、运营级别评价标准和任何相关的运营级别框架进行定义或更改，最好是组织研讨会，邀请所有各方参与其中。可以在规划与构建阶段进行，也可以在实施阶段或运行与改进阶段进行。

3.1.3.3 协作与合同

无论有无协作协议，SIAM 生态系统中的合同都应包括对协同工作的要求。需要从以下 3 个方面进行考虑。

1. 合同方面

在合同中，须包含以下明确要求：

■ 协作与配合的原则
■ 服务集成商角色
■ 保证职责
■ 委托授权
■ 代理权/管理代理权
■ 端到端服务级别方法
■ 关键可交付成果的定义
■ 如何确定应受处罚的行为
■ 分担风险/分享回报的方法

2. 运营方面

应包含以下内容项：

- 职责，对制定运营级别协议和运营级别评价标准的职责进行明确
- 要求，对遵守运营级别协议和运营级别评价标准明确提出要求
- 共享运营级别框架
- 各方之间的依赖关系
- 各方之间的责任

详细内容可由流程论坛和工作组随后编制于运营级别协议和运营级别评价标准中。

3. 流程方面

流程定义于流程模型中。合同中应包含遵循流程模型的义务（参见第 3.1.4 节"流程模型"）：

- 组织与治理
- 问题解决
- 通用工具系统
- 通用政策与程序

一些服务提供商可能会认为部分义务过度依赖于其他服务提供商提供的服务，因此拒绝接受这些义务。在编制合同时，很难预测每一种可能的情况。除了精心设计服务分组之外，将协作要求纳入合同中也是应对这些挑战的一种方法。

3.1.3.4 服务集成商合同

与服务提供商合同相比，服务集成商合同在很多方面有所不同，包括：

- 合同中通常包含利益冲突管理条款，并准许服务集成商作为客户组织的代理来代表客户组织
- 合同将更侧重于端到端绩效目标，而不仅仅是服务集成商自身的组织绩效目标
- 合同将包含与整个 SIAM 生态系统的协作、改进相关的目标

服务集成商合同中的具体要求应该与服务提供商合同中对应的要求保持一致，特别是针对治理方面。如果服务集成商对服务提供商有特定的治理要求，而在服务提供商合同中没有相应的承诺，那么可能会遇到挑战。客户组织对服务集成商的期望也必须体现在服务提供商合同中。

服务集成商合同也应该与特定的 SIAM 模式保持一致。如果接受了来自外部服务集成商的标准合同，而没有对支持 SIAM 模式有效运营所需的内容进行全面审查，那么就可能会出现问题。

可以采用前面一节描述的 SIAM 通用合同结构来编制服务集成商合同。服务集成商提供的特定服务将在附件和工作说明书中进行描述。如果服务集成商来自内部，那么将以相同结构方式制定协议，通过协议来履行服务集成商合同义务。

在首要供应商服务集成商结构中，可以只签订一份合同，其中只包含一份主服务协议，并分别为服务集成商的活动和服务提供商的活动建立单独的附件和工作说明书；也可以签订两份合同，即针对服务集成商活动签订一份合同，针对服务提供商活动签订另一份单独的合同，每个合同都附带一份通用的主服务协议。假如在首要供应商服务集成商结构中只签订了一份合同，如果服务提供商执行的一项活动需要终止，而另一项活动不需要终止，那么可能会遇到挑战。

> 📑　**问责制**
>
> 　　在服务集成早期，在一次关于信息请求（request for information，RFI）的竞标情况介绍会中，一个潜在的外部服务集成商向客户组织提问，"服务集成商如何对服务提供商的绩效负责？"
>
> 　　回答是："如果你做不到，你还有什么用？"
>
> 　　尽管这个答案看起来可能有些轻率，但这是对行动的号召——服务集成商如何影响服务提供商的绩效？

3.1.3.5　服务提供商合同

　　服务提供商合同通常具有与前面描述的通用结构类似的结构，包括服务通用附件、支撑性附件、工作说明书和通用协作协议。

　　可以采用这样的合同结构，即使用服务通用附件包含对多个服务提供商来说都相同的义务和要求，使用工作说明书来定义特定的服务和目标，使用支撑性附件定义其他独特的需求。这种做法易于管理和更改，透明且公平。在一些 SIAM 模式中，合同结构会因服务提供商的类型而有所不同，取决于服务提供商是战略性、战术性、运营性还是商品化服务提供商。

　　在明确具体要求的同时，在 SIAM 生态系统的服务提供商合同中还应包括以下内容：

- 服务提供商有协作的义务，有与端到端流程要求保持一致的义务，这些内容通常包含在服务通用附件中
- 服务提供商认可服务集成商作为客户代理的特定角色，无论服务集成商是来自内部还是来自外部

> 📑　**普通法**
>
> 　　在使用普通法的国家和地区（英国、澳大利亚、加拿大、美国、印度和其他一些司法管辖区），根据合同法，协议是在指定的当事人之间签订的，其他方（组织）不参与其中。
>
> 　　在多服务提供商生态系统中，这是一个挑战。客户组织拥有与服务提供商的合同，但由服务集成商代表客户执行许多活动。
>
> 　　客户指定服务集成商作为其在某些特定领域的代理，通过这种方式可解决这种差异问题。在某些领域（例如，付款的最终授权）通常会对委托授权进行限制，甚至拒绝授权。

　　有多种机制可用于支持服务集成。服务集成商负责维护服务提供商应遵守的标准，包括一切工具和流程。这些细节本身不属于合同的一部分，但可以在合同中提及，以支持对其后续的开发和使用（参见第 3.1.3.2 节"非合同安排"）。

　　合同必须确保将每个服务元素都分配给一个特定的服务提供商（参见第 2.5.5 节"在用服务与服务分组"和第 3.1.1.1 节"服务分组"）。如果两个服务提供商提供相同类型的服务，例如，为了保证服务连续性，主机托管由两个组织提供，那么必须在合同中将这些服务视为独立的、

不同的服务元素。这可确保：

- 一个服务元素只由一个（内部或外部）服务提供商负责
- 每个服务元素都包含于采购模型中，且属于一个指定的服务提供商

这被称为相互独立、完全涵盖。任何不满足这些条件的分配形式都可能在以后引起问题。服务提供商往往很乐意因其他服务提供商完成的工作而获得报酬，但并不乐意因其他服务提供商在某件事情上造成重大影响而对有关绩效负责。

即使服务提供商在一个服务分组中提供了许多不同的服务，各个服务也应在合同附件和工作说明书中单独列出。这为将来取消或转移单个服务提供了便利，前提是合同允许这样做。构建服务提供商合同，建议采取以下方法：

- 初步确定所提供服务的工作说明大纲
- 确定该服务提供商、其他服务提供商、服务集成商和客户之间的接口、交互和依赖关系，必要时在服务提供商合同附件中增加这些方面的义务
- 确保目标、流程、治理和其他统一机制适用，并将其纳入合同附件中（在适当的情况下可作为参考资料引用）
- 确保包含了参与协作的要求，例如：
  - 机构小组（委员会、流程论坛和工作组）的参与
  - 在需要时审查其他服务提供商的变更/发布计划
- 包含了免责事由机制，用于由另一方造成服务级别失败的情况

需求会随着时间而变化，目标和合同既不能涵盖也不能预测未来的所有事件。在每个合同中，都需要包含针对服务扩展或服务变更的能力要求，包含需求、场景不断变化时应承担的义务。

合同的一个关键概念是服务问责制，即服务提供商在商业上、法律上对遵守所有合同义务（包括达成服务级别）全权负责。这与服务提供商是否真正理解自身义务、是否委托分包商交付服务无关。在签订任何合同时，从一开始就需要对此进行规定、记录，确保得到当事方的充分理解。如果没有明确说明，当服务提供商无法交付商定的结果时，客户组织可能会失去追索权。

每次合同谈判都应从双方的一组基线期望开始，以解决以下问题：

- 范围
- 质量
- 服务
- 成本
- 可维护性
- 治理
- 报告
- 监管
- 人员

基线应足够具体，以便具备谈判和决策的条件，但也应足够灵活，以便就各种情况在一开始就达成一致或逐步接受条款。基线应被视为最低要求。

在传统的采购合同中，合同规定的重点事项通常集中在以下方面：

- 财务模式，包括费用和服务信用
- 服务交付目标
- 服务提供范围
- 转换与转型
- 责任、豁免、终止、违约和争议解决
- 附加的标准附件，包括治理、合同变更、退出和其他事项

在 SIAM 环境中，以上事项应通过以下方式得到加强：

- 协调与协作机制
- 端到端服务绩效与强化目标

3.1.3.6 服务信用

服务级别对服务提供商依据合同安排优先次序有何影响？不履行合同（通常称为失去服务信用）会有什么后果？对此进行充分了解是非常重要的。应考虑以下问题：

- 违约损害赔偿将无辜的一方（在这种情况下是客户组织）置于与合同得到正确履行时相同的地位。如果执行服务信用规则仍不能完全补偿客户，那么与损害赔偿相比，服务信用机制有什么优势呢？
- 大多数合同可以因实质性违约而终止，例如，具有严重或重大影响的违约。如果服务信用机制为某些类型的违约行为提供了补偿措施，这是否意味着这些违约行为不是实质性的？
- 服务信用机制是针对某些违约行为的唯一补偿办法吗？在SIAM模式中，更好的做法是允许违约的服务提供商进行服务改进，或者提供一些增值且不收费的服务。这种做法提高了整体绩效，而不是简单地限制服务提供商的利润
- 实施服务信用管理体制，是否意味着客户在一定程度上准备接受不履约的行为？服务信用是否推动了服务提供商的预期行为，或者对它们来说，为糟糕的绩效买单比纠正违约行为更具成本效益吗？
- 对失败或部分失败进行惩罚或调整，与此相比，对良好绩效给予激励的做法是不是更好？
- 服务提供商未能遵守服务信用规则（例如，不报告、延误或发票不规范），本身的后果是什么？
- 如果服务提供商未履行的合同义务不属于服务信用规则范围之内，客户可以获得哪些补偿？

如何使服务提供商的绩效与客户利益保持一致？一种方法是将服务级别目标和指标直接对标客户的业务目标和指标。计算服务信用的方法有很多种，例如：

- 所提供服务低于服务级别目标一个百分点，服务费返还一个百分点
- 在服务级别的一系列评价指标中，采用服务信用积分方法，然后在一个商定的评价周期（通常是一个月）内，根据公式将这些指标转换为服务信用积分

> 📖 **以服务信用机制促进服务改进**
>
> 在问题纠正过程中，如果希望鼓励服务提供商重视问题的根本原因，那么可以在服务信用管理体制中包含加成机制，即在特定时间段内，若再次出现问题，则根据服务信用规则对应赔付款项施加乘数。
>
> 如果问题微不足道，但很烦人，这就特别有用。

服务级别与服务信用管理体制应对合同履行起到激励作用，与合同目标保持一致，否则这些机制有可能成为每月的管理任务，而其中涉及的罚金微不足道。在这种情况下，服务级别与服务信用只会成为一种合同管理开销，对任何一方都没有实际好处。

建立适当的服务级别与服务信用管理体制，既可以为尽早发现服务交付中的问题提供预警信息，也可以为纠正不良绩效问题提供财务激励。为了有效发挥作用，需要认真起草服务级别与服务信用管理规则，分析规则适用的情况，并充分了解其运作的法律/合同环境。人们往往给予合同谈判、合同起草较多的关注度，也应该更多地关注这些管理规则的制定。

服务信用的法律地位

在规划与构建阶段起草合同时，必须结合特定国家或地区的具体情况。在绩效欠佳的情况下，通过服务信用机制提供了预先规定的财务补偿措施，因此人们通常认为，服务信用机制属于违约赔偿金的一种形式。如果是这样的话，为了让客户强制推行服务信用体系，就必须对不良绩效可能给客户造成的损失进行合理预估，服务信用赔偿不能超过该预估损失。这可能很难确定，因为在实际中，如果离达到服务级别目标只有很小的差距，对客户的财务影响可能相对较小。

另一个更加灵活的运用服务信用等级的方法，是明确说明服务级别与服务信用管理体制不是违约赔偿金的某一种形式，而只是一种机制，规定客户为服务提供商的不同绩效等级支付相应的服务费。

在此基础上，可以根据所达到的服务级别，客户和服务提供商自由签订不同服务费用的合同。这种方法的好处是，如果未达到服务级别，服务信用等级不会与客户可能损失的合理预估价值相关联。虽然与维护客户权利的普通法中的补偿措施相一致，但这种方法的主要缺点是，只要服务提供商的绩效保持在服务级别与服务信用管理体制规定的范围之内，就可能不会存在合同违约情况。

> 📖 **服务信用管理体制第一部分**
>
> 如果在某一特定月份，服务提供商提供的服务未能达到服务级别，那么按照一个规定的比例衡量其未达到的程度，计算服务提供商的累积服务积分，为积分设定一个最大门限值。例如，可用性目标是 99%，每降低一个百分点，就扣除 100 点服务积分。因此，如果可用性只达到 98%，则应计 100 点服务积分。
>
> 按每 100 点服务积分扣除一个百分点服务费的比例计算，在每个月末，保留一定比例的月服务费不支付给服务提供商。如果服务提供商在接下来的 3 个月连续达到可用性服务级别，

它就可以赚回这笔钱。

　　所有其他服务指标都采用与此相同的计算方法。

　　考虑这样一种情况，即服务提供商的绩效水平持续不佳，但合同中没有处理这种情况的机制。在这种情况下，客户很难断言发生了实质性违约，因此客户也难以终止合同。

📖　**服务信用管理体制第二部分**

　　一个月内如果未能达到可用性目标，最多可以累积 1000 点积分。

　　如果达到这一程度，则称为"严重违约"，将向服务提供商发出警告通知。连续两个月出现严重违约被定义为实质性违约，可能导致终止合同。

　　另一种办法是，基于某一特定周期内累积的服务信用积分额度，双方商定一个终止阈值，以便在持续违约的情况下行使终止权。然而，在实际中，确定一个合适的终止阈值并不容易，对于未能达成的目标，服务提供商通常会力图设定一个有一定自由度的阈值。

　　采取积极措施的一种方法是，服务提供商提供与预估服务信用积分额度等值的服务，用于客户的服务改进活动。

设置服务信用积分额度上限

　　服务信用通常以月度或年度服务费的一个总体百分比为上限。有时可以推断出，对于大额或长期合同，服务信用可能会减少服务提供商的利润。然而，考虑到 SIAM 生态系统的侧重点，以此为基础开展工作可能会适得其反，因为这种做法可能会造成关系不够融洽、相互协作减少，特别是对于因此而导致服务提供商亏损运营的情况。

　　服务信用额度封顶看起来可能对服务提供商有利，因为不管其实际绩效水平如何，其收入流几乎都是有保证的。然而，如果合同中也包含了一项普通法条款，在服务水平低于服务级别与服务信用体系规定的情况下，允许客户追讨其实际损失，那么对客户来说，这可能比不封顶的服务信用机制更有利。

　　在合同即将到期时，对于服务提供商来说，与其投入资源防止服务信用损失，不如一再地损失服务信用，这样可能更为划算。例如，如果其技术基础设施已处于生命周期的末期，服务提供商很可能会出现这种行为。客户组织应通过在合同中增加生命末期条款来避免这种博弈行为。

3.1.3.7　激励

　　设计服务付费模式的目的，是为了公平地回报服务提供商所付出的努力，并使可能的共同利益最大化。大多数简单模型都存在缺陷，例如，根据服务台记录的故障呼叫次数支付费用，会促使服务提供商提高故障记录数量。

　　设计一种模型，首先考虑的是提供公平的回报，其次考虑的是叠加一个与回报一致的激励机制，这通常是可取的。这是一门不精确的科学，不存在唯一正确的方法。注意避免设计过于复杂的模型，因为过于复杂可能会难以实施和管理。当每月的账单无法与实际活动和绩效核对一致时，完美就没有什么用处了。

📖 **对激励的解读**

根据每月收到的服务点赞数量，服务台获取额外的奖金。客户希望以此激励服务台提供商不断提供真正卓越的服务。

记录的点赞数量非常高，但传闻表明，客户满意度实际上并不是很高。客户经过调查发现，所记录的点赞并不是他们所认为的点赞——例如，用户在回复服务台电子邮件时发送的"谢谢"。

须定期审查合同中的条款，以确保提供商交付预期的结果，并识别改进机会。

不明智的激励方案可能会迅速助长不良行为。有一个管理方面的建议，看上去是老生常谈：如果你希望某件事被认真对待，就要进行评价和奖励。事实上，这是有效的。只是要当心评价的内容。很多组织都会犯错，使服务质量受到影响。构建一个极其复杂的事物，就会有更多的争论空间。在这种情况下，最可能的结果是造成混乱，之后产生惰性。

总体指导方针是适度运用激励措施。首先进行尝试，如果奏效的话，考虑进行适度的扩展。在设定目标时进行协作，让服务提供商知道什么是重要的、什么是客户组织想要实现的。

在设计 SIAM 模型时，经常出现的一个主题是对协作与配合的激励。鉴于这些行为的重要性，寻求各种先导指标、滞后指标，并对这些指标加以重视是自然且明智的。主要滞后指标（对结果的评价标准）通常是端到端服务可用性或重大故障恢复时间（参见第 3.1.8.1 节"协调机制"）。

如果是否奖励一个服务提供商要依赖于其他服务提供商的行为，在这种情况下，过度重视激励可能会遭到服务提供商的反对。正确的反应不是放弃这种机制，而是适度地运用这种机制，仍然保持对展现理想行为的激励，但不占用服务提供商基本服务费的核心组成部分。

激励不应仅仅局限于有偿的措施。了解并思考对方在其组织内对声誉是如何管理的，会有很大帮助。如果客户组织或服务集成商在一般情况下总是给予配合和帮助，那么当其行为或表现意味着严厉谴责时，影响就会更大。

📖 **声誉**

某跨国服务提供商规定，只要其海外子公司收到客户的警告通知，子公司 CEO 必须将该事件上报给全球总部，并提供问题处理行动计划，同时每周向总部和客户通报进展情况。

确保在合同中有一个合理的机制来处理未能实现的需求，可以运用服务级别和服务信用制度，但如果服务提供商一再地不提供服务报告，该怎么办？除非有特定的机制，否则服务集成商能做的就是将其视为实质性违约，并建议客户组织与服务提供商终止合同，但这未必是管理这种情况的理想方式。

3.1.3.8 知识产权

知识产权是一个经常被误解的领域，有可能引发令人不快的意外和纠纷。客户通常认为他们有权访问和使用任何与他们的服务相关联的一切，即使这种关联很模糊。然而，在许多国家，工作成果物（例如，一个设计或一个流程）的法定权利默认属于创作者（或作者）。在 SIAM 模式中，创作者通常是另一个组织。

外包合同通常会就软件许可分配作出规定，但并不总是涉及流程、政策、设计、操作方法、脚本、应用程序维护工具、知识文章、恢复说明、运营计划等领域。当服务被转移给另一个不同的服务提供商时，所有这些领域的内容也是需要移交的。现任服务提供商合同即将到期，如果协议中的退出计划和知识产权条款不充分，这可能会给交接带来一定的困难（例如不愿意移交，或者要收取额外费用）。

针对所提供的服务，客户组织需要的是使用知识产权和相关工作成果物的权利，包括将其提供给新接手的服务提供商的权利。这些权利可以纳入与外部组织签订的合同中。

📄 **共享运营中心**

服务提供商通过运营中心来运营其服务元素，为众多客户提供服务，这是很常见的。它们可能不希望与某个特定客户的其他提供商共享自己的知识产权。与竞争对手的共享运营中心共享信息，可能会在随后的商业竞争中为对方带来一定的优势。

毕竟，新任服务提供商的运营中心不会被离任服务提供商访问，但是新任服务提供商可能会访问离任服务提供商的运营中心。

如果客户将服务提供商的知识产权泄露给另一个服务提供商，这是一种违背信任的行为，可能会使客户组织面临损害索赔。

3.1.3.9 争议管理

在 SIAM 生态系统中，必须有明确的程序来管理不同参与方之间的争议。争议可能发生在客户组织与另一方之间、服务集成商与服务提供商之间或不同服务提供商之间。为了尽可能友好地解决争议，无论对于何种情况，都需要有一个明确的商定程序，但在必要时也允许通过升级来解决争议。

在理想情况下，通过法律手段解决争议将是万不得已采取的办法，特别是在 SIAM 模式中，应高度重视发展伙伴关系，倡导协作文化。如果没有明确的争议处理程序，就会出现这样一种趋势，即小的分歧要么无法得到解决而久拖不决，逐渐引发更多的不良情绪，妨碍了真正的伙伴关系，要么就会对分歧进行不必要的升级，导致原本可以避免的法律行动。

需要通过合同确保：

- 争议管理程序被定义、记录并达成一致
- 明确界定、分配有关争议管理的角色与职责
- 遵守规定的争议管理程序是服务提供商合同条款之一
- 通过争议管理程序积极寻求对各方都公平的友好解决办法
- 存在触发争议管理的明确机制

- 争议会被记录，有专人负责，跟进争议直到得到解决
- 只有在万不得已的情况下才会采取法律措施

3.1.3.10　合同结束

如有必要，将按照合同规定的程序，提前向服务提供商正式发出终止通知。正确对待这一问题十分重要，寻求良好的法律咨询支持是必不可少的，特别是在有争议的情况下。服务的最终关闭应形成文件记录，以确保以后发生纠纷的余地最小。关闭合同时应解决以下问题：

- 搁浅成本（见下文）
- 债务清偿
- 外部方义务和协议的转移
- 员工
- 资产
- 商定的义务终止时间点
- 在建项目
- 访问权限
- 保密信息的处置

📖　**搁浅成本**

搁浅成本是指在发生重大变化（例如转向 SIAM 模式）后可能成为冗余的资产。这通常是在退出计划中产生的。

例如，一个服务提供商为一个打包的应用程序提供支持服务，但该应用程序的三级维护由打包软件提供商根据年度维护协议提供。与服务提供商的服务合同将很快于 9 月份结束，但打包维护合同的结束时间在 4 月份。因此，在合同终止时，相当于客户只使用了 5 个月的服务，但另外 7 个月的费用已由服务提供商支付了。

服务提供商面临着无法从客户那里收回这笔费用的处境，成本被"搁浅"了。根据服务提供商协议中的退出计划，搁浅成本可作为损失予以补偿。

避免"僵尸合同"。在这种合同中，所提供服务的大部分义务已经终止了，但有些义务仍然存在。例如维持信任的长期义务应得以保留，除此之外的其他义务都应该避免。

3.1.3.11　服务退出计划

通常在服务提供商合同（包括外部服务集成商合同）中都会包含一个服务退出计划，为可能出现的服务退出做准备。

由于此计划是在第一个服务交付之前创建的，因此在细节未知的情况下，它可能并不完整。如果没有健全的退出计划，后续进入的服务提供商可能很难利用现有的信息来接续服务，因此退出计划应尽可能完整，并在发生变化时进行维护。

3.1.4　流程模型

在 SIAM 模式中，大多数流程的执行都会涉及多个服务提供商。每个服务提供商可能以不

同的方式执行个性化部分，这属于流程集成总体模型中的环节之一（参见第 2.7.2.3 节"管理流程结果，而不是活动"）。

流程模型展示了客户组织、服务集成商和服务提供商团队之间的流程交互和服务关系交互。应在模型中建立一个持续改进机制。可以将现有的行业框架——例如 ITIL®、持续服务改进（Continual Service Improvement，CSI）、业务流程改进（Business Process Improvement，BPI）或其他相关方法——用于流程模型之中。

📖　**运营流程活动**

在 SIAM 模式中，流程模型有助于明确谁在做什么。存在一种普遍的误解，即服务集成商将负责所有的流程活动，事实并非如此。

对服务集成商提供的报价，一些客户组织认为价格偏低。可能的原因是，客户以为服务集成商将执行所有运营流程活动，而服务集成商的理解是自己只执行流程的集成。

流程模型是 SIAM 中重要的工作成果物。个性化流程和作业指导可能仍保留在每个服务提供商的领域内。对于每个流程，流程模型应描述：

- 目的与结果
- 顶级活动
- 输入、输出、与其他流程的交互和依赖关系
- 不同方之间（例如，服务提供商和服务集成商之间）的输入、输出和交互
- 控制
- 评价指标
- 配套政策与模板

泳道模型、RACI 矩阵和流程映射等技术是常用的方法，可用于流程模型的建立及沟通过程中。在规划与构建阶段，随着活动的进一步推进，流程模型将得以持续开发和改进；在运行与改进阶段，流程模型将正式运转。

可使用流程建模等技术更简单地解释所需的活动。为了实现特定目标或结果，组织会开展一个活动或一系列活动，流程建模是对这些活动的分析性说明或表示。

在探索与战略阶段，将对既有流程进行梳理，建立流程改进和流程集成的基线（参见第 2.5.4 节"各组织的既有能力"）。在规划与构建阶段，通过流程建模设计出新的流程或未来的流程，以弥补当前差距。

3.1.4.1　流程集成模型

在 SIAM 模式中，流程的执行可能涉及多个利益相关方。尽管如此，也没有必要让所有的服务提供商都使用相同的流程文件或流程工具。为了保持每个服务提供商的经济性、专业性，需要由服务集成商提供适当的输入，确定预期的输出和结果。在流程集成总体模型中，对交互关系、规则和控制进行了定义。每个服务提供商可能以不同的方式执行单个步骤，这些步骤是流程集成总体模型中的一个环节。

ISO 9001:2015《质量管理体系标准》提供了一种管理和控制流程的方法，其中支持对流程

之间的交互进行管理和控制，也支持对将不同流程联系在一起的输入和输出进行管理和控制。在 SIAM 模式中，需要采用这样的方法，根据商定的治理要求、质量管理要求，将流程和流程交互作为一个连贯的整体，由服务集成商负责进行管理。

输出是流程的结果。输出不仅包括服务、软件、硬件和加工过的材料，还包括决策、指示、指令、计划、政策、提议、解决方案、期望、规定、要求、建议、投诉、评论、评价和报告。

上游流程的输出常常成为下游流程的输入。服务集成商应确定实现流程结果的控制措施。在可能的情况下，应自动进行交互，提供一致性并减少人工活动。

在 SIAM 模式中，多个服务提供商可以执行多个流程活动，从而导致存在多个可能的输入—输出关系，这些关系将这些流程联系在一起。为了管理这种复杂性，建议使用单个流程图或单个页面，每次针对一个流程进行可视化，映射出该流程的利益相关方之间的交互关系。这将使最重要的输入—输出关系凸显出来，而不会受到复杂性和细节的干扰。图 3.6 概括地展示了这一目标是如何实现的。在图 3.6 中，中心框表示所描述的流程，箭头表示输入和输出（内容如箭头之关联文本所述），从上游流程接收指令，为下游流程提供输入。

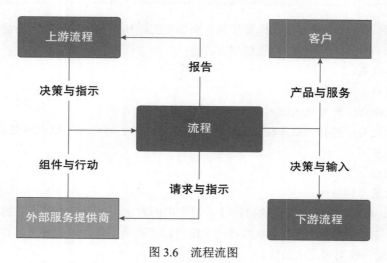

图 3.6　流程流图

这种类型的流程图，是关于流程交互中所涉及的利益相关方的一个顶层视图。此外，可能需要更详细的流程流。这可以通过选择使用一个服务管理框架（例如，ITIL® 或符合 ISO/IEC 20000 等标准的框架）来实现，也可以在所选框架基础上进行调整。使用这些框架的服务提供商，对政策、流程、程序和作业指导书等术语会很熟悉。

在 SIAM 模式中，必须将政策、流程模型作为整体治理框架的组成部分进行定义和授权，并在可能的情况下为所有各方所通用。程序和作业指导书是服务提供商专有的。服务集成商应该关注结果，而不是强制服务提供商以某种特定的方式工作。

📖　**缺乏协作与信任**

在最近一次 SIAM 转换项目实施中，外部服务集成商要求所有服务提供商提交其流程文件、角色说明和绩效指标的副本，但没有告知相关背景以及将如何使用这些信息。

起初，所有的服务提供商都拒绝提供。服务提供商认为服务集成商是竞争对手，而自己的流程文件、角色说明和具体合同细节属于商业机密。

又经过了 10 周的时间，服务集成商和服务提供商之间才建立了足够的信任。服务提供商充分参与了流程模型设计，并以受控的方式发布所需的信息。如果该项目建立了适当的治理机制来处理其中一些敏感问题，那么最初的挑战和延迟就可以避免了。

服务集成商将为记录信息设定最低标准。但是，好的做法是允许各个服务提供商：

■ 在必要的范围内提供并维护流程文件，以对流程的运行提供支持
■ 在必要的范围内保留记录的信息，以确保流程按计划执行

服务提供商应说明其与服务集成商之间、与其他服务提供商之间的每个流程的交互关系，并共享相关文件。对服务集成商来说，亦应如此。

这种方法提供了一定的灵活性。对于服务集成商来说，使用流程流图为流程中的其他参与者展现全局视图，这是一个很好的做法。每个服务提供商可以制定更详细的程序，展示流程活动应该如何进行，以及在哪个节点需要接入全局流程。由服务集成商针对流程流提出规定性更强的要求，规模较小、成熟度较低的服务提供商可能会受益；而执行规定的流程流，或使用强推的工具系统，并使之成为一项义务，对大型云服务提供商来说，是不太可能接受的。

宏观流程与微观流程

一种解决方案是让服务集成商提供宏观流程，例如变更管理流程。每个宏观流程都包含多个微观流程。

宏观流程显示的是一个概览，包含政策、目标和指标，流程有一个负责人。微观流程包含规定的程序，例如正常变更、紧急变更或标准变更。对微观流程进行精细的建模，每个活动都与角色相关联。

一些服务提供商可能会使用微观流程，另一些将使用它们自己的流程。只要服务提供商和服务集成商之间的交互、输入和输出符合宏观流程的规定，服务集成商就能保持整个端到端流程的一致性和对端到端流程的控制。

3.1.4.2 管理流程结果，对流程集成

任何流程都不能孤立存在或独立运行。必须对每个跨提供商流程的输入、输出、交互关系和依赖关系进行清晰地记录，并确保充分理解记录的内容。服务集成商还应就特定流程的适当输出进行沟通，例如，针对容量管理流程进行使用需求预测。

服务集成商或服务提供商没有必要了解彼此流程的细节。然而，对每个交互，每一方都需要了解在响应时间、数据需求、通信路径、预期输入和输出交付方面的期望。服务集成商需要提供适当的输入，接收商定的输出，并为持续服务改进活动提供反馈。

📑 **标准化角色与流程交互**

SIAM 模式的目标之一，是对复杂的供应链进行高效管理。通过标准化和自动化可以提高效率。

一种好的做法是，由服务集成商编制标准化的角色描述，其中涵盖了执行集成流程所必需的要求，提供给所有服务提供商。然后，每个服务提供商可以将这些角色与其内部运营角色进行对映。各方之间均使用一致的术语进行沟通，每个服务提供商将更容易理解如何与服务集成商和其他服务提供商中的相应角色进行对接。

在某个研究案例中，一些服务提供商选择为所有流程分配同一联系点，而另一些服务提供商则为每个流程分配不同的联系点。于是定义了一组标准化角色，其中包括每个流程的流程经理角色。对于跨服务提供商的流程，通过使用标准的角色描述（和映射），可以很容易地知晓每一个流程该联系谁。

应特别注意各方之间的交接。例如，一个服务提供商是否会假设另一个服务提供商将提供数据，而另一个服务提供商可能认为这些数据并非由自己输出？或者，数据提供者是否需要确认数据已被接收及数据能被对方所理解？

📑 **街道级变更与房屋级变更**

变更管理流程的完全所有权，是很多客户组织难以放弃控制的一个领域。如果采用了基于云的优化解决方案，作为使用云服务的众多客户之一，客户组织就无法控制云服务中的变更管理流程。而转向基于结果的服务模式，可能就包括对云解决方案的变更。

在 SIAM 环境中解决这一问题的方法，是将变更划分为街道层级与房屋层级。在房屋层级发生的任何事务都属于各个服务提供商的变更控制范围之内。

在街道层级发生的任何事务都需要引起服务集成商的注意（同时，各服务提供商和客户组织也需要关注，如图 3.7 和图 3.8 所示）。

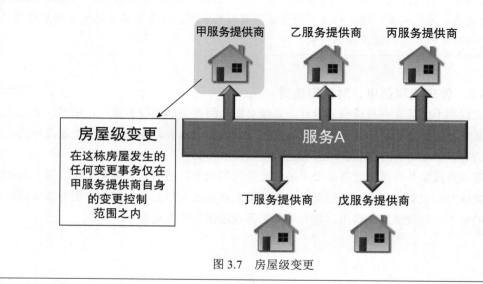

图 3.7　房屋级变更

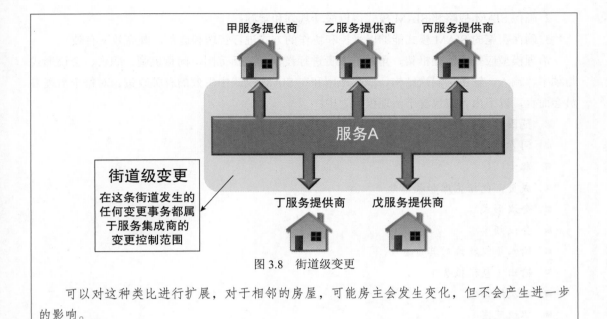

图 3.8　街道级变更

　　可以对这种类比进行扩展，对于相邻的房屋，可能房主会发生变化，但不会产生进一步的影响。

📖　**街道与房屋**

　　这个例子可用于解释每个服务提供商的范围和影响。假设一下，当你下班回到家时，发现家里的灯不亮了；你打开、关闭开关，灯依旧没有任何反应。可能你会做的第一件事就是走到外面，看看街上其他的房子（或你所在街区的公寓）是否也遇到了同样的问题。

　　如果只有你的房子有问题，你可以先联系你的电工。如果问题确实影响到整条街，你可能会首先联系你的电力供应商。

3.1.4.3　运营手册

　　运营手册（有时被称为运行手册）通常以通俗的语言对合同、服务、可交付成果和义务进行简要描述，以促进对流程活动和目的的理解。

　　运营手册介绍了各个服务提供商将如何与其他服务提供商和服务集成商进行互动。对于深入理解客户组织的目标和目的，了解这些目标和目的是如何向下传递到相关服务提供商的，运营手册是一个有用的工具。它概述了相关政策、程序和服务级别，以及流程如何在利益相关方之间进行交互。就输出内容、格式和时间计划（例如，运营级别协议）而言，运营手册仅代表指导性意见，并未规定任何具有法律约束力的责任或义务。

3.1.5　治理模型

　　在探索与战略阶段，对如何定义控制系统提供了指导（参见第 2.3 节"SIAM 治理框架构建"）。在规划与构建阶段，SIAM 治理侧重于 3 个关键方面：

　　1. 确保 SIAM 战略与客户组织当前和未来的需求保持一致；

2. 确保 SIAM 战略和 SIAM 模式得以成功规划和实施;

3. 确保实施的 SIAM 模式能够以受控和协作的方式进行管理和运营,既高效又有效。

治理模型应基于治理框架、角色与职责进行设计,包括范围、问责机制、职责、会议形式与频率、输入、输出、层次结构、职权范围和在 SIAM 模式中生效的有关政策。对每个治理委员会而言,以下内容应包含于治理模型之中:

- 范围
- 问责机制
- 职责
- 成员,包括主席和秘书处
- 会议形式
- 会议频率
- 输入(以及谁对其负责)
- 输出(包括报告)
- 层次结构
- 职权范围
- 有关政策

设计 SIAM 模型时所面临的挑战之一,是确保所采用的复杂治理结构在规划与构建阶段以及后续的路线图阶段得以实现。规则、关系、政策、系统和流程界定了每个组织内部的权限级别,必须对每一项进行定义、明确表述、执行,并进行维护。

对规划与构建阶段的活动和结果,治理框架提供了控制上的护栏,有助于推动组织绩效的提升,也有助于促进这些活动和结果符合业务要求(例如,客户组织的章程、政策、控制和程序,以及适用的外部法规和法律)。

📖 **SIAM 范围之外服务提供商的管理**

在某些情况下,并非所有服务提供商都处于 SIAM 模式的控制范围之内,例如协助服务交付的其他外部组织和内部职能。有些组织(例如云服务提供商)只提供商品化服务,并不会融入 SIAM 环境。有些服务提供商属于某一个集团,而客户只与其母公司有关系,因此无法对其直接控制。

在这种情况下,服务集成商仍有必要了解并记录与这些服务提供商的交互,并在必要时代表客户开展工作(例如,查看云服务提供商的网站,了解是否存在升级计划)。这将使客户组织能够全面了解服务提供情况,这对开展适当的治理是必要的。

在 SIAM 模型中,包含了一个结构化的治理模型,为了实现治理模型的全部价值,还应重视:

- 以与模型成熟度相匹配的级别评价绩效
- 使服务提供与业务目标保持一致
- 采用敏捷方法,从小处着手,通过迭代进行发展

- 制定工具策略，为开展适当治理、编制正确报告提供"唯一事实来源"

3.1.5.1　合规管理与审计

在规划与构建阶段，必须清楚地表述服务集成商在合规性管理和审计方面的角色与职责，这通常包括：

- 保存记录（作为一项持续活动，为外部审计做准备）
- 审核服务提供商记录
- 确保遵守所有的合规性准则
- 在常规变更管理过程中，确保遵循合规性规范
- 基于负责制和问责制，针对所有符合合规要求的服务提供商，明确其所承担的事项和应被问责的事项
- 基于负责制和问责制，针对维护合规性的服务集成层，明确其所承担的事项和应被问责的事项
- 跟进并定期提供合规性报告，其中包含解决所有潜在/已识别问题的明确行动
- 负责对所有已识别的合规性问题进行根本原因分析，并完成分析
- 清楚地理解所有监管/合规要求以及所有审计要素
- 实施运营系统并进行监督，以确保持续遵守合规要求
- 确保所有系统和流程符合关键要求，例如职责分离
- 确保SIAM流程和系统遵循通过"道德墙"进行隔离的习惯，针对每一个服务提供商，在共享其他服务提供商的信息方面有明确的指导原则
- 监测与公司治理要求的一致性，例如可持续性等

应制定审计进度计划，对保证方法进行规划。计划应侧重于确保交付物符合合规性要求和质量要求，还应关注因不合规或绩效欠佳可能造成严重影响的领域。可以进行横向审计，例如，跨 SIAM 层进行审计；也可以进行纵向审计，按职能或流程进行审计；或按组织进行审计，例如，进行服务集成商或服务提供商审计。

审计进度计划通常包含以下信息：

- 根据业务需求确定审计的时间范围，通常为12个月
- 详细说明需要被审计的流程或职能，并指派审计员
- 确定完成审计的时间计划
- 审计完成后安排管理层会议，对发现的问题进行审查

3.1.6　细化角色与职责

在探索与战略阶段，为设计角色、定义职责确立了关键原则，制定了政策（参见第 2.4 节"设计角色与职责的原则与政策"）。应针对以下领域所涉及的角色与职责，进行详细设计与角色分配：

- 流程模型
- 实践
- 治理委员会

- 流程论坛
- 工作组
- 与保留能力有关的组织结构和定位

开展这项工作时，可能很有必要对早期设计决策进行审查。

在规划与构建阶段，首先对角色与职责进行详细设计，然后再去选定服务集成商和服务提供商。在运行与改进阶段，可进一步对角色与职责进行开发或演进。在 SIAM 生态系统中，每个成员都必须清楚以下 3 个方面的问题：

- 向哪个职能或角色进行汇报
- 自己的职责和相应的期望是什么
- 做出决策时需要什么样的权力级别，采取行动时需要什么样的授权级别

> 📑 **角色不是职责，反之亦然**
>
> 角色是指某人或某物在某个情境、组织、社会或关系中的定位或目的。
> 职责是其人在工作中或其人有责任要处理的事情 [16]。

如果一个组织既是服务集成商又是服务提供商（例如在首要供应商服务集成商结构中），那么承担这两个角色的管理结构和人员需要有所不同（参见第 2.3.9 节"职责分离"）。否则，服务集成商的公正性可能会受到质疑，因为人们会认为其"自己的"服务提供商或多或少受到了优待。

在 SIAM 模式中，以和对待外部服务提供商相同的方式对待内部团队（服务提供商），虽然并不总是可能的，但也是非常有利的，例如，通过使用运营级别协议来规定这些团队的义务和与之进行的交互内容。这对于服务集成商来说，进行跨服务提供商管理将更加容易，因为不必再为内部服务提供商可能获得服务集成商或保留职能的优惠待遇而担忧。如果无法做到这一点，那么就需要去了解、考虑在 SIAM 模式中区别对待内部团队所带来的影响。

一些（外部）服务提供商可能与客户组织的一个部门保持直接关系（例如，薪资应用服务提供商向财务部门提供服务），而不经过服务集成商。由于这些服务提供商仍然属于 SIAM 模型中的一个组成部分，因此它们本应像其他服务提供商一样由服务集成商进行管理。如果这些直接关系需要持续存在，服务集成商可能需要认真考虑该如何创建一个包容性论坛，以便它们仍然可以管理端到端交付。

3.1.6.1　能力框架与技能图谱

SIAM 模式的本质，是要求人们展现或发展非常特定的技能。由于生态系统中各种跨职能团队和跨组织团队的复杂性，诸如谈判能力和影响力等软技能很重要。

例如，对于在 7×24 小时全球 SIAM 模式下工作的人员来说，必须培养跨文化能力，因为他们会跨国家、跨时区就故障、变更和服务请求等事项进行对接。同样，协作技能（例如沟通、

16　出处：《剑桥词典》。

谈判、调解）对于 SIAM 模式中的某些角色可能特别重要。

📖 **SIAM 模式中的角色描述**

一家全球工程企业中存在一种糟糕的做法。该企业聘请了外部咨询公司来确定组织结构、编制岗位说明，但在确定了目标 SIAM 模型之后，却没有将 SIAM 模型的情况有效地传达给咨询公司。

因此，咨询公司只能通过努力揣测来起草保留职能的岗位说明。在设计角色与职责时，由于难以与目标 SIAM 模型达成一致，因此造成了混乱、延误和返工的局面。由于没有运用技能框架，没有对各部门的角色进行分级和标准化，出现了职责重叠、技能不相关和能力描述不准确等状况。

结果导致人力资源部门在尝试正确评级和即时招聘时遇到了问题。在 SIAM 转换过程中，团队失去了宝贵的时间，大多数岗位说明都不得不匆匆忙忙地重新编写。

能力框架提供了一套原则，对员工达成绩效所需的预期行为和能力进行了明确的概括说明。在此基础上，每个服务提供商及服务集成商都需要维护一个框架和系统来评估其人员的效力。

技能图谱以一种展现彼此关系的方式列出了所有主要的就业技能。内层的椭圆代表初级或基本技能，中间层的大圆圈代表中级技能，外层的以圆圈代表特定的技能。例如，沟通可以分为言语沟通和文字沟通，而言语沟通的形式又可以进一步细分为演讲、倾听和电话技巧（见图 3.9）。

在确定了服务提供商交付服务所需的能力级别和容量级别之后，服务提供商将要考虑它们已拥有的技能、尚须提升的技能，以此识别当前明显存在的能力差距，避免因无法达到适当的可用能力级别而错失良机。

图 3.9 沟通技能图谱

3.1.7 绩效管理与报告框架

应通过绩效管理与报告框架，向所有利益相关方提供有价值的信息。应定期对绩效管理与报告框架进行审查。在绩效管理与报告框架中，应包含与以下关键领域相关的指标：

■ 生态系统中每个服务提供商在实现其目标方面的绩效
■ 每个服务提供商履行其（合同）义务的情况
■ 在整个生态系统中端到端服务交付的情况

其范围涉及所有内部、外部服务提供商。

内容

绩效管理与报告框架涉及对一系列事项的评价和报告，包括：

■ 关键绩效指标，这些指标应该符合 SMART 原则
■ 流程与流程模型的绩效

- 服务级别目标的实现
- 系统与服务绩效
- 合同与非合同职责履行情况
- 协作
- 客户满意度

不仅应对每个服务提供商及其服务进行评价，还应对整个端到端 SIAM 生态系统进行评价。

为 SIAM 生态系统设计一个合适的绩效管理与报告框架可能具有挑战性。通常，评价单个服务提供商的绩效很简单。挑战在于如何评价用户所体验到的端到端服务的绩效，特别是在每个服务提供商的评价与报告方式可能存在不一致的情况下（参见第 3.5.2 节 "评价实践"）。为了避免提供不准确的绩效看法，应重点考虑对用户、客户所体验到的服务质量进行评价。

绩效管理与报告框架还应包括以下方面的标准：

- 数据分类
- 报告格式与频率

📖 **测多报少**

很多组织正在从标准化的周报、月报模式转向基于异常情况的报告模式。这减少了与报告相关的工作量，因为只有在意外情况发生时才会生成报告。如果组织转而采用异常报告模式，仍然需要有能力识别出趋势，特别是服务或流程呈现异常的趋势——评测的内容仍然足够多，但是报告的内容少一些。

重要的是，报告要清晰简洁，不要用细节淹没受众。一个常见的错误是报告非常详细（有时，是客户组织要求提供这种级别的报告）。原则应该是保持报告的简单实用，以展现总体绩效，但如果接收者提出要求，也可以提供更详细的信息。为了以正确的级别、结构和介质形成报告，可以考虑采用适当的工具（参见第 3.1.9 节 "工具策略"）。

在可能的情况下，为了进行趋势分析，保持一致的格式很重要。

有一种报告技巧，那就是对受众所关注的人事表达感激之情。这不仅是对报告要求（或合同义务）的被动回应，更是对治理机构本应提出的要求做出预测。一份好的报告只包含所有必要的内容，不会有多余的内容，此外，在报告中也可以对良好的绩效表示肯定，对负责任的员工表示感谢。赞誉的作用有时被低估了，但将其包含在（给组织中更高层级的）报告中时，赞誉可能会成为一个强大的激励因素。

利益相关方

关注绩效管理与报告框架的主要利益相关方包括：

- 客户组织
- 高管团队
- 采购和/或财务机构
- 业务关系经理
- 服务提供商组织的管理层

虽然服务的最终用户也是利益相关方，但绩效管理与报告框架主要是针对客户组织而设计的，是客户组织的一个管理工具。很多组织从该框架中摘取信息或获取报告摘要，用于向最终用户群体通报服务绩效。

外部提供商义务

区分绩效情况（某件事做得有多好）和交付情况（履行合同承诺和履行所有义务）很重要。每个提供商都将签订一份合同，其中将明确规定义务（交付）和关键绩效指标/服务级别协议（绩效）都包括哪些内容。

例如，义务可以包括：

- 基于现场的服务交付经理的职责
- 在每月第4个工作日前提交账单
- 使用、更换分包商，须提前两个月通知客户，并获客户批准
- 出席协作/创新论坛并提供建议、意见

通常，义务在服务提供商合同的整个期限内存在，并且往往是不变的，除非通过协议进行了更新。在某些情况下，在开始交付服务之前，并非必须履行所有义务。有时，也并不是所有的要求和可能性都能被完全理解，这需要经过一段时间的学习。在绩效管理与报告框架的设计过程中，必须确定预期何时履行义务。

在实施阶段，服务提供商应集中精力履行对交付至关重要的义务，例如建设设施、获取知识、创建流程。一旦进入运行与改进阶段，首要任务应该是履行对服务治理能力有影响的义务，例如生成绩效报告、参加治理委员会和其他关键机构小组会议。

如果客户组织或服务集成商不进行干预，某些义务可能无法得到履行。例如，如果是因为另一方的原因而导致履行义务的延迟，那么服务提供商不对延迟承担任何责任。其他义务也可能因其性质而延迟履行。例如，在执行协议的第 4 年之前，要求提供一份 3 年服务统计总结是不现实的。

有些义务是事件驱动的，与时间无关。例如，技术更新论坛并不是必须要设立的，可能仅仅在需要进行战略变革、必须进行某项技术的更新或某项技术变得不兼容或过时的情况下，才需要技术更新论坛；只有在发生争议时，才需要出席争议解决会议。

跟进已履行和未履行的义务很重要。服务集成商负责跟进服务提供商履行义务的状况。客户组织内的保留职能负责跟进服务集成商履行义务的状况。

对于每个服务提供商，应监测其所有义务的履行情况，并对进展进行记录。应跟踪各项义务，并遵循上述报告原则。已履行义务的百分比是提供给客户组织的一个很好的总结性指标。

服务提供商绩效

通常以关键绩效指标和服务级别协议来衡量绩效。

例如，衡量绩效的指标可包括：

- 服务台在30秒内接听电话
- 在上报重大故障后20分钟内，成立重大故障管理工作组
- 配置管理数据库记录的准确率达到90%
- 紧急变更占总变更的比例在5%以下
- 发布版的回滚率低于5%

通常，单个服务提供商的关键绩效指标、服务级别协议和运营级别协议，通过服务级别管理流程进行管理（参见第 2.3.13 节 "供应商与合同管理" 和第 3.1.3 节 "合同在 SIAM 中的重

要性"）。但是，对于端到端服务级别协议和关键绩效指标，需要由服务集成商提供更高级别的管理和报告。

3.1.7.1 指标的作用

设立明确的指标，是为交付的结果和分配的资源设定期望、作出承诺。指标为战略目标的实现和资源的分配提供支撑。只有清楚地了解投入与贡献之间的联系、产出与所支撑的业务结果之间的联系，才能建立有效的指标。必须定期对指标进行审查，以确保指标仍然是正确的，仍然是与业务需求保持一致的。

为了确保能够符合指标要求，潜在服务提供商将会仔细审查指标，也可能因此而必须对内部交付模式和方法进行必要的调整。这有时会对成本带来影响，也可能对没有指标关联的其他需求造成不利影响。

如果指标在后续发生了任何调整，结果发生了变化，服务提供商需要对此进行评估，以确定这些变化了的指标和结果是否可实现、资源是否充足以及成本是否可回收。客户需要为任何必要的变更准备好资金，否则，会对服务提供商、服务集成商和客户之间的关系产生不利影响。因此，对指标做出任何更改，都需要对其影响进行分析，通过知情讨论进行决策。

📋 **基于影响的讨论**

"是的，这可以在第 3 年用峰值现金流的一半来完成，但由于需要审查，并可能改变与服务提供商 A 和服务集成商的互动关系，这将对 X 改进项目带来周期延长一倍、总成本增加两倍的风险。"

由于参与 SIAM 生态系统的组织数量众多，各方可能使用不同的数据集，或使用不同的计算方法来展现他们期望的结果。因此必须有一个共同认可的方法来对评价指标、绩效、结果和目标（包括所使用的数据源）进行分析计算，由此可以避免各方之间发生争执。

3.1.7.2 制订绩效评价计划

为了根据设定的指标或基准有效地衡量实际绩效，必须制订一个计划，对必要的绩效数据或信息进行收集与分析。在计划中，必须对收集分析过程中所采用的方法与技术、收集的频率进行描述。

在计划中，还须阐明、确认每项任务中的角色与职责。每个服务提供商将负责提供其职权范围内对具体服务元素的评价。服务集成商负责提供运营指标，聚合来自各个服务提供商的信息，提炼出面向客户的端到端绩效报告信息，以便于客户了解服务绩效。

在计划中，应评估数据来源的可用性、收集方法的可行性，并识别任何潜在的问题。最好将重点放在现有的绩效数据与信息上，或者从现有的绩效数据与信息开始做起。

一个关键的原则是从一组最小可行报告着手。最小可行报告提供了了解服务绩效所需的最少信息。与全集相比，最小集合更容易理解，实现起来更快。最小可行报告可用于建立理解，然后在必要时，收集反馈意见，对最小可行报告进行扩充。如果不采用这种方法，许多组织所生成的信息会比实际需要的信息更多。

当信息是直观、易于理解的时候，它是最有效的。使用服务仪表板和记分卡将增加报告的影响力。一张图片可能比一份长篇报告更容易理解，但必须清楚每一个可视化资料的内容及其含义。第 5.1.3 节中展示了一个可以支持可视化管理的看板墙示例。

在绩效评价计划中，还必须确定负责收集、分析、报告绩效数据或信息的人员。这可能基于其职责与 SIAM 层的逻辑匹配，同时须考虑其现有的工作量、能力、所负责事项和时间安排情况。表 3.2 对绩效评价计划进行了概述。

表 3.2　绩效评价计划概述

评价	内容
结果	反映了在结果链中列出的那些结果
绩效指标	选择符合以下标准的定量和定性指标： • 有效性 • 相关性 • 可靠性 • 简易性 • 经济性
数据来源	尽可能利用现有数据源
收集方法	确定收集方法，如调查、访谈等
频率	描述收集绩效信息的频率
职责	确定负责收集、分析、报告绩效信息与数据的人员

3.1.8　协作模型

在 SIAM 模式中，由于涉及的组织数量较多，协作关系是必要的。为实现共同的目标，跨 SIAM 层的团队、职能协同工作，形成协作实践。当在不同各方之间建立了一种弥合组织和人际差异的机制——结构、流程与技能——并共同达成有价值的结果时，就实现了协作。

本节提到的协作模型不是指可以复制的工作成果物或模板，而是指实现各方之间协作目标的技巧组合。这些目标及应对措施可能包括：

- 连贯的端到端服务交付，有效发挥服务提供商的作用：
  - 这就要求现有的合同以协作为核心；这可能需要重写或更新一些合同；这可能意味着在所有服务提供商合同中引入一组通用的衡量指标；理想情况下，可以制定一份标准的协作附录，一旦各方接受，就可以将其添加到现有合同中；经验丰富的顾问或外部支持力量可能会对此有所帮助
- 在服务提供商、服务集成商和客户组织之间进行积极而有效的交流：
  - 考虑设计一组软指标，重点是奖励积极的行为。例如，故障、问题、变更、开发和项目团队，根据各自对每个服务提供商在协作和提供帮助方面的感受，对服务提供商进行排名
  - 要求服务提供商彼此对积极的合作体验给予表扬，并根据表扬的频率确定指标（例如，每月获得的最少表扬次数）
  - 为服务集成层界定一个明确的范围。为了明确服务集成商责任所在，有必要界定服

务集成商角色的范围，包括关键考量因素、其拥有的授权级别及其与服务提供商和客户组织的交互级别。确定这些事项的方法之一是基于场景进行测试，以此表明管理常见事务（例如重大故障的解决）所需的关键角色

- 快速识别和解决制约绩效实现和服务交付的因素：
  - 对服务提供商进行调查，以确保它们对工作做法感到满意，让它们有机会在它们积极参与的流程中进行协作、改善协作。可以通过以下方式实现，即任命流程负责人，创建流程改进论坛（所有服务提供商都可以参与其中）
  - 明确SIAM各层之间的关系。确保服务提供商团队了解它们在业务服务交付中所扮演的角色。鼓励它们在业务部门驻留一段时间，回到现场进行交流

协作的实现，并没有唯一完美的安排。一些可能有用的技巧，可参见第 3.1.8.1 节"协调机制"。

SIAM 生态系统以及客户组织、服务集成商和服务提供商之间的关系创造了一个独特的环境。从采购、合同谈判，到治理、运营管理，SIAM 中存在着一些特定的因素，必须在规划与构建阶段予以考虑。

向 SIAM 模式转换的过程中，文化就是这样一个特定因素。有效的 SIAM 生态系统以关系和适当的行为为基础。协作、协调是推动积极文化的关键要素。其目的是促进所有利益相关方共同努力，追求一个共同的目标。

可以通过工具为协作打下基础，通过工具进行协作管理。但从本质上来说，协作是一种人类活动。协作不是自发发生的，需要积极地去设计和寻求支持。很难客观地评估协作的质量。通常的看法是"当我们一看到它时，我们就知道是它了"，评估者在寻求对协作进行评价时，必须经常引用一些参考，例如：

- 建立商定方法和解决问题所花费的时间
- 所交付结果的质量与价值
- 保持有效绩效所需的资源（例如，对报告进行验证，或查实证据是否与所声称的一致）

另一个关键词是"信任"。缺乏信任，会在关系和互动中产生摩擦。信任意味着各方公平付出代价并兑现承诺。各方仍然可以据理力争，以确定什么才是公平的。事实上，忽视意见分歧会破坏信任，助长对公平的滥用。

在规划与构建阶段，明确协作的含义，确定该如何看待协作、如何衡量协作，这些都是值得考虑的重要事项。协作应该意味着：

- 积极而充满活力
- 专注于价值的交付
- 灵活的手段与方法
- 宽容与学习，当发现问题时能迅速适应
- 着眼于长远，而不是为了眼前的利益或为了赢得胜利的能力
- 公平公正，各方都愿意妥协

3.1.8.1 协调机制

乍一看，协调、协作似乎都属于软能力，而且是无关紧要的。如果遇到反对意见，一种有

用的技巧是构建一个结果链[17]，通过结果链图表将所采取的举措与其向 SIAM 生态系统交付的结果联系起来（关于结果链的更多信息，参见第 3.5.2.2 节"编制基本结果链"）。

有许多机制可以促进协作。在进行服务提供商选择、SIAM 模型设计时，应考虑到以下罗列的要素或领域：

- 清晰地传达业务愿景与目标
- 合同义务，例如，协作计划、创新计划和资金
- 激励措施，例如，支付费用（直接付款、共享资金池）、额外业务、高管接见和治理认可
- 流程
- 工具
- 非正式网络
- 风险与问题解决方案
- 机构小组及其成员
- 进入生态系统研讨会
- 面对面会议
- 角色与任务的定义
- 争议解决机制与技巧
- 运营级别协议/协作协议（非法律/合同）
- 团体活动与大型活动
- 联合工作组/持续改进服务
- 愿景、信念、领导力
- 组织变革管理
- 员工行为指导、反馈
- 指导与辅导
- 行为/文化（特别是领导力）、与合作有关的技能培训
- 领导力选择，既以任务为中心，又以关系为中心

在规划与构建阶段，设计人员就应考虑以上这些要素。在后续的实施阶段或运行与改进阶段，部分要素可能会进一步展开。

📄 激励 / 惩罚与相互依赖关系

以往，合同中激励条款、协作条款所起到的作用一直不很理想。客户强制执行合同、服务提供商推翻合同，这样的案例在行业内并不鲜见。

端到端服务的成功交付，取决于所有利益相关方的共同努力。因此，任何一方如果不配合，就需要承担一定程度的责任，每个服务提供商都可以根据其他方的不当行为获得一定比例的赔付。

---

17 参见维基百科中的"效益实现管理"词条，结果链也被称为利益依赖网络。

为了合作共事，各方必须各司其职。这种高度依赖的关系往往被忽视。客户组织很可能与服务提供商一样配合度不够，这甚至会带来更具破坏性的影响。

并非所有机制都必须在同一时间引进或以相同的速度构建。根据它们对 SIAM 总体战略的贡献，考虑选择出部分机制，进行早期评估。就像在每一个战略决策中一样：集中你的资源，做出选择！

3.1.8.2　关系管理

在 SIAM 生态系统中，服务提供商的灵活性有助于结果的交付。如果服务提供商拒绝参与 SIAM 模式中的流程论坛和工作组，或者坚持认为"我已经按照合同中的要求做了"，就可能造成负面影响。灵活性有助于打造最有效的协同工作环境，这通常需要改变 SIAM 模式中所有各层的工作方式。

在 SIAM 环境下，关系管理的主要特征包括：

- 共同的愿景与目标
- 价值观与行为
- 协作环境的构建：
  - 组织与治理
  - 风险管理
  - 问题管理与解决方案
  - 知识管理与共享
  - 技能组合与培训

> **关系评价与改进**
>
> 一家应用程序服务提供商通过竞标获得了一个为关键业务应用程序提供 7×24 小时支持的项目，该项目要求签订一份基于 SIAM 的合同。合同规定，如果其服务线未能达到端到端服务目标，该服务提供商将承担一定比例的服务信用积分处罚。即便故障是与基础设施有关，也会如此执行。而基础设施是由广域网服务提供商提供支持的。
>
> 该应用程序提供商此前从未涉足 SIAM 合同领域。在投标过程中，其提出质询，如果故障的根本原因与其所签约的服务无关，为什么要进行处罚。就此问题进行澄清的答复是，服务提供商必须为客户组织业务及服务的端到端绩效作出承诺。
>
> 作为响应，该应用程序服务提供商在应用程序级设定了适当的错误信息记录和告警，以对网络中的潜在问题发出通知，并在处理与服务相关的故障时，协助减少故障查找时间。

3.1.8.3　协作协议

在 SIAM 合同结构中，应包括对协作的要求，或以协作协议作为合同的补充。协作协议以协作、联合交付服务为原则，强调客户组织的利益，而不是各自为营的服务提供商的利益。协作协议的覆盖面应足够广泛，适用于所有服务提供商，而不是与每个服务提供商签订不同的协议。在协作协议中，应包括以下内容：

- 描述协作的含义
- 定义协作的目标
- 解释不同的参与方将如何开展协作
- 确定与协作有关的职责
- 概述如何评价协作
- 明确激励措施，加强协作

虽然很难严格执行协作要求，但这些措施至少定下了合作的基调，并在无法进行协作的情况下，为质询出现的问题提供了合理的依据。对许多不习惯 SIAM 生态系统工作方式的服务提供商来说，协作协议是一个新的概念。面临的核心挑战如下：

- 客户期望的是，在端到端的集成服务中，（内部和外部）服务提供商进行有效协作
- 服务提供商期望的是，有清晰的工作范围和自主权，能实现其自身的业务目标

协作协议需要公平地为各方服务，不能对工作实践施加不必要的限制，也不能建立约束条件来妨碍服务提供商，使其贡献变得不可维持或无法实现盈利。解决冲突的办法是需要一份有充分依据的协议。客户组织通常面临两个极端：要么协议中缺乏端到端义务，要么协作框架过于详细。在这两种情况下协作都不太可能取得成功，因此，随着时间的推移，最有效的解决方案往往是通过协商达成的。

当寻求构建适用于多个服务提供商的协议时，客户组织必须认识到这一困境。服务分组可以解决这种明显的不兼容性（参见第 2.5.5 节"在用服务与服务分组"），但需要进行一个范式转换，即由服务集成商对端到端服务负责，同时又依赖于一个或多个服务提供商。在 SIAM 模式中，由于服务集成商对端到端服务全权负责，服务提供商有各自明确的责任范围，因此可以确保客户组织获得期望的结果。保护客户组织免受这些边界挑战的影响，是服务集成商角色承担的职责。

建议采取的行动步骤如下：

1. 对集成所寻求的结果与输出进行明确（参见"探索与战略阶段"）；

2. 针对每个结果或输出，考虑是由哪一方负责的，以及实现它们的最佳机制（例如，在治理行为方面，合同通常是无法发挥作用的，因此不要试图为此签订合同；而应纳入合同的是，通过治理方式参与并指导，由服务集成商担任管理代理）；

3. 确定在何处必须实施标准化（例如，选择主工具系统时），在何处可以实施个性化（例如，如果每个服务提供商的内部工具都与主工具系统进行了集成与数据交换，那么其内部工具的使用是可以接受的）；

4. 结合端到端责任及单个服务提供商责任，制订服务协议进度计划；

5. 为合同和其他治理工作成果物（包括集成与接口）设计形式。

协商的大部分内容包括每个服务提供商对端到端义务的接受程度及其为此所报出的价格。一些服务提供商天生具有合作性，而且会很乐意这样做；有些服务提供商则会强烈抵制。如果客户组织选择了一个有抗拒性的服务提供商加入生态系统，那么问题可能会接踵而至。所涉及的成本和风险必须纳入整体论证之中。

📖 个人选拔与团队选拔

　　一些服务提供商天生就具有合作精神，就像一些运动员天生具有团队精神一样。一个球队的教练会根据队员个人的天赋及其协同合作的能力来选择球员，球队在赛场上始终作为一个整体参加比赛。众所周知，在体育界，组建这样一支让老板满意的球队是非常困难的，教练们要为成功和失败付出高昂的代价。

　　强烈建议，在选择未来的服务提供商、特别是未来的服务集成商时，应重点考虑与合作行为有关的因素。一些协作者实非情愿，他们会对协作协议的概念表示热烈的欢迎，却强烈反对承担任何重要的义务。任何推翻的企图都应被着重指出并进行公开。客户组织希望与服务提供商协同工作，客户组织也必须遵守相同的原则，并履行同等的实质性义务。

📖 评估协作行为

　　对潜在服务提供商进行评估，在某些地区比在其他地区更难。例如，在瑞士，公共组织必须遵循世界贸易组织（WTO）的规则，需要发出正式的服务招标邀请。

　　这常常会妨碍受托机构对合作行为的评估，因为在投标阶段只允许进行有限的互动。这意味着并非本章中的所有建议都是可行的。

3.1.8.4　组建合作团队

　　研究表明，在具有挑战性的项目中，组建大型、虚拟、多样化且由受过高等教育的专家组成的团队越来越重要，但同时，这 4 个特征又使得团队很难完成任何事情。[18]

　　SIAM 各层之间的协作非常重要，在构建 SIAM 模型时应予以考虑，但常常被忽视。SIAM 模式跨越多个法律实体，寻求的是实现端到端利益的最大化。在 SIAM 生态系统中，除了技能和经验之外，促进协作的态度也同样重要。这些态度必须贯穿于客户组织保留职能、服务集成商和服务提供商之间，还必须横向贯穿于服务提供商之间，以实现整个价值链的无缝运转。

　　有些人天生就善于合作，有些人则不然。有这样一句被广泛而明智地运用的老生常谈："**招聘看态度，培训看技能。**"态度远比技能更难培养。对于服务提供商、服务集成商或客户组织来说，仅仅寄希望于各方之间的协作姿态会随着时间的推移而逐渐形成是不够的。

　　服务集成商需要特别积极地去影响服务提供商组织。以下要素对此可以起到帮助作用：

- SIAM治理框架
- 跨服务提供商论坛
- 供应商管理
- 绩效管理（共享关键绩效指标）

　　在没有经过谋划的情况下，也可以开展协作，但很可能局限于小范围，并且可能需要数年时间才能成熟。陷入孤岛、相互指责、孤立主义和心怀戒备的现象更有很大可能存在，特别是

18　出处：《打造协作团队的 8 种方法》，《哈佛商业评论》，2007 年 11 月。

在团队地理位置分散、员工彼此不认识的情况下。

有 8 个因素支持成功的团队建设[18]，并且可以适用于 SIAM 生态系统：

1. 以标志性投资开展关系实践。为鼓励协作行为，领导者可以进行引人注目的投资，以此表明他们对协作的承诺，例如，打造一个开放式布局的场所，促进交流。

2. 示范协作行为。在公司里，如果高管人员自身展现出高度协作的行为，团队就能良好协作。

3. 打造共享文化。进行指导、辅导，特别是在非正式的基础上，帮助人们建立跨越公司边界工作所需的网络。

4. 确保具备必要技能。就如何建立关系、如何进行良好沟通、如何创造性地解决冲突，由人力资源部门对员工进行培训，可以对团队协作产生重大影响。

5. 加强社区意识。当人们体会到一种社区感时，会更乐意与他人接触，更有可能分享知识。

6. 任命兼具任务导向和关系导向的团队领导。传统意义上的争论，主要集中于是任务导向还是关系导向会带来更好的领导力，但事实上，两者都是成功领导团队的关键。通常，在项目启动时更倾向于以任务为导向，一旦工作开始，就转向以关系为导向，这样效果最好。

7. 建立在传统关系的基础上。当过多的团队成员是陌生人时，人们可能不愿分享知识。一个好的做法是在团队中至少安排几个彼此认识的人。

8. 理解角色的清晰性和任务的模糊性。当每个团队成员的角色被明确定义，而团队在如何完成任务上有一定的自由度时，配合度就会增加。

当每个团队成员的角色被清晰定义并得到很好的理解时，当每个人都觉得自己可以独立完成大部分工作时，协作就会得到改善。如果没有这样的明确性，团队成员很可能会浪费过多的精力对角色进行协商，或保护自己的地位，而无法专注于任务或所要求的结果。

3.1.8.5 设定共同目标并进行管理

在 SIAM 生态系统中，所有利益相关方都应该为实现共同目标而努力。共同目标是基于客户组织对服务的要求创建的，与一项或多项服务和绩效有关。服务集成商（以及潜在的服务提供商）可以借鉴过往经验来帮助塑造目标。

以外部服务集成商结构的 SIAM 环境为例：客户组织制定明确的服务目标，并在采购过程中，将这些目标传达给服务集成商；接下来，服务集成商与服务提供商分享这些目标，服务提供商需要将这些目标与自身内部评价标准和指标相结合。

然而，所有参与其中的组织也都有自己的目标和指标。例如，在市场上的另一个领域，服务集成商和其中某一个外部服务提供商可能存在竞争关系。任何一方都可能想让对方看起来效率低下，从而造成一些对方的声誉损失。它们可能更重视这一目标，而不是与服务相关的共同目标。

同样，外部服务提供商可能希望内部服务提供商看起来实力较弱，以此来增加其能够提供的服务元素的数量。在很多情况下，单个组织的目标会与 SIAM 生态系统的共同目标发生冲突。参与服务提供的所有各方联合起来支持共同目标，这是在 SIAM 环境下取得成功的唯一途径。共同目标必须比任何单个组织的目标有更大的权重，任何冲突都必须被识别和解决。

📖 **目标与处罚**

在不成熟的 SIAM 生态系统中，会在合同协议中描述目标，并假定这将解决一切问题。事实上，目标需要建立在共同的价值观和关系的基础上。

对共同目标进行宣贯并进行持续管理，是有效实现共同目标的关键。请记住，大多数客户组织并不希望因为服务处罚而收到退款——它们想要的是它们订购的服务。

服务集成商负责确保目标得到了监测，负责针对目标进行评价。如果呈现的是积极趋势，那么关系将得以加强，值得为成功而庆祝；如果出现消极趋势，那么需要加以分析，以评估是否需要采取纠正措施。参与 SIAM 生态系统的所有组织，都将在评价共同目标方面发挥作用。

3.1.9　工具策略

在规划与构建阶段，应基于对解决方案架构及保证功能的治理，制定工具策略。应对提供服务、支持流程所须采用的技术（包括任何必要的工具）进行设计。

在前一阶段，即探索与战略阶段，对当前的技术环境进行了充分了解；在规划与构建阶段，可利用前一阶段获得的信息来分析当前技术与将采用的技术之间的差距；在实施阶段将弥合这些差距。在工具策略中，应定义技术策略，以供服务提供商在进行服务技术设计时使用。

技术不仅与服务有关，还与支持服务所需的各种工具有关。使用什么样的工具，通常是每个组织的自身选择，由其企业决策所驱动，而这些决策不太可能因转换到 SIAM 模式而发生改变。然而，可能需要的是，将每个组织的工具与生态系统中其他各方的工具集成在一起，或者以不同的方式使用它们。

其中涉及用于以下方面的工具：

- 服务管理流程
- 不同工具之间的集成
- 不同服务之间的集成
- 系统与服务监控
- 端到端容量与绩效管理
- 端到端服务报告
- 协作
- 沟通
- 资源管理
- 记录管理
- 风险管理
- 客户关系管理
- 财务管理
- 订单管理
- 项目/项目群管理

这份清单并非详尽无遗，完整的清单取决于组织类型和所选的 SIAM 模式，但重要的是，要考虑 SIAM 生态系统中每个工具（特别是存在选择因素或控制因素的工具）的使用情况，这与以下方面有关：

- 与其他各方的互动
- 技术过时造成的影响
- 安全策略
- 可用性要求
- 其他服务级别要求
- 未来提供商替换
- 许可
- 技术路线图
- 在SIAM生态系统中的重要性

3.1.9.1　工具策略与工具路线图

探索与战略阶段的输出将为创建工具策略、规划工具路线图提供输入。在规划与构建阶段，对在 SIAM 模型中使用工具的初始意图进行回顾，对服务集成商和服务提供商创建工具策略的能力进行审查，这两点都很重要，因为此时所做出的决策将很难在路线图后期阶段进行更改，如果后续进行更改，成本也将是比较高昂的。

在工具策略中，应定义：

- 技术范围/工具范围
- 每个工具系统中强制使用的部分（根据选定的选项）
- 所有强制性技术
- 所有技术政策
- 互操作性要求
- 资产所有权
- 许可证管理方法
- 集成方法
- 技术路线图
- 发布政策，以确保仅使用可支持的版本

对每个服务提供商所用的工具系统，有必要建立其当前能力基线。这在探索与战略阶段是无法做到的，因为彼时尚未选定服务提供商。服务提供商是否有意愿对其工具系统进行任何变更及是否具备变更能力，这也很重要。如果服务提供商不愿意使用统一的工具系统（并且在合同中没有包含该义务），那么创建使用统一系统的工具策略就没有多大意义。

在探索与战略阶段，应进行服务集成工具调研，了解市场上都存在哪些工具。在规划与构建阶段，应结合 SIAM 模型和服务提供商能力，对工具进行优选。SIAM 基础知识体系描述了可供选择的 4 种方式：

1. 所有各方都使用一个统一的工具系统；
2. 每个服务提供商使用自己的工具系统，并将其与服务集成商的工具系统集成在一起；
3. 每个服务提供商使用自己的工具系统，并由服务集成商将各个工具系统与服务集成商的工具系统集成在一起；

4. 通过集成服务，将服务集成商和各服务提供商的工具系统集成在一起。

选择 4 种方式中的哪一种，做出明智的决定至关重要。

表 3.3 给出了每种方式的优势和劣势。采用第一种方式是最理想的选择，因为使用一个统一的工具系统意味着只有一个数据源。然而，如前所述，这通常是不可能的。如果不能采用这种方式，那么为了确保成功，必须对集成、数据标准、交换标准和相关政策进行详细设计。

表 3.3　工具系统选择方式

方式	优势	劣势
一个统一的工具系统	• 单一数据来源 • 报告无须合并	• 不适用于商品化服务提供商 • 服务提供商可能有两个工具系统，必须在内部进行集成 • 因服务提供商的使用，须对许可证进行维护 • 可能会增加投标成本 • 可能导致服务提供商不参与竞标
每个服务提供商使用自己的工具系统，并将其与服务集成商的工具系统进行集成	• 服务提供商继续使用其现有工具系统	• 不适用于商品化服务提供商 • 可能会增加投标成本 • 编制报告时，须对数据进行合并 • 一些服务提供商的集成速度可能较慢
每个服务提供商使用自己的工具系统，由服务集成商将各个工具系统与服务集成商的工具系统进行集成	• 服务提供商继续使用其现有工具系统 • 适用于商品化服务提供商	• 编制报告时，须对数据进行合并
使用集成服务	• 服务提供商继续使用其现有工具系统 • 适用于商品化服务提供商 • 按照为常用工具系统和数据集预先配置的方式快速实施 • 内置审计跟踪 • 内置状态跟踪	• 编制报告时，须对数据进行合并 • 在生态系统中增加另一家服务提供商

这些选项可以组合使用，例如，除商品化服务提供商外的所有服务提供商都可以使用一个统一的工具系统。因此，在工具策略中，可包含以下内容：

■ 当前运营模式（current mode of operation，CMO），包括部署的工具、成本、许可证结构、支持模式和质量（例如，它对组织的支持程度）

■ 每个工具的未来运营模式（future mode of operation，FMO），即工具是否会被保留、停用或转移至SIAM模式中的某一个服务提供商

■ 详细的成本分析

■ 功能模型，描述哪些工具将支持哪些流程与活动（如监控、报告）

■ 转换计划，描述从当前状态转移到未来状态的方法

■ 在集成方式下，数据将如何在工具之间传输

创建工具策略，有助于了解当前能力，从而可以发现差距，也有助于清楚地了解工具的所有权状态。从技术创新的角度理解工具策略，了解客户组织打算如何利用其服务提供商，这是非常重要的。在向 SIAM 模式转换的过程中，选择一个被大多数拟合作的服务提供商组织所使用的工具，并将该工具升级为行业标准工具，在某些情况下，客户组织做出这样的决策可能是有利的。

在建立这些需求时，客户组织需要为当前运营模式中的工具与技术建立基线，确定由组织中的哪些人员或职能来使用这些工具与技术，以及将如何利用这些工具与技术。在未来运营模式中可能会出现一个问题，即提供、管理当前工具的一个或多个服务提供商，可能并不属于未来状态计划之列。

3.1.9.2　标准集成方法

一般情况下，不同的服务提供商使用不同的工具，因此，在 SIAM 生态系统中，进行数据集成通常会面临挑战。对服务提供商来说，即使选用了客户组织或服务集成商推荐的首选工具，仍然有可能需要将其共享资源和自用工具与首选工具进行集成。

通过集成，数据在不同系统之间无缝共享。表 3.4 展示了实现集成的各种方法，每种方法取决于以下因素：

- 拟共享的数据量
- 数据的时间关键性
- 数据的重要性
- 数据泄露的安全隐患
- 数据隔离需求
- 技术兼容性

表 3.4　各种数据集成方法

方法	优势	劣势
手动数据录入（包括"转椅"方法）	• 易于实施	• 需要额外资源 • 记录可能重复 • 存在数据完整性丢失的高风险 • 存在数据录入错误的高风险 • 存在时延
手动批量更新	• 降低了数据完整性损害的风险	• 需要额外资源 • 存在时延
自动批量更新	• 无需额外资源	• 需要投资 • 存在时延
自动数据传输	• 近乎实时 • 无需额外资源 • 完好的数据完整性	• 需要投资 • 可能需要更长的时间才能实施

在规划与构建阶段，在服务集成商的支持下，客户组织将为 SIAM 模型范围内的每个工具制定集成方法。根据所选或可用的特定工具系统，其中包含的数据、技术能力，以及提供商的不同，所采用的集成方法也将有所不同。

在过渡运营模式实施期间，往往使用"转椅"方法，后续将发展为完全集成模式。

3.1.9.3 数据与工具系统的所有权

在工具策略中，必须对数据与工具系统在未来的所有权进行明确。当所有权发生变化时，任何接收方都必须正式承认所有权已转让给它们。除此之外，还必须进行培训，考虑数据隐私带来的影响和有关要求，同时制定适当的策略，以确保符合相关要求。

还须考虑的是，客户组织希望拥有某些数据集的所有权，这些数据集可能包括位置、用户、实现自动化的流程工作流脚本等。在统一数据字典中定义标识符也很重要，在整个生态系统中进行交换数据时，应强制使用这些标识符，否则集成将变得非常复杂。这是一些标识符的示例：用于识别不同用户的员工编号、服务识别码/名称、服务提供商代码/名称等。

在 SIAM 模式兴起之前，组织往往将以上提到的相关事项进行外包，结果发现在外包安排结束后，它们并未拥有任何知识产权、数据或自动化流。它们需要从零开始重新创建数据集、流程与工作流。在定义工具策略时，正是考虑和减轻这种风险的好时机（参见第 2.5.5.3 节"知识产权"）。

3.1.9.4 增减服务提供商的便捷性

在制定工具策略时，应考虑到在未来能够便捷地让服务提供商进入或退出生态系统，也应考虑到引进、更换或淘汰外部服务集成商的可能性。

目的是使服务提供商能够便捷地进入和退出，对后续可能退出生态系统的任何服务提供商，也能减少对其依赖性（参见第 2.3.13.4 节"服务提供商的进入与退出"和第 3.3.3 节"转换策划"）。

3.1.9.5 采用统一数据字典

在 SIAM 生态系统中，来自不同服务提供商的数据与系统汇集在一起，可能造成复杂性增加，采用统一数据字典可以减少这种复杂性。在 SIAM 模型中，此类字典的重要性和适用性源于以下原则：

- 在SIAM生态系统中，每个服务提供商通常会结合自身流程和支持情况编制术语表。例如，在术语表中包含对故障与服务请求的定义
- 有必要固化一个标准术语表
- 有必要采用一个统一的模型，按照统一的方式，对SIAM生态系统中的所有事项形成可追溯的记录。例如，在工作流流转过程中，记录分配给故障记录的状态（已打开、已分配、已解决、暂停中、已关闭等）
- 有必要为服务、位置、用户等基础数据确定单一主数据源，并确保这些数据与运行于SIAM生态系统中的各种工具保持同步，以及与服务提供商的数据保持同步
- 有必要明确数据模型的所有权，可对数据模型进行追溯，可通过变更控制方法保护数据模型的完整性

从本质上讲，统一数据字典是一个实现利益相关方需求沟通的中心存储库或工具。运用统一数据字典，客户组织、服务集成商和服务提供商通过配置各自工具，可以更容易地满足这些需求。统一数据字典以其最真实的形式提供了业务或组织数据的详细信息，并对数据元素的标准定义、它们的含义和取值范围进行了概述。

从概念或逻辑的角度来看，一些组织使用实体关系图（entity relationship diagram，ERD）来展现顶层业务概念。统一数据字典提供了关于业务概念属性的更精细、更详细的视图。

统一数据字典的关键元素

统一数据字典提供每个属性的信息。属性位于存储信息的数据库中，这些信息也可以被称为数据模型中的字段。

📖 **SIAM 治理文章**

如果将一篇 SIAM 治理文章的要素纳入统一数据字典，那么涉及的属性可能包括：

- 文章标题
- 文章作者
- 文章类别
- 文章内容

统一数据字典往往以电子表格文件的形式呈现。每个属性在电子表格中都罗列为一行，与该属性有关的每一个信息元素都为该行的每一列。

在数据字典中包含的最常见元素如下：

- 属性名称，标记每个属性的唯一标识符，通常以业务语言表示
- 可选/必选标识，表示是否需要在属性中包含信息才能保存记录
- 属性类型，定义字段的数据类型，常见类型包括文本、数字、日期/时间、枚举列表、查阅、布尔和唯一标识符

虽然这些是统一数据字典的核心元素，但记录每个元素附加信息的情况并不少见。附加信息可能包括信息来源、包含该属性的表或概念、物理数据库字段名称、字段长度和默认值等。

3.1.10 持续改进框架

在规划与构建阶段，SIAM 模型中的所有相关方须共同开发一个改进框架，并进行维护。通过遵循该框架，将确保持续改进在整个 SIAM 生态系统中得到足够重视。应建立激励机制，鼓励服务提供商从自身人员、流程和技术方面提出建议并进行改进与创新。

在可能的情况下，应对所有流程进行审查，并采取改进措施。可以在负责提供流程、实现流程的领域内，对流程的持续改进进行管理；但也应在更大的持续服务改进流程论坛及相关的流程论坛中，对流程的持续改进进行管理，特别是在改进依赖于流程之外的来源、引入重大风险或造成成本大幅增加等情况下。

3.1.10.1 约束理论

约束理论（Theory of Constraint，TOC[19]）是一种方法论，用于识别阻碍目标实现的最重要的限制因素（约束），然后有系统地改进该约束，直到它不再是限制因素。在制造业中，约束通常被称为瓶颈。在设计 SIAM 模型以及规划、实施改进时，这种方法很有用。

约束理论是采用一种科学的方法进行改进。它假设每个复杂系统都由多个相互关联的活动

19　参见约束理论学院官网中的"约束理论"词条。

组成，其中一个活动对整个系统起到约束作用（约束活动是"链条中最薄弱的环节"）。为了更高效地运作，组织需要识别约束，减少或完全消除瓶颈的影响。虽然不能去除所有的约束，但可以减少它们的影响。例如，监管要求可能是一种约束。

约束理论认为：

- 每个流程都至少包含一个会影响其目标实现能力的约束
- 一个流程成功与否取决于其最薄弱的环节，并且只能在其约束能力范围之内运行
- 改进约束是改进整个流程或系统的最快捷、最有效的方法

约束理论中包含了一种复杂的解决问题的方法论，被称为"思维过程"。思维过程针对具备大量相互依赖关系（例如，服务线）的复杂系统进行了优化。它们被设计为科学的因果工具，力求首先识别不良效应（undesirable effects，UDEs）的根本原因，然后在不产生新影响的情况下消除不良效应。

运用思维过程需要回答以下 3 个问题，这些问题对于约束理论至关重要：

- 需要改变的是什么？
- 应该把它改成什么？
- 什么行动会引起这种改变？

表 3.5 展示了约束理论中的 5 个核心步骤。

表 3.5　约束理论的 5 个核心步骤

步骤	目的
识别	识别当前约束（流程中限制目标实现速度的单个部分）
利用	利用现有资源（充分利用您所拥有的资源），快速改进约束的利用率
服从	审查流程中的所有其他活动，确保它们与约束需求保持一致，并真正支持这些需求
提升	如果约束仍然存在且未转移，则考虑可以采取哪些进一步的行动来将其从限制因素中消除。通常，如果约束没有被打破（或转移到其他领域），此步骤将持续进行。在某些情况下，可能需要资本投资
重复	这 5 个核心步骤是一个持续改进的循环。一旦一个约束得到解决，下一个约束就应该立即得到解决。这一步提醒我们永远不要自满，而要积极改进当前的约束，然后立即转向下一个约束

3.2　组织变革管理方法

当组织做出战略决策，着手进行 SIAM 转换时，有效的组织变革管理至关重要。转换到 SIAM 环境是一项重大改革，因此必须尽快启动组织变革管理，并且必须在实施阶段之前进行。如果一个组织直到最后关头才进行组织变革管理，或者对组织变革管理没有给予必要的重视，那么组织转向 SIAM 模式不太可能会取得成功。

尽管 SIAM 转换项目涉及多个层面（包括流程、工作角色、组织结构和技术）的变化，但最终必须改变其工作方式的是（每个 SIAM 层中的）个体。如果每个个体在个人转变中不成功，不拥抱和学习新的工作方式，那么整体转换就会失败。

组织变革管理是一门为成功实施变革而进行准备、储备和支持个人发展的学科。大量研究

表明，一个组织采用支持个体成长的结构化方法，将有助于增加变革成功的可能性。有几种在行业中开发的方法有助于支持组织变革，例如 ADKAR®；或者，组织可能已经逐渐形成了自己的专有方法。

无论采取什么方法，都应以目标为导向，使变革推动者能够将其活动集中于推动个人转变的因素上，从而实现组织的结果。客户组织须设定变革管理活动的明确目标和结果，并由服务集成商进行交付。

ADKAR 等模型对个体变革的成功历程进行了简要描述。模型的每一个步骤都自然地与变革管理相关的典型活动结合在一起。在确定变革应达成的目标或结果后，应选择一个方法或模型，而所选方法或模型应能为变革管理团队规划、执行其工作提供一个框架。

📄 **ADKAR**

ADKAR 是一个以研究为基础的个体变革模型，描述了个人要成功转变所必须达到的 5 个里程碑。为了提高企业成功实施变革的可能性，可以对该模型进行扩展。ADKAR 指认知（Awareness）、渴望（Desire）、知识（Knowledge）、能力（Ability）、巩固（Reinforcement），分别代表了个人要想成功转变就必须达到的 5 个里程碑。

认知代表了个体对转变本质的理解。认知还包括了产生转变需求的内、外部驱动因素信息，即 WIIFM（"我能从中获得什么？"）。转变的本质是什么、为什么需要改变、不改变将带来哪些风险，认知是个体理解这些问题的结果。

渴望代表了个体支持转变、参与转变的最终选择。转变的愿望仍然难以捉摸，因为它是由个体的具体情况以及每个人独特的内在动机驱动的。只有理解并考虑了以下 4 个因素，才能取得成功：

- 转变的本质及WIIFM
- 组织或环境背景
- 个人的具体情况
- 内在动机

这些因素的组合将最终促成个体在面对变化时表现出的行为。渴望是利益相关方管理与阻力管理的结果。

知识代表了如何实现转变。当一个人意识到需要改变，并渴望参与改变时，知识就是实现这一改变的下一个基石。知识涉及对所需的技能、行为、流程、系统、角色与职责的培训和教育。知识获取是培训、辅导的结果。

能力代表了实现转变并达到预期绩效水平所需的才能。仅仅具备知识是不够的。培训、辅导并不等同于实践能力、胜任能力。此外，有些人可能永远不会发展出所需的才能。能力是长期进行额外训练、实践的目标或结果。

巩固是为了确保转变的深入和彻底。为了防止旧的习惯、流程或行为的回归，巩固是必要的。在此阶段必须采取措施，避免返回之前状态，力求找出无法持续以新的方式行事的动机及所带来的后果，并对知识和能力里程碑阶段进行重新审视。开展评测、采取纠正措施、对成功实现转变做出肯定，巩固是这一系列行动带来的结果。

> 由 ADKAR 定义的目标或结果是连续的、累积的（它们必须按顺序实现）。为了实现转变并保持转变后的状态，个体必须从认知开始，在每一个里程碑上取得进展。

3.2.1　SIAM生态系统中的组织变革

组织变革管理将在 SIAM 转型获得批准后立即开始。这是规划与构建阶段的一项工作内容，在该阶段确定 SIAM 模型和组织变革管理方法。组织变革管理的主要活动随后会在实施阶段进行。

商定的组织变革管理方法应针对人员变革管理或个体变革管理提供指导。其中的人员是在客户组织、服务集成商和服务提供商中所涉及的所有利益相关方。该方法为组织的变革活动（包括资源支持、准备情况评估、沟通、辅导、培训以及利益相关方管理与阻力管理）提供了基础。

在多源服务交付模式中，跨职能集成、跨流程集成、跨服务提供商集成面临挑战，成功的关键是具备管理这些集成的能力，采取一个控制这种交付环境的有效方法。在组织变革管理方法中，必须明确职责边界，并在以下方面明确主体责任：

- 组织变革管理总体计划
- 服务集成商的组织变革管理
- 每个服务提供商内部的组织变革管理
- 与客户和其他利益相关方有关的组织变革管理

其中每一方面所采取的方法和途径可能有所不同。例如，让服务集成商负责服务提供商内部的组织变革管理是不太可能的。为了获得一致的体验和理解，由双方共同完成可能是最好的选择。

在组织变革管理总体计划中，将设定期望，提供一个鼓励良好行为的环境，并对结果进行评价，但其中并不包含对服务提供商员工的管理控制。每个服务提供商都应该有一名联系人，负责其组织变革管理与总体计划的协调。

3.2.2　组织变革活动面临的挑战

在 SIAM 生态系统中，存在一些特定的组织变革挑战。

3.2.2.1　整合新的服务提供商

SIAM 的目标之一，是根据客户组织不断变化的需求，结合其总体战略，为客户提供选择服务提供商的机会。组织变革管理可以对增减服务提供商提供支持。这些事件会影响工作关系和工作界面，并可能导致相当大的变革活动。

3.2.2.2　缺乏清晰的治理

在 SIAM 环境中，由客户组织的代理对服务提供商进行治理，同时在一个明确的委托授权下，赋予它们履行职责的自由度。一部分服务提供商来自于外部，它们通常对其股东负责，并且有它们自己需要考虑的商业利益。这些利益可能与客户组织和 / 或其他服务提供商的利益相冲突。不断变化的结构和职责需要人们提高认知，并渴望进行转变，组织变革管理可用于在此方面建立理解。

3.2.2.3 工作实践的改变

SIAM 注重以结果为中心的能力建设，强调从多个服务提供商处获取价值，对 SIAM 来说，这是必要的。服务集成商的职责之一，是根据客户组织的既定标准和政策为服务提供治理。对许多服务提供商来说，甚至在某些情况下对客户组织的保留职能来说，服务的集成将对现有工作实践带来改变。

例如，在某些情况下，需要服务提供商采用客户组织的技术解决方案，这意味着转而使用新的工具。对于许多服务提供商来说，它们使用的工具与它们的工作方法和工作方式已经融合在一起了。然而，如果客户组织希望跨服务提供商进行工具集成，那么通过组织变革管理有助于构建所需的知识和能力，对这种工作方式的改变提供支撑。

SIAM 的关键成功因素之一，是能够体现出服务集成商的公正性，及其对所有服务提供商的优化控制能力。内部服务提供商可能会对外部组织的控制有所反感，而外部服务提供商可能会回归到按合同要求开展工作的状态，并在合同规定的约束范围内有效地"遵照食谱进行烹饪"。

以定义成功变革的 5 个基本要素（ADKAR）为原则，组织变革管理可用于以下方面：

- 作为一种辅导工具，通过流程或团队互动方式的变化来支持个体
- 指导沟通、资源支持、辅导、培训等活动
- 诊断遇到困难的功能或流程

随着组织变革管理的成功进行，服务提供商会更多地参与进来，加快组织工作结构的建立和流程协作。个人会提出一些想法，提出新的工作方式建议。跨服务提供商的对等工作组开始运转。灵活性和适应性成为价值体系的组成部分。在一个包含了职责分离、模块化和松耦合概念的模型中，这是至关重要的。

所有这些要素都为 SIAM 提供了灵活性，能够与绩效糟糕的服务提供商脱钩。在基于 SIAM 的背景下，ADKAR 模型提供了一个面向目标的框架，以支持对服务提供模型的变更。

> **ADKAR 元素的缺失**
>
> 在工作场所，如果 ADKAR 模型中缺失了一些元素或存在薄弱的元素，可能会破坏商业活动。在缺乏认知和渴望的情况下，很可能会有更多来自提供商团队的阻力，导致改变工作方式的速度变慢，员工流失，以及在优化 SIAM 模式方面的延误。如果认知和渴望的程度都很低，很可能会导致变革失败。
>
> 在缺乏知识和能力的情况下，工作组或委员会之间的凝聚力往往会降低，而这些机构小组的贡献是保障 SIAM 项目成功的基础。
>
> 在缺乏巩固的情况下，服务提供商可能会失去变革兴趣，重新采用旧的工作方式和方法。这些后果最终将对 SIAM 模式的成功产生负面影响。

3.2.2.4 传达变革信息

合适的人需要在合适的时间获得合适的信息。在 SIAM 生态系统中，必须考虑如何做好信息传达，这涉及媒介、频率和消息等方面。

有效的消息传递得益于参与者群体中广泛的技能和专业知识。SIAM 生态系统提供了与不

同群体互动的机会，抓住这些机会非常重要。委员会、工作组和流程论坛等形式的机构小组为互动和消息传递提供了绝佳的媒介。

3.2.3　虚拟团队与跨职能团队

为了在全球经济中取得成功，组织需要依托分布于世界各地的员工队伍。要取得 SIAM 模式的成功，需要组建不同职能的团队，这些团队既需要具备超强的专业技能，又需要对本地市场和行业具有深入的了解。利用服务提供商多元化的优势，将工作经验不同、挑战应对方式不同的人们聚集在一起，有助于组织从 SIAM 生态系统中获取价值。

> ☶ **跨职能团队定义**
>
> 为了一个共同的工作目标，一群不同职能的专业人员组成了跨职能团队。他们可能来自财务、市场、运营和人力资源部门。通常，跨职能团队覆盖了组织各层级员工 [20]。

领导全球团队的经理人面临着许多挑战。即使工作组的每个成员都位于同一地理区域，并且人们都处于相同的环境或在同一组织中工作，让这样的工作组取得成功也是有一定难度的。而如果团队成员来自不同的国家，其背景不同，工作地点不同，又隶属于不同的组织，使用不同的工具，成员之间的沟通就可能会迅速失效。误解可能接踵而至，合作可能沦为互不信任。而不信任是成功的 SIAM 生态系统的敌人，应该将相互尊重、凝聚力作为 SIAM 生态系统的根本。

SIAM 生态系统中的员工，无论身处何处，都必须将自己视为生态系统中所有其他人员的同事或合作伙伴，就像整个 SIAM 生态系统中的人们都在同一个地点和同一个组织中工作一样。营造跨服务提供商团队的社区氛围，进行这样的良好实践非常重要。

> ☶ **让跨服务提供商团队协同工作**
>
> 爱尔兰的一家跨国银行正在举行一次会议，讨论 SIAM 模式下的工作治理和内部协议。有 4 家服务提供商参加了该会议。在会议室里，不同公司的人员分别坐在各自的桌子旁，这不利于协作，特别是在大家即将谈论该如何协同工作的时候。
>
> 一名顾问负责 SIAM 新模型的交付和工作协作方式的定义。顾问决定安排一次练习，他把不同服务提供商的人员混在一起，将他们安排在不同的桌子旁。他重新布置了会议室，使每张桌子上都有来自每个组织的人员。接着，他布置了一项任务，要求大家根据他提供的素材编写一篇有趣的故事，并将为最佳作者颁奖。
>
> 之后，每个人都放松下来，分享了各自的故事。他们以为他们会再回到原来的桌子旁（仍与自己的同事坐在一起），但顾问建议他们和新同事坐在一起，在新组建的团队中工作，开始讨论"工作治理和运营级别协议"这一主题。现在，大家组成一个协作的团队。

20　出处：维基百科。

应将工作实践（例如质量的定义、可接受的故障响应时间或关键绩效指标计算方法）标准化，如果不进行标准化，则必须将其中的差异作为工作标准进行记录、予以接受，并进行发布。
应特别注意以下方面：

- 识别适当的行为
- 识别与明显行为相关的可能问题
- 定义价值/信念期望，并进行解释（描绘全球价值观与信念）
- 描述有效的互动方式

考虑以下维度：

- 与SIAM愿景保持一致
- 深刻理解服务集成层与传统服务提供商在活动方面的差异
- 共享价值声明示例
- 我们如何分享信息？
- 我们如何沟通？
- 我们如何做出决策？
- 服务集成商的作用是什么？
- 如何应对每个服务提供商不同的历史和工作风格？

团队成员之间的情感联结度很重要。当团队中的所有人都在为同一组织工作时，社交距离的影响程度通常较低。即使来自不同的背景，成员之间也可以通过正式和非正式的互动来建立信任。大家对"某些行为意味着什么""什么是可以接受的""什么是不能接受的"均能达成共识。如果团队成员之间感觉到亲密和融洽，将能促进有效的团队合作。

我们可能会发现，来自不同地理位置的同事，或来自不同组织的同事，他们之间更难以联系和协调。他们之间可能存在较远的社交距离，往往难以建立有效的互动。缓解社交距离带来的影响是服务集成商面临的管理挑战之一。

在异地团队中，文化建设活动很难实施，尽管不是不可能。必须考虑异地团队和本地团队之间的一些差异，例如无法真正会面、存在时区差异或共享工作空间问题（或许可以限制噪声、提供安全保障和空间）。技术问题也可能影响协作选项。

通过以下方式提升凝聚力和拉近社交距离，是服务集成商的职责：

- 保持透明，透明对于所有团队都很重要，但对于异地团队文化建设更有用。"谁在做什么"，对此可保持透明度（例如，利用协作工具）
- 创建在"虚拟饮水机"旁聊天的场景
- 创建一个开放的在线协作/消息空间，让团队成员彼此交谈，讨论与工作无关的话题
- 尽可能面对面，从参加酒吧问答游戏到参加体育活动。注意不要总是组织那种令部分人员（例如，不喝酒的人或残疾的人）无法参加的活动
- 组织团队挑战赛

谁想参加就鼓励谁参加，但不要强迫人参加。

> 📖 **社交活动**
>
> 在一个新的 SIAM 生态系统中，服务提供商不愿相互接触。对于所关注的特定领域，服务集成商成立了流程论坛，各服务提供商的人员在其中共同工作，但这些只是取得了有限的成功。
>
> 后来，服务集成商组织了一场高尔夫锦标赛，并安排了赛后聚餐。每支球队的成员均来自各个服务提供商和服务集成商。这次活动取得了巨大的成功。每个人一旦离开工作环境，就会发现他们彼此之间有共同的兴趣，也有着共同的前同事。现在，在与工作相关的问题上，他们更有可能相互交流。

3.2.3.1 跨职能团队面临的挑战

跨职能团队面临的常见挑战包括：

- 目标冲突，每个利益相关方的利益可能略有不同，这可能导致目标冲突
- 不愿分享，这是一个常见的挑战，特别是在相互竞争的组织之间，更不愿分享信息
- 缺乏自动化，这可能会阻碍团队之间的沟通或协作，并可能导致挫折、重复处理以及资源、时间的浪费

> 📖 **跨职能团队示例**
>
> 某个重大故障工作团队负责处理原因不明的故障。团队成员来自客户组织、服务集成商和多个服务提供商，为了实现一个共同的目标（故障解决方案），团队成员需要协同工作，在满足服务要求的同时还须平衡其所在组织彼此之间相互冲突的目标。
>
> 类似地，某个变更管理或变更咨询委员会，成员来自服务集成商和多个服务提供商，将共同完成服务变更的评审、优先级确定和风险评估等工作，以确保变更成功进行并取得良好的实施效果。

3.2.3.2 建立共同目标

共同目标使来自不同团队、职能或组织的人员为了实现一个唯一结果而协同工作。目标可能是定量的、基于绩效的（例如，优先级为 2 的故障将在 4 小时内得到解决），也可能是定性的、与文化和工作实践有关的（例如，我们将进行无责任事后审查）。

一旦客户组织高层就目标达成一致，就需要将目标自上而下传递到 SIAM 模型中的各层。如果一个服务目标的实现基于"所有故障必须在 4 小时内解决"，那么服务台技术人员和高级经理都需要了解这一点。

> 📖 **目标的定义**
>
> 许多组织都是从这样一个假设开始的，即定义目标很容易。但事实不是的！基于模棱两可的语言和结果而定义的目标是不明确的，可能会导致不良行为，破坏 SIAM 生态系统中组织之间的关系。

> 　花时间制定正确的目标会带来真正的收益。在签订合同后再进行更正，既耗时又造成高
> 昂成本。

当目标实现后应进行庆祝，这是反馈循环体系的重要组成部分，这也是对理想行为的鼓励，
有助于巩固群体认同感。

3.2.3.3　协作实践

文化是建立有效协作方法的重要组成部分。所有的工作场所都有一种文化，决定着事情以
何种方式完成、人们如何与他人接触和互动，以及什么是合适的和可接受的行为。这直接影响
到工作的管理、组织和实施。文化是由组织中所有成员的集体观点来确立的。SIAM 模式中的
挑战在于，客户组织只是整个生态系统的其中一层。构建 SIAM 生态系统，本质上就是构建一
种文化。

建立一种一致的、积极的、跨所有层、跨机构小组、跨职能的文化，是服务集成商的职责。
如果对引进、维护文化没有足够的重视，就不可能开展一致且有价值的活动，进行互动并维护
关系。

📖 **客户体验调研**

　一家医疗服务机构的服务集成商发现，其内部的员工和服务提供商的员工似乎都没有意
识到服务中断对客户的影响。尽管达到了服务级别，但客户满意度很低。

　服务集成商决定，针对所有现职员工和每一位新员工，启动客户体验计划。在与客户协
商后，服务集成商设计了一个活动，安排员工在工作环境、医院和医生的诊所中拜访、会见
客户，了解客户是如何使用服务的，以及当服务不可用时是什么状况。

　这次客户体验调研带来了深刻而持久的影响，员工在态度、行为和文化方面得到了持续
的改善。当一些员工意识到宕机带来的影响时，他们明显感到不安。此次调研帮助每个参与
者专注于结果，而不是合同。

高凝聚力文化将有助于构建一个有效的 SIAM 生态系统，积极的思维将使利益相关方受益，
并带来良好的工作结果，而糟糕的文化将给利益相关方和业务绩效带来负面影响。文化不仅是
日常运营所必需的，它在吸引、留住有技能的员工及服务提供商方面也很重要。

3.2.3.4　优秀领导力的重要性

在营造一个积极的工作氛围方面，虽然每个人都应该发挥自己的作用，但积极的工作场所
文化始于高层，始于客户层的领导团队。这里的领导者以及服务提供商的领导团队、服务集成
商的领导团队，他们的言行举止为他人树立了榜样。

服务集成商负责打造积极的环境，必须做到：
- 给出清晰一致的指示与信息，强化积极的行为
- 展示期望他人表现出的行为类型
- 及时应对可能破坏生态系统的问题

■ 对员工个人和服务提供商的成功予以认可和赞扬

在 SIAM 生态系统中所展现出的文化，是由工作于其中的全体人员的集体观点所创造出来的。因此，无论是通过选拔还是通过组织变革管理行动，获得正确的人员组合和匹配是很重要的。不同的人具有不同的个性、观点和价值观，理解和认识到这些差异对于创造一个积极的工作环境至关重要。在工作场所中，正确的契合度是指个人的价值观和行为与同事和客户的价值观和行为相一致。

在一个高度和谐、前景乐观的组织中，个人通常会体验到：

■ 更高的工作满意度
■ 与业务（客户组织）更紧密的结合
■ 更强的忠诚度
■ 更坚定的承诺
■ 更低的缺勤率
■ 更高级别的工作绩效

在自己喜欢的岗位上工作，为与自己有相同个人价值观的企业工作，这样的人通常会更快乐、更有生产力，因为他们感觉到自己是企业的一部分，也是成果的一部分。这对 SIAM 的成功至关重要。

3.2.4 解决冲突

当争议已经浮出水面，冲突必须得以解决时，结果是可以预见的：冲突不断升级，双方都以越来越尖锐的措辞指责对方。争议可能以诉讼告终，但是双方关系可能永远受到损害（参见第 3.1.3.7 节"激励"和第 3.1.3.9 节"争议管理"）。

服务集成商应确保机构小组（特别是流程论坛）发挥作用，以便在局面变得不可挽回之前尽早组织对话，并在必要时主导冲突的解决。

在个人生活和职业生涯中，许多潜在的冲突来源于以下方面：

■ 不同的想法和目标
■ 目标不明确（目标被以不同的方式解释，是冲突发生的原因）
■ 沟通不畅
■ 相互抵触的个性和类型
■ 不同的工作方式
■ 个人或团队感到自己的需求未得到满足
■ 遗留问题，可能会在未来引发冲突
■ 因个人议程（可能包括意图获取权力或地位，或者惩罚他人或其他团队）而故意制造冲突
■ 抵制变革，可能是有意的，也可能是无意的
■ 管理、领导不力

在 SIAM 模式中，由于涉及的组织数量众多，这些冲突可能会扩大。不同的组织和个人会有不同的目标和想法，必须以某种方式进行统一。

对于服务集成商、服务提供商和客户保留职能来说，以下 3 种谈判策略[21] 可以作为有用的

21 参见《解决冲突的 3 种谈判策略》，哈佛大学法学院谈判研究项目联盟官网博客，2024 年 6 月。

工具，它们对于解决冲突、修复关系、避免法律诉讼之复杂性甚至创造价值，都将很有帮助：

- 避免情绪反应
- 不要放弃价值创造策略
- 合理利用时间

避免情绪反应

在"权力游戏"中，服务提供商可能会采取行动来维护自己的权力，这可能是多服务提供商模式的一个特点。如果服务集成商不作为，可能难以维持其权威性，难以展现其公正性。甚至在讨论看似理性的问题时，都可能导致愤怒的爆发，使感情受到伤害，酝酿新的冲突。

服务提供商可能会挑战对方、贬低对方（无论是有意的还是无意的），试图激起一种情绪反应，从而改变权力平衡，使事情向有利于它们的方向转变。

> **权力游戏，反制还击**
>
> 考虑一些技巧，比如点破意图。也就是说，让服务提供商知道你认为这是一场权力游戏。或者，通过将焦点转回到手头的问题上，让事情转向。

不要放弃价值创造策略

尽管服务集成商理解与服务提供商合作创造价值的重要性，但它们可能会在解决争议期间放弃这种策略。它们将争议与业务的其他方面区别对待，可能会认为商业纠纷的解决只涉及一个问题（例如金钱）。因此，它们倾向于将争议解决过程视为一场输赢对决之战，且对它们不利。

在这种情况下，重要的是把握共同利益，或不存在竞争的共同之处。

> **把握共同利益**
>
> 例如，如果将双方的争议公之于众，双方的声誉可能都会受到损害。在这种情况下，他们可能会同意对争议解决过程的某些方面保密。

就看似无关紧要的问题达成协议，有助于在各方之间建立基本的信任，使各方对解决冲突感到乐观，有利于根除造成冲突的主要源头。争议各方也可以通过利用他们各自不同的偏好和优先事项进行交易来创造价值。

> **权衡利弊**
>
> 如果服务提供商 A 对于服务提供商 B 的正式道歉高度重视，那么服务提供商 B 可能更愿意给予道歉，以此换取服务提供商 A 较低的和解费用。
>
> 通过这样的权衡，谈判者可以增加和平、持久解决冲突的可能性。

合理利用时间

随着时间的推移，处理冲突的经验、与其他方打交道的经验都在不断积累，人们在争议解决过程中可能会改变看法。原有的冲突解决办法可能不起作用。服务集成商可以采用一个有用的方法，即重新安排会议，每次会议处理几个争议点，并在争议解决期间与其他各方保持联系。

这样做可能对各方是一种鼓励，为谈判的改善和谈判的前景带来一些希望。当各方认识到定期会晤的重要性时，他们也许能够慢慢地消除分歧。

3.3　服务引进方法策划

在规划与构建阶段，重点是完成 SIAM 模型设计，制订转换计划。理想情况下，应首先选定服务集成商，再确定完整的 SIAM 模型，然后遴选每一个服务提供商。

如果能够先选定服务集成商，服务集成商就可以参与到规划与构建阶段的活动中来。这种方法的优势包括：

- 服务集成商将参与服务分组设计，参与服务提供商遴选，因此可以利用其经验来协助执行这些活动。在这种情况下，服务集成商必须展现其公正性。一个好的做法是组建两个团队，一个团队从事日常集成活动，另一个资源团队提供咨询活动
- 在遴选、确定服务提供商的过程中，应该对服务提供商提出哪些要求，服务集成商对此是完全知晓的

这些都是在没有约束和前提条件下的理想状态。在现实中，许多组织会同时选定服务集成商和服务提供商，而服务集成商必须根据提供给它的信息继续开展工作。由于被认为存在偏袒问题，在规划与构建阶段参与进来的组织，可能会在 SIAM 生态系统中发挥其作用方面受到一些限制。

📑　**利益冲突**

欧洲的一个公共部门聘请了一家机构来帮助定义其 SIAM 模型。在遴选提供商的过程中，同一家组织既赢得了服务集成商合同，又赢得了一个服务提供商合同。

一个未中标的竞标方，依据欧洲公共部门采购规则对采购提出质疑，声称选定的服务集成商具有不公平的优势，最终赢得了索赔。

在 IT 运营中很少出现绿地环境，即尚不存在任何服务或服务提供商的环境。通常都存在着一些必要的服务。在绿地环境中，理想的场景是：

- 在探索与战略阶段，对治理和结构进行定义
- 确定服务集成商和每个服务提供商的工作内容，并对如何开展工作进行概述。在探索与战略阶段，确定大纲计划。在规划与构建阶段，创建详尽计划
- 选定服务集成商
- 建立、完善SIAM模型和协调机制
- 选定、引进服务提供商并启动其工作（从集成度最高的开始，逐步推进到集成度最低的）
- 根据经验和不断发展的业务需求，优化并调整运营模式和绩效。

这种方法的基本原理是：

- 治理是探索与战略阶段的核心，因此必须从一开始就至少进行最低程度上的考虑，治

理将对路线图其他阶段进行指导与控制
- 可以利用服务集成商的经验，协助设计完整的SIAM模型、遴选服务提供商
- 服务集成商属于互联互通程度最高的职能，因此尽早选定服务集成商，将推动SIAM模型的设计以集成为核心
- 服务提供商并不是孤立存在的（例如，应用程序服务依赖于基础设施服务）。如果首先确定了相互关联程度高的服务提供商，那么以后引进关联程度不高的服务提供商就更容易了，总体更换成本最低

在多服务提供商运营环境中，相互关联程度很高，同时，业务变化速度之快也是普遍存在的现象，因而无法确切地预知何为最佳总体设计。即使交付了最佳设计，它也可能很快就会过时。因此，理想的运营模式具有动态稳定性的特征，也是不断演进的。

在现实世界中，存在以下情况：
- 现任服务提供商拥有合同，合同还需要运行一段时间，服务存在利害关系，实施变革需要成本
- 交互和接口并不确定（有些有记录，有些没有记录）
- 业务需求在不断变化，法规在变化，竞争在发生变化，服务提供商也会被更换
- 变革需要成本，与协议的结构、协议的变更、运营实施、工具和集成有关

转向 SIAM 生态系统可能是一项复杂的工作。许多组织在确定自己的模型后，通过分阶段或分期建设的方式进行实施（参见第 4.1 节"实施方法比较"），但是在初始计划中可能需要考虑几种选择。

客户组织可能希望首先看到实施的方法。如果不能说服现任服务提供商接受所建议的变革，则需要对已规划的方法进行修正。

📑 **服务提供商拼图**

打造一个连贯统一的服务提供商生态系统，可以比作构建一个多维拼图。对其中每一板块的要求及其中的交互，由板块将占据的空间所决定。在相邻的板块到位之前，很难确定那个空间是什么。

服务集成商的角色可以比作拼图构造者的角色。由服务集成商进行指导，按照服务集成商的要求，去选择给定尺寸、配置和接口的拼图板块，这是一种做法；直接到市场上高声要求随机提供一袋服务提供商拼图板块，这又是一种做法。两种做法相比，由服务集成商指定拼图板块的方法可能更合适，因为第二种方法并没有考虑到服务提供商彼此之间的服务设计。

打造这样一个生态系统，需要从确定各个部分如何协同工作开始，将该机制运用到服务转换中，并随着时间的推移，使其在实践中成熟。这是先从服务集成商层开始，然后再推进到服务提供商层的最强有力的理由之一。

请注意，如果同时选定服务集成商和服务提供商，这可能就像只给服务集成商提供了一些拼图碎片，而不是一个完整的拼图。

3.3.1 融合过程

将新的服务提供商引进 SIAM 生态系统中，需要经过一个融合的过程。这个过程通常在选定服务提供商后开始，一直持续到服务提供商所提供的服务正常化（已进入运行与改进阶段）为止。如前所述，为了成功融入 SIAM 生态系统，每个服务提供商或每个团队必须具备必要的知识、一定的认知以及可用的工具。由既定系统和流程结果提供一致的体验——只有具备了一致性，才有能力跟踪效力、效率和质量。

服务集成商将对服务提供商的加入表示欢迎，并对服务提供商设定期望、进行培训，以便各方能够有效地协同工作。其中还涉及提供信息、接收信息，以及为成功的关系定下基调。

在不同的组织中，融合计划的形式和内容有很大的差异。一些组织倾向于采用更结构化、系统化的方法；而另一些组织则遵循自行负责的方法，在这种方法中，新的服务提供商可能很难弄清楚对它们的期望，也很难了解 SIAM 模式的现有规范。

融合过程可以在许多方面有所不同，包括引进服务提供商的形式、顺序、数量以及融合过程中新服务提供商得到的支持程度。拥有一个清晰的融入程序可以促进转换，增强信心与满意度，提高生产效率和绩效，减少压力与困惑。

在此过程中，可以采取会议、环聊、社交活动、电话、视频与印刷材料、数字通信、培训文件、任务与提醒、表格、问卷调研等形式开展工作。

以下方法对组织的融合实践进行了简述。清晰的业务目标是首要关注的问题，由此充分理解客户组织及其业务目标。拥有适当的技术、工具和流程固然很好，但是理解业务目标可以确保融合过程与真正重要的事情保持一致。从业务目标开始，自然而然地，流程也将得到遵循。

组织的融合实践包括：

- 创建标准化的融合流程
- 制定有关管理信息、服务级别协议和关键绩效指标的报告框架（参见第3.1.7.2节"制订绩效评价计划"）
- 针对每个流程领域和实践，设计标准化的验收标准，并投入使用
- 进行风险管理，降低风险
- 优先考虑需要投入运行的流程领域，其次考虑可以在以后引入的流程领域
- 设计并实施正式的融合指导方案
- 创建并执行书面融合指导计划
- 积极参与
- 使用技术促进此融合过程
- 按时间监控进度
- 设定里程碑，如30—60—90—120天，融入组织的过程不超过一年
- 获取服务提供商的反馈并根据反馈采取行动

成功的融合过程将服务交付的各个方面与客户组织的业务目标对映起来。有效的融合过程，可令新进入的服务提供商感到深受欢迎，进而给予它们信心，有利于它们做好准备、部署正确级别的资源，从而在 SIAM 模式中产生积极影响。

在服务提供商融合过程中，应注意以下事项：

- 减少对最终用户的影响
- 尽可能减少对客户业务的影响
- 始终牢记目标最终状态
- 尽可能减少对工具系统的更换，同时，对手动操作、自动操作的时间与成本进行评估
- 尽可能减少对在用服务的影响
- 确保责任明确、归属清晰

3.3.1.1　服务提供商引进顺序

服务提供商参与的先后顺序，可能会严重影响 SIAM 模式的运营效力，也会严重影响 SIAM 模式转换成本及维护成本。通常先引进战略服务提供商，接着引进战术服务提供商，然后引进运营服务提供商和商品化服务提供商，采取这样的方法可以最大限度地减少风险，率先建立高优先级的服务。

但是，通常还须考虑实际情况和其他限制因素，包括：

- 根据二八定律，20%的服务提供商通常会占组织开支的80%。如果将重点放在这20%上，那么客户组织将从转换中获得更多收益，即使在参与的服务提供商数量较少的情况下，也是如此。一旦选定这些服务提供商后，就可以将重点扩展到下一层次
- 一些服务提供商拥有与组织现用工具相连接的技术，最开始时，可以以这些服务提供商为重点
- 首先引进在运营方面变化最少的服务提供商。例如，现任服务提供商可能仍然安排相同的人员从事相同的工作，这意味着最终用户受到变化的影响较小
- 如果首先引进的是互联程度最高的服务提供商，那么以后引进互联程度不高的服务提供商就更容易了

在很短的时间范围内，将会发生大量的变化，考虑到 SIAM 转换的这一特性，必须谨慎考虑对最终用户的影响，并尽可能地防止服务中断。

📋 **引进顺序示例**

优先引进的可能是数据中心、远程主机托管、语音、可管理打印、局域网/广域网和安全（保护性监控）服务提供商，因为它们将为其他服务提供商配置基础设施。接下来可能是终端用户计算和其他服务（包括应用程序服务）提供商。

3.3.1.2　引进服务提供商时面临的风险与问题

第一印象（包括对融合计划的第一印象）带来的影响是持久的。糟糕的融合引进计划会带来以下风险：生产效率低下、客户服务较差、合规风险、客户与用户满意度低、员工流动率高。服务集成商必须设法降低这些风险。

为了避免混乱并将风险降至最低，在选定和引进服务提供商时，服务集成商和客户组织的

职责必须非常明确。如果没有遵从本书中关于 SIAM 路线图各个阶段的建议，那么存在这样的风险，即客户可能会选择不兼容的服务，然后要求服务集成商将它们整合在一起并使其发挥作用。遵从本书中的建议，将有助于避免这种情况的发生（参见第 3.1.2 节 "采购方式与 SIAM 结构"）。

如果现任服务提供商参与到引进新服务提供商的活动中，但是可能协作不力，那么这可能成为一个重大风险，因此需要加强管理。

3.3.1.3　融合选项

服务集成商有引进新服务提供商的职责。这通常涉及有关政策、流程和标准的文件分发，往往通过安排研讨会来介绍新的方法和工作模式，同时解决实施中的操作细节问题。客户保留职能也涉及相关工作，但主要围绕更正式的活动（例如采购、法律、合同谈判等）展开。

举办这些研讨会，需要大量的准备工作。建议服务集成商的相关员工、新加入的服务提供商的相关员工都清楚地了解合同承诺。在服务提供商相互之间存在交互的情况下，通常由服务集成商推动，在多方研讨会中制定底层操作接口。

对一些组织来说，合作是一个陌生的概念，但随着越来越多的组织采用 SIAM 模式或融入 SIAM 模式，合作变得不那么陌生了。如果现任服务提供商正在加入 SIAM 生态系统，面临的最大困难可能是：它们可能会设法绕过新的工作方式，而继续采用原有做法。

有时需要得到商务经理或转换经理的支持，由其协助解释义务，以确保各方相互配合。在这一点上应谨慎行事，因为这可能导致这样的现象出现：服务提供商严格遵循合同，但拒绝做合同中未详细说明的任何事情。

签约再引进 / 引进再签约

是首先签订合同，还是首先确定 SIAM 模型？对此如何决策？首先签订合同是一种传统的方法，当底层互动工作完成后，就会开始签订合同。后一种选择是以一定程度的自由度（顶层原则，但没有细节）谨慎地签订合同，目的是之后再明确、商定更稳健的条款。通常会结合两种做法，这取决于具体情况。

服务集成商优先 / 服务提供商优先

虽然理想的情况是首先引进服务集成商，但在构建 SIAM 模型的同时，可能需要与现任服务提供商合作，由新的服务集成商逐步接管对服务提供商的管理。

这可能具有一定难度，例如，现任者不愿改变既有流程和工具，或者试图推翻即将参与进来的服务集成商。如果有必要采用服务提供商优先的方式，则可能需要以传统的外包安排模式进行管理，然后随着时间的推移再逐步迁移到 SIAM 模式。

推迟开展治理

最初只在项目中开展治理。在相当长的一段时间内，客户组织可能会尝试自己在 SIAM 模型的运行中发挥重要作用，但几乎感受不到任何的治理效果。

服务提供商通常坚持与客户组织保持直接管理关系，而不与服务集成商建立直接管理关系。这有利于它们推销附加服务，或者在出现合同纠纷时能够进行直接对话。

推迟开展治理，可能会导致 SIAM 模式实施失败，因为每个服务提供商与客户之间的协议不同，并且服务提供商之间的协调、协作非常少。如果推迟开展治理，就不太可能有一个完全有效的集成层，也不会实现 SIAM 的预期收益。必须在探索与战略阶段建立 SIAM 治理框架（参见第 2.3 节"SIAM 治理框架构建"）。

3.3.2　服务提供商遴选策划

选择外部服务集成商，再与其签订合同，可能需要一些时间。有时，客户可能会同时寻找服务集成商和服务提供商。或者，在服务集成商角色得以确认之前，服务提供商可能已经在提供服务了，或正在从传统合同转换过来。

在选择服务集成商时，大多数客户组织仍然需要管理现任服务提供商，仍有在用服务处于交付状态。客户组织需要将这些既有安排与未来理想状态放在一起进行考虑，并制订一个计划，以确保在向理想状态迈进时，不会影响业务的正常运行。这有时被称为"保持灯火通明"。

当前的支持安排及合同与未来理想的工作方式往往并不匹配。有些合同可能属于中期合同，修改起来既不简单，也不划算。次要或非关键业务服务提供商合同不一定会反映出新的工作方式，对此应务实地接受。

📄 **不服从规则的服务提供商**

如何对待不服从规则的服务提供商？服务集成商可以采取与对待商品化云服务提供商类似的方式，这些服务提供商都不太可能调整其做法（参见第 5.3.2.2 节"处理不完整或不标准的数据"）。

例如，服务集成商可以代表其加入机构小组，为其进行工具系统集成，将其服务报告重新编制为新格式等。

进行规划时，既要考虑客户组织的目标，也要考虑其他利益相关方可能的反应和行动。当计划引进一个新的 SIAM 模式时，必须仔细考虑对现任服务提供商的影响、它们变革的意愿以及它们的预期行为。

📄 **孙子**

正如孙子所言，战略参与者没有义务说出全部真相。

"兵者，诡道也。

故能而示之不能，用而示之不用，近而示之远，远而示之近；……

夫未战而庙算胜者，得算多也；未战而庙算不胜者，得算少也。多算胜，少算不胜，而况于无算乎！吾以此观之，胜负见矣。"

在考虑现任服务提供商时，客户组织应完成探索与战略阶段的活动，对服务提供商和服务进行评估。现任服务提供商的合同可能得以延续，其利益将与等同的或更高的合同价值相一致。当服务提供商根据新业务或扩展业务的价值考虑自己的报酬时，情况尤其如此。

一方面，如果客户组织要求将一份盈利 5 年的服务合同换成一份周期较短、总体利润较低的合同，那么这一提议不太可能受到服务提供商的欢迎。另一方面，如果客户组织提出用短期承诺换取长期承诺，它必须清楚自己的提议对服务提供商的价值。

各方都应该考虑自己的选择。以下是相关考量因素：

对现任服务提供商：

■ 如果合同不能为服务提供商提供足够的利润，或增加了复杂性，服务提供商可能不希望与客户组织继续合作

■ 要为SIAM模型做出贡献，就需要深入了解常规合同范围之外的服务，包括加入机构小组以协作形式承担额外的义务、与其他各方进行交互、提供额外的文件与报告。重要的是，SIAM的每一层都需要了解这些义务，并考虑如何履行这些义务

■ 参与SIAM计划，自身是否具有战略、商业或市场优势？

■ 财务影响

对服务提供商和服务集成商：

■ 了解加入SIAM生态系统将会对当前客户、潜在客户提供的其他服务带来哪些影响

■ 评估市场上竞争者的商业敏感性。如果有竞争者可能也加入该SIAM生态系统，那么在合作方面可能存在敏感性，甚至需要考虑合作政策

对客户组织：

■ 从单一服务提供商模式转向多服务提供商模式（或者，从直接管理多服务提供商模式转向由服务集成商代理治理模式）是否会带来威胁？在需要时如何减轻这种威胁？

■ 评估保留职能是否具备向SIAM模式转换的能力

与新加入的服务提供商相比，现任服务提供商对客户的服务、客户的高级利益相关方有更多的了解，并且更容易接触到它们。

服务提供商没有义务对客户组织完全开放，就像服务提供商不应期望客户向其报告与竞争对手的所有联系一样。对消息的管理，以及在什么情况下谁有可能在做什么，可能是一场需要"玩得好"的生动游戏。

📖 **协作文化欠缺的 SIAM**

一家跨地域运营的大型公司与现任服务提供商合作多年，每个服务提供商都在边界明确、基本独立的领域内提供服务。该公司决定采用 SIAM 模式。与其中一个服务提供商的合同即将到期，需要续签。这表明向服务集成商治理下的多服务提供商模式转换，现在正是一个合适的起点。

另一个服务提供商是一家拥有强大企业能力的国际一流服务提供商，该公司与其签订的大合同已经执行了好几年。该公司决定与其进行洽商，要求进行合同变更。和解协议的内容之一是将服务集成责任交给该服务提供商。

但是，该服务提供商缺乏协作文化与 SIAM 经验。在服务集成商角色与其持续提供服务的服务提供商角色之间，该服务提供商努力筑起了一道"长城"，但没有明显的效果。服务集成商未能完成任务，所有人都不信任它。

SIAM 转换能否成功取决于与所有各方——客户组织、服务集成商和服务提供商——能否建立并维护持久、开放和诚信的关系。对于每一个服务提供商来说，始终专注于为客户组织提供高质量的端到端服务至关重要，即使它们的合同属于中期合同，或它们的目标与客户组织所要求的结果并不完全一致，也应如此。

📄　**对端到端绩效的贡献**

在规划与构建阶段，客户组织面临的一项挑战是如何构建合同，以确保新引进的服务提供商充分意识到要对端到端服务中的某一个环节负责。虽然服务提供商只提供服务元素中的一个，但其必须对端到端绩效做出承诺。

客户组织邀请外部顾问协助进行服务合同设计，明确相关条款，包括在多个服务级别协议中规定绩效目标（所有这些目标均具有商业影响），规定衡量关键指标绩效的关键效指标。

与服务提供商签订的合同还包括两个条款，一条是对持续超额完成目标进行奖励，另一条是若绩效不达标则对服务信用积分进行扣减。合同还规定，当服务提供商连续几个月均始终如一地达成了目标，将设定更高的目标，以鼓励改进与创新。

服务提供商每月提供关键绩效指标和服务级别协议报告。若服务提供商连续 3 个月未达成某一关键绩效指标，则将该关键绩效指标升级为一个明确具有商业影响力的服务级别协议指标。这是客户组织用来鼓励服务提供商为端到端服务绩效做出贡献的方法之一。

如果对所需服务考虑不足，或者对如何将这些服务整合在一起欠缺考虑，可能会导致 SIAM 模型无法良好运行。不能一刀切！如果客户组织依赖于采购团队，将诸如网络或桌面等垂直领域的服务合同简单地绑定在一起，那么很可能无法实现所期望的结果。像主机托管这样的商品化产品经常被直接外包给商品化服务提供商。更接近最终用户的服务、关键业务服务或重要功能更有可能在内部构建和管理，因为有一种观点认为，这样可以为客户组织提供更多的控制，风险会降至最低。

3.3.3　转换策划

针对参与竞标的服务提供商，应要求在其合同竞标方案中：

- 提出其向SIAM模式转换的管理方法
- 提出衡量转换进展和成功的里程碑建议
- 明确拟引进和拟转移的资产，同时核算相关成本
- 管理每个拟调动员工的信息
- 制订转换及持续运营资源计划并估算成本
- 识别风险，并在签订合同前将其作为尽职调查核实的主要工作内容
- 确定实现转换所需的资源，并对资源进行分配，或者至少明确可以从哪里获得这些资源，以及相关筹备时间
- 制订交付计划大纲

应将以上有关竞标材料作为合同附件合并到转换合同中。这使服务提供商所建议的方法和

里程碑具有了合同约束力。

如果有服务将被移交给新任服务提供商，则应将该服务的移交事项纳入转换计划之中。详细程度将取决于具体情况和所移交服务的特点。顶层转换计划应包括下列要素：

- 一份关于方法的文件，描述每个工作流的范围定义，以及新任服务提供商将如何交付这些内容
- 一个结合项目管理工作成果物的进度安排，其中明确了里程碑、时间、任务顺序、资源配置、细分产品及相互依赖关系，这将作为定期进度报告的依据

客户组织和服务集成商应审查转换计划，确保转换计划中涵盖了必要的事项，且无重叠，确认其中包含了它们预期的内容，并且它们所预期的内容得到了正确的理解。谨慎、快速和及时的审查与反馈是至关重要的，以此可将其中的假设和相互矛盾的解释等问题揭示出来。如果及早发现了这些问题，那么就可以迅速又经济地更正这些问题。

投标所要求的级别定义与交付所要求的级别定义存在重大差异，但两者必须兼容。参与投标的人员和参与交付的人员可能有所不同。在一定程度上保持连续性是非常可取的，但在交付过程中将需要更多的人员参与。在合同中，应将对转换计划的审查和批准设定为一个里程碑。

客户组织必须对新任服务提供商的转换计划进行彻底审查，对此做好充分准备，以确保：

- 保留职能的主题专家熟悉转换计划
- 服务集成商的主题专家熟悉转换计划
- 依赖关系、假设和风险都是已知的、可接受的
- 转换计划与合同相符

服务集成商应制定一个总体规划，将新任服务提供商、每个现任服务提供商所有单独的转换计划整合在一起。

如果不同服务提供商所提供服务之间存在相互依赖的关系，则应分析每个服务提供商的转换计划，以确保这些服务能够协同工作，其间不存在对接不上或重叠的现象。在受影响的服务提供商之间共享规划可能很有用，合同必须允许这样做。

通常，在合同中规定的审查期限较短。客户和服务集成商必须做好准备，安排审查人员进行审查。

根据与服务提供商签订的合同，结合合同义务开展审查。这样可以防止审查人员出于善意承担合同中没有规定的义务。所作假设不正确或缺乏清晰度，都可能会分散人们对主要目的的关注，其中主要目的指的是在保证服务可用性、服务连续性的情况下，按时、按成本地完成从现任服务提供商到新任服务提供商的一个高质量的过渡。如果发现存在严重遗漏或严重问题，则应通过合同变更进行解决（可能会对资金和进度安排产生影响）。

3.3.3.1 服务转换

服务提供商可能已经有了在另一个 SIAM 生态系统中运营的经验，但是在新生态系统中，服务集成的要求和义务都需要覆盖当前实践，或与当前实践相结合。这会增加复杂性，且需要额外的时间。

当有新服务提供商加入时，围绕新服务提供商及必须与其合作的其他各方，需要开展数据发现、知识传递和研讨会策划等工作，所有服务提供商和服务集成商都应考虑由此产生的时间

消耗与成本。通常在单独的工作流中管理每个服务的转换，并制订计划解决以下问题：

- 动员与规划
- 记录数据发现
- 知识传递（在实践中讨论、跟进并观察）
- 构建
- 测试
- 验证、运营与服务验收
- 切换
- 早期生命支持
- 项目关闭

不同服务的转换模式可能大不相同，并将体现于投标及合同方式中。可能的模式包括：

- 合同变更、服务提供商更换（运营保持不变）
- 先转型后转换（大爆炸实施）
- 先转型后转换（按地点/分期实施）

这些模式种类繁多。

从服务的第一天开始，可能就需要选定一些元素，包括工具系统的集成、每个新工具的引进，以及为符合必要的接口要求而对流程进行的调整。

3.3.3.2　资源转换

不论是新引进的服务提供商、即将离任的服务提供商，还是服务集成商或客户组织保留职能，每一方都需要配备一名经验丰富、具备相应能力的转换经理，同时获得适当的资源支持和项目管理办公室（参见第 2.2.3.2 节"项目角色"）的支持。每名经理都必须对相关合同进行全面的了解。

每一方都需要有适当的预算。在某些情况下，客户会支付服务提供商的部分成本，例如，为了加快移交或使用一个工具构建集成。

在退出计划中，通常的做法是只提供最低限度开支的基本服务，只履行最少的义务，在此基础上按规定的费率提供额外支持。这可能导致在退出支持中收取高昂费用的情况发生。由于在签订原始合同时，服务提供商无法为退出支持进行定性，而退出支持需要与接替方的交接方式相匹配，因此退出计划往往非常灵活。

对于不属于 SIAM 生态系统的转换项目，通常由新任服务提供商主导，由客户和即将离任的服务提供商提供支持。原因如下：

- 现任服务提供商和新任服务提供商之间没有合同关系，因此，它们之间发生的任何关联都需要由客户在其中进行斡旋。对新任服务提供商来说，客户有这样做的义务，客户还应与现任服务提供商共同制订退出支持计划
- 新任服务提供商负责管理其服务转换，需要为实现这一目标做好准备，包括从其他方获取所需信息

对于 SIAM 生态系统中的转换项目，由服务集成商对服务转换负责。在 SIAM 模式中，服务提供商较多，但合同期限普遍较短，这将导致服务提供商的更换会更加频繁。在集成商层和

客户保留职能中保留永久的转换能力是有意义的。

服务集成商和新任服务提供商需要仔细界定相应角色中各自的职责。如果职责出现错误，可能会对新服务的成功产生负面影响，并引发争议。

所提倡的方法是：

- 服务集成商作为代理，负责对遵从规定的治理要求提供保证，从而实现端到端服务所要求的完整性
- 服务提供商负责向客户组织交付服务
- 服务集成商负责履行客户委托的转换义务，包括确保每个退出的服务提供商按要求完成交付

在整个转换项目中，转换团队应采用既定的项目管理方法。其中涉及应由一个治理机构进行监督，由其接收定期报告，对转换经理进行适当的审查，在适当的情况下给予他们指导和指示（参见第 2.2 节"SIAM 转换项目立项"）。

📋 **转换经理**

转换经理的技能既有深度也有广度。这意味着，有能力管理大型实施计划的优秀转换经理可能有着不菲的薪酬。然而，如果选择了一名糟糕的转换经理，最终付出的成本却要高得多，因为他们可能导致目标无法实现、计划需要重新制订、工期延误，从而造成当前服务难以持续，且须付出高昂代价才能挽回损失。

对服务集成商、即将离任的服务提供商和新任服务提供商来说，转换团队的组织结构各不相同，这反映了它们各自角色的不同。新进服务提供商可能承担一些职能性工作流（例如，外包的人力资源应用）和一些基于服务的工作流（例如，网络或数据中心）。一切为了便于管理而分解的任务，都需要有人负责将各个部分连贯地组合在一起。这通常是组织的转换经理角色应承担的职责。

每一方都应任命一名转换经理，负责监督各自组织所关切的事项，与其他各方进行管理方面的协调。即将离任的服务提供商通常将此角色称为"退出经理"。在整个转换期间，全体转换经理应定期举行会议。服务集成商应主持该会议，并根据新任服务提供商的转换计划，为转换中的重要事项设定议程。

3.3.3.3 工作交接

在 SIAM 模型建立之后，现任、新任服务提供商之间会不可避免地进行交接工作。规划与构建阶段的一个重要事项就是制订交接计划。交接是多服务提供商支持环境下的一项必要工作。通常，当任务从一个人移交给另一个人，或者从一个团队移交给下一个团队时，都会出现问题。如果交接工作处理不当，经常会产生摩擦，影响每个参与方的效率与效力。

运营支持工作交接不当或责任交接不当，是在复杂环境中经常遇到的问题。当 SIAM 模型仓促建立、关键人员很快离职或服务环境不成熟时，可能并没有预留一个适当的过渡期，以便接收人员能充分了解其职责。为避免这些问题的出现，最好的做法是确保在实施阶段为交接活

动预留充足的时间。

应考虑采取以下措施：

- 列出所有必要的交接活动和责任
- 按最重要到最不重要的顺序，对活动进行优先级排列
- 确定存在交互或处于指挥链中的所有人员的职位和姓名
- 明确在移交责任的人员和接收责任的人员之间需要进行协调的事项
- 以流程、程序和工作说明的形式生成适当级别的文件，对于在各层或各提供商之间交接支持服务非常重要
- 现任服务提供商应编制交接报告，并将报告提供给新责任人或新团队，报告内容包括：
  - 对任务、责任与职责的简要说明
  - 接收者的身份，或谁将接管任务、责任与职责
  - 交接进度安排，包括启动时间、预期的交接期限
  - 交接期间须完成的活动
  - 任何可能提供支持的知识要点或特殊关注点

📋 **商誉**

在前任服务提供商退出后，总会发生一些事情，无论事先考虑了多少个预案。

在大多数情况下，前任服务提供商出于商誉的考虑会提供建议（但不是实际的支持），但做出这样的假设是不明智的，因为情况可能并非总是如此。

在规划与构建阶段创建的交接文件在实施阶段变得非常重要。只要明确定义了 SIAM 模型中所有元素的角色与职责，交接工作就更容易进行，可有效减少在生态系统实施阶段问题的出现。

3.3.3.4 资源退出

尽管进行了最佳规划，在从当前模式向新 SIAM 模式转换的过程中，也可能会出现相当多的问题。正如在探索与战略阶段一章中提到的，对于即将离任的服务提供商及其员工，如果只是对其可能出现的不满情绪和行为做出假设，而没有一个精心的规划，没有采取连贯统一的战略方针，转换可能就会遇到问题（参见第 2.6 节"战略制定"）。

通常，服务提供商退出计划很少包含详细的条款，因为在制订退出计划时，尚不清楚退出的确切性质。因此，即将离任的服务提供商可能不愿意与新任服务提供商和服务集成商合作，因为它们的重点可能是维持业务的正常进行，而不是为 SIAM 模式转换提供支持。

根据具体情况，英国和欧盟的雇员可以受到《企业转让（就业保护）条例 -2006》（SI 2006/246）［Transfer of Undertaking（Protection of Employment）Regulations-2006 （SI 2006/246），通常称为 TUPE］或《欧盟企业转让指令》的保护。关于地方性就业问题，应尽早寻求特定的法律指导（参见附录 D"雇员安置立法"）。

> 📖 TUPE[22]
>
> 　《企业转让（就业保护）条例 -2006》（SI 2006/246），是英国实施《欧盟企业转让指令》的法例。它是英国劳动法的重要组成部分，为那些职责转移到另一家企业的员工提供保护。
>
> 　该条例的主要目的是确保在转让过程中员工就业受到保护（例如，在很大程度上得到延续），并且：
>
> ○ 员工不得被解雇
> ○ 对员工来说最重要的合同条款不得被更改
> ○ 企业必须安排代表向受影响的员工通报情况并提供咨询

　　应在转换项目生命周期的早期阶段，识别那些受到立法保护的雇员和角色，以避免令人不快的意外。总是存在这样的风险，在转换项目生命周期的最后一刻，一些受影响的雇员才宣布他们的意图，这可能会扰乱转换计划。

3.3.3.5　现任服务提供商退出

　　作为 SIAM 项目中的事项之一，是保留还是逐步淘汰现任服务提供商，客户组织必须做出选择。必须确保有适当的程序来协调专有合同的终止，同时管理继续留用的服务提供商。

　　对现任服务提供商管理不善，可能导致发生重大风险。紧张的关系往往造成支持不到位，关系受到损害，必然会减缓向新 SIAM 模式转换的进程。

　　客户组织重点关注的是顺利转换到新 SIAM 模式，而即将离任的服务提供商不会与客户组织共享相同的议程，可能不会去公平竞争，或参与超出其合同承诺的任何活动。现任服务提供商可能采取缺席的形式，因为其希望保护的是：

- 收入
- 竞争优势
- 知识产权
- 员工

　　这需要得到服务集成商的认可，在详细转换计划中提供缓解措施，并经各方同意。对现任服务提供商的管理，可以纳入服务集成层中的供应商管理来执行，但需要与客户组织保留职能的合同管理进行整合。

　　需要建立问题升级机制。对于即将离任的服务提供商，客户可用以制约的因素包括：既有合同条款、未来潜在业务受损威胁、声誉风险。最后两个因素的影响可能非常强大。管理现任服务提供商的良好实践包括：

- 在转换期内，保障并维护现任服务提供商的商誉
- 维护与服务提供商的关系，使其愿意参与SIAM模式下与其相关的新的服务组件、附加的服务组件或更新的服务组件的投标
- 在SIAM实践确立之前，开发一个过渡运营模式，规定在转换阶段如何与服务提供商进

22　出处：维基百科。

行交互。部分现任服务提供商在最终的SIAM环境中将被替换，但在转换期间可能需要改变某些工作方式，过渡运营模式对于管理此类服务提供商特别有用，这有时被称为过渡期服务计划

- 为所有现任服务提供商提供单一联系点和所有权支持。在整个转换活动期间，通过既定治理模型，对如何与现任服务提供商进行互动、如何管理现任服务提供商，提供持续的方法指导（参见第2.3节"SIAM治理框架构建"）

针对每一个即将离任的服务提供商，为了降低管理遗留合同的风险、减少相关成本，可制定谈判策略，包括：

- 识别新的机会，为现任服务提供商减少收入损失
- 识别合同终止前面临的威胁，明确需要支付的费用
- 根据与现任服务提供商签订的既有协议，编写合同变更通知草案，阐述其义务，并确保对资产和信息的安全转移或处置达成一致

在将服务向新服务提供商转移的过程中，就终止援助所需的固定费用、搁浅成本和资产的退出费用进行协商，可以减少退出成本（参见第 3.1.3.10 节"合同结束"）。与现任服务提供商保持积极的关系，将有助于在转换期间保障服务质量，维护这种关系也为未来的合作提供了可能性。

3.3.3.6　服务退役策划

服务的退役，意味着发生了一个重大的变化，因此应该进行相应的管理。对退役服务的管理包括：

- 减少、转移正在进行的工作，侧重于未解决的故障、问题、变更和服务请求记录；逐步减少工作，通常包括在转换之前逐步关闭服务请求能力，实施变更冻结
- 资产清理、转移或停止使用
- 数据提取与转移（例如，配置数据、资产登记数据）
- 业务数据迁移或归档（可恢复、可根据需要访问）
- 呼叫中心通信的重定向，相关通信所有权的转移
- 为了新进服务提供商能控制服务，实施工程变更
- 为必需的项目服务，向服务提供商支付费用（如无其他资金来源）
- 重新分配服务人员
- 服务提供商合同终止，不再需要了

3.3.3.7　理顺在建项目

在 SIAM 转换期间，可能会有一些项目处于不同的部署状态，这可能会对新任服务提供商和服务集成商带来不同的影响。这些项目可能由 SIAM 转换项目触发，也可能是 SIAM 转换项目的触发因素，或者独立于 SIAM 转换项目。示例如下：

- 迁移或优化数据中心
- 重组服务台
- 业务与IT服务连续性项目

- 应用程序优化项目
- 服务管理工具升级或更换

为了评估这些项目对 SIAM 转换计划的影响（可能包括测试结果、发布时间安排或项目问题），新任服务提供商和服务集成商需要对这些项目进行了解。在探索与战略阶段，应识别所有正在进行中的项目，在规划与构建阶段，应进一步对其状态、实施前后的责任方、任何相关的假设和风险等事项进行评估（参见第 2.5.7.2 节"在建项目"）。

对于即将离任的服务提供商，除非在与其签订的合同中有明确规定，否则不能保证它们会继续对实施这些项目承担任何责任。对于大型的项目，如果可能的话，在新服务提供商加入 SIAM 模式之前，应完成这些项目。或者，对于正在进行中的项目，也许可以结合 SIAM 转换，考虑在关键里程碑不变的情况下对其进行责任转移，即使上线日期并不直接与 SIAM 转换保持一致，因为这也取决于项目所处的阶段。对于处于早期阶段的项目，一般来说，最好转移给新任服务提供商，而对于处于后期阶段的项目，让现任服务提供商完成项目可能更好。

一种选择是，在探索与战略阶段结束时，停止所有非紧急的在建项目。虽然这种做法将影响这些项目的时间安排和结果交付，但可以极大地降低 SIAM 转换项目在规划与构建阶段和实施阶段的复杂度，并显著降低这些项目的风险。

3.3.3.8　商定验收标准

当向 SIAM 模式转换时，将开展以下系列活动：

- 完整记录要交付的SIAM模型，并与所有利益相关方进行沟通，确保所有各方对模型和每个基本原则都是清楚的
- 准备每一份新的合同或修订的合同，并就此进行沟通
- 准备每一个服务提供商的转换计划或退出计划，并就此进行沟通
- 组建必要的团队（如果是分布式组织，则组建总部团队和各地团队），以在整个SIAM转换期间为保障承诺、开展动员、推动进展提供支撑（参见第2.2.3.2节"项目角色"）

在任何复杂的转换中，出现延误和发生问题都是不可避免的。在服务提供商不断进入和退出的这个时期，采用过渡运营模式可能会很有帮助。如果是这样的话，那么过渡模式将如何运作、过渡模式可能对利益相关方意味着什么，每一个利益相关方都需要对此设定自己的期望。

为了在遗留合同和新的 SIAM 模式之间建立联系，需要对服务提供商名单、联系方式和有关合同义务的信息进行明确和统一的说明。只要选定了服务集成商，服务集成商就需要针对过渡模式中的责任和职责提供额外指导。

在可能的情况下，在合同的开始日期、结束日期方面要有一定的灵活性。与即将离任的服务提供商维护好关系，这对于支持这种灵活性非常重要。因短期合同延期或并行运行而增加的费用可能不可避免，但应尽可能将其降至最低。

📖　**过渡运营模式**

　　一家自动化和机器人行业的全球性企业，将其第二代基础设施服务外包合同由传统模式转变为 SIAM 模式，并开展了以下工作。

企业完成了对服务台的整合，服务台成为处理用户问题的单一联络点。不同的服务提供商根据不同的服务分组，开展日常活动，对服务台的运行提供支撑。其中有一个职能负责对每个服务提供商提供支持，监测服务绩效，并在必要时介入处理问题。在选定服务集成商后，由服务集成商介入处理跨服务提供商问题。一家跨国服务管理软件提供商负责提供 SIAM 工具系统。

不同国家的运营模式之间存在很大差异，在工具系统、流程和服务管理实践领域都有所体现。各国本地公司都有其独立的基础设施运营模式，与新的全球 SIAM 运营模式并不匹配。虽然全球服务台已经可用，但基础设施服务仍由每个国家的本地公司管理，其中一些公司已转换到 SIAM 模式，另一些公司正在等待转换。

在全球服务的转型活动中，这是典型的情景。通常情况下，客户组织的不同部门及其服务提供商不会在某个单一时间点都将其技术服务从当前模式转移到未来模式。

为了在服务转移到新模式期间能够持续提供服务，过渡运营模式被创建：

- 全球服务台成为所有用户与基础设施服务进行交互的新的、单一联系点
- 一个新的全球服务门户成为服务请求与故障记录的单一访问点
- 服务台对传入的问题进行分流，并将无法解决的问题传递给相应的服务提供商
- 所有现任服务提供商都已转用新的全球服务管理工具
- 对于需要现任服务提供商和SIAM团队共同解决的问题，定义了升级路径，并进行了积极管理

建立过渡运营模式的目的是为了持续提供日常服务，最大限度地降低 SIAM 转换期间的风险。

需要商定对运营支持进行正式验收的标准，并将其纳入合同中。在每个流程领域或服务细分领域都存在一些工作成果物。可以结合合同义务及关键成功因素，对这些可用的工作成果物进行独立审查。例如对于服务连续性管理：

- 是否针对每项服务均制订了定义明确且经过测试的服务连续性计划？
- 是否对关键业务服务进行了识别？
- 是否了解每个服务的服务连续性调用流程？
- 服务连续性升级点是否有记录？是否可用并经过测试？
- 是否了解与危机管理关联的更多信息？
- 是否制订了涵盖所有服务提供商的总体服务连续性计划？

该清单应涵盖所有方面，详细而具体，且应与 SIAM 模式转换所采用的风险管理方法联系起来。因为只要未达到任何一个标准，都将导致特定服务和端到端服务面临风险。

在整个规划与构建阶段和实施阶段，服务集成商可以对照清单跟踪进度，在进度令人担忧时采取措施。全程跟踪进度有助于避免意外，也有利于在必要时重新进行规划。

有时，可以采取简化形式进行运营验收，即由每个服务提供商和服务集成商的代表正式签字。然而，这可能会变成一场"凝视比赛"，等着看谁会先眨眼，谁先眨眼，就提出对其服务元素的特别关注。

确保每个服务提供商都对运营其服务做好了准备，虽然这是至关重要的，但服务集成商对运营验收负有总体责任。它们必须考虑对整个生态系统的验收，包括确认所有服务提供商、它们自己和客户保留职能的准备情况。

3.3.3.9 转换风险管理

规划与构建阶段的准备工作对实施阶段的成功起着重要作用。将服务转换到新 SIAM 模式，关键要求是在用服务的连续性。令人不安的现实是，这不一定能得到保证（参见第 3.3.3.10 节"转换期间的服务级别演进"）。

在转换之前和转换期间，相关负责人将设法确定一种完成转换的方法，从而能在成本和时间的限制下，最大限度地减少因服务连续性而产生的风险。延长转换期可能不会减少风险，因为一旦开始变革，各种因素就难以持续。当员工士气下降或员工离职成为一个问题时，情况尤其如此。

在投标阶段，服务提供商所了解到的服务详细情况足以为投标做好准备。而对建设和运营服务的要求却要高得多。这其中的差距可以在尽职调查阶段通过书面调查和访谈来弥补。为了促成这一点，通常的做法是召开一系列研讨会，辅之以工作见习，并在实践中对运营工作进行观摩学习。

将存在一定程度的残余风险，即新任服务提供商要么遗漏了某些要素，要么曲解了告知给它们的某些内容。这种风险在以下情况下变得更加复杂：

- 知识获取的持续时间较短，总体进度计划不可行
- 即将离任的服务提供商的合作程度较低
- 员工在转换前、转换期间或转换后离职
- 服务提供商之间的知识产权和商业竞争阻碍了进展
- 转换计划不周或执行不力
- 沟通低效，员工无回应
- 资源不可用
- 资源支持不到位，难以决断，难以获得帮助
- 关系管理不到位

3.3.3.10 转换期间的服务级别演进

图 3.10 展示了在转换前后，服务绩效级别的可能变化。影响的严重程度因服务的成熟度、基础设施的使用年限或所涉及的环境、员工的胜任力而大不相同。

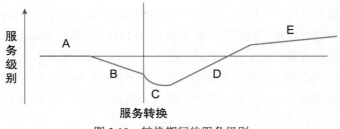

图 3.10 转换期间的服务级别

演进过程如下：

A. 即将离任服务提供商的基线服务级别；

B. 在转换过程中，即将离任的服务提供商撤回资源，服务级别下降；

C. 转换后的扰动，因为新任服务提供商使用不成熟的运营方法、人员以及脱节的工具承担服务；

D. 服务稳定，绩效问题得到解决；

E. 通过持续改进服务，实现稳定运营。

3.3.4　商务管理

转换的每一方（包括即将离任的服务提供商和新任服务提供商以及客户组织）都将专注于自身的目标。这些目标可能包括：

对于新任服务提供商：

- 按时收到里程碑付款
- 项目盈利能力管理
- 客户满意度，这是服务和关系成功的前奏

对于客户组织：

- 可接受的服务连续性级别
- 用户满意（或对用户的影响最小）
- 根据商业论证，在预算范围内、按时完成转换
- 义务得以履行，建立了良好的服务

对于即将离任的服务提供商：

- 所有债务都已结清
- 成本得到控制，利润最大化
- 关键员工得以留用
- 声誉得以维护，也许是希望未来从该客户处能得到更多的工作

各方还将或多或少地关注自身义务的履行情况，以及被其他方所依赖的服务的交付情况。对即将离任的服务提供商来说，只有在对实现其目标能起到一定作用时，才会对此感兴趣。实际上，对于即将离任的服务提供商，客户几乎没有商业影响力。如果短期内没有合作机会，那么关系、激发个人自豪感、敬业精神、口碑的影响力会更强。

利用供应商与合同管理信息系统（Supplier and Contract management information system，SCMIS，参见第 5.3.4 节"持续进行服务提供商管理"），可以有效地支持对合同履约情况的有序管理。在系统中，可存储与每个服务提供商相关的所有文件、追溯记录和报告。系统以合同为中心，建立了顶层提醒视图，以确保义务得到履行。这类系统依赖于良好的合同管理流程和客户组织内部适当的保留职能。

对外部合同转移的管理可能特别麻烦。资产的所有权必须与软件许可证和维护协议一起得到明确。仅仅找到这些协议就可能是一项艰巨的任务，尤其是在协议不是最近达成的情况下。必须获得许可才能共享保密协议。必须对合同进行更新或修改，管理权必须移交。必须建立运营联系，实施和部署数据交换流程和工具。这些活动是必要的，新任服务提供商由此可确保服

务的所有组件都符合有效的维护协议，同时确保对资产的所有权没有争议。

3.4 集成建议

服务集成的关键目标之一是提供"唯一事实来源"，只有通过数据可用性、一致性和透明性才能实现这一点。如果使用具有不同数据、不同报告标准的多个工具系统，那么将很难有效地管理整个生态系统。工具策略将概述如何处理此问题（参见第 3.1.9 节"工具策略"）。

创建和维护一个集成配置管理系统（configuration management system，CMS）和相关的配置管理数据库可能特别复杂，尤其是在没有选择统一工具系统的情况下。

服务集成商应获取和维护相关工具系统中的数据。服务集成商必须决定，为了履行职责，需要获取哪些数据。为了获取来自服务提供商的初始数据，并在这些数据发生改变时能对其进行更新，可能需要建立工具系统集成机制。这通常需要对数据进行翻译和 / 或转换，例如，不同服务提供商数据的时间和日期格式可能不同。在统一数据字典中，应对数据标准进行概述，包括跨工具系统使用的影响、优先级、产品和操作定义。

客户组织需要确保，在服务提供商合同中，包含了对数据集成和数据提供的适当要求，以此对服务集成商的综合报告提供支撑。如果服务集成商先于服务提供商被选定，那么服务集成商可以帮助定义这些要求。

服务集成商根据个性化指标来评价服务提供商的绩效。虽然每个服务提供商需要了解自己的绩效并能够展示自己的绩效，但服务集成商需要对数据进行整理，提供一个完整统一的服务绩效端到端视图。可以根据需要的程度进行深入钻取。数据向下钻取是服务集成商的服务仪表板的关键功能要求。

采用 SIAM 模式而新增的工作事项之一，就是要对多份报告和不同的报告格式进行精简和汇总，以形成一个统一的报告模板。客户组织和服务集成商应实时了解端到端服务和必要的支撑子服务的服务绩效，还应具备深入钻取能力，例如能对故障和未达服务级别目标的服务提供商进行追踪。

SIAM 生态系统中的流程和工具，必须具备跨服务提供商的端到端质量和绩效评价功能。端到端评价能力和服务保证能力，对于有效、高效地交付业务价值至关重要。进行端到端绩效评价可能具有挑战性，特别是在服务级别因服务提供商而异的情况下。这要求对所接收的最终服务有充分的了解，还须具备对各个服务及基础服务和服务元素的可用性和绩效进行评价的能力。

报告只能通过服务集成商提供给客户组织。这一点明确了数据的所有权和责任，使服务集成商能够发挥积极主动的作用。

服务集成的一个更复杂的方面，是多服务提供商合同的财务管理，包括发票验证、向特定组织合理分配费用等常规活动。这可能很耗时，并会导致争议。为此，应在服务仪表板中提供一个完整的企业视图，其中包含关于所有服务提供商的发票和资源单元信息，但仅对有权限的人员开放。

3.5 SIAM 实践探索

在 SIAM 基础知识体系中，描述了 4 种类型的实践：

1. 人员实践；

2. 流程实践；

3. 评价实践；

4. 技术实践。

这些实践领域涉及跨各层的治理、管理、集成、保证和协调，在设计 SIAM 模型、管理向 SIAM 模式转换以及在 SIAM 模式运营过程中，都需要考虑这些实践。本节逐一探讨这些实践，提出在规划与构建阶段应考虑的、特定的和实际的因素。请注意，人员实践和流程实践是结合在一起的，称为"能力实践"。

3.5.1 能力（人员/流程）实践

以探索与战略阶段的输出为基础，在规划与构建阶段完成 SIAM 模型设计，制订转换计划。在规划与构建阶段的所有计划和审批都将在实施阶段开始之前落实到位。其中包括为 SIAM 关键工作成果物补充详细信息。因此，重要的是应确保每个 SIAM 层都具备必要的能力。

在以下领域，需要具备相应的能力：

■ 完整的商业论证

■ SIAM模型

■ 选定SIAM结构

■ 机构小组

■ 治理模型

■ 角色与职责

■ 选定服务集成商

■ 选定服务提供商

■ 协作模型

3.5.1.1 流程模型集成实践

第 3.1.4 "流程模型"一节讨论了 SIAM 模型中流程设计的重要性。进行跨服务提供商的流程集成，一种做法是运用企业流程框架。企业流程框架提供了一种机制，用以协调流程差异，管理 SIAM 模型中固有的关联复杂性。按照所选择的框架确定架构视图，对一致性、流程相互依赖关系、治理、组织运营和流程可追溯性等原则进行定义，以此提供清晰性和可见性。

企业流程框架提供了一种抽象出组织流程及其各种元素的方法。图 3.11 展示了企业流程框架的关键元素示例，包括：

■ 流程定义（最外层的元素）

■ 企业协同与治理（位于中间的元素）

■ 流程交叉点和依赖关系（箭头）

■ 底层流程体系结构，用于同步元素

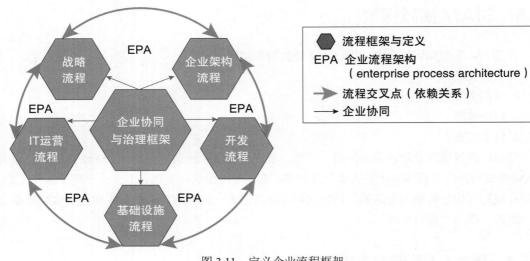

图 3.11 定义企业流程框架

重点应该放在流程结果及支持持续改进的方法设计方面。

必须建立流程模型。服务集成商必须确保流程在服务提供商之间是协调一致的，可追溯到政策，并且不会相互冲突。

📖 **流程结果与方法**

对 SIAM 生态系统中各个服务提供商所采用的方法，SIAM 并不做强制要求。相反，由服务集成商提供流程政策、顶层流程流、流程输入，以此将链中的每个环节连接起来，并确保所要求的流程结果得以交付。每个服务提供商都有责任在商定的时间范围内，按流程政策规定的商定标准，将这些输入转换为输出。

例如，对于变更管理流程，服务集成商不应强制服务提供商使用 ITIL® 或 COBIT®（或任何其他方法）。否则选择服务提供商时将受到限制，会在经济性、专业性和产品的独特性方面有所让步，而这些是选择服务提供商的基础。

但是，确实需要制定政策和流程，说明服务提供商在何种情况下，需要与服务集成商和/或其他服务提供商以及客户组织进行对接，以及如何对接。应该在合同中对端到端顶层流程（包括各方之间的交互）进行定义，并将合规要求纳入义务之中，但服务提供商运营范围内的底层程序应该留给它们来定义。

3.5.1.2 跨生态系统的流程建立

企业流程框架将目的、治理和协同策略定义为可操作的流程元素。这使组织能够对企业流程元素进行扩展，与组织的特定需求相结合，并将这些元素集成到自己的流程中。

> **变更管理流程**
>
> 　　某客户组织将变更管理流程定义为企业标准，以一致的方式对技术的变更进行控制。其中包括一系列标准的角色、任务、工作产品和一个通用的工作流。
>
> 　　软件开发服务提供商将使用企业变更管理流程来满足对软件变更管理的需求。
>
> 　　基础设施服务提供商对该企业变更管理流程进行了扩展，以与其采用的 ITIL® 中定义的变更管理流程相一致。重点是控制产品变更。

　　企业流程框架在企业层面引入了一个可操作的流程，并将具体的实施留给了其中的每个组织。每个组织都可以执行一个可操作的流程，并以一致和无缝的方式将该流程集成到整个企业中。

　　这种方法的好处在于，它既可用于绿地领域的实施，也可用于非绿地领域（存在现任服务提供商）的实施。它还允许服务提供商内部存在灵活性，避免了僵化和一刀切的做法。企业流程框架可用于了解服务提供商需要链接到哪些标准，如何链接到这些标准，以及如何在它们自己的支持环境中应用这些标准。

3.5.1.3　标准流程元素的抽象

　　抽象是指通过过滤掉微小的细节来降低复杂性。企业流程框架抽象出通用的、关键的流程元素，并对通用元素提供可见性，确保它们不会淹没在日常任务的细节中，也不会归入某一个单独的提供商类别中。每个组织都可以在抽象的基础上扩展通用元素，以此将治理要求和企业标准集成到自身的流程中，又不会对组织自身的需求造成妨碍。

> **企业架构治理**
>
> 　　企业架构标准以技术采用为中心，客户组织应该在治理和标准中对企业架构标准进行定义。
>
> 　　为了符合基于特定技术的内部软件开发标准，软件开发提供商可以对企业架构治理规范进行扩展；同时，基础设施团队可以围绕硬件和操作系统的产品路线，对相同的企业架构治理规范进行扩展。
>
> 　　对于每个独立的服务提供商来说，其标准与企业架构治理的融合是透明的，其中的共性内容可以追溯到企业架构中的原始来源。因此，每个组织都能够通过开展企业架构治理来构建自己的需求，同时为了管理企业技术环境的变化，可以在整个组织中开展治理。

3.5.2　评价实践

　　在规划与构建阶段，应定义一个绩效评价框架，为系统地收集、分析、运用和报告服务提供商和服务集成商的绩效提供一个一致的方法。该框架作为服务集成商的一个管理工具，通过衡量预期结果的实现情况，形成服务提供商绩效报告，加强对服务提供商的管理。归根结底，评价有助于做出明智的决策。

　　在 SIAM 生态系统中，信任是一种珍贵的商品。通常，授权服务提供商使用其内部工具、流程和程序（已针对其组织进行了优化）是更好的做法。典型的企业服务管理（enterprise service management，ESM）指标和评价标准不一定适用于 SIAM 生态系统。了解故障数量虽然很重要，但对于了解服务、流程和服务提供商绩效可能没有帮助。随着大数据和商业智能的兴起，企业不断要求获得更多的洞察力、更好的业务环境和更高的决策能力。

需要采用一种信任与追溯的评价方法，这样服务集成商就不会因为评价其治理或管理权限范围之外的活动而陷入运营报告之中。服务集成商关注的重点是治理、协作和业务价值，因此应制定有针对性的的指标和评价标准，以实现以下目标：

- 评估服务提供商是否有能力实现其所承诺的目标。应建立适当的制衡机制，以确保在 SIAM 模式中，即使服务提供商使用的是自己的服务管理工具，也按照政策、标准与控制要求正常运营
- 评测流程集成，识别瓶颈，识别不符合 SIAM 愿景的服务提供商
- 了解在治理框架的各个层级中，服务提供商是如何参与的，特别是在流程论坛和工作组中的出席情况以及行为问题
- 监测服务级别等关键合同指标，并采取纠正措施和预防措施
- 量化服务集成商和服务提供商之间、各个服务提供商之间的关系质量（参见第 3.1.8 节 "协作模型"）
- 识别跨服务、跨流程、跨框架、跨工具的改进机会
- 评估 SIAM 治理模型的效力，包括在尽可能低的级别上处理风险、问题与升级事项（从而避免按下 "恐慌" 按钮，避免赋予下级决策权和清除障碍的权力）

3.5.2.1 评价治理

根据 SIAM 模型和已确定的治理结构控制点，需要提供以下方面的详细信息：

- 指标所有权。确定谁负责对指标进行定义以及谁负责根据指标进行评价和报告，还需要指定每个指标的接收者或使用者
- 评价标准。说明如何评价每个指标以及评价的频率。请记住，对于不同的服务和提供商，评价和报告的频率可能是不同的，并且需要根据模型的发展随着时间而做出调整
- 数据。定义数据保留策略，包括指标的详细信息将存储在何处以及存储多长时间。这可能对于所有数据点都是通用的，也可能对于每个指标都是不同的
- 自动化。对任何自动化的指标收集和报告，都需要详细描述其技术架构、衡量和计算逻辑、轮询间隔、定制功能和动态查询/报告功能
- 设计与定义。为指标的预期目的和业务价值定义明确的指导方针，还应为每个指标定义评审周期和更新周期

3.5.2.2 编制基本结果链

为了说明活动和产出将如何按预期取得结果，制定一个基本结果链是一个好的做法。此结果链有助于定义（在所有层中的）资源、活动和产出如何与客户组织的战略结果相关联。

如图 3.12 所示，结果链是举措（投入）和结果之间关系的定性图表，也是两者之间贡献（连接）的定性图表。在此基础上，可以形成一个收益实现计划，即基于时间的效益量化计划（参见第 2.2.5.2 节 "收益实现管理"）。

图 3.12　结果链

为此，需要为每一个举措及其预期结果定义评价指标，并在两者之间进行迭代。结果是对业务目的和目标的实现起到推动作用的、可衡量的、有价值的成果。因此，结果必须是有效的（例如，可衡量），具备所有必要的条件，并有足够的贡献。而成熟度是随着时间的推移而增长的，它不属于"有或没有"的二元论范畴。

📖　**结果链**

警告：一个精心设计的、全面详实的结果链可能非常庞大！

一个宽泛的项目群可能包括多项举措和结果。如果将这样的图表展示给注意力难以长时间集中的高级经理，可能会引发负面反应。有些人不喜欢复杂的事物，喜欢看到简单、清晰的事物。然而，他们也乐意看到有人已经处理了细节。

不应将结果链与辅助沟通工具相混淆。结果链是一份有助于理清细节的工作文件。一般来说，用从结果链中抽象出来的、简洁的文字和图片来讲述故事，可以将这些文字和图片添加到任何最终的演示文稿中。如果事先没有细致地做好工作，就很难完整、准确地讲述故事。

结果链按从左到右、从右到左的顺序读取。从左到右驱动的思维过程是："如果我这样做，我就会得到那个结果。"从右到左有助于确保必要的条件已经准备就绪："如果我想得到这个结果，我必须有足够数量的 A、B、C。"结果链可以呈现不同层级的颗粒度。可以通过对图片进行筛选来显示适当的层级。视图中的所有元素都应以相同的层级展示。

建立结果链时，应该首先在一个基本层面上勾勒出结果和举措。接着，应该对贡献进行描述，这些内容可以移动。从这里开始，应该进行一些编辑、整理工作，例如删除重复的路径和贡献标注线。最后，对元素进行编号，以便可以唯一地引用它们。可以使用一些软件工具来帮助对元素进行编号。

最好先完成结果链草稿，再对其润色后进行呈现。到图表完成时，所有必要条件都已经准备就绪，贡献链应该是清晰、可信的。

表 3.4 总结了开发 SIAM 模型结果链的一种方法，并进行了较为详细的描述。这一过程表现为一个序列，通过与交付相关元素的利益相关方进行讨论来理解目的，从而进行一系列的迭代。

表 3.4　结果链元素

元素	内容
最终结果	为什么？ 我们为什么要开展这项活动或者提供这项服务？
战略结果	是什么？ 我们期望从产出、活动的结果中看到或听到什么？ 谁？在哪里？ 我们需要与谁合作？
中间结果	怎么做？ 产出、活动和投入实际上是实现战略结果所需的运营元素。 我们需要哪些中间结果才能实现预期的战略结果？
举措	我们需要开展哪些关键活动才能有效地促进战略结果？这些通常以项目形式交付，或以其他主要元素形式交付，例如可计算成本的软件系统（硬件、软件、服务、运营人员）

3.5.2.3　评价原则

服务集成商应依据一套统一的原则，在整个生态系统中开展绩效评价。以下 5 项原则应予以考虑：

- 必须明确定义结果和成果：
  - 定义相关评价指标与存在竞争因素的评价指标之间的关系，使用层次结构或类别来阐明关键程度
- 绩效评价系统（包括数据采集）应该是简单的、性价比高的：
  - 在可能的情况下，应结合工具系统中的功能，使用推拉机制将数据自动提供给服务集成商
- 绩效评价系统应该是建设性的，而不是惩罚性的：
  - 尽管端到端协作注重的是结果，但是通过评价不应该不能反映出每个个体的失败或成功，这是采取后续行动的依据。在量化客户价值时，对每个服务提供商进行评价是十分必要的
- 绩效指标应简单、有效、可靠，并与所评价的活动或流程相关：
  - 这些指标必须是可理解的，并能促进所期望的行为。例如，一个名为"质量"的指标可以有多种解释，而指标"符合质量标准的变更提交百分率"则具有确切的含义
  - 通常，值越高表示绩效越好
- 应不断审查和改进绩效指标：
  - 只有具备了绩效评价的经验，才能对指标进行完善和改进

在规划与构建阶段，编制评价设计与计算方法文件非常重要，以此确保在各方之间保持清晰度和透明度。最好在文件中对评价意图进行说明，其中包括了旨在推动的结果、映射到 SIAM 模型的战略结果的描述。这有助于为未来的改进奠定基础。服务集成商应创建一个包含所有评价指标及其状态的登记册，并进行维护。

3.5.2.4　选择正确的评价指标

正确的评价是基于应评价的内容（实际业务结果）而不是可评价的内容（故障解决时间等）进行的。评价的内容应随着时间的推移而调整，因为知识不断在积累，对更多的、不同的数据和信息的需求就显得更加突出。应至少对在合同或目标中所定义的、服务提供商必须实现的绩效目标进行评价。

应该在注重结果的评价指标和注重行为的评价指标之间保持平衡。仅仅对结果进行衡量可能会导致非预期的行为。钻取报告的设计也很重要，设计得当的话，可以在细节和端到端结果之间保持平衡。因为每种指标都从不同的角度来衡量结果，所以也应在领先指标和滞后指标之间保持平衡（参见第 3.1.3.6 节"服务信用"和第 3.1.3.7 节"激励"）。

定量指标是数字或统计指标，通常以分析单位（数量、频率、百分比、比率、方差等）表示。

> 📋 **定量指标**
>
> 一个常见的定量指标是，某项活动是否在预算、时间、服务级别范围之内，并对任何显著的差异做出解释。

定性指标是判断或感知指标。

> 📋 **定性指标**
>
> 例如，服务使用者报告的满意度（用户对服务的感觉）。

定性指标可以量化。例如，对于服务是否优秀、良好或糟糕，可以通过评价人的数量或百分比进行量化表示。一个常见的误区是认为定量指标从根本上就比定性指标更客观。重要的是对进度或绩效进行评价时，要有一套平衡的定量、定性指标。

通常的做法表明，为每个被评价的绩效选择 3 个指标是合理的（一个定量指标、一个定性指标和一个可酌情选择的指标，这通常涉及遵守流程 / 政策的情况）。

在选择绩效指标时，虽然没有明确的格式或神奇的公式，但可以使用以下准则来确定最适合衡量绩效的指标：

- 有效性：通过该指标是否可准确地衡量结果（数量、质量、时间范围）？
- 相关性：是否与所评价的活动、产品或流程相关？
- 可靠性：在一个较长的周期中，该指标能保持一致性吗？在选择定量指标时，这一点尤为重要
- 简单性：信息是否可用，收集和分析这些信息是否可行？

- 经济性：收集和分析信息的收益是否超过或抵消了成本？

另一种常用的技术是确保所有评价指标都是符合 SMART 原则的：

- 具体的：定义明确、清晰
- 可衡量的：可以在没有开销的情况下进行评价
- 商定的：各方已就评价标准达成一致（以及谁提供评价标准、如何提供评价标准）
- 相关的：对结果起到支持作用
- 有时限的：评价在一个确定的时间段内进行

📖 **评价**

一家机构最近完成了 SIAM 模式的实施，在定义评价标准、形成评价文件、对关键端到端服务级别信息进行自动化展示等方面取得了显著的收益。作为一家具有重要媒体影响力的政府机构，其组织变革管理必须透明，并以提供良好的客户体验为导向，这是进行模式转换的一个驱动因素，也为报告和评价的执行方式定下了基调。

通过对关键端到端服务级别进行定义，为所有服务提供商明确了目的，使它们以客户视角对待服务交付。对服务级别的计算方法进行了说明，形成了文件，保持透明度，也促进了服务提供商和服务集成商之间的协作。此外，还提供了一个平台，用于在整个实施阶段、运行与改进阶段对服务级别和 / 或计算方法进行修订。

为了加强服务提供商和服务集成商之间的协作，建立了一个展示服务级别实现程度的自动化仪表板系统，并在一个较为宽广的范围内开放了访问权限。在系统首页，以可视化方式展示了端到端服务级别信息。在逐级深入的页面，显示了各个服务提供商达标的和未达标的情况，以此督促其进行改进。

为了对数据进行质询和调查，还建立了另一个探索性的可视化仪表板系统，且只有小范围的人员能够访问。

从这个仪表板显示的结果明显看出，在整个实施阶段，在记录质量信息、服务级别评价和服务提供实践等方面还存在若干不足之处，需要进行改进。

大部分结果表明，更有价值的不是与某个时间点相关的单次评价结果，而是与特定目标进行比较时的评价情况，或随时间变化的趋势情况。某一个服务提供商可能每个月都达到了其目标，但是如果达标趋势是下降的，那么仍然需要采取纠正措施。

3.5.2.5 评价类型

为了反映出多供应商生态系统的特点，在 SIAM 中需要开展不同类型的评价。除非另有说明，否则对于后续所有章节，评价均指由服务集成商负责对（内部和外部）服务提供商进行评价，由客户组织保留职能负责对服务集成商进行评价。自我评价对各方来说也是一个好办法。

审计合规

合规的目的，是通过验证服务集成商和服务提供商是否遵守了集成的标准、控制要求、政策和流程，从而为客户组织提供保证（参见第 3.1.5 节"治理模型"）。为了查明服务提供商的合规问题（例如常见的流程违规行为），可定期进行独立的审计与验证，并应在一段时间内跟踪趋势。

在 SIAM 模式中，审计与验证通常独立于持续绩效管理。按照角色分离的要求，由其他职能而不是负责绩效管理活动的职能提供审计与验证可能是有益的（参见第 2.3.9 节"职责分离"）。

机构小组参与度

关于机构小组的运作状况，可以通过跟进以下两个事项来评价：一个是服务提供商出席相关会议的情况，另一个是不出席会议的趋势。根据违反会议章程礼仪准则的情况，还可以采取其他评价措施，跟踪流程论坛、工作组和委员会内部的行为。

战略目标

对照战略目标进行定义和评价，即根据客户组织的战略，来衡量服务集成商和服务提供商交付价值的能力，这有助于管理它们的绩效。

关系质量

利益相关方是否按照商定（例如，每月、每周或每年）的周期参与进来，通过对这个指标进行评价，可以跟踪、改进与利益相关方的关系质量。

如果与关键利益相关方的关系质量呈下降趋势，这可能表明在建立关系方面没有投入足够的时间和精力。还可能表明，利益相关方与责任匹配不当，需要更改匹配关系。这些信息固有的敏感性意味着，应根据信息安全政策，将这些信息存储在安全的位置。

服务成熟度

需要评测服务成熟度，以便对须改进的事项进行识别并实施改进，从而改善客户组织和服务使用者的体验。

有许多框架可用于评估服务成熟度。有哪些指标将表明与客户组织的合作"看起来不错"，具有较高的服务成熟度？举例如下：

- 服务内部的自动化程度较高
- 服务总体拥有成本（total cost of ownership，TCO）较低
- 通过第一联络点（first point of contact，FPOC）或自助服务解决的故障比例较高
- 调查结果表明服务客户满意度（customer satisfaction，CSAT）较高
- 服务的高可用性与高可靠性、故障/问题数量少或故障间隔时间长
- 重新分配（退回）处理故障的数量较少

📄 **导致不可取行为的指标**

在某个 SIAM 模式中，在服务级别中定义了故障处理转交要求。当故障发生时，服务台向每个服务提供商发送该故障的有关信息。根据服务级别规定，每个服务提供商有 5 分钟时间来确定该故障是否应由自己来负责解决，如果不是，则将其退回。这样做的目的是避免在将故障分配给正确的服务提供商之前，每个服务提供商都花费太长时间进行判断。

现实中发生的情况是，如果一个故障在 5 分钟内没有得到解决，每个服务提供商都会在 4 分 59 秒时将其传回服务台——从而让它们在服务级别规定的故障修复时间之外，多出了一些"自由的"时间来调查故障。

> 这种不可取的行为是在服务级别中引入了一种相抵规则而造成的，该规则对故障退回给服务台的情况未进行正确评判。

流程集成

对流程集成情况进行评价，将有助于识别流程与工具系统集成、特定流程之间集成中的瓶颈和低效问题。为了找出特定流程或提供商存在的不足，应对服务集成商和服务提供商之间的集成程度和自动化程度进行评价。相关指标举例如下：

- 从报告故障到彻底解决故障的平均生命周期时间，该指标将全面反映消费者对所提供服务的体验
- 将故障解决请求传递给不正确的服务提供商所带来的影响，这种情况下将产生不必要的重新分配，造成服务提供商之间的潜在冲突
- 知识存储库（例如配置管理系统、知识库）的利用率和准确性，包括所有服务提供商添加或更新信息、检索或链接信息的情况

📑 **流程与服务提供商集成**

将故障与配置项相关联，可以提高故障匹配度，从而更容易地采用变通方法来提高首次联系解决率（first contact resolution，FCR）。以此可获得积极的反馈或改进的机会。

按治理级别划分的风险与问题

为了保护 SIAM 模式的完整性，对整个生态系统风险与问题管理的有效性进行评价非常重要。为了识别风险与问题是否进行了不必要的升级，应根据 SIAM 治理模型中的级别设定评价指标。

将有些问题升级到服务集成商处或客户处，可能是不必要的，或者并未遵循商定流程。误升级事件数量是评价 SIAM 模式有效性和成熟度的一个指标。虽然有时需要快速升级，但在可能的情况下，在问题升级过程中，应由适当级别的利益相关方在相应级别上解决升级的问题。

当对升级事项进行评价时，会很快发现，由于问题被过高地升级，导致个人或服务提供商在较低级别的治理权力被不断削弱。其他评价指标的示例如下：

- 在下一个行动日期之前更新的风险占比率
- 升级到下一个治理级别的风险占比率
- 未缓解的风险占比率

这有助于判断在哪些级别上的治理造成了瓶颈，也有助于确定利益相关方是否绕过了治理模型。

改进与创新

当对服务集成商和服务提供商所提供的有效改进和创新能力进行评价时，投资回报率（return on investment，ROI）和投资价值（value on investment，VOI）是两个关键的评价指标。在业务环境中对 ROI/VOI 进行经验性的评价和报告，可以证明 SIAM 生态系统的价值，也可

以体现对改进计划进行投资的必要性。

3.5.3 技术实践

3.5.3.1 信息系统管理

应该为与 SIAM 生态系统相关的所有数据创建存储库，并进行管理。可将会议纪要、合同数据、模板和其他工作成果物等信息存储于其中。该存储库也可以被称为 SIAM 库或治理库，生态系统内的所有各方都可以通过具备访问权限的工具充实该库的内容。

该存储库须由知识管理流程负责人负责，并由客户保留职能或服务集成商层中指定的知识经理进行管理和维护。需要对所有支持工具的结构进行定义，并进行访问控制管理，设置相关权限，以确保任何机密数据的完整性。这应该在总体治理模型中进行定义。

3.5.3.2 协作工具

不同地区、不同时区的不同团队之间进行协作时，社交网络工具非常有用。其中所面临的挑战，是要在生态系统中提供一个所有成员都可以访问的工具。既可以通过广泛部署，也可以利用集成技术，来提供这样的工具。基于云的工具可以应对这一挑战。

📄 **数字化工作场所**

向 SIAM 转换可能会导致工作场所日益数字化。因此，需要以连贯、可用和高效的方式交付一套整体的协作工具、平台和环境。

探索与战略阶段的工作之一，是创造一个环境，使个人、团队、客户组织、服务提供商和服务集成商能够在几乎没有摩擦、延误或困难的情况下进行共享、沟通与协作。这促使所有这些利益相关方都能更有效地履行自己的职责。

虽然各层之间的沟通很重要，但是规定适当的沟通渠道是必要的，有利于鼓励期望的行为。例如，客户组织不适合与服务提供商直接进行接洽；在讨论合同细节时，特别应该考虑到商业敏感性。所以，应根据媒介、流程论坛、委员会或工作组的不同，对哪些事项应该在哪个机构小组讨论进行区分，这一点非常重要。协作工具通常更多用于非正式的信息共享与协作方面，而合同事务则需要更正式地进行接洽。

📄 **鼓励协作**

在时长一个小时的治理规划会议上，人们花费了 35 分钟的时间，探讨服务提供商和服务集成商可以使用或者希望使用哪种社交媒体产品，以及每种产品的优点和缺点，然后他们想出了解决方案："让我们使用客户的 SharePoint 站点吧，我们都有权访问！"

确保这些讨论在运营会议开始之前进行，并限定在一定范围内完成初步探究。

3.5.3.3 通过技术实现流程协调

实现流程之间的协调统一，需要运用行业最佳实践，同时需要与流程工程及组织变革管理相结合。流程协调涉及运营和互动，鉴于 SIAM 模式的复杂性，仅仅采用务实的方法，尚不足以把握其中的深度和复杂性。

工具可以支持对细节的管理，并将其抽象为更易于使用的格式。通过工作流和依赖关系图，可以把握组织的复杂性，从而在整个企业中实现标准化工作产品的一致应用，这是工具带来的好处。在规划与构建阶段，必须将 SIAM 模型和跨职能团队（涉及文化与地域）纳入技术考量因素之中。

4 SIAM 路线图第三阶段：实施阶段

在路线图的实施阶段，组织将从当前状态转变到所期望的未来状态，即采用新 SIAM 模式的状态。实施阶段的目的是，对这种状态的转换过程进行管理。在实施阶段结束时，新的 SIAM 模式将投入运转。当然，如果选择分期转换方法，可能仍有服务提供商陆续加入进来。

实施阶段的开始时间可能会受到现有环境中事件的影响。例如，以下事件可能会触发实施阶段：

- 现任服务提供商合同终止
- 现任服务提供商停止交易
- 因企业重组或收购而引起组织结构改变
- 计划中的SIAM转换项目启动

客户组织可能对其中一些事件发生的时间难以控制，因此需要尽可能多地完成前两个阶段的活动，以便能够对此做出应对。如果由于时间不够充分而没有彻底完成这些活动，风险级别将会提高。

4.1 实施方法比较

必须考虑用以定义和管理向新 SIAM 模式转换的方法，同时需要考虑将会影响客户组织的任何特定的相关因素。此外，对可能影响向新的 SIAM 生态系统转换的任何已识别的风险，也必须加以考虑。

有两种可能的实施方法：

- 大爆炸方法
- 分期方法

4.1.1 大爆炸方法

大爆炸方法指的是，在规定的时间范围内，一次性引进一切的方法，包括引进服务集成商、引进服务提供商并签署新的合同或修订原合同、引进新的服务和新的工作方式。这可能是计划中的方法，也可能是由需要迅速转换到 SIAM 环境的某种变革所触发。

大爆炸方法的优势是：

- 如果成功了，组织就能迅速建立新的模式，并习惯于新的规范。速度，再加上成功，可能会创造出积极的用户体验

- 从客户组织的视角来看，可以更快地达到稳定状态，从而降低风险，降低可能的成本
- 提供了一个机会，可以一次性彻底摆脱掉所有遗留问题和不受欢迎的行为。与管理分期方法相比，避免了复杂性

然而，也存在一些风险。使用大爆炸方法意味着，在发布之前，几乎不可能看到转换是否完全实现了所有需求。使用敏捷实施方法可以缓解这一风险，对于识别为可在以后实现的需求，也将做出调整。在许多情况下，外部服务集成商执行的是固定价格的合同，因此如果需要做出改变是不太可能的，那将给客户组织增加额外的成本。

让整个组织拥抱一种新模式，可能会引起恐惧和混乱。在规划与构建阶段所定义的机制，对于管理新服务提供商、管理系统和服务的转换以及控制变革中的人员因素方面，都变得非常重要。

4.1.1.1 大爆炸方法的关键考量因素

从交付的角度来看，采用大爆炸方法可能会引起担忧。新模式完整性的风险可能会增加，正在提供中的在用服务的风险级别可能会提高。当前服务级别需要保持不变，这被称为"保持灯火通明"。

以下考量因素有助于评估此方法的适用性：

- 准备时间。在首次推出之前预留时间，定义和商定流程框架——这是规划与构建阶段的一个关键考量因素
- 工具策略及其在服务提供商组织之间的一致性
- 在转换之前，对流程、交互和工具进行测试所需的的时间与资源
- 知识共享级别（必要的和可能的）以及整个生态系统中的权力移交
- 现任服务提供商和新服务集成商之间的过渡期
- 服务集成商和每个服务提供商所需的转换周期
- 新工作方式确立的稳定期。对延长或缩短早期生命支持周期（early life support，ELS）进行评估。在此期间，可能会降低服务绩效目标，或暂停执行服务信用制度
- 合同与交付物的一致性
- 治理框架的一致性
- 客户组织环境中的业务变革
- 维持当前的服务目标和商业协议
- 成本

4.1.1.2 与大爆炸方法相关的风险

与大爆炸方法相关的风险包括：

- 与分期方法相比，在用服务所面临的风险可能更高，受到的影响可能更大
- 合同不一致，且无法及时订立协作条款
- 无法获得服务集成商的指导，因为它们与服务提供商同时被引进
- 服务集成商没有时间树立对服务提供商的权威
- 无法对SIAM模型进行场景测试或压力测试
- 无法根据义务跟踪个体绩效，因为所有成员都在同一时间加入

- 对业务/客户组织的风险。变革被低估或未得到传达，且被视为管理不善
- 无法汲取引进每一个服务提供商的经验教训，因为所有服务提供商都是同时被引进
- 在建项目的风险，以及随后项目向服务交付转换时面临的挑战
- 变更管理/在建项目的影响。潜在变更和发布可能会受到环境中变更级别的影响：
  - 前任提供商的正向变更计划
  - 修补进度和计划内维护受到不利影响

4.1.1.3 大爆炸方法的指标

有几个指标表明适合采用大爆炸方法，例如：

- 绿地机会，没有遗留合同，或当前尚未与任何服务提供商合作
- 恰逢另一个重大变革（例如组织合并），且与之相符
- 在采用分期方法转换期间，中间过渡状态会造成严重复杂性，或无法维持问责制

📑 **采用大爆炸方法的大型转换实施**

一家拥有全球业务的公司采用大爆炸方法向 SIAM 环境进行了规模巨大的转换，于某一天午夜同时执行了 50 多份全球服务合同。很多服务提供商都被更换，大约有 1 万名员工受到影响。

转换的关键在于责任的转移——新的合同职责得到履行，新服务提供商开始对实际服务的转换负责。为了降低风险，在多数情况下，新服务提供商都聘请了原服务提供商来提供服务；但新服务提供商负有管理责任。

为了促进服务提供商（包括新引进的和即将离任的服务提供商）的快速响应和相互协作，在最初的两周里，采用了 7×24 小时"作战室"方法。这是一种注重结果的方法，可以在不影响全局方法的情况下对局部进行优化。这是一次成功的转换，对业务和在用服务几乎没有影响。

4.1.2 分期方法

与大爆炸方法相比，采用分期方法可以规避部分风险。在规划与构建阶段，定义了采用分期方法的一系列实施内容，确定了每一期实施完成后的交付物。

在分期方法中，可以更容易地运用敏捷实践。可以将转换项目纳入多个冲刺中进行推进。根据不同的组织职能，将新服务、新服务提供商以及额外的功能分配和部署于每个冲刺之中。使用此方法时，所须考虑的最重要一点是，确保每一期实施的交付物都能为客户组织增加价值。

📑 **最小可行服务**

受敏捷方法中最小可行产品（minimum viable product，MVP）概念的启发，可利用的另一种有用的技巧是部署最小可行服务。在最小可行服务中，对客户使用服务所需的最少的功能、最少的支撑流程进行定义。

这种方法有助于快速部署最重要的内容，能够使支持人员专注于更小的领域，在遇到问题时可加快解决速度。可以在后续对最小可行服务进行迭代扩展。

运用分期方法意味着如果一个元素出现故障,解决起来不会像大爆炸方法那样耗时或复杂,而且也不太可能像大爆炸方法那样严重地影响用户。通常情况下,分期管理更容易,因为可以根据实时反馈,定期进行必要的调整。如果需要的话,反馈可以传递到某一期实施的规划与构建阶段,因此可以在以后的迭代中进行必要的修正。

这种方法仍然存在挑战,特别是当分期实施涉及战略服务提供商时,因为战略服务提供商负责交付的是核心业务功能或服务。在这种情况下,并非总能限制对核心服务的潜在影响。应将分期实施的总体结束日期作为规划与构建阶段输出的一项内容,并定期与用户进行明确沟通,这一点至关重要。这样,就可以清楚地了解,在什么时间将完成 SIAM 模式的实施,开始进入运行与改进阶段了。

4.1.2.1 分期方法的关键考量因素

与大爆炸方法相比,采用分期方法可以降低风险级别,但对于 SIAM 环境中所有各层的复杂程度是相似的。在采用分期方法进行 SIAM 模式转换时,仍必须考虑风险。分期方法可以按服务提供商、功能、流程、位置或这些元素组合的方式进行细分。如果采用分期方法,客户组织可能需要更长的时间才能获取收益,因此考虑到这一点,须谨慎执行收益实现计划。

关键考量因素包括:

- 首先建立服务集成层,再引进服务提供商
- 须具备分期嵌入SIAM模型、分期运用协同工作方法的能力
- 将服务提供商及其交付物和义务分期引入SIAM生态系统中
- 分期实施期间,对业务需求管理和客户满意度的影响较小,但持续时间较长

4.1.2.2 与分期方法相关的风险

与分期方法相关的风险包括:

- 服务可能会受到更长时间的影响,对在用服务的冲击可能是不可接受的
- 可能会造成中间/过渡状态的复杂和混乱
- 由于变革持续的周期更长,客户组织会经历变革疲劳
- 在更长的时期内如何保持动力
- 延长转换期可能会增加成本,特别是在进度没有得到有效管理的情况下,并且延误会层层蔓延至后续阶段
- 与现任服务提供商的关系将受到影响,特别是在它们即将失去合同,但是直到后期阶段才会退出的情况下。这可能会导致颠覆性行为,从而更有可能造成混乱
- 实际上,在建项目的风险降低了,因为有更多的机会围绕这些项目规划分期实施内容

4.1.2.3 分期方法的指标

如果存在以下一个或多个因素,可能表明分期方法是更好的选择:

- 客户、服务集成商或服务提供商(或其任意组合)不具备进行一次性大规模变革的能力
- 采用低风险、低影响的转换方法的偏好
- 多服务提供商模式尚不成熟,表明应采取一种谨慎方法,以提供学习的机会
- 希望在每期实施的时间安排上,保持可控和灵活性
- 分期实施现金流的要求。采用分期方法,可以有效管控现金流和预算,于特定时间安排

事件（例如引进、淘汰服务提供商），以更好地符合客户组织的财务状况或财务周期
- 存在遗留合同，可能会使分期实施成为必要

4.1.3　实施的现实条件

在决定采用哪种实施方法时，需要考虑其他因素，例如：

- 实施是覆盖单个地点还是多个地点？是否涉及多个地理区域？
  - 采用大爆炸实施方法，在单个地点比在多个站点更容易管理
  - 采用分期实施方法，各个地点之间的相互依赖性可能表明该方法是不可行的
- 实施范围是涵盖单个还是多个业务部门/职能？
  - 如果是多个，那么可能更可取的是分期实施方法，这样可以以降低每个部门的风险
- 如果不同的合同在不同的时间到期，那么应该在提前终止成本与 SIAM 转换的延迟收益之间进行权衡，等待最后一份合同到期可能需要几年时间。
- 如果采用分期方法，在过渡时期新旧环境将混合在一起，这意味着什么？
  - 这可能是分期转换项目中问题最大的领域之一。如果新的工作方式是以分散的方式实现的，那么必须考虑新旧工作方式将如何协同，以及在多长时间内这是可行的。这可能涉及创建接口、进行临时安排，有时还涉及工作的重复，如果同时引入所有元素，就不需要这样做。这也可能意味着需要创建诸如临时合同、操作程序和工作说明之类的文件，在这些文件中将包含生态系统在过渡期的运作方式说明
- 是否还需要考虑其他竞争性商业活动？
  - 诸如法规遵从、收购、新产品推出和其他资本支出计划等因素，可能会影响向 SIAM 环境迁移所需的时间
  - 商业活动或商业周期，例如，对于依赖圣诞节的零售组织来说，应避免在 9 月至 1 月中旬这段时间进行任何变革
- 什么级别的风险是可以接受的？
  - 普遍持有的观点是，大爆炸实施方法具有固有的更高级别的风险，因为集成的本质通常意味着一个部分的失败可能会对其他部分产生后续影响
  - 分期方法在每期实施中都有风险，有些风险（比如延迟风险）可能会在后续阶段累积并变得复杂
- 成本方面的考虑：
  - 分期实施几乎总是需要更长的时间才能完全完成。这通常意味着，服务提供商和项目团队的进入和退出需要更多的时间，因此增加了成本。应考虑支持或反对该方法的一些主要论点（例如，企业一次性应对巨大变革的能力与不断增加的失败风险），对时间、成本的增加进行权衡。临时接口、合同终止日期以及遗留系统和服务也会增加分期方法的成本

4.1.4　维持在用服务

无论采用何种方法，都必须确保正在提供的服务受到的干扰最小。因为即使进行的是最平稳的转换，服务和服务连续性也会受到影响。

为转换做准备时，请考虑以下事项：

- 管理委托机构的期望，包括：
  - 在转换和早期生命支持期间，在一个有限的时间段内，所达成的服务级别可能会降低
  - 在整个转换期间，需要分次对受到影响的服务进行冲击评估，并且分析这种冲击在转换期对业务运营的影响
- 与人力资源部门和服务提供商合作，确保获得必要的资源和能力
- 如果服务台将由新任服务提供商或服务集成商提供，那么通常来说，最好首先从服务台供应商开始进行模式转换，再进行其他服务提供商的模式转换。建立新的单一联系点，将为SIAM模式提供一个入口，也有助于建立关系
- 就暂停变更事项进行商定和沟通，以将风险降至最低。在某些情况下，可以根据风险评估做出调整，例如对紧急变更或与SIAM转换无关的服务变更进行调整
- 继续实施在建项目，但对于在SIAM模式转换期间启动的新项目，应考虑推迟或停止（参见第3.3.3.7节"理顺在建项目"）

在任何一次转换中，都会产生不同程度的改变。在某些情况下，影响可能是有限的。转换团队应该对其工作采取适应性方法（参见第 3.3.3 节"转换策划"）。

4.2 如何向已获批准的 SIAM 模式转换

引进服务集成商和服务提供商，是 SIAM 转换的关键一步。应考虑到不断发展的关系和团队互动方式的影响，这些可能会发生变化。

理想情况下，在引进服务提供商之前，已经完成了规划与构建阶段提及的所有核心工作成果物（参见第 3.1 节"设计完整的 SIAM 模型"），包括：

- 完整的SIAM模型
- 选定的SIAM结构
- 流程模型
- 治理模型
- 角色与职责的详细描述
- 绩效管理与报告框架
- 协作模型
- 改进框架
- 工具策略
- 组织变革管理方法
- 融合过程
- 转换计划
- 技术和相关集成能力规划，可能包括工具系统的手动、半自动或全自动接口

服务提供商要融合进来，必须具备履行职责的能力和实力。每一期实施可能只是一种临时状态，因为其他服务提供商将在后一期实施中进行模式转换。上述 SIAM 工作成果物将构成有效转换的关键内容。如果缺少了这些成果，服务提供商将不得不由自身指引开展工作，尽管出发点可能是好的，但可能会造成责任界限不清、交付方法不一致、服务质量下降等问题。

启动转换的一个良好实践，是首先让服务集成商参与进来，尽管这并不总是可行的。这样做的好处是，服务集成商可以在后续的转换活动中提供支持：

- 建立跨服务提供商的流程和支持性基础设施
  - 进行用户场景测试（例如，对变更进行测试、模拟运行一次重大故障、执行一个合同变更），这是一个好办法
- 借助服务集成商额外的治理和管理能力，开始进行新服务提供商和新服务的转换活动
  - 这将有助于从一开始就建立关系和工作环境
- 对不加入新SIAM环境的服务提供商，减少其影响
- 在各方之间保持工具系统和流程的一致性

📄 **对于以不同方式工作的服务提供商，该如何协调？**

Flexi 公司的 ICT 部门由多家服务提供商提供服务支撑。服务提供商 A 主要为生产环境提供基础设施运营支持，并运用 ITIL® 流程开展管理工作。服务提供商 B 主要负责应用程序的开发，并运用 Scrum 框架开发应用程序。

尽管 ITIL® 和 Scrum 的工作方式不同，但 SIAM 项目团队已经在它们之间创建了适当的接口。服务提供商 A 依托基于 ITIL® 的变更管理流程，通过识别风险和防止负面影响来保护生产环境。

虽然每次变更都是在变更控制下进行的，但为了给开发团队提供灵活性，服务提供商 A 和 B 均同意采用以下模式：

- 将产品待办事项列表的变更控制权委托给产品负责人，服务运营团队参与其中，以确保符合运营保证要求
- 将冲刺待办事项列表的变更控制权委托给产品负责人
- 开发产品的发布由产品负责人审批
- 产品的正式发布与变更由正式的变更管理机构审批，由产品负责人在内的利益相关方提出意见

以下罗列出部分角色映射：

服务提供商 A 角色	服务提供商 B 角色
服务负责人	产品负责人
持续服务改进经理	Scrum 主管
变更审批人	Scrum 主管和产品负责人

4.2.1 运营移交

在转换期间，新任服务提供商和服务集成商都将希望从现任的每个服务提供商处了解以下信息：

- 服务定义
- 配置数据
- 知识文章

- 尚未关闭的故障和故障历史记录
- 尚未解决的问题
- 失败模式及其原因
- 既有流程、程序与接口
- 资产及其配置
- 外部供应商协议及服务职责
- 业务及其需求/使用模式方面的知识
- 为后期变更提供输入的服务和系统设计
- 正在进行的持续服务改进计划

然而，事实可能证明这是困难的，因为：

- 现任服务提供商可能会拖延或制造延迟，以避免过早退出
- 通常，不同服务提供商主题专家之间的知识共享事项在转换项目生命周期的后期才开始明确（并且不一定包括即将离任的服务提供商）
- 现任服务提供商可能不愿意让员工参与知识转移事项，因为这是属于当前工作之外的资源投入/成本，或者有可能影响当前工作的交付
- 出差前往客户或服务提供商所在地可能是一个问题
- 随着现职员工的离职和交接日期的临近，技术娴熟、知识熟练的员工会减少

与现任服务提供商签订的合同，包含在合同终止日期之前提供一定级别服务的条款，也可以包含进行工作移交的条款（参见第 3.1.3.11 节"服务退出计划"）。在某些合同中，可能包括了一份关键人员名单，只有征得客户组织同意才能对这些人员进行更换，但几乎没有合同会包含对资源保障级别的要求。很有可能发生的是，随着员工离职加入其他组织或更换到另一个部门，现任服务提供商的知识资源体量将会减少。

> 📑 **宝贵的资源**
>
> 　　根据不同的合同，一家服务提供商向多个不同的政府部门提供服务。其中一个政府部门的合同即将终止，该部门正在按照 SIAM 模式引进新的服务提供商。
>
> 　　根据企业转让（就业保护）条例，为了避免失去优秀的员工，该服务提供商将一些优秀员工调动到其他部门工作。这种技术资源的流失影响了服务级别的实现，但服务提供商乐于这么做，也能接受由此对服务信用带来的影响，因为留住员工对它们来说更重要。

现任服务提供商即将离任，为其工作的关键员工都希望不必为自己的个人前途担忧，他们可能加入新服务提供商，或留在原服务提供商，也可能是其他情况。然而，如果员工在转换之前或转换期间离职，去了另外的组织任职，他们将无法再协助进行转换工作。关于重要关系和员工可用性的假设可能并不成立。可能有必要激励现任服务提供商设法留住关键员工，直到转换完成。

在现实中，现任服务提供商即将离任，许多任职于该服务提供商的主题专家在专业层面和个人层面上愿意积极合作；但在运营移交的日常业务活动中，他们能够参与或者被允许参与的程度会非常有限。

为了缓解参与度低的问题，新任服务提供商需要清楚它们自己的流程将如何在 SIAM 模式下工作。需要通过流程文件和 RACI 矩阵，详细描述整个生态系统中的流程活动以及与所有利益相关方的交互点。

这些流程文件对于服务集成商范围内的每个流程都是必要的。这是一项艰巨的任务，即使是采用最简单的 SIAM 结构，对整个 SIAM 模型中的这些文件进行细化并商定其中的内容，既需要一定的技能，也需要付出相当的努力，对此不应低估。

在移交时，应确定服务基线状态，包括：

- 对照验收标准，衡量所取得的进展/成就，包括为解决短板而建议的每一项缓解措施
- 正在进行中的工作项之数量和状态，不仅包括项目，还包括故障、问题、服务请求等。这可确保准确地衡量新部署服务的绩效。例如，如果在移交之前存在未决故障待办清单，那么在移交之后，评价新服务提供商初步成效时将对其不予考虑
- 服务绩效
- 每一项有待完成/无法完成的转换活动的状态。实际上，在移交前可能有一些不太重要的活动没有完成，特别是在移交日期固定的情况下。可能决定由新服务提供商完成这些工作，不再延续转换资源。为了对这些工作进行持续管理，应确定新负责人和行动计划

4.2.2　知识转移

为了确保都能够充分理解每项服务，需要开展知识转移活动。通常，相关服务信息记录于服务定义、架构与流程文件、合同、配置数据和知识文章中。由于很少有组织维护一个理想的、单一的存储库，因此这些知识很可能分布于即将离任的服务提供商之中。

知识转移计划需要确定知识领域、内容、所有权、受众，确定在什么阶段需要运用知识。对于在转换期间出现的问题，需要仔细规划，必要时进行问题升级，确保知识不会从即将离任的服务提供商处流失。

4.2.3　早期生命支持

在向 SIAM 模式转换时，一个好的做法是设立早期生命支持职能。通常，根据转换的规模和复杂程度确定一个时间期限，在该期限内由该职能协助解决发生的故障和问题。在该职能中，应包括来自以下各方的代表：

- 服务集成商（负责管理早期生命支持）
- 每个服务提供商
- 客户组织的保留职能

提供早期生命支持的人员应对服务、端到端架构和流程有所了解。他们应该使用既定的、已获准的流程，而不必再创建一些不同的流程。实际上，作为一个综合团队，他们管理的范畴涵盖故障管理、问题管理、发布管理和变更管理。在可能的情况下，他们应该共处一地，至少在转换后不久，因为这有助于协作。

撤销早期生命支持职能的决定应该是正式的，并应对此进行记录。将根据准则确定解散早期生命支持职能的时间点，这些准则可能包括：

- 在规定的时期内，始终如一地达成服务级别

- 符合商定的客户满意度级别
- 在过去的一段时间内未出现高优先级故障
- 没有悬而未决的高优先级问题

应该在早期生命支持的整个阶段对这些准则进行评测。在初始阶段，需要服务集成商进行严密的（运营）治理，以确保所有新任服务提供商（包括服务集成商自身）都遵守流程和协议。这将需要进行全面审计和详细报告（侧重于合规性），并通过沟通、组织变革管理来让利益相关方参与进来。正式的方法（例如审计）和非正式的方法（例如定期沟通）都是需要的，并且应该谨慎地加以平衡。

如果采用的是分期实施方法，那么随着每一期实施的完成，早期生命支持可能会存在一段时间。特别是在每期实施之间存在间隔的情况下，可以暂停早期生命支持职能，然后随着下一期实施的开展而恢复。参与者也可能发生变化，因此，某一个早期生命支持团队可能在某一天解散，而另一个团队则在第二天成立。

4.3 持续开展组织变革管理

第 3.2 节"组织变革管方法"对组织变革管理进行了介绍。在实施阶段，需要通过组织变革管理对转换到新 SIAM 环境所带来的影响进行管理。在实施阶段，流程、工作角色、组织结构和技术都可能会发生变化。来自服务提供商、服务集成商和客户组织保留职能的每个人员，最终必须改变承担角色的方式。如果这些个体不能成功实现个人转变，如果他们不拥抱并学习一种新的工作方式，那么向 SIAM 模式的转换将会失败。

组织变革管理为个体成功适应变革提供指导，包括该如何进行准备和得到提升。在 SIAM 模式实施中，组织变革管理将通过以下方式解决转换中的人员问题：

- 如果现任服务提供商不打算加入生态系统，对与其脱钩提供支持，对新任服务提供商的融合提供支持
- 对新治理框架进行清晰解读，促进理解
  - 对工作方式的改变提供支持，辅导个体适应流程的改变或团队互动方式的改变
- 对沟通、资源支持和培训等事项进行指导：
  - 在整个组织内开展宣传活动
  - 与利益相关方沟通，指导利益相关方为变革做好准备
  - 评测沟通有效性、组织变革活动有效性
- 对遇到困难的职能、服务提供商或流程，提供诊断支持

4.3.1 员工士气和动力

协作的驱动因素在于动力。为了使协作取得成功，每个参与方都需要感受到有所收获，或者感受到他们正在为一个有价值的结果而进行有意义的互动。

将服务从一个服务提供商转移给另一个服务提供商，会对员工的生计和职业生涯造成影响。变化发生在他们周围，他们对此可能只有极少的话语权，无法左右事态的发展。这可能会令员工深感不安，并可能导致他们重新评估自己职业选择和在组织中的未来去向。

> 📋 **保持士气**
>
> 　　当合作即将终止，或者在合同临近结束时，在这样的情况下服务提供商如何管理内部员工、保持士气，即使对于最优秀的管理者来说，都是特别具有挑战性的。
>
> 　　可能很难像往常一样专注于义务和服务级别，同时，还需要当前提供服务的员工参与知识转移，响应新任服务提供商的其他要求。这需要强有力的管理支持。

　　高层人员往往把注意力集中在商业转型上，对员工队伍的重视程度较低。当有员工突然辞职时，这可能会令他们感到诧异。关键员工的流失可能会严重影响服务环境中拥有的知识，并且增加服务连续性和成功转换的风险。

　　然而，关键员工的流失也可能在转换期间起到积极的推动作用。团队中的其他成员有机会脱颖而出，出现新的带头人，形成新的凝聚力，从而创建一个更强大的团队。

4.3.1.1　利益相关方的积极参与

　　个人的工作方式、与同事的相处方式及其所在企业的定位和方向，都会影响他的敬业度。个人的全身心投入会对其所从事的工作起到积极的促进作用，也会对其所任职企业的利益与声誉起到良好的作用。

　　通过愿景、使命和价值观陈述，了解企业的目标和承诺，这是积极参与的第一步。SIAM 模型中的所有个体都需要了解客户组织的业务范围、运作方式、战略方向，以及他们在其中的贡献和作用。对于服务提供商和外部服务集成商来说，这是它们对受雇组织目标的进一步了解。SIAM 愿景是由客户组织和服务集成商在探索与战略阶段主导建立的。

　　通过以下方式，利益相关方将积极参与并持久参与：

- 通过定期会议（例如，员工大会或一对一会谈）进行经常性的、积极的沟通，强化员工所从事工作的价值
- 征求反馈意见，听取所有团队成员的意见和建议
- 为员工提供有效完成工作所需的工具与资源
- 为员工提供职业发展和培训支持（例如提供持续的职业发展计划、实践社区或导师）
- 关心员工的福利和福祉
- 鉴于额外的努力和出色的结果，进行表彰和奖励
- 鼓励在工作场所享受乐趣、融入幽默

在 SIAM 生态系统中，需要跨 SIAM 层、在每一层内以及跨职能、跨机构小组开展这些活动。

向 SIAM 环境转换，有很多独特的方面，其中包括：

- 协调多个组织，磨合各组织的管理文化
- 处理每个组织内部的"亚文化"问题
- 在调遣员工时，须符合法律规定
- 跨多个组织沟通时，采用多种优选的沟通方法

4.3.1.2　裁员

转向 SIAM 模式，往往涉及员工安置方面的重大变化，特别是在涉及引进新的外部服务提

供商、引进服务集成商，以及淘汰现有内、外部服务提供商的情况下。应考虑与员工取代有关的问题，包括：

- 动力和士气问题：移交需要一段时间，当员工即将进入裁员之列时，需要激励他们仍然按照所要求的级别进行移交工作，这可能会是一个问题
- 知识转移：现职员工可能不愿共享信息，或不愿为新SIAM模式下的人员提供支持
- 员工素质：有些员工宁愿留在老雇主单位，或许是等着被解雇，以便触发裁员计划。这可能导致积极性较低的员工会留下来，而充满动力的员工却会离职

客户组织必须确保将与之相关的法律影响纳入转换计划及所有商业协议与合同协议之中。

📋 **与人力资源部门合作**

与人力资源部门（human resource，HR）和员工方（工会）的代表进行坦诚沟通和合作非常重要。对任何计划来说，违反劳动法或违反现有的工作实践协议，可能会耗费时间和费用，且造成声誉损害。忽视这些基本原则，存在令人对该计划失去信任的风险。确保变革计划得到所有利益相关方群体的全力支持。

裁员带来的影响

雇主处理裁员问题的方式对那些被留用的员工具有重大影响。一个拙劣的计划可能会令员工心绪不安，士气低落。对于培养必要的跨团队、跨提供商需求，且具有凝聚力和协作性的群体来说，这并不是一个好消息。

留住员工，令其对组织保持积极的态度，这对未来的业绩具有重要影响。最好的办法是确保所有各方都充分知情。宣布这一消息的时机至关重要。如果等到周五下午，要求员工清理他们的办公桌，这可能不仅是不合法的，而且是极不体贴的。

📋 **转向外包 SIAM 模式**

一家总部位于英国伦敦的跨国保险公司在 16 个国家拥有大约 3300 万客户。

该公司接收了另一家汽车故障保险公司，其总部设在英国，提供全球道路救援服务，其IT事务完全是内包的。鉴于母公司的全球性及其复杂的提供商网络，母公司决定，为了支持这项新业务，将转向 SIAM 模式，并使用一家知名服务集成商的服务，由这家外部组织接管设在印度的服务台和服务集成角色，来承担相关职责。

人力资源部门、法务和工会的代表开始就员工相关问题进行协商。这些利益相关方在转换计划实施前的几个月就参与进来了。没有员工选择前往印度工作。经各方商定，为了实现平稳交接，员工继续工作 18 个月之后办理离职。

几名现职员工决定，在转换期的早期生命支持阶段前往印度为新员工提供支持。转换进展顺利，在很大程度上归功于对优秀员工进行了投资、开展了扎实的培训以及对基本环节进行了逐步的测试和转换。

这些将失去现职的员工，因为他们在这个关键时期的服务而获得了丰厚的回报。激励即将失去工作的员工是很艰巨的一项任务。在这种情况下，这些员工获得了额外的经验，以及在海外工作的机会，同时还获得了经济奖励。

尽管现职员工对失去工作感到不快，但他们也承认公司在应对这种局面时非常谨慎。他们谈及在前雇主单位的工作经历时赞赏有加，这对于该公司在英国保持良好的市场声誉非常有利。

不要假设一名员工在被裁员后总会遇到困难。个人自豪感意味着情况往往并非如此；一些员工会拥抱新的机会或乐于进行财务和解。虽然可能需要考虑采取一些额外的措施来保护数据、知识和知识产权等，但在大多数情况下并不需要这么做。

在同事被解雇后仍留在组织内的员工，可能会体验到类似于亲人离开的感受，这可能会令他们士气低落、焦虑不安、急于找到一份新工作。许多优秀的员工因此而流失，这可能会影响企业的持续经营。

恐惧、不确定和不信任

一家总部位于伦敦的为无家可归者提供服务的慈善机构，在转向 SIAM 模式后出现的问题显而易见，特别是在留用员工方面。

该慈善机构引进了一家新的外部服务集成商，一些员工认为这一举措并没有得到本应有的效果。按照新服务集成商的建议，该组织将进行一次裁员，同时，在保留职能内调整一些现职员工的角色，包括修改与其签订的部分合同条款和条件。

为了解决这些问题，该慈善机构的员工和服务集成商召开了一次研讨会，会议目的是帮助大家更好地了解彼此的角色，并使员工感受到可以以一种建设性的方式相互探讨问题。此外，为改进该慈善机构为客户提供的服务，亦鼓励员工交流新的想法，并令员工认识到：自己有权通过阐述利弊的方式向管理层提出建议。

在这次活动之后，参加研讨会的与会者认为：团队变得更加开放，目标更加清晰，有机会表达自己的观点，让员工感到更加自信、更有动力。

研讨会的成果之一，是改变了激励内部员工和服务提供商的策略，该机构将会设立奖项，并且候选获奖者将由该慈善机构的用户来提名。

4.3.2 为与利益相关方沟通做好准备

向 SIAM 环境的转换，很可能是由客户组织及其项目管理办公室来牵头，并在选定服务集成商之后，就在服务集成商的协助下开展工作。为确保连续性（参见第 2.2.3.2 节"项目角色"），建立一个专门的沟通团队十分有益。每个服务提供商还应该有自己的沟通团队，负责其组织内部的沟通。

哪些人员涉及其中，以及他们将如何参与，这是一个关键成功因素。在起草初始讯息和确定目标受众时，了解不同利益相关方的需求非常重要。一些员工在推动该计划方面将发挥关键作用,一些员工需要了解服务提供方式发生的变化,一些员工则需要为新的工作方式做好准备。可以使用分析技术(例如利益相关方图谱)来确定每个利益相关方的利害关系和影响程度(参见第 2.6.5 节"利益相关方")。

根据分析,4 种特殊类型的利益相关方是组织变革管理的关键:

- 高管发起人
- 项目经理
- 核心沟通团队
- 沟通顾问团队

高管发起人

管理层的支持是成功采用 SIAM 模式的关键因素。这需要有一个具备足够影响力和利害关系的人来传递可信和权威的信息。不少 SIAM 转换都失败了,是因为项目参与人没有尽早与管理层沟通,因此没有获得管理层的支持。

项目经理

项目经理是推动者和沟通者,可以与所有利益相关方群体建立联系。他在确保沟通和讯息传递的节奏和顺序方面发挥着重要作用。例如,在某些文化中,高级经理先于组织其他人员收到某个讯息或通知可能非常重要。

核心沟通团队

核心沟通团队是负责为计划做好沟通准备工作的团队。这应该是一个小团队,由提供专业沟通的人员组成。该团队需要具备市场营销技能,并拥有运用组织变革管理方法(例如 ADKAR)的经验(参见第 3.2 节"组织变革管理方法")。

沟通顾问团队

沟通顾问团队是一个由各方人员组成的团队,为核心沟通团队提供支持。它可以是一个现有的管理团队、委员会或论坛(由服务集成商、客户保留职能和服务提供商等各利益相关方的代表组成),也可以是一个由来自关键群体(例如,人力资源部门、工会、职工协会)的自选人员组成的小型团队。该团队参与提供意见,并可以协助项目团队,对其沟通提议进行验证。

📋 **需要特别关注内部服务提供商团队**

作为利益相关方群体,内部服务提供商团队往往需要得到额外的关注。他们可能期望得到与外部团队不同的对待。SIAM 转换将挑战这种观念,因为他们将承担与外部服务提供商相同的责任。历史经验表明,这可能是一场艰难的组织变革,应该谨慎管理此类利益相关方。

4.3.3 开展宣传活动

在实施阶段,开展宣传活动可有助于向利益相关方传达新环境的有关重要信息。SIAM 转换中的宣传活动通常有 5 个主要组成部分:

1. 明确宣传目的;
2. 界定目标受众;

3. 制定宣传策略；

4. 完全理解讯息；

5. 衡量活动成功与否。

明确宣传目的

为了明确宣传活动的目的，应了解需要实现的目标。要传递哪些讯息？要使用什么媒介？需要达成什么样的态度或见解？为了在以后可以对结果进行评估，明确宣传目的时应遵循 SMART 原则。仅仅走出去、单纯提高认识是不够的。

📖　**宣传活动**

　　一家英国物流公司从单一外包合作伙伴模式转向多服务提供商 SIAM 模式时，开展了为期 3 个月的宣传活动，其唯一目的是定义"以客户为中心的统一文化"，并启动文化转变。

界定目标受众

界定目标受众，可以确保讯息是针对相关人群的。在某些情况下，这将是针对特定人群的。例如，鼓励服务提供商采用某一流程的宣传活动，无疑针对的是那些使用该特定流程的人员（参见第 4.3.2 节"为与利益相关方沟通做好准备"）。

对目标受众进行评估，以区分所接触的不同群体。例如，在 SIAM 环境中新建了服务台流程，为加强对该流程的理解，在宣传时需要对目标受众进行细分。服务集成商员工、客户组织保留职能员工、服务提供商员工以及服务台的实际用户，可能对该流程的关注点各不相同。

制定宣传策略

对目标受众了解得越多，制定的宣传策略就越适当。例如，召开员工大会的理想地点应该选在人们容易到达的地方，而且对于参会的员工来说，最好是其办公所在地。

📖　**领头羊**

　　为了推广 SIAM，配合进行宣传、培训和知识转移，可以考虑在客户组织内确定"领头羊"部门。

完全理解讯息

对于所传递的讯息，理解与其有关的所有事实是成功宣传的前提。开展宣传活动的团队必须做好准备，掌握相关知识，在各个层面都能对所传递的讯息提供支持。例如，各地团队领导必须理解从总部发出的讯息，并清楚如何进行反馈和处理问题。

将沟通重点放在解决以下问题上：

- 在什么时候会发生什么事情，或什么将会改变？
- 对于所涉及的利益相关方群体来说，收益是什么？
- 这对利益相关方意味着什么？
- 这如何支持SIAM转换的预期结果？
- 在需要合作的领域，是否存在可能影响利益相关方的短期风险和权变措施？

📖 **准备座谈会**

一个转向 SIAM 模式的公司精心策划了一次座谈会。由员工的直接领导与员工沟通，这样员工们就有机会提出问题，而不必担心遭到报复，也不用担心还要在更大的公司论坛上发言。

所有负责组织座谈会的主管都接受了有关讯息传递方面的培训。针对预期的问题，他们还获得了预先准备好的答案，可以参考这些答案来回答问题。

每次会议结束后，都会安排一名高级经理来回答员工提出的其他问题，或者由座谈会的主管代表员工提出问题，再将结果反馈给员工。

所有提出的问题都会经过整理，会被补充到常见问题清单中，并公布于公司内部网上。

衡量活动成功与否

最后一步是开展评估，以了解所沟通事项是否已经传达给受众（并有效地传达给他们）。沟通工作是否取得了成功，关键在于要意识到受众了解到了什么、他们是如何理解的、他们会相信什么以及他们将如何行动。

确定需要衡量的重要内容。可以考虑使用以下指标来评估活动的影响：

- **活跃度指标**：这些指标可以提供对行为变化的更好理解。例如，活跃度指标可以帮助评估流程采用情况
  - 考虑目标受众成员的态度或行为是否发生了明显的变化
- **参与度指标**：这些指标有助于展示所传达的讯息对受众的影响。参与度是衡量其他人何时参与以及如何参与的指标
  - 考虑进行一项调查，以了解讯息和媒介是否适合于受众
- **影响力指标**：这些指标都是关于真正想要实现的目标的指标，影响力指标可用于衡量已经转变的行为和态度，以及已经纠正的错误
  - 考虑对成功的流程结果进行审查，例如，找出机构小组在出席率方面的积极变化

部署一个监测系统来跟踪结果非常重要。有大量的线上工具可用于进行访问信息收集和实际参与度分析。为了了解新的工作方式是否已被普遍采用，则需要通过人工来监控在线、离线的对话和消息内容。

📖 **评估并改进**

一家服务集成商正在经历一场影响其结构的重大变革。由于大多数员工都在同一个地点工作，沟通团队每周举行一次面对面的交流会。

第一次会议后，出席率很快下降，平均下降至30%。得到的反馈是，在会议的同一时间，部分员工在另一栋大楼内参加其他会议，部分员工居家办公。

会议的形式改为线上，出席率上升到90%，并在整个项目期间一直保持在这一水平。

最后，作为沟通的一个环节，应考虑如何完成闭环。如何收集和处理反馈的意见和建议？如果员工得不到对其所提问题的回应，他们就不太可能参与未来的活动。

无论使用何种衡量方法，都必须根据转换计划的里程碑节点，对收集的结果进行基准分析，

随着时间的推移，还应对结果进行趋势分析。一般而言，沟通交流不会立即产生结果。在转换采用分期实施方法的情况下尤其如此，因为在全部实施完成之前，可能无法衡量 SIAM 转换的总体收益。

4.3.4　衡量成效

衡量是否成功地转换到了 SIAM 环境，对变革中所涉及的人员方面进行评测是必要的。然而，在许多 SIAM 转换中，对组织变革管理的评价是一个极其复杂、困难和高度政治化的过程，其中存在着大量的"亚文化"。

在寻求了解沟通与组织变革管理活动的平衡效果时，应考虑以下 3 个主要方面：

- 人员个体指标
- 项目绩效指标
- 组织变革管理活动指标

为了了解 SIAM 生态系统中每个组织的薄弱领域，应该为每个组织定义这些指标。应该按服务提供商、按流程域 / 流程功能维度对这些指标进行分析，并采取措施解决任何出现的问题。经验表明，不认真对待组织变革管理中的群体，更有可能出现问题。

人员个体指标

在展现组织变革管理的成效时，通常会使用以下人员个体指标。其中很多衡量指标指出了员工在变革过程中所处的位置以及他们是如何进步的：

- 流程采用指标
- 使用情况和利用率报告
- 合规性和遵从性报告
- 员工敬业度、认同度和参与度指标
- 员工反馈
- 问题日志、合规日志和错误日志
- 服务台来电和支持请求
- 对变革的认识和理解
- 行为变化观察
- 员工准备就绪度评估结果

项目绩效指标

利用项目绩效指标，可以将特定行动的影响剥离出去，有助于对持续组织变革管理进行评价。以下指标表明，在 SIAM 计划起始阶段提供一个全面实施规划将有多么重要：

- 绩效改进
- 进度与计划符合度
- 业务与变革就绪度
- 项目关键绩效指标的评价指标
- 收益实现与投资回报
- 时间线符合度
- 执行速度

组织变革管理活动指标

最后，还可以单独跟踪组织变革管理活动。无论是什么类型的变革，所有结构化的组织变革管理计划都涉及某些活动，因此以下指标对任何项目都是有用的：

- 根据转换计划跟踪组织变革管理活动
- 培训参与度及出席人数
- 培训测验情况和培训成效评价
- 通过沟通传递的信息
- 沟通有效性

4.3.5　SIAM社交网络

在 SIAM 环境中，应该从社交角度对传统意义上的协作进行重新定义，不应仅仅局限于传统的、正式的互动（例如，电子邮件或在线会议），还应该扩展到社交网络功能（例如微博、维基、个人资料、标签和订阅源）。强大的社交网络能力有助于在 SIAM 环境中促进开放性。

在 SIAM 社交网络中使用的工具涉及以下方面：

- **协作**：客户组织、服务集成商和服务提供商可以相互共享和分发信息，包括文件、电子邮件、即时消息、在线会议、视频会议、网络研讨会、屏幕共享等工具
- **内容**：可在整个SIAM社交网络中以标准格式使用文件、视频和图像
- **沟通**：巧妙利用搜索引擎、书签、新闻源、个人资料、评论、照片共享、收藏夹和等级评定等功能

> 📖 **社交媒体指南**
>
> 应就适当使用社交渠道、社会规范、可接受的语言和内容向员工提供指导，同时建立健全信息安全策略，并明确所有利益相关方的义务。
>
> 在发生争议的情况下，任何记录的沟通内容都可以在法庭上出示。最好的结果可能只是令人尴尬，而最坏的结果可能是最终导致法律诉讼或合同终止。

服务提供商通常相距较远，有些位于不同的国家。在这种情况下，社交工具在促进、培育非正式网络和渠道方面的价值可能是显著的。在员工共处一地的情况下，无论服务提供商组织的情况如何，社交网络工具的价值都可能较小。然而，在 SIAM 环境中，各方共处一地办公的情形是很少见的。

4.4　SIAM 实践探索

在 SIAM 基础知识体系中，描述了 4 种类型的实践：

1. 人员实践；
2. 流程实践；
3. 评价实践；

4. 技术实践。

这些实践领域涉及跨各层的治理、管理、集成、保证和协调。在设计 SIAM 模型、管理向 SIAM 模式转换以及在 SIAM 模式运营过程中，都需要考虑这些实践。本节逐一探讨这些实践，提出在实施阶段应考虑的、特定的和实际的因素。请注意，人员实践和流程实践是结合在一起的，称为"能力实践"。

4.4.1　能力（人员/流程）实践

对大多数组织来说，实施 SIAM 并转换到 SIAM 环境是一项重大变革。在本书的其他章节，我们已经讨论了组织变革管理的必要性（参见第 4.3 节"持续开展组织变革管理"），在实施阶段，几乎在所有层和参与者中，都需要体现出组织变革管理能力。

具体而言，以下职能需要发挥作用：

- 客户组织保留职能仍然需要对总体实施的治理和方向全权负责；新的合同正在生效，而旧的合同已被终止，或在某些情况下被修改。如果合同义务没有得到履行，服务集成商会对此类行为进行升级上报，这就要求客户组织具备商业和法律能力，能够对此进行应对
- 服务集成商负责管理自身的活动，也负责管理服务提供商在实施阶段的所有活动。它们不仅要将自身的运营落实到位，而且还需要对那些正在转向SIAM模式的服务提供商的运营进行管理、提供保证，并在适当的情况下进行集成。在实施阶段特别适用的另一种实践是跨职能团队管理，团队也可能是虚拟的（参见第3.2.3节"虚拟团队与跨职能团队"）
- 服务提供商在实施阶段的职责包括确保其流程、人员与SIAM机构小组保持一致，熟悉协作协议中的条款，考虑流程接口，理解个体合同要求和目标，理解端到端服务要求

特别是在最初的适应期间，需要采取"先解决，后争论"的态度，克服初期遇到的问题，成功地建立 SIAM 环境。

📖　**先解决，后争论**

"先解决，后争论"的概念，是在 SIAM 基础知识体系中从 SIAM 的角度定义的，并不是 SIAM 环境所特有的概念。

尽管在现实世界中经常应用这个概念，但它并不意味着应该有任何争论。相反，它表明，最初的重点需要放在解决眼前的问题上。关于谁应该对这一问题负责的讨论(也就是"争论")将在问题解决后（或至少在紧迫性降低后）进行。

更进一步说，这并不是一场争论或一片指责，更多的是一次经验教训。理想情况下，将"争论"一词替换为"讨论""处理""协商""辩论""分析"或"解决"可能会更好，这些词具有更积极的含义，并涉及下一步工作，例如事后审查。

在实施阶段，需要考虑的有关人员和流程实践包括：

- 流程（和工具）集成测试
- 设立机构小组（委员会、流程论坛和工作组）
- 培训（在流程实践、评价实践和技术实践中对人员的培训）

4.4.1.1 流程集成测试

进行会议室模拟或演练测试,是测试流程的一个好方式。在这种方式中,通过遍历流程(和相关的每一个流程)以及流程中涉及的提供商和服务集成者之间的接口,进行端到端测试。

例如,测试可以是:

- 服务台接收到来自用户的故障呼叫
- 服务台对故障进行分流,将其传递给服务提供商A进行进一步调查
- 随着这种情况的发生,接收到更多的呼叫,优先级也在不断升级
- 服务提供商A向网络服务提供商B请求援助
- 确定根本原因,并提出紧急变更
- 变更已获得批准,实施修复

这些测试应使用运营工具和流程来执行,但是应远离生产环境。目的是测试文件是否正确、每个人是否知晓应该做什么、是否存在缺口或重叠。

📖 **会议室模拟**

在一组由 3 个服务提供商解决故障的测试中,当问题从一个服务提供商升级到另一个服务提供商时,服务台代表说:"所以,我知道我应该给服务提供商 B 打电话,但他的电话号码是多少?"

测试被标记为"失败"。当服务台确认服务提供商的电话号码现在已被记录在服务管理工具和支持文件中后,测试重新进行。

客户组织还可以将这些测试用作验收测试,因为这些测试会验证所有各方是否都知晓自己的职责、是否具备所需的能力,以及是否能够有效地协同工作。

4.4.1.2 设立机构小组

机构小组在治理模型中定义。虽然部分治理委员会应该已经开始运作(参见第 2.3.7 节"SIAM 治理角色"),但其他机构小组是在实施阶段才正式设立的,包括流程论坛。在首次转换活动之前,这些论坛应至少举行了一次会议,其职权范围也已经过审查并获得批准。

在规划与构建阶段,每个机构小组都明确了其成员组成。在实施阶段,可以确定参会人员,明确机构目的、会议类型(例如,面对面会议、在线会议或电话会议)和会议频率。在很多 SIAM 生态系统中,由于人员地理位置的分散,定期召开面对面会议可能是不切实际的。在这种情况下,最好的做法是先召开首次面对面会议,然后每年召开一次面对面会议,两次会议期间举行的会议可采用在线 / 电话会议形式。

4.4.1.3 培训

提供有效的培训计划是向 SIAM 模式转换的一个重要因素。在可用的时间内,完成对所有员工的培训可能是一项挑战。如果过早培训,他们可能会忘记需要他们知道的大部分内容;如果太晚培训,他们可能无法掌握所有信息。

在 SIAM 生态系统中,将各种文化和学习方式汇集在一起,将会显现出很多不足,在这种

情况下，通常需要对传统的培训方法进行强化。组织必须根据参训人员的需求，制订目的明确的培训计划，力求所有利益相关方都能最大限度地发挥其学习潜力，同时将他们的经验与其特定利益挂钩。

有效的培训计划有 5 个重要特点，为了确保在个人和组织层面取得最佳效果，必须牢记这些特点。一个成功的 SIAM 模式对人们的行为方式有一定的要求，这五个特点使参与者能够为此做好准备，同时提高培训计划的有效性：

1. **个性化**——针对不同类型的人员及其个性需求，允许将信息组织到模块、包中；

2. **挑战性**——允许参与者分享和评论培训场景中的挑战事件，共同解决问题并分享建议，事实证明，在这样的环境中进行嵌入式学习，比传统方法效果更好；

3. **协作式**——允许参与者跨团队工作，增强他们的学习体验，团队合作对任何 SIAM 生态系统都是至关重要的，培训计划中应该包含这种职业素养的培训内容；

4. **多领域**——确保培训计划涵盖不同的知识领域，而不是仅仅包含单一的专业领域；

5. **网络化**——确保尽可能多的人可以随时随地使用所提供的资源。

忽视了文化的培训不太可能奏效。必须确保为个人提供足够的时间来完成其培训。也许可以给其安排暂时的工作替代角色，以此方式来保证培训时间。在其他组织中，培训可能是在不占用工作时间、没有任何代价的情况下进行的。

4.4.2　评价实践

在实施阶段，SIAM 模式基本建立。在实施阶段即将结束时，有一个准备过渡的时期，在这段时间期间，运行状况与最终测试很相似，都还不属于业务常态状况。其中涉及：

- 启动端到端服务评价
- 执行端到端服务评价

在环境运行和绩效评价的早期阶段，最初的重点应该是合规性，而不是效率甚或效能。在这个时期，也可以对评价标准和报告框架进行一些调整。

其他需要考虑的评价标准包括实施阶段的进度指标，以及衡量 SIAM 转换收益的初始指标，并以战略阶段对收益的规划为基线进行比较。这些指标可能包括：

- 已设立的SIAM角色/机构小组占比
- 引进的服务提供商占比
- 服务提供商内部培训完成比率
- 跨服务提供商服务映射占比（服务分组模型完成率）
- 已实施的流程占比（以及这些流程的成熟度和/或接口完成率）
- 达到预期运营水平的服务占比（至少与转换前一样高）
- 履行了义务的合同比率
- 对照验收标准的评价指标

4.4.3　技术实践

在工具策略中，对支撑 SIAM 生态系统的一个或多个工具系统的需求进行了简要描述。其中包括功能性需求、非功能性需求、需要支持的流程、工具系统接口标准以及未来开发路线图。

在规划与构建阶段，集成需求推动了工具策略的创建（参见第 3.1.9 节"工具策略"）。在实施阶段，需要落实工具策略，包括以下步骤：

- 根据策略，服务集成商部署工具系统或进行工具系统集成
- 服务集成商会同各个服务提供商共同完善数据交换的策略和标准
- 服务提供商可将自己的工具与工具系统进行集成，如果使用一个统一的工具，则需要部署通用的工具，或者也可执行"转椅"程序
- 每个服务提供商测试自己的工具，确保能够提供所需的输出
- 服务集成商测试自己的工具
- 服务集成商进行工具的端到端测试，确保所有接口都按设计运行

注意，对于即将离任的服务提供商，可能需要使用临时工具对其数据进行迁移，可以采用手动或"转椅"方法，同时，访问不同的数据源时提供临时报告。

在实施阶段，将首次体验到工具策略的成功实施，也可能发现其局限性，例如：

- 遗留工具无效
- 服务提供商不合规
- 架构缺失
- 故障无法识别

结合前面几节的评价（和流程）实践，需要仔细检查技术实施是否完成，是否成功。

5   SIAM 路线图第四阶段：运行与改进阶段

通常，在路线图之实施阶段完成后，就进入运行与改进阶段。但在运行与改进阶段开始时，往往还有一些转换工作仍处于实施阶段。如果选择的是分期实施方法，则随着每一期实施的完成、每一个服务转换的完成、每一个流程转换的完成，或每个服务提供商在实施阶段任务的完成，其交付的元素在运行与改进阶段将以增量的方式被承接（参见第 4.1.2 节"分期方法"）。

运行与改进阶段的输入包括：

- SIAM模型
- 流程模型
- 治理框架，包括机构小组
- 绩效管理与报告框架
- 服务提供商的协作模型
- 工具策略
- 持续改进框架

这些模型、框架和策略设计于探索与战略阶段、规划与构建阶段，部署于实施阶段。

5.1   运营治理机构小组

机构小组对 SIAM 生态系统进行治理，旨在确保 SIAM 生态系统的稳定，为 SIAM 生态系统提供支撑，促进生态系统中的协作活动，保障生态系统的轻松平稳运行，重点关注持续改进。

治理委员会在控制整个 SIAM 生态系统方面发挥着重要作用。在探索与战略阶段，顶层治理框架得以创建（参见第 2.3 节 "SIAM 治理框架构建"）。在实施阶段的实时环境中，顶层治理框架得以应用。在运行与改进阶段，治理委员会、流程论坛和工作组将履行各自的职责。

SIAM 生态系统的成功因素之一，是客户组织有能力定义、建立并持续调整服务集成治理模型。图 5.1 展示的是一个 SIAM 治理模型的示例，其中使用了 COBIT® 来建立服务集成治理（和结构）元素。

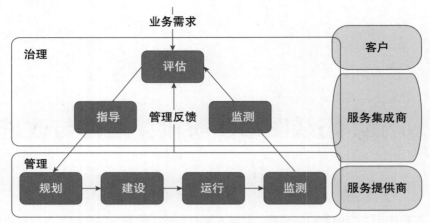

图 5.1　SIAM 角色与 COBIT®5 业务框架的映射关系

治理活动在战略、战术和运营层面进行，贯穿于各级别的治理委员会。委员会属于决策机构，在 SIAM 环境中开展与其级别相应的治理工作。在拥有很多不同服务提供商的复杂环境中，可能需要设立较多的委员会来解决特定领域的问题。然而，在服务提供商较少、不是很复杂的环境中，委员会越少可能越合适。

例如，在一个生态系统中，如果服务提供商的规模都比较小，且服务提供商能够委派出的运营人员都比较少，那么委员会可能也会更少。为了减少这些服务提供商的开销，可能有必要通过合并委员会、合并流程论坛来减少会议的数量，或者降低会议的频率（参见第 2.3.7.4 节"治理委员会"）。

📄 **运用 COBIT®**

蓝色银行是一家总部位于英国伦敦的跨国银行，属于金融服务企业，它提供以下服务：

- 零售银行业务
- 企业和投资银行业务
- 信用卡解决方案
- 住房贷款服务

为了强化企业 IT 管理与 IT 治理，蓝色银行的 IT 部门最近实施了 COBIT®。作为第一步，IT 经理决定实施服务请求与故障管理流程的控制目标。由于跨多个服务提供商的端到端服务请求与故障管理流程由服务集成团队负责，因此针对如何实施一个适当的治理结构，IT 经理要求服务集成经理提出建议。

COBIT® 指南详细介绍了标准和 / 或框架，其中针对每个治理与管理域和流程都有相应的指导，并且在指导中详细说明了每个流程与标准文件或特定框架的哪些章节有关。

在 IT 治理与管理层，通过 COBIT® "管理服务请求与故障"管理流程来定义与该流程相关的治理和企业需求。

以下是 COBIT® 出版物 "基于 COBIT5® 的企业 IT 治理"中的一个示例：

- 流程编号：DSS02（这是 COBIT® 中的一个管理流程）
- 流程名称：服务请求与故障管理

- 区域：管理
- 领域：交付、服务和支持
- 流程描述：及时有效地响应用户请求，解决发生的各类故障；恢复正常服务，记录并实现用户请求；记录、调查、诊断、升级并解决故障
- 流程目的说明：通过快速处理用户查询和故障，提高生产力并最大限度地减少中断
- RACI 图表：
  - DSS02.01：定义故障与服务请求分类方案
  - DSS02.02：针对请求与故障，进行记录、分类并确定优先级
  - DSS02.03：验证、批准、实现服务请求
  - DSS02.04：调查、诊断故障并分配
  - DSS02.05：处理故障并从中恢复
  - DSS02.06：关闭服务请求与故障流程
  - DSS02.07：跟踪状态并生成报告

为了符合 COBIT® 管理流程指南所规定的 IT 治理要求，由服务集成商对服务请求与故障管理的集成流程进行定义。

服务集成商还定义了执行该流程的原则与策略，并要求服务提供商通过明确它们各自的工作说明和程序来支持该流程。

5.1.1 战略治理：执行委员会

执行委员会在最高级别提供治理和监督。每个执行委员会的成员都是高级职员，他们对各自所效力的组织在 SIAM 生态系统中的角色负责。

治理的核心原则是决策过程中的透明度。从初期做出对 SIAM 模式进行投资的决策（做正确的事）到 SIAM 转换期间做出交付预期收益的决策（正确地做事），SIAM 生态系统中的执行委员会所做出的每一项决策都需要体现出这一点。

执行委员会要求服务提供商和服务集成商对其绩效负责，同时开展以下工作：

- 执行商定的标准与政策
- 设置优先级，批准资源分配
- 做出行动决策
- 既有奖励，也有惩处
- 裁决升级问题

所有服务提供商都应加入执行委员会，此外，每个服务提供商还应建立一个单独的委员会，成员包括客户和服务集成商。通过该委员会，服务提供商可以与适当的受众讨论商业绩效和敏感问题。如果服务集成商也是一个外部组织，在该委员会中讨论特定的商业问题时，可能需要服务集成商予以回避。

执行指导委员会是负责制定 SIAM 愿景的执行委员会，在 IT 治理的更大背景下指导 SIAM

治理角色。该委员会还应包括来自主要业务部门的成员，这些成员代表服务的消费者（参见第 2.3.7.5 节 "执行指导委员会"）。

在早期阶段，执行指导委员会的工作重点是实现 SIAM 的实施。在运行与改进阶段，重点将转移至 SIAM 模式的运营方面。对于一些更擅长项目交付的成员来说，这可能是一个挑战。在运行与改进阶段，成员有时会发生更换，可能从高级项目团队成员调整为高级服务交付代表。

很可能会存在前几个阶段尚未完成的活动。如果采取了分期转换方法，下一期转换仍将处于规划、构建或实施阶段。委员会应该在关注实时服务的同时也对此保持关注。这通常是通过单独的议程项来实现的。

一些组织选择保留两个独立的委员会，直到所有阶段都完成——一个专注于实时服务，另一个专注于尚未上线的项目。虽然这似乎是一个好主意，而且可以运作得很好，但也可能导致两个委员会之间的冲突和紧张关系。如果管理不当，可能会导致出现管理真空、管理重叠或管理混乱。

> 📖 **永不解散的项目委员会**
>
> 在一个涉及多个服务提供商的大型 SIAM 转型项目中，项目执行委员会已经成立一段时间了。在设计和实施 SIAM 模型、设立相关的治理委员会之前，项目执行委员会就已运作，工作重点是项目交付。他们与所有服务提供商都建立了牢固的关系。在服务上线之后，该委员会继续保持运作，并着手讨论实时服务问题。
>
> 一段时间以来，该委员会与在 SIAM 模式下设立的执行指导委员会之间存在着冲突，一度出现管理混乱的局面。两个委员会都认为自己负责实时服务问题，但仍有项目活动需要管理，而且仍在继续进行着服务开发和改进。服务提供商更愿意参加项目委员会，因为它们已经与项目委员会成员建立了良好的关系。
>
> 最终决议是撤销项目执行委员会，并将其职责移交给执行指导委员会。

一个很大的风险是，执行委员会试图处理太多的具体问题，其中包括应该交由战术治理委员会、运营治理委员会处理的事项。尤其对于小型 SIAM 生态系统，在同一人员任职于不同委员会的情况下，可能会发生这种情况。

在这种情况下，重要的是要建立和确定：
- 每个委员会明确的职权范围
- 议程项，并对细节进行讨论
- 强大的主持能力
- 在不同级别的委员会之间升级、移交事项的规定程序

5.1.2 战术治理委员会

战术委员会介于战略委员会和运营委员会之间。战术委员会承担召开战略委员会的准备工

作。通常，在与客户组织或其他利益相关方的高层进行会谈之前，首先通过战术委员会进行讨论。战术委员会作为运营委员会的升级点，对需要升级到战略委员会的事项进行确定。

战术委员会通常不会有客户参加，将由服务集成商作为客户的代理主持工作。在某些情况下，例如在设立服务集成商角色的早期阶段，可能需要由来自客户组织保留职能的代表来提供初始支持，对服务集成商的职责进行重申。

📄 **服务评审委员会**

举个例子，服务评审委员会就是一个战术委员会。其工作内容可包括：

- 确保SIAM中期战略与战略委员会提出的IT治理要求和愿景保持一致
- 优化服务的设计、交付、运营和采购
- 就合同、服务提供商或财务方面的变更向战略委员会提供建议
- 对服务提供商的绩效、服务改进和服务组合进行年度审查
- 审查运营委员会的主要潜在风险

5.1.3　运营治理委员会

主运营委员会在比战略委员会、战术委员会更低的级别上，召开会议讨论服务绩效问题。

主运营委员会作为所有其他运营委员会和流程论坛的升级点，将审查服务绩效问题。例如，在流程论坛中确定的改进活动，可能超出了其批准权限，可由主运营委员会授权批准其预算的执行或资源的分配。

将根据需要安排其他运营委员会对决策提供支持，最常见的运营委员会示例是集成变更顾问委员会。为了展现运营环境的清晰视图，通常运营委员会使用可视化管理工具显示服务绩效信息。

📄 **运营委员会使用可视化辅助工具**

蓝色银行的服务集成商采用看板方法，运行一个看板墙系统。看板方法来源于精益系统思维，通过看板墙将服务状态和问题呈现于物理白板或电子白板上。

两个级别的运营治理委员会使用该看板墙：

- 一级运营治理委员会，由各服务提供商的组件级团队负责人组成
- 二级运营治理委员会，属于领导团队，其关注的是服务集成视图以及从一级委员会上报的所有升级事项、瓶颈和问题

蓝色银行对这种方法的优点进行了总结，如下所示：

- 状态和结果对所有人都是透明的，同时提供了一个计划，有助于人员之间进行对话
- 提供了一个指标，团队领导和主管可以对此做出反应，在必要时可以做出暂停的决策，同时启动对策计划
- 促进了对各级团队绩效的讨论

图 5.2 展示了一个简单的、支持可视化管理的看板墙示例（有关可视化管理的更多信息，参见第 5.7.2 节"评价实践"）。

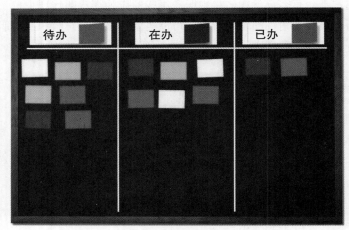

图 5.2　看板墙

5.2　流程论坛与工作组

在运营层面，工作组和流程论坛都有助于关系的建立，对服务提供商和服务集成商之间的沟通起到促进作用。工作组和流程论坛是 SIAM 生态系统机构小组的组成部分，跨越 SIAM 各层。

可能的话，可以设立很多流程论坛和工作组。需要哪些流程论坛和工作组，在规划与构建阶段进行考虑并做出决策，但必须以持续的方式对这些流程论坛和工作组的价值进行评估。各个团队是否应该聚集在一起？这样对服务交付有何影响？服务集成商必须努力在两者之间保持一个平衡。如果参与的开销过大，那么将会抵消价值，有必要确保不会因此而带来挑战。

📑 **经典工作组示例：重大问题工作组**

重大问题是指严重到有必要对问题进行紧急分析以确定根本原因的那些问题。在 SIAM 模式下，将通过一个工作组进行重大问题的分析。重大问题分析的范围可包括人员、流程、评价、环境、技术和资料。

进行重大问题审查或根本原因分析（root cause analysis，RCA），可采用 KT（Kepner-Tregoe）等问题分析技术。当一组主题专家被召集于一个工作组中时，可以使用这个方法。

重大问题工作组通常涉及以下工作范围：
- 对需要进行根本原因分析才能恢复服务的重大事件进行调查
- 对于反复发生的故障，需要进行重大问题分析
- 为了避免可能的高优先级故障发生，需要进行高优先级问题分析

由于许多服务提供商在运用传统服务管理方法（例如 ITIL® 和 COBIT®）方面都拥有经验，因此通常情况下，它们对工作组的形式感到满意，并能够成功地参与到这种环境中来。

在 SIAM 生态系统中，流程论坛等机构小组通常与特定的流程或实践相关联。成员们共同致力于积极的发展、创新和改进。在必要的情况下，可以将流程论坛和工作组联合起来。例如，可能存在一个问题管理论坛，在发现重大问题或确实需要对问题记录待办事项进行处理时，该论坛可在其范围内召集工作组。类似地，也可以合并流程论坛，例如将变更论坛与发布论坛整合为一个变更与发布论坛。每一次调整时，都必须确保了解组合的范围和意图，并进行持续价值的衡量。

当在一个相对稳定的环境中运行时，引入一个更传统、更正式的多层控制与治理结构，这可能是有意义的。当处于一个不断发展或变革驱动的环境中时，选择一个更灵活、非正式的控制与治理结构，可能是最佳选择。

只能使用 ITIL® 等服务管理框架或 ISO/IEC 20000 等标准吗？不应对机构小组做出这样的限制，理解这一点很重要。通过运用基于敏捷和 Scrum 的实践，机构小组可以将敏捷方法应用到服务管理规程中。例如，在 SIAM 生态系统中，可以将敏捷回顾视为一个流程论坛，以敏捷回顾的方式，开展端到端的持续改进，讨论哪些内容可以更改，从而使下次的工作更有成效。

在回顾过程中，通常会提及以下问题：

- 什么事项进展顺利？
- 什么事项进展得不太顺利？
- 下一次我们应该做些什么不同的事情？

📖 **SIAM 机构小组运用敏捷方法的案例**

克利尔沃特公司是一家提供用水、废水和排水服务的企业。该公司拥有 5000 多名员工，管理着价值 250 亿美元的资产，重点提供主要供水方案、废水系统、灌溉和排水等服务。

该公司正在进行一个重大项目，将为最终客户提供更多的用水组合服务，同时希望提高服务水平，并将信息技术作为一项业务为公司提供更快捷的服务。

该项目的重点是，通过加强自动计费系统来改善主要供水服务。在业务支持过程中，IT 部门开始运用敏捷原则，但遇到了一些问题，主要是在多服务提供商环境中如何保持敏捷实践的一致性，这些问题持续存在。为了解决这些不一致问题，IT 主管对服务集成经理提出建议，要求在该项目中新设立一个服务提供商流程论坛，在其中引入敏捷回顾方式。

起初，服务集成商认为，敏捷活动形式不能作为机构小组的会议形式，应该在 SIAM 生态系统之外对其进行管理。Scrum 主管解释说，在流程论坛和治理委员会范围内开展敏捷活动是适当的，并要求进行试验。

服务集成经理对此进行了尝试，并取得了一定的成功，那些对敏捷实践尚不熟悉的服务提供商认识到了敏捷回顾的价值，并在其内部流程活动中也对该方法进行了运用。

商业事务应被排除在运营流程论坛之外。顶层治理讨论的是关于合同的适当环境。应保留运营级治理用于讨论运营和改进活动。

5.2.1 每日站会或每周站会

每日站会是敏捷实践中的一种会议形式，现在常用于软件开发环境之外。通过站会，团队成员每天进行状态的快速更新，确保所有主要的参与方都清楚当前存在的问题和当天计划的重要事项，并对担心的问题进行讨论。开会时每个人都是站立的，这样有助于缩短会议时间（不超过 30 分钟）。会议通常都是在一个能提供可视化支持信息的白板旁边进行。如果团队成员不在同一地点——就像在 SIAM 生态系统中经常出现的情况一样——可以利用协作工具进行站会。

每日站会与 Scrum、看板等框架关联在一起。以下两种敏捷方法通常可以互换使用，但它们之间存在差异。

📑 **Scrum**

Scrum 是一个框架，用于将工作分解为较小的、可管理的部分，称为冲刺，每一次冲刺可以由一个跨职能团队在指定的时间段（通常为两到四周）内协作完成。

Scrum 的目的是对这一过程进行规划、组织、管理和优化。

📑 **看板**

看板也是一种为提高效率而用来组织工作的工具。与 Scrum 类似，看板鼓励将工作分解为可管理的块，如待办事项列表（待办清单）、在办事项（Work in progress，WIP）。当工作在整个工作流中进行时，可以使用看板墙将其可视化。

通过冲刺的方式，Scrum 限制了完成一定工作量所允许的时间；而看板则限制了在任何一种情况下所允许的工作量，正在进行中的任务只能有这么多，待办事项列表上的任务也只能有这么多。

无论使用哪种方法，都建议为站会制定基本规则。在站会中，需要回答 3 个有价值的问题：

- 你昨天做了什么？
- 你今天要做什么？
- 在你前进的路上有哪些障碍？

每日站会（有时称为"每日祈祷"会）或定期进行的站会有助于确保服务团队把握正确的着力点。无论是 Scrum 站会还是看板站会，对工作组处理特定的目标、任务或问题都是非常有用的形式。

📑 **每日站会示例**

站会也可用于特定的服务管理（例如问题管理或故障管理）流程活动中。

蓝色银行发现了一个问题，涉及 3 个不同服务提供商。由于这些服务提供商位于不同的地理位置，且相距较远，所以花费了很长时间仍未完成调查。现在，在服务集成商的领导下，各方使用协作工具进行每日站会，既共享了进度，又跟进了所有的调查行动。

5.3　持续绩效管理与改进

指标可以帮助企业确定其目标是否已经实现，但是只有经过精心选择、能够展现目标实现进度的指标才是有效的。

在探索与战略阶段，在定义治理框架的过程中，对服务绩效监测与评价模型进行了初步考虑（参见第 2.3.14 节"服务绩效监测与评价"）；在规划与构建阶段，对其进行了完善（参见第 3.1.7 节"绩效管理与报告框架"），此后方可进行实施；在运行与改进阶段，将对服务和服务提供商的绩效进行主动评价。

随着业务目标和支撑指标的不断发展以及知识的不断获取，在运行与改进阶段初期（运行阶段），将继续对框架进行开发；随着经验的积累（改进阶段），逐步明确需要改进或可能改进的领域。服务集成商应该拥有此框架的所有权。框架得到完善之后，服务集成商将对其进行定期审查，同时确保对正确的元素进行评价，以评估 SIAM 模式的持续价值。

应根据关键绩效指标和规定的服务级别目标，对所有服务和流程的绩效进行评价和监测。既应该进行定性评价，也应该进行定量评价，并能够展示在某个时间点的绩效，以及绩效的长期趋势。

每个服务提供商都有一个必须努力实现的服务目标，固然应该对这些目标进行评价，但更需要将这些目标纳入端到端绩效管理与报告框架之中，这一点很重要。这反过来也可以证明服务目的、商业收益和价值的显著实现。

如果没有对价值或端到端指标进行明确的定义并进行清晰的传达，服务提供商可能只关注自己的绩效，而看不到大局。在规划与构建阶段，在合同要求中已明确了对绩效管理的承诺；在运行与改进阶段，将由服务集成商负责与服务提供商进行接洽，以确保它们的义务得以履行。

5.3.1　关键绩效指标映射与服务级别报告

评价体系用于为整个 SIAM 生态系统中的不同受众创建有意义且易于理解的报告。从报告中可揭示出绩效问题，通过其中的趋势分析，也能够对可能发生的故障或潜在的交付问题提供早期预警。

在某些情况下，服务提供商可能会发现无法达成某个领域的目标，这可能是因为，服务提供商在解决之前出现的问题后，将资源集中在了另一个领域。服务集成商最好能意识到出现了这种情况，当个体目标和端到端服务目标之间存在冲突时，服务集成商可以帮助服务提供商确定优先级。

报告不仅用于衡量服务的成就和价值，还用于识别改进与创新的机会。日常服务改进活动应该包括：对由信息引发的行动进行审查和管理，对报告的相关性进行审查。在 SIAM 生态系统中，报告中还需要包括消费者的反馈，陈述消费者对服务的感受，这部分称为定性报告（参见第 3.5.2.4 节"选择正确的评价标准"）。

SIAM 生态系统的复杂性可能会使报告的编制成为一项开销相当大的工作。虽然报告在各个层面上提供了价值，但不应在其上投入过度的资源。

以下不同类型的报告非常有用：

- **以服务提供商为中心的报告**：描述了每个独立的服务提供商如何根据其商业服务级别

目标和关键绩效指标履行义务；描述了商业全景图，强调了在哪些方面取得了成就，描述了在哪些方面未达到目标及其原因

- **以服务为中心的报告**：侧重于所提供服务的绩效，包括服务级别协议中的绩效和具体目标，例如故障、问题和变更处理
- **以业务/客户为中心的报告**：侧重于SIAM生态系统端到端服务绩效，站在为客户组织提供服务质量洞察的视角上，这可能是最有用的报告，尤其是在使用业务术语表达时。重大故障数量是一个评价指标，但如果可以将其转化为生产损失，该指标就更有意义，并可以更好地为拟采取的纠正措施提供依据

📄 **关键绩效指标映射示例**

服务集成商想要比较每个服务提供商的变更管理程序的绩效。每个服务提供商使用不同的内部程序，这些内部程序都是端到端变更管理流程的一部分。

要求变更管理论坛设计一组一致的关键绩效指标。来自服务提供商和服务集成商的变更经理们开发了一组简单的关键绩效指标，可以很方便地对每个服务提供商进行评价，也可以很好地反映出绩效。在每个月底，每个服务提供商将其关键绩效指标结果发送给服务集成商，然后由服务集成商对这些结果进行整理，并与所有服务提供商共享。这推动了竞争，从而促进了改进。

这些关键绩效指标包括：

- 紧急变更的百分比
- 延迟提交变更的百分比（非紧急情况下的目标是提前5天通知）
- 被服务集成商视为不完整而导致变更被拒绝的百分比
- 变更失败的百分比

对每个关键绩效指标分配不同的权重，以此来生成的一个汇总的分数。报告中包含了几个月来的趋势分析内容，并作为服务集成商综合服务报告的一部分进行呈现。

当需要对特定流程领域中不同服务提供商的绩效进行比较时，共享关键绩效指标非常有用。对于关键绩效指标中具体的指标，需要有一个一致的定义。需要对这些指标进行精心设计，以确保进行任何比较时都是有效的。

5.3.1.1 以服务为中心的报告

需要关注整体服务交付指标、共享指标、依存指标和相关服务级别指标，这些指标反映了各方协作交付的服务与业务结果的一致性程度。那些对业务没有价值的指标、从业务角度难以理解的指标都存在损害服务集成商和客户组织之间关系的风险，可能都会被忽略掉。

评价一个服务的绩效，需要：

- 关注其为客户组织提供的价值
- 开展端到端服务绩效评价

在报告中围绕服务呈现关键绩效指标时，使用（接近）实时的数据具有很多优势，如图5.3所示。

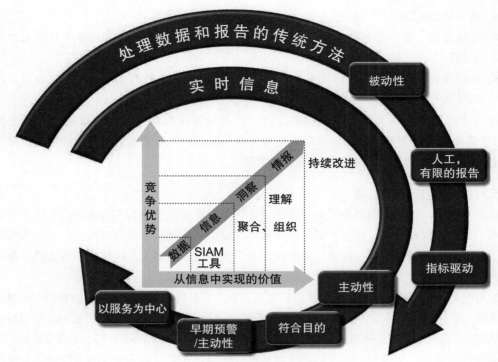

图 5.3　使用实时信息编制报告

为了推进该方法的使用，重要的是：

- 利用商定工具获取所需的服务评测信息，为此实施任何必要的变更
- 在可能的情况下，开发自动报告功能
- 监测服务级别达标情况
- 与服务提供商合作，提高绩效

服务集成商必须与客户组织的合同管理职能部门合作，以确保每项变更都纳入并体现于服务级别协议或合同中。

应该在服务承诺中明确签订服务级别协议、建立关键绩效指标体系。在建立或完善这些评价指标时，开展试点工作往往是有益的，有助于明确预期，确认服务目标是可实现的，并有助于建立绩效基线。

5.3.1.2　关键绩效指标聚合

对关键绩效指标进行聚合的目的，是展示端到端服务交付和服务集成层的成效。为了使关键绩效指标报告框架具有价值，应与服务提供商共同制定指标和目标，这些指标和目标应与客户组织的业务结果相一致。设立绩效管理与报告论坛，有助于开发和维护统一的服务指标体系，就最佳评价实践进行分享交流。

实现关键绩效指标的聚合，应：

- 关注服务结果，而不是服务提供商的产出，同时展示服务交付对业务结果的影响
- 提供定性、定量两方面的评价，以及平衡的观点
- 尽可能做到客观，尽量减少主观解读

- 遵循SMART原则
- 是适当的，整个组织的关键绩效指标总数应该受到限制（例如针对每个目标大约有三个指标）
- 有边界，如果一个服务提供商无法控制服务绩效涉及的所有方面，则不能要求该服务提供商对无法达成目标负责

在一个复杂的多服务提供商模型中，进行关键绩效指标聚合可能具有挑战性，这要求SIAM 生态系统中的所有各层都能很好地理解共享关键绩效指标的概念，并能够运用该概念进行沟通（参见第 3.1.7 节"绩效管理与报告框架"）。

5.3.1.3　报告辅助工具

理想情况下，报告应由服务工具系统生成。该工具系统应该作为 SIAM 生态系统中服务数据的唯一或中心权威来源。这种"唯一事实来源"减少了人工操作数据的需要，并为所有报告提供了可以信赖的基础。有些数据可能来源于各个服务提供商的工具，然后根据工具策略将其整合到服务集成商的工具中（参见第 3.1.9 节"工具策略"）。

如果服务集成商的工具不能满足报告的要求，那么可以适当地使用具有复杂数据分析功能的专业报告工具作为补充。尽管简单的电子表格在大多数组织中仍然被使用，但它们并不可靠，而且容易出错。然而，在将复杂的报告功能构建到工具中之前，它们是新措施的一个良好的试验场。

需要逐步建立分析能力，确保这些能力是可持续的，并确保具备强大的治理能力来对不断提出的报告要求做出管理。如果做不到这一点，可能会导致服务提供商和服务集成商对提交给它们的每一项报告要求都得去满足，但这样做无法提供有洞察力和有用的报告，因而也无法提供业务价值（导致西瓜效应）。

5.3.1.4　不同服务提供商之间的调解

在某些情况下，一个服务提供商未能达成某一目标，是因为情况不在其控制范围之内，通常失误的原因在于另一个服务提供商。解决这一问题的一个有效方法是适用免责事由。

在这种情况下，受影响的服务提供商向服务集成商提供故障发生的完整信息，包括导致失败的那个服务提供商的详细信息、支撑指标和时间线。然后，服务集成商会考虑为失败免责，通常会与源头服务提供商进行磋商。

服务集成商有以下选择：

- 拒绝请求
- 接受请求，同意受影响的服务提供商在报告中删除此失败问题描述，重新提交其绩效报告，并确保源头服务提供商在其绩效评价中已将该问题考虑在内
- 接受请求，同意受影响的服务提供商在报告中删除此失败问题描述，重新提交其绩效报告，但将问题保留为"未解决"，因为尚无法证明其他服务提供商对该问题负有责任

这可能需要调用争议解决流程（参见第 5.3.4.3 节"服务提供商违约"）。在服务提供商未能履行服务协议或义务的情况下，根据失败的性质，服务集成商应采取下列行动：

- 进行全面审查，确定失败原因和故障点
- 将该问题对客户组织业务运营的影响进行量化
- 在适当和\或可能的情况下，考虑将该问题对其他服务提供商的影响进行量化

- 按照商定的绩效管理流程，与有关利益相关方召开会议，这可以通过委员会进行
- 考虑采取合同中规定的补偿办法（例如服务信用），而不是非合同补偿办法（例如改进计划）。在考虑实施经济处罚的情况下，应与合同管理部门协商

重要的是，在所有服务提供商之间统一执行合同补偿标准（例如服务信用），以避免出现偏袒某一个服务提供商的任何指控。同样重要的是，在合同的整个生命周期内始终如一地应用该原则，因为如果在合同期限的后期再决定执行，可能会引起服务提供商的质疑。

无论是否适用合同补偿条款，都应解决服务失败问题，可通过评审会、绩效改进计划加以解决。在每一次会议上，都应以文件形式记录预期值、成功标准和结果评价方法，还应记录改进推动计划、商定的沟通方法和进度安排。在最糟糕的情况下，如果出现任何合同违约情况，甚至随后步入法律程序，这些文件都可以作为记录使用。

确保服务提供商的高级管理层意识到服务未能达到预期。要求他们在自己的组织内对商定的补偿措施负责，并根据需要提供支持。

按计划定期与服务提供商举行进度会，评估改进活动的进展，讨论每个存在的问题，并在需要时提供支持。将这些会议视为共同解决问题的机会非常重要，否则可能会破坏服务集成商和服务提供商之间的关系。

客户与服务提供商的服务协议通常由服务集成商负责管理，虽然如此，但是在适用财务补偿条款的情况下，可能有必要让客户组织参加与服务提供商的讨论。在无法实现协议目标的情况下，或者在服务提供商经常无法实现商定目标的情况下，以及在改进措施和 / 或处罚未得到落实的情况下，也应如此。

需要明确授予服务集成商解决争议的委托权，以防止需要升级到客户组织保留职能进行裁决的情况发生。

5.3.2　服务提供商绩效和集成商绩效的差异

服务集成商的合同或协议通常具有广泛的聚合级目标，目的是跟踪端到端服务绩效。由于这些目标不一定是直接可操作的指标，因此它们可能无法直观地反映出服务绩效。

评价 SIAM 模式中的绩效需要跟踪：

- 每个服务提供商的绩效
- 端到端服务绩效
- 服务集成商的绩效及其履行职责的方式

这需要不同类型的目标。

5.3.2.1　评价服务集成商

衡量服务集成商的价值通常是具有挑战性的。从表面上看，这似乎很简单：如果端到端服务运行良好，服务提供商绩效良好，客户组织感到满意，那么事情肯定进展顺利。

衡量服务集成商的价值远比衡量单个服务提供商要困难得多，因此需要一定程度的创新。在评价指标中，既需要包括经验性的评价指标，也需要包括行为性的评价指标，例如：

- 对已开展的治理活动进行分析，指标示例如下：
  - 服务信用降低情况

- 服务绩效与客户组织战略目标的一致程度
- 遵守法规或监管义务情况
- 机构小组的成效，指标示例如下：
  - 所有相关服务提供商参加治理会议的出席率
  - 服务提供商之间争议减少情况
  - 服务集成商争议减少情况
  - 升级至客户组织事件的减少情况
  - 治理会议在规划与降低风险方面的成效，包括已识别的风险数量以及需要进行缓解/采取行动计划的风险数量
- 流程成熟度和集成评价指标，示例如下：
  - 端到端服务目标实现情况
  - 分配给相应服务提供商的故障/请求的百分比
  - 在服务提供商之间传递的故障数量减少情况
- 能够协调客户组织的需求、日程安排和交付周期，并将其纳入容量与可用性计划
- 协作——在推动整个生态系统协作方面，对服务集成商绩效的主观评价
- 改进——推动改进，成功执行服务改进计划，并协调生态系统内服务提供商之间的行动，指标示例如下：
  - 使用共享知识管理库的提升率
  - 参与协作改进活动的供应商百分比
  - 已实现量化的、具有积极业务影响的改进举措的百分比
- 创新——真正属于服务创新而不是改进的明显证据

5.3.2.2 处理不完整或不标准的数据

对每一个 SIAM 生态系统来说，可能其中有些服务提供商已经采用了 SIAM 模式，但尚未同意按照 SIAM 模式报告标准调整其绩效报告。其影响可能包括：
- 报告难以获得
- 评价指标和数据不完整
- 报告不定期
- 报告周期和截止日期不一致
- 计算方法不同

当 SIAM 生态系统引进以下类型的服务提供商时，通常会出现这种情况：
- 商品化或标准化服务提供商以最低限度的定制向所有客户提供相同的服务，因此不会为了特定合同而对报告再进行任何定制
- 大型服务提供商向所有客户提供相同标准的报告
- 服务集成商的标准要求与专业服务提供商所提供服务的特征不匹配
- 小型服务提供商如果编制符合要求的报告，那么与合同价值相比，其成本高得不成比例。

对于不符合规范的服务提供商，从交付报告的视角，服务集成商有以下选择：
- 从端到端报告中排除其评价信息，这可能导致对服务绩效的描述不准确，因为这些服

务（例如主机托管服务）是端到端交付的重要组成部分

- 从服务提供商处获取数据，然后重新进行分析。如果服务提供商使用不同的报告周期，或不提供基本数据，这可能是一个挑战
- 自行衡量服务的绩效和可用性，这可能需要专门的工具来捕获数据，但将提供最准确的信息

5.3.2.3 推行服务信用体系

服务信用机制预先规定了经济补偿，当未达到服务级别或目标时，客户组织可能有权获得经济补偿（参见第 3.1.3.6 节"服务信用"）。

在 SIAM 生态系统中，确保在执行服务信用规则时是公平的，这是挑战所在，因为许多服务提供商可能都会为端到端服务做出贡献。服务集成商作为客户组织的代理，拥有委托权限，通常在执行服务信用规则时，必须考虑其适当性。

按照服务信用规则计算积分时，服务集成商必须考虑可能对合同或普通法规定的其他本来可用的补偿方法所造成的影响。除非合同是经过仔细起草的，否则，试图以"没有服务就没有报酬"为基准强制推行服务信用体系的做法，可能会导致预先规定的服务信用机制成为应对严重违约的唯一补偿措施。

只有在一个有效的评价框架内，才能公平地执行服务信用规则。评价框架是在规划与构建阶段构建的（参见第 3.1.7 节"绩效管理与报告框架"）。在现实中，当出现履约争议时，通过服务级别监测信息的完整记录，可能能够证明履行合同的情况。服务集成商可能希望表明，已经发生了违约行为，而且事实上，未能达到服务级别是严重违约的表现。然而，服务提供商也可能希望依托服务级别报告来证明，它做了各方都认为重要的所有事情。

这就是 SIAM 生态系统的复杂性所在。为了实现端到端服务的收益，往往会要求服务提供商将其自身商业目标的实现放在次要位置。在这种情况下，服务集成商必须以公平、公正的方式慎重地执行服务信用规则。如果没有做好，双方关系很快就会破裂，协同工作就变得不太可能了。

5.3.3 工作方式的演变

在规划与构建阶段确立了工作方式；在运行与改进阶段，需要对工作方式进行逐步改进。服务集成商的职责是通过以下方式建立一个适当的环境：

- 以开放方式实现信息共享
- 透明决策
- "双赢""行得通"的态度
- 公正、公平地执行服务信用规则
- 认识到，如果一种办法惠及所有各方，它最有可能在以下方面取得成功：
  - 促进相互信任和相互依赖
  - 支持协同工作
  - 不鼓励保护行为，同时承认商业现实
  - 分享解决问题的关注点和想法，使任何一方都不会感到自己受到了不应有的威胁或需要做出妥协和让步

5.3.3.1　在运营管理过程中逐步改进

在 SIAM 生态系统中，服务集成商在运营管理方面的职责是多方面的，通常涉及以下几个要素。

实时业务常态管理

实时业务常态管理包括对故障队列进行监测、对达不到服务级别标准或未履行服务级别义务的事件进行升级，以及对重大故障与问题进行协调解决。不需要服务集成商进行具体的业务常态工作，但服务集成商必须确保对业务常态的管理是成功的。生态系统运营人员的领导能力和跨职能技能是成功的关键。了解业务常态管理的有效性，或者了解在哪些方面需要加强业务常态管理，可以将注意力集中在这些最关键的方面，在这些方面不断提升改进能力。

定期举行会议

有必要定期召开绩效评审会议，并提供一种确保在生态系统内开展治理的机制。这些评审对重要的协作活动提供了支撑。通过评审，既为服务集成商提供了一个展示其协调和管理能力的机会，也为服务提供商提供了一个展示其服务交付能力的机会。例如，每月可进行服务提供商服务评审、跨服务提供商服务评审和单个服务提供商服务评审。

在服务评审会议上，可能有更好的工作方式得以分享，某些服务提供商比其他服务提供商绩效优秀的方面也将得以彰显；反过来，也能明显发现绩效不够好的方面，在这些方面，服务提供商需要找到更好的方式来提供服务，以实现所要求的目标（参见第 5.3.4.1 节"服务提供商审查"）。

流程论坛

对 SIAM 生态系统中运行的流程进行整体有效性评估，流程论坛为此提供了绝佳的机会。流程论坛使服务集成商能够识别运营方面的挑战并推动持续改进。例如，持续服务改进与创新论坛，以及可促进跨团队、跨级别讨论的质量管理论坛，都属于流程论坛。

同样，应评估流程论坛本身的效能及其与 SIAM 生态系统需求的一致性。应考虑这些机构小组的需求、范围、目标、成就和利益相关方。应由相应的高级职员审查、修订和批准职权范围，并将有关文件分发给所有参与方，以确保达成一致，持续创造价值。

协作

运行和改进 SIAM 生态系统，协作仍然是其中一个必要的关键属性。为评估协作是否成功，可以对以下领域进行调查：

- 跨组织问题解决工作组的参与度
- SIAM机构小组（如跨组织流程论坛和会议）的成员资格和积极参与情况
- 支付的一致性和及时性
- 清晰且有意义的报告
- 果断行动，及时交付，兑现承诺情况
- 一致性
- 义务履行情况，有据可依
- 关系的有效性
- 分享知识和经验情况，令组织受益
- 解决问题的公开性和公平性，明确双方需要做什么才能取得有效的结果

> 📖 **家庭中的协作**
>
> 　　在 SIAM 生态系统中对服务提供商的管理，与家庭成员的互动方式有相似之处：父母（服务集成商）需要对他们的孩子（服务提供商）严格要求，但不是威权式的，而是指导和引导他们（并平等地对待所有的孩子／服务提供商）。
>
> 　　在这里，信任不仅仅基于年龄和地位（"照我说的做"／"因为我这么说了"），而且也是基于一种已被证明是有益的长期关系。
>
> 　　只有共同努力（互惠互利），才能实现所有家庭成员的最佳利益。

5.3.3.2　推动改进与创新

　　为了推动改进与创新，服务集成商应制定方法，帮助 SIAM 各层的利益相关方进行富有成效的协作。在任何环境中，挑战都是来自于人。人既可能是变革的最大贡献者，也可能是变革的阻力。

　　以下这些要素将为鼓励改进与创新提供着力点：

- 关注个体
- 关注团队
- 客户组织和保留职能
- 流程
- 创新与结果改进
- 心理氛围
- 物理环境
- 组织文化
- 经济环境/市场状况
- 地缘政治文化

　　关注个体——把事情做好的基础是个体。组织、部门、分部、小组、团队等都是由个体构建而成的单位。重点强化个体基础，开始推动创新活动向前发展。

　　关注团队——个体能使事情发生，但在大多数情况下，个体不能独自完成所有的事情。创新需要多种技能组合，无论是发明、开发、引资、营销、专利、运营等，这些技能组合几乎永远不可能集中于一个人身上，因此需要多人来推动创新。

　　不同的服务提供商具备不同的技能——着力提升团队效率和协作动力，保持创新引擎平稳运转。让所有层面都参与到创造和创新过程中，可以增加创新成功的可能性。

　　客户组织和保留职能——即使是成功团队中的个人，也会抗拒变革。昨天成功的创新团队，明天会宣称"这是我们一贯的做法"。为了持续创新，客户组织需要考虑创建和维护企业级的程序、政策、指标、认知和高管层问责机制。

　　流程——对用于推动创新的流程或方法进行改进，但要在下面所有 3 个层面上推动：

- **个体层面**，例如，增强自我意识、情商和认知能力

■ **团队层面**，例如，使用结构化的头脑风暴、构思或创意流程来支持团队创建创新的解决方案
■ **企业层面**，例如，用于创意管理的组织体系

机构小组，特别是流程论坛，为这种协作提供了理想的机会。

📖 **学会信任**

在 SIAM 实施完成之后，对于每个服务提供商所提出的每一项变更请求，服务集成商希望立即进行审批。这是出于两方面的原因：一是缺乏对服务提供商的信任，二是服务集成商中的变更管理人员希望发挥出他们作为运营变更经理的经验。

由于服务提供商数量较多，存在大量的变更请求，变更顾问委员会在一周内的每天都要召开两次会议。这种情况持续了 10 个月。

最终，服务集成商引入了一种做法，即由服务提供商批准其组织内的低风险、可重复的变更请求。这立即减少了工作量，委员会每周只须开会两次。

随着时间的推移，随着信任度的提高，服务提供商不断受到鼓励，可依据所有各方共同制定的变更管理策略来批准自身的变更事项。

几年之后，集成变更顾问委员会只在例外情况下才召开会议。

创新与结果改进——创新和改进是两个不同但相关的概念。改进是在一定范围内逐步推进的（做同样的事情，并做得更好），而创新是一种阶梯式的变化，可能会影响业务的许多方面（以不同方式做同样的事情或做不同的事情）。

关于改进和创新过程，有不同的视角。只关注产品或结果，意味着忽视了服务、商业模式、联盟、流程、渠道等。服务集成商应基于 SIAM 模式中内部自有的报告与反馈循环机制，以一个更广泛的视野考虑改进与创新机会。

心理氛围——报告本身不会推动创新和改进工作。通过倾听故事，可以了解 SIAM 生态系统中的服务质量。用户体验案例、服务提供商案例和客户组织案例都有助于在需要改进的方面引起关注。

■ 什么在起作用？
■ 什么不起作用？
■ 什么是可以接受的？
■ 这个行业发生了什么变化？
■ 我们的业务范围是什么？

随着业务和客户需求的不断变化，SIAM 生态系统也需要不断发展。为了推动创新，应该向生态系统的所有层提供适量的个人自由（在边界内），可以在一定能力和范围内进行新领域的探索。营造有效的心理氛围，是能够持续创新的必要条件。

物理环境——由于各方的分散性（这在 SIAM 环境中通常是一个问题），对于在不同地域和时区运营的独立商业组织，可能存在物理环境上的挑战（参见第 3.2.3 节"虚拟团队与跨职能团队"）。

这是服务集成商需要克服的挑战。服务集成商应该考虑：

- 各层的利益相关方能够很容易地聚集在一起交流和工作吗？
- 他们了解自己的范围和界限吗？
- 他们能抽出时间参加这些活动吗？
- 是否明确界定了决策责任？
- 是否有适当的空间来评审文件原型/结果/数据？

不同的人对理想环境有不同的概念。为了确保有一个能促进各方协作、满足各方需求的适当环境，服务集成商必须与关键利益相关方合作。这往往需要另辟蹊径，利用各种论坛或采取各种方法。让所有各方都参与到对环境的定义中，将增加成功的可能性。

组织文化：在 SIAM 生态系统中会存在不止一种文化，这是显而易见的。当引进服务提供商时，考虑文化一致性因素非常重要。这可能并不总是能做到的。独特的提供商可以拥有独特的文化，不能（也不应该）总是被统一起来。

加深对不同文化的理解，有助于服务集成商更好地与不同文化背景的组织合作。为了清晰了解不同层中所彰显的文化意蕴，可以通过机构小组去了解人们讲述的那些成功和失败的故事，这是一个不错的方法。

- 事情是如何真正完成的？人们是如何发现的？又是如何分享的？
- 如果既定流程不符合目的，哪些做法可以绕过这些流程？
- 人们会避开哪些流程或活动？
- 哪些服务提供商被认为很容易与之合作？哪些被认为不容易合作？

组织领导人的话音往往被人们知道的实际情况所淹没。创新很重要，但仅仅用言语表达出来是不够的！客户组织必须在规划与构建阶段为此提供框架、范围和边界，这样才能在运行与改进阶段开展工作。为了以案例的方式对理想的文化进行诠释，必须在组织政策、管理行为、可衡量的事物以及信息传递方面均保持一致。

经济环境 / 市场状况：当市场状况意味着既不需要过多地感到恐惧，但也没有太多信心时，创新文化是最容易保持的。这是商业周期中罕见的时刻。

在一个进行重大变革、快速发展的生态系统中，创新可能难以持续，特别是在服务提供商结束服务、组织裁员和重组活动等颠覆期，创新将逐渐消失。当服务提供商意识到销售额下降或经济衰退时，它们通常会谨慎行事，停止提出创新和改进的建议。同样，如果客户组织宣布市场主导地位或发布令人印象深刻的财务数据，服务提供商可能会变得盲目乐观。

客户组织应该通过预留资源来定下基调，无论处于顺境还是逆境都应该支持创新。矛盾的是，许多组织只有在陷入困境时，即当它们别无选择，只能做出改变时，才能进行彻底的创新。

地缘政治文化：在 SIAM 生态系统中，这是一个重要的考量因素，特别是对于业务覆盖众多地区的生态系统。地域文化元素可以对个人产生影响，这些元素包括：

- 人们出生或生活的地方
- 他们所说的语言
- 他们工作的地方
- 他们是如何接受教育的

不同的文化有不同的沟通方式，以不同的视角看待世界，感知不同的威胁，从不同的事物中发现不同的价值。每种文化都有精华和糟粕。服务集成商必须考虑，哪些文化优势可以利用，哪些文化障碍必须克服。关注 SIAM 生态系统各层中人员的习惯和需求，将有利于创新。

5.3.4　持续进行服务提供商管理

只有在能够对每个服务提供商的持续能力进行衡量和管理的情况下，运营管理才会成功。服务集成商应针对每个服务提供商维护一个详细的联系矩阵，界定它们各自的职责和交付责任。

服务集成商应对每个服务提供商的角色持续进行评估。在这种情况下，使用某种形式的供应链与合同管理信息系统是有用的。理想的情况是，供应链与合同管理系统将成为更全面的知识管理系统的一个组成部分。

服务集成商应该使用供应链与合同管理系统来持续获取所有服务提供商的有关记录。除了获取详细的合同信息外，还应获取：

- 所提供的服务类型或产品类型的详细信息
- 与其他服务提供商的服务关系（依赖关系）
- 在服务交付中，服务提供商角色的重要性
- 风险
- 成本信息（在可用且适当的情况下）

供应链与合同管理系统内的信息将为任何服务级别、服务评价和服务提供商关系管理程序和活动（这是服务集成商职责之一）提供一整套参考信息。

服务集成商的重要职责之一，是持续向客户组织提供 SIAM 生态系统中每个服务提供商的绩效和价值信息。通过评价和评估，服务集成商应该确定每个服务提供商的定位和相关性。这些信息还将帮助服务集成商建立必要的、适当级别的运营监测和审查计划。

根据商定的绩效管理框架，服务集成商应审查服务提供商的交付义务和服务绩效，为预先安排的会议做好准备。

在定期服务报告中，应包含所有绩效欠佳的情况或相反的极具附加价值的情况，并向治理委员会和客户组织提供反馈。应采取适当的纠正措施，包括启动正式的服务改进计划，来处理服务提供商绩效欠佳问题。

在更细颗粒度的层面上，服务集成商可以召集每日站会（参见第 5.2 节"流程论坛与工作组"），来探讨待办事项、重大故障、升级和当日计划等运营问题。

对于成功的绩效与运营管理，其主要成功因素包括：

- 明确定义的角色与职责
- 生态系统内持续恒定的沟通
- 规范的评价框架文件
- 高效的评价机制
- 一致的监控和审查
- 路线修正机制
- 标识、识别异常情况的能力
- 奖励卓越附加价值的能力
- 明确的、人人都能理解的工作方式

5.3.4.1　服务提供商审查

服务评审会议在确保服务交付方面发挥了重要作用，同时也能促进持续的服务改进和完善，并对服务交付进行正式的跟进。

在筹划服务评审会议时，采用分层方法：

- 月度（或每两周）运营会议——审议：
  - 基于月度报告的故障状态讨论
  - 需要重点关注的领域
  - 重大升级
  - 客户反馈
  - 以往运营会议上的行动事项
- 季度（或月度）服务提供商会议——审议：
  - 服务级别协议中的目标绩效
  - 服务改进计划
  - 改进措施
  - 问题纠正计划
  - 以往会议上的行动事项
  - 面临的挑战
  - 来自客户和/或其他生态系统合作伙伴的反馈
- 年度合同评审——审议：
  - 必要时须与客户组织进行接洽的事宜
  - SIAM综合记分卡（参见第2.8.2节"评价实践"）
  - 服务审查/服务范围审查
  - 服务级别审查，与端到端关键绩效指标/服务级别协议年度审查保持一致
  - 战略机遇
  - 未来路线图，包括任何必要的改变
  - 安全审查，以确保生态系统内不存在特定的安全风险
  - 监管与合规义务

注意，会议时间范围和频率仅供参考，可能会根据具体情况增加或减少，也会根据服务提供商类别（如战略性、战术性、运营性或商品化提供商）而不同（参见第 2.3.7.4 节"治理委员会"）。

在所有会议上都应记录会议纪要，并以可访问的方式提供给有关各方，安排人员对议定的事项进行跟进，以监测活动执行情况，直至事项得以落实。这些文件可作为合同续签审查的宝贵资料，用以确定续签资格，也可作为对服务级别或商业活动进行必要更改的依据。

5.3.4.2　增减服务提供商

在 SIAM 生态系统中存在多个服务提供商，与服务提供商可能签订的是周期很短的合同。由于这种敏捷的松耦合特性，服务集成商（以及客户组织保留职能）经常面临增减服务提供商的情况（参见第 2.3.13.4 节"服务提供商的进入与退出"和第 3.3.3 节"转换策划"）。

与服务提供商终止合同的原因包括：

- 服务提供商始终未能提供满足业务需求的服务，服务级别达不到要求
- 服务提供商所提供的服务不再符合业务需求
- 找到更具成本效益、更好或更可靠的服务提供商
- 通过对绩效或需求模式的分析，发现现任服务提供商无论在体量、事务还是服务级别方面，均无法跟上变化，也无法满足需求（服务无法扩展）
- 合同自然到期，且无续约意愿
- 文化错位
- 服务提供商存在欺诈行为
- 服务提供商终止业务

在任何情况下，首先必须检查合同，以确定其中是否包含对合同提前终止的处罚条款，或者是否对提前终止的通知期限的确进行了预先商定。在最初拟定合同时，本应考虑到退出条款，对此应在合同管理流程中予以体现（参见第 3.1.3.10 节"合同结束"）。在需要快速终止合同的情况下，客户组织可能不得不接受处罚。

除了更换或清退提服务供商会面临财务障碍之外，当切换到具有不同流程或系统的新服务提供商时，可能还会面临运营方面的挑战。这可能会导致新的工作方式、流程执行、工具使用的中断，以及知识的流失。

按照退出协议中的规定，服务集成商应确保从即将离任的服务提供商处获得所有有关信息和工作成果。如果可能的话，与各方进行协商，由新服务提供商负责处理与现任服务提供商的交接事宜。

合同终止或合同变更期间的注意事项

与服务提供商脱离可能是一项复杂且有风险的事务，特别是对于战略服务提供商角色，其提供的服务对客户组织至关重要。SIAM 治理框架提供了一种机制来考虑相关的风险，确保在识别、理解风险之后，制订风险缓解或风险管理计划。在规划与构建阶段，就应制定应对此类事项的指导方针。

为了确保在引进新服务提供商、清退现任服务提供商期间，客户组织能够持续平稳地运行业务，在规划与构建阶段就为此目的创建了既定程序。在实施阶段，以该既定程序为指导，进行有关引进、清退服务提供商的工作。在可重复的流程中，设立一系列质量门，针对服务退役和 / 或服务终止等事项开展治理。从这些活动中，可以获得重要的经验教训，这些经验教训应该在下一轮流程中再次发挥作用。

为了确保符合对质量、绩效的所有要求，基于质量门治理模式的转换计划和支持目标包括：

- 酌情保留相关的知识产权、政策、流程和程序文件
- 进行知识转移
- 保持服务连续性（在适当的情况下）
- 新的运营团队参与并接受培训
- 获得客户认可

重要的是，要避免疏远仍然需要的服务提供商。例如，它们有可能还在生态系统中提供其他服务，或者未来可能再将它们引进生态系统中。

5.3.4.3　服务提供商违约

在服务提供商未能履行服务协议或义务的情况下，根据违约的性质，服务集成商应采取下列行动：

- 进行全面审查，确定违约原因和故障点
- 将该问题对客户组织业务运营的影响进行量化
- 在适当和\或可能的情况下，考虑将该问题对其他服务提供商的影响进行量化
- 按照商定的绩效管理流程，与有关利益相关方召开会议，这可以通过委员会进行
- 考虑采取合同中规定的补偿办法（例如服务信用），而不是非合同补偿办法（例如改进计划）；在考虑实施经济处罚的情况下，应与合同管理部门协商

重要的是，在所有服务提供商之间统一执行合同补偿标准（例如服务信用），以避免出现偏袒某一个服务提供商的任何指控。同样重要的是，在合同的整个生命周期内始终如一地应用该原则，因为如果在合同期限的后期再决定执行，可能会引起服务提供商的质疑。

无论是否适用合同补偿条款，都应解决服务失败问题，可通过评审会、绩效改进计划加以解决。在每一次会议上，都应以文件形式对预期值、成功标准以及结果评价方法进行记录，其中还应包括改进推动计划、商定的沟通方法和进度安排。在最糟糕的情况下，如果出现任何合同违约情况，甚至随后步入法律程序，这些文件都可以作为记录使用。

确保服务提供商的高级管理层意识到未能达到预期。要求他们在自己的组织内对商定的补偿措施负责，并根据需要提供支持。

按计划与服务提供商定期举行进度会，评估改进活动的进展，讨论每个存在的问题，并在需要时提供支持。将这些会议视为共同解决问题的机会非常重要，否则可能会破坏服务集成商和服务提供商之间的关系。

客户与服务提供商的服务协议通常由服务集成商负责管理，虽然如此，但是在适用财务补偿条款的情况下，可能有必要让客户组织参加与服务提供商的讨论。在无法实现协议目标的情况下，或者在服务提供商经常无法实现商定目标的情况下，以及在改进措施和 / 或处罚未得到落实的情况下，也应如此。

5.3.4.4　争议解决

在 SIAM 生态系统中，可以在多个层级上处理争议，应尽可能使争议在最低的升级级别得到解决。由于客户组织保留了合同的所有权，因此需要建立一种机制，允许服务集成商管理大多数服务提供商和合同相关问题；只有在这些问题严重到一定程度时，才需要客户组织保留职能介入。

为此，必须对服务集成商关注的绩效管理、关系管理和客户组织保留职能负责的合同管理进行区分。

📋　**争议升级**

　　通常情况下，投诉者会直接向客户组织的最高层投诉，问题会被夸大，而对等协商可能会更有效。SIAM 模式中的整体文化有助于强化适度升级的做法。

在合同管理中，总是会存在争议。合同中的责任越明确，争议就越容易解决。为了做到这一点，战略应该从目的出发，合同应该支持战略（参见第 3.1.3.9 节"争议管理"）。

合同管理有可能变成对抗性的，在极端情况下，会导致双方来回报复。这不仅是因为意见分歧，也是因为各方观点不同造成的。服务经理通常关心服务质量因素，而商务和财务经理可能更关心谁向谁付钱、支付多少。

在 SIAM 生态系统中，应该为合同管理创建一个协作的环境，寻求双赢局面。合同结构和配套的合同附件需要对服务安排的变更起到一定的支持作用，而不是造成灵活性缺乏的若干年合同锁定。

在解决争议时，必须注意：

- 法律，通常，合同的管辖权规定了适用哪种法律
- 合同，包括争议解决条款
- 任何可能影响条款解释的先例

5.3.4.5　发挥协作协议的作用

多个服务提供商之间的服务划分产生了对服务集成的需求。端到端服务交付中涉及服务提供商的义务，可以将服务提供商的义务整理于一个单独的合同附件中，也可以分散于各个合同中。在理想情况下，为了提高效率，将这些义务标准化。

如果是标准化文件，则在变更控制下维护单个文件即可。这些类型的文件被冠以各种名称，例如协作协议、跨职能工作说明书、合作模式或运营手册（参见第 3.1.8.3 节"协作协议"）。

无论取何名称，在这些协议中，必须：

- 定义客户组织保留职能、服务集成商和服务提供商的角色
- 规定沟通与协作的方法
- 规定如何升级、如何解决运营问题
- 定义如何对协作进行评价，确定增进协作的激励措施
- 易于理解
- 包含必要且适量的内容，无须过多

📋 **简单的协作协议**

一家大型公司委托建立了 SIAM 生态系统。该公司认为需要一份协作协议，因此聘请了商业律师，以高昂的费用起草了一份协议。

所编制的协作协议比主合同的页数还多，而且主要使用法律语言编写。这吓跑了许多潜在的竞标者。

服务开始后，该协议就从未被使用过，因为选定的服务提供商了解所需的结果，并希望"做正确的事情"。

这份文件毫无价值。协作协议应该是一份有活力的文件，为履行义务提供明确的参考。

虽然严格按照协作协议执行可能很困难，但是，围绕服务提供商和服务集成商、客户组织保留职能之间的工作安排和互动方式，签订协作协议有助于为此确定基调，定义期望。

协作协议为与服务提供商的关系设定了基线，但不应排除任何可以强化服务交付的其他行为。否则，就会存在这样的风险，即一些服务提供商可能会严格遵守协议，而不做进一步的工作，这也可能限制服务的改进。

在协作协议中，应包含以下内容：

- 明确总体服务结果和每个服务提供商应提供的成果
- 对每一方的职责以及履行其职责之最佳机制进行易于理解的定义
- 明确标准化的应用范围（例如，主工具系统的选择）和个性化的应用范围（例如，若每个服务提供商的内部工具与主工具能够进行集成和交换，则可以接受其使用内部工具）
- 在服务协议附件中，将同时包含端到端责任和每个服务提供商的责任
- 与集成、接口需求等其他治理工作成果物相关联

协作成功与否，将在很大程度上取决于服务提供商是否接受协作协议中规定的条件。服务集成商的职责是确保运营一致性，并针对影响协同工作的问题采取行动。

5.3.4.6　基于信任的供应商管理

在 SIAM 中，当客户组织、服务集成商和服务提供商之间存在信任关系时，才能获取最佳结果。基于信任的供应商管理方法建立在这一理解之上，对每个服务提供商的信任程度不同，服务集成商对每个服务提供商的治理程度也不同。这有助于进一步建立信任，支持协作，并使服务集成商能够以最有效的方式分配其管理时间。

长久以来，大多数组织管理供应商的方法完全依赖于合同。在为 SIAM 设计供应商与合同管理策略时，这种做法可能会导致谨慎和不信任，结果造成合同非常详细，包含过多的报告要求和处罚条款。这些组织可能会发现，很难转换到 SIAM 模式，因为需要协作、配合和信任才能在 SIAM 模式中对供应商与合同进行成功管理。

基于信任的供应商管理方法可以取代这些更传统的供应商管理技巧，或与之结合使用。方法的选择将取决于合同的性质，以及服务集成商与每个服务提供商之间关系的成熟度。

📄 **信任个人还是信任组织？**

尽管人们经常谈论在组织或团队之间建立信任的必要性，但信任实际上是在个人之间发展起来的。信任是基于人的，而不是基于合同的。信任可以存在于组织中各个级别的个人之间。在 C（首席）级赢得的信任并不一定会转化为运营级人员的信任。

信任与善意，是在整个 SIAM 生态系统中开展协作的重要基础，也是 SIAM 模型中各层之间成功互动的重要基础。因此，在设计更宽泛的 SIAM 模型时，包括在设计流程模型、协作模型、工具策略、持续改进框架以及绩效管理与报告框架时，也应考虑到信任。这为所有利益相关方提供了保证和一致性（参见《全球数字化环境下的服务集成与管理——SIAM》第 8.2 节"挑战：控制度与所有权"）。

在规划与构建阶段，在设计完整的 SIAM 模型时，应该考虑成功运营对信任的要求。这应该包括所要求的信任级别，建立和维护相应信任级别的方式，以及实现这些目标的职责。设计范围应包括 SIAM 实践，特别是人员与流程实践。

在 SIAM 生态系统中存在的信任级别将随着时间的推移而发展和变化。图 5.4 展示了信任如何随着时间的推移而增加，以及如何受到特定事件的影响。

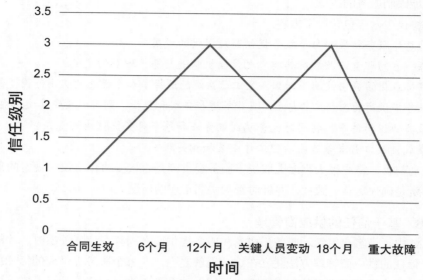

图 5.4　受时间和事件影响的信任级别

信任级别可能会受到负面影响，示例情况如下：

- 当一个新服务提供商被引进SIAM生态系统，却未验证其绩效时
- 当服务提供商为了赢得合同而过度推销自己的能力，却无法兑现承诺时
- 在发生重大故障后
- 当关键人员发生变动，需要建立新的关系时
- 当服务范围不明确，服务提供商认为因超出其控制范围的事情而受到惩罚时
- 当期望和需求在没有沟通的情况下发生变化，合同条款和指标不再能适当反映客户组织的需求时
- 当为了客户的利益而提高端到端效率，对服务提供商提出了比合同更高的要求时

如果客户组织决定使用外部服务集成商，应努力确保客户组织和服务集成商对信任的期望是一致的。这将避免客户不认可服务集成商的供应商管理方法等问题的存在。由于服务集成商代表客户行事，因此要求服务集成商了解客户对信任的基本态度和行为，这是很重要的。

📄 **缺乏信任**

在实施新 SIAM 模式两个月后，一家服务提供商的工程师错误地关闭了数据中心的一台服务器，导致发生了一起重大故障。

服务集成商不相信该服务提供商会阻止这种情况再次发生，坚持采用新的访问控制程序。对于进入数据中心的每个请求，都将需要服务集成商来批准。

如此更具控制性的做法降低了双方之间的信任度。结果导致需要重新考虑访问控制级别，工作方式也发生了变化，逐渐地，这些控制措施被放弃了。

信任管理周期

信任管理是一段持续的旅程。即使在久经考验的关系中，影响因素也会在某个时间点对信任关系产生直接影响。

可以将发展信任关系视为一段包含多个阶段的旅程：

- **定义信任。信任是什么，如何衡量信任？** 简单地说，也许您已经将信任定义为您可以依赖服务提供商或团队的信心。让多服务提供商团队共同承担一项任务，如果它们彼此之间轻松地寻求帮助，则可以体现出信任
- **了解影响信任的障碍。** 对于服务提供商，从基于其自身目标的评价转向端到端评价，这将消除竞争感，从而建立信任（参见第 5.3.1.1 节"以服务为中心的报告"）
- **为建立信任关系奠定基础。** 建立信任需要时间，与他人建立信任关系，需要了解动态服务模型，需要有机会开展实践。可以进行非正式的团队建设，比如社交活动，也可以通过机构小组进行互动。通过流程改进或价值流优化来逐步改进这些活动，从而发展信任关系并加强希望建立的原则
- **支撑、维护、修正信任环境。** 随着信任水平的发展，会有一些影响信任关系的事情发生，要立即进行处理，并解决与信任有关的所有问题，从而维护环境。使用时间点指标对信任关系进行衡量。一旦您对信任进行了定义，就要经常对信任度进行检查、评测、评分，而且要公开评分。确保 SIAM 模型中的各层都理解信任，根据实际情况的不同，信任度可能会增加或减少。这不是一场相互推卸责任的游戏，而是一种对关系的认知：所有的关系，即使是那些建立已久的关系，都会随着时间和环境的变化而变化

发展高度信任关系，需要对某些管理实践做出改变。一旦意识到这一点，就能更好地理解基于信任的 SIAM 实践的必要性。为了打造一个跨越组织边界的、高绩效的、有凝聚力的团队，可以采用敏捷合作的新原则，取代僵化的、形式化的合作方法。

在整个生态系统中建立信任，SIAM 中的实践示例如下：

- 为每个服务提供商创建一个信任级别基线，并确定在哪些关系或文化方面需要改进，
- 以面对面互动、运用协作技术和工具等方式，为协作提供便利条件。
- 包容所有人，考虑工作场所的社交元素，例如，组织夏季聚会、举办项目启动会，开展跨组织的团队建设
- 拥抱团队互动方式和基于行动的学习方式。随着时间的推移，信任会建立起来，当服务提供商不仅能了解情况，而且还可以讨论它们的建议，要求它们给出理由和解释时，它们对决策的接受程度就会提升。

信任等级基线为服务集成商提供了对整个生态系统中信任等级的理解和一个清晰的映射。例如：

- 低度信任关系：需要进行精细化管理，通常包括更详细的报告要求、定期召开会议，重点是确保服务提供商能够按照商定的级别完成工作
- 中度信任关系：管理不需要过于精细，服务提供商拥有更多自主权，可以专注于改进工作的完成方式
- 高度信任关系：关注点从管理和监督转向发展和维护积极健康的关系，重点是共同的目标与创新

培养共同体意识和凝聚力可以建立信任,公正和公开将取代信任。这有时被称为"一个统一团队"态度,SIAM 生态系统中的所有参与者是一个整体。

通常,信任是通过身份符号来表达的,例如,徽标或特定的表达,它们只对群组成员有独特的意义。每个 SIAM 生态系统将开发自己的符号、仪式和交流方式来创建身份。进行基于信任的供应商管理,可以识别、促进这些身份的表达。

📑 **小熊软糖作为奖励**

一个 SIAM 团队有带小熊软糖(一种糖果)上班的习惯,每当有(团队以外的)人员积极推广 SIAM 并支持他们的工作方式时,他们就开始分发这些糖果作为奖励。

小熊软糖最终成为 SIAM 的象征,甚至办公室的海报上都印有小熊软糖。

提升信任度所面临的挑战包括:

- 较高的员工流失率(因为信任是建立在个人关系基础上的)
- 对特定人员(或服务提供商)及其知识的依赖
- 竞争局面(服务提供商之间)
- 对变革的抗拒(例如服务提供商甚至客户保留组织的员工不接受工作方式的改变)
- 无法实际会面(而是依赖远程交互)
- 文化契合度

5.4 审计与合规

大多数企业都受到某种形式的监管。有与行业治理、公司治理和业务治理有关的合规标准,规定了遵守行业惯例、法律和政府要求或达到某一基准的内部目标要求。因此,服务提供商需要符合一定的质量、审计、合规性和监管标准的要求,还应持续遵守这些要求。

在 SIAM 生态系统中,服务集成商有责任对服务提供商进行治理,职责也延伸到对质量和合规参数的管理。此外,服务集成商将需要通过保存记录、进行内部审查与审计等方式,保持审计准备状态或合规状态。

在规划与构建阶段,对合规管理与审计进行了定义(参见第 3.1.5 节"治理模型")。在运行与改进阶段,应根据合同中的进度安排进行审计,或针对那些明显的、潜在的未履行义务的重大问题进行审计。

只能由具有适当经验和 / 或资格的人员进行审计。在 SIAM 生态系统中,可能有来自多个领域或服务提供商的员工。虽然个别服务提供商可能会有本地的、特定的、保密的领域,但这不应影响这些保证活动的开展,应在开放与协作的文化中进行审计。

5.4.1 推动审计/评估后改进

审计通常基于外部标准(如 ISO 9001 或 ISO14001)或外部监管框架的要求,是大多数管理体系不可或缺的组成部分。通过审计或评估,不仅可以识别不符合项,采取措施对不符合项予以纠正，还可以识别系统性问题，或通过展现趋势来发现潜在的薄弱环节。

审计活动为企业提供了有用的信息，帮助所有利益相关方改善自身组织，以追求持续改进。在追求组织目标的实践中，审计应被视为一种帮助组织识别和提高效力、效率的方式。

审计不同于简单地识别合规与否。这两种方法之间的差异可以看作促进与观察之间的区别。全面审计确保企业正确地做事，也验证了企业正在做正确的事情。例如，这意味着不仅要确保流程得到遵循，而且要确保流程符合业务需求，并且这些流程有助于提高客户满意度，无论这一切是如何定义或如何衡量的。

在审计过程中，可以通过引发对最佳实践的讨论或提出改进建议来增加价值。

审计目标包括：

- 支持组织中的利益相关方实现其目标和目的
- 评价业务流程的绩效（效率、效能和符合性）
- 评估组织满足客户需求的能力，评估组织对内、外部规章制度的遵守情况
- 推动总结、分享最佳实践的进程
- 识别改进机会、风险和不符合项
- 支持采用外部标准

在探索与战略阶段，在治理框架内定义了审计计划（参见第 2.3.12 节"审计控制"），其中对审计活动的方法和频率进行了简述；在运行与改进阶段，根据治理框架内提供的指导，开展审计活动。

5.4.2 审计报告

审计报告必须及时、有事实和证据支持、客观，并在审计小组成员之间达成一致，审计结果必须得以妥善记录。

一项有据可查的审计报告包括 3 个部分：

- 得出审计结论的依据
- 审计结果陈述本身
- 支持审计结果的审计证据

审计报告的结构应符合客户组织的需求，例如可以包括：

- 范围
- 执行摘要，对被审计领域的健康状况进行总体评估
- 符合规定的说明，关于所审查领域或活动是否符合对其提出的要求
- 所有改进机会
- 审计结果和值得关注的领域
- 可被视为最佳实践的领域
- 未来审计计划信息
- 需要跟进的领域

应依据治理框架，就编制、批准和分发审计报告的目标达成一致，并在审计末次会议上予以批准。在可能的情况下，应尽快将审计报告分发给所有利益相关方。在审计结束很长时间之后才发布、分发的审计报告，可能会变得不可信或得不到优先考虑。

5.4.3 后续活动

对审计活动中商定的措施，客户组织应设定明确的实施时间表。对于外部审计，这些通常由执行审计的机构制定。

对于同等的内部审计，大多数组织在执行整改时也采用该实施时间表，这是很普遍的做法。然而，有另一种可能的做法，即根据审计结果的严重性和影响力，商定整改结束日期。采用一个灵活的协商办法（有明确的边界），有助于确保所有利益相关方达成一致并进行配合，也将增加成功完成的可能性。

📑 **审计后改进**

经审计，发现流程 A 有一个重大不符合项，流程 B 有一个轻微不符合项。根据治理政策，重大不符合项必须在 6 周内完成整改，轻微不符合项必须在 13 周内完成整改。

经过进一步调查，流程 A 每半年执行一次，在接下来的 5 个月内不会再次运行，而流程 B 每月执行一次，将在两周后再次运行。

在可用资源有限的情况下，根据资源需求、可行的缓解措施和业务风险，结合实际，协商确定一组更有效的截止日期，将更有意义。

为了确保整改行动按预期完成，建议对任何时间跨度超过两个月的整改行动都要商定一个里程碑计划，且其中单个里程碑周期不能超过两个月。如果根据里程碑监测进展情况，那么按照预定时间成功实现总体目标的可能性就会提高。

及时结束商定的行动，对审计过程的成效非常重要。然而，人们认识到，有时不会在商定的时间范围内完成审计行动。这可能是由多种因素造成的，例如资源的缺乏、业务优先级的变化、对需求的认可等。为了管理这些事件，应建立一个适当的升级流程，在无法轻易达成协议解决问题的情况下可以启动该程序。

5.5 风险与奖励机制

建立风险与奖励体系，旨在使服务提供商的动机与客户的动机保持一致。服务提供商必须关心最终结果，避免自利行为。必须在规划与构建阶段，对风险与奖励机制进行定义。可以采用多种机制。在某些情况下，这是一次执行服务信用规则的机会，或者是一个获取服务信用补偿的机会（参见第 3.1.3.6 节"服务信用"和 3.1.3.7 节"激励"）。

还有一种更具创新性的选择，即建立一种机制，使服务提供商、服务集成商与客户组织的目标保持一致。例如，将对服务提供商的奖励与客户组织的收入进行挂钩，有业内传闻证明有企业这么做。实现一定程度的目标一致性，要求具备一定的成熟度、一定的透明度以及对伙伴关系的高度承诺。在 SIAM 生态系统中，与客户组织保持目标一致，对服务提供商来说存在一定风险，而服务提供商管理这一风险的能力似乎令人缺乏信心。服务提供商可能不愿意让自己的收入依赖于客户或其他服务提供商（也可能是竞争对手）。

典型的方法是使用基于客户关键绩效指标的共享目标，实现目标就可以带来财务收益。

可以根据实现程度，对这项收益进行分级。例如，只要所提供服务造成的生产率损失不超过 10%，就可以获得奖励，但在生产率没有损失的情况下，可能会有更大的奖励，可以根据浮动比例进行计算。可以与当前的基线相关联，随着时间的推移，也可以与成就提升程度相关联，以此推动改进与创新。

应以动态的方式对服务信用的目标和分配进行管理。需要在治理层面上建立一种机制，通过协商或者通过合同变更的方式，对目标进行修改。由于目的是鼓励积极的行为，因此在 3 年或 5 年的合同期内锁定安排是行不通的。

风险 / 奖励计划的要素包括：

- 推动协作行为，达到预期结果
- 促进服务信用和收益返还规则的执行，即理想的协作行为应得到奖励
- 共享关键绩效指标，在推动共享风险/奖励方面特别有用，促进了协作结果的达成
- 监测奖励机制的效果，特别注意应对负面行为进行监测
- 承担风险者将获得回报，这意味着要求服务提供商逐步达到更高水平的成果，特别是在分组服务方面
- 创建服务提供商绩效树（使结果可见并展示谁做得很好）
- 建立机制，改善生态系统文化、利益相关方之间的透明度
- 在整个生态系统中，注重知识管理与持续培训的重要性

5.6 持续变革管理

服务提供商的布局可能会发生变化。在初始模型实施完成之后，客户组织可能会做出选择，让更多的服务提供商加入该模型。

不仅在引进新服务时需要转换计划及支持，而且在服务发生重大变化的情况下也需要转换计划及支持。同样重要的是，架构、安全、交付和其他标准与政策均须到位。

集成层负责供应商管理，客户组织保留职能负责合同管理，两者之间的协调一致，对于服务提供商退出和进入的情况处理、新采购需求出现时的应对至关重要。这将对供应商管理、转换计划与支持、变更管理和发布管理等流程产生连锁影响。

会出现一些状况，例如，生态系统内的组织变革，将对工作于其中的人们产生重大影响。服务集成商应鼓励生态系统中的所有服务提供商制订有效的知识管理与备份计划，以应对变革挑战。

SIAM 生态系统的有效运营取决于所有利益相关方对模型的理解能力，及其是否能够展现出预期的行为。因此，如果没有尽早进行预见和防范，那么人员的任何变化都可能对 SIAM 模式产生重大影响。由于服务集成商对服务提供商员工的控制是有限的，因此需要谨慎对待，降低这种风险。

人们往往会忽视变革的影响。在规划与构建阶段提供的关于组织变革管理的指导（参见第 3.2 节"组织变革管理方法"），在运行与改进阶段是一个有用的资源。使持续变革管理既有效又高效的另一个关键因素是重视流程集成。一次变革，无论多么微小，都会对生态系统中的若干要素产生影响。如果流程（以及技术与人员）没有集成，任何变革造成的正面或负面的影响都可能会导致整体模型严重失衡。

管理一个 SIAM 环境，需要及早发现那些存在孤岛工作方式的领域，并直接进行处理。解决这个问题的方法之一，是在生态系统进行了任何变革之后，尽快召开深入的经验总结会议。这有助于人们了解哪些方面做得好，哪些方面还做得不好。经验总结不应流于表面，必须从各层、人员、流程和技术等方面深刻总结教训。

5.7　SIAM 实践探索

在 SIAM 基础知识体系中，描述了 4 种类型的实践：

1. 人员实践；

2. 流程实践；

3. 评价实践；

4. 技术实践。

这些实践领域涉及跨各层的治理、管理、集成、保证和协调。在设计 SIAM 模型、管理向 SIAM 模式转换以及在 SIAM 模式运营过程中，都需要考虑这些实践。本节逐一探讨这些实践，提出在运行与改进阶段应考虑的、特定的和实际的因素。请注意，人员实践和流程实践是结合在一起的，称为"能力实践"。

5.7.1　能力（人员/流程）实践

当每期实施、每个服务、每个流程或每个服务提供商完成了实施阶段的任务后，在运行与改进阶段，将以增量方式对 SIAM 生态系统的运营交付提供支撑。

必须确保生态系统中的各方具备充足的知识，具备成熟的流程能力。通常，在实施完成之后，对承担服务及流程运营的相关方的最低要求，是应具备相应的知识水平和流程能力成熟度。在早期阶段，各方在压力之下，不总是能证明具备这样的能力，而且执行力也可能不成熟。随着模型的成熟和客户需求的不断变化，需要确保人员和流程能力得以优化。

SIAM 是人、流程和工具的结合。这些组件需要有效地协同运作，才能使 SIAM 环境平稳运行。在 SIAM 环境的运行与改进阶段，重点开展以下活动。

5.7.1.1　持续能力评估

位于服务集成商层和服务提供商层中的人员应具备哪些期望中的能力，客户组织对此应予以明确。这些能力涉及支持绩效和相关性的标准要求（参见第 3.1.6 节"细化角色与职责"）。在运行与改进阶段，服务集成商将根据这些标准要求，通过对能力框架的管理来提供保证。

为了评估人员效能，每个服务提供商都在维护一个自身使用的框架与系统，例如涉及项目管理、服务管理的团队技能框架或部门技能框架、专业 IT 人员技能框架，以及与之相关的由其设计、交付和支持且不断发展的数字系统。

5.7.1.2　技能映射

服务集成商的角色就像一艘船的船长。服务集成商需要解读客户组织的方向，制定路线，并需要有一支团队协助来达到预期的目的地。拥有一张好的地图至关重要。

维护技能图谱是贯穿整个运行与改进阶段的一项持续活动。它有助于最大限度地发挥人员的技能和能力，同时使员工能够从事与其技能和愿望相一致的工作（参见图 3.9 "沟通技能图谱"）。在 SIAM 生态系统中，拥有如此多样化的团队，有必要了解实现最佳结果所需的能力。

对每个服务提供商来说，都必须根据其所交付的服务来确定所需的能力级别和产能级别，然后再在此基础上梳理已经拥有的技能和所需具备的技能。当机会出现时，却没有相应级别的能力把握住机会，为了避免这样的风险，需要查找差距，补齐短板。差距可能是由知识深度不足、能力不足、无法符合工作量或工作时间的要求造成的，或者是由单一缺陷造成的。必须对此进行定期审查和维护，并采取措施弥补差距。

5.7.1.3 持续的培训需求分析和培训计划

胜任力框架代表了各级员工发展、劳动力规划举措的起点。持续培养员工，将有助于组织保持竞争力。

> 📖 **培训**
>
> 可以将培训描述为对技能、观念或态度的培养，目的是提高工作环境中的绩效。

培训需求分析（training needs analysis，TNA），通过区分当前技能和未来技能之间的差异，识别出培训差距。在进行培训需求分析的过程中，将审视运营领域的每一个方面，以便能够有效地识别一个系统中人力要素的初始技能、观念和态度，从而进行有针对性的培训。培训需求分析是培训过程的第一阶段，经过对培训需求的分析，明确是否确实可以通过培训解决或消除识别出的问题或差距。

5.7.1.4 继任者计划

拟定继任者计划是一个战略流程，用于识别关键角色、识别和评估可能的继任者，并为他们提供有关技能和经验的培训，以应对当前和未来的机会。这有利于企业技能和知识的转移。

服务提供商发生员工变动情况，可能导致一定风险，继任者计划将为客户组织提供一张安全防护网，使客户组织免受该风险的影响。制订继任者计划应该是一项审慎的系统性工作，为了使组织的工作成果得以继承，通过为关键人员的长期发展提供条件，为关键人员的替换做好准备，确保 SIAM 生态系统持续有效运作。

对于退出生态系统的服务提供商和进入生态系统的服务提供商，服务集成商应促进二者之间技能和知识的转移，以确保工作方式的连续性，确保在正确的时间、正确的地点拥有具备适当技能的最合适的人员。服务集成商必须识别出对 SIAM 生态系统的成功至关重要的那些能力，并确定相应的继任风险和干预措施的优先顺序。这种方法需要以客户组织不断发展的需求为基础，突破结构僵化的束缚，克服战略重点与人才能力之间的错位现象。

> 📖 **介入服务提供商职责的危害**
>
> 在一个案例中，一个服务提供商被认为在履行其变更控制流程职责方面绩效欠佳。出于战术考虑，服务集成商组建了一个变更管理团队，并指示服务提供商允许该团队进行变更控制。

> 当试图正式运作时，服务集成商被告知，服务提供商团队已经重新安排了变更管理人员，而重新建立该团队需要成本。根据禁止反言原则，服务提供商要求提供资金来支付这笔费用。

制定继任者计划，包括 3 个重要阶段：

- **定位领导角色和关键岗位**：确定履职能力，着眼于超越基本技能和知识的那些深层能力，如特质和动机
- **确定对关键岗位的各项要求**：应该由服务集成商来创建识别关键角色的工具和模板，应针对每一个关键岗位，确定胜任该岗位所要求的特定技能、能力、知识和资格；在此基础上，再根据人员配置需求和相关风险拟定一份更全面的胜任力清单
- **形成全面的岗位描述**：详细说明胜任该岗位的人员需要具备的知识、技能和经验。

此外，为了填补团队中的空缺岗位，需要提供培训，对必须培养和发展的能力进行详细梳理。这将通过一系列学习课程，为那些即将进入这些角色的人员提供支持。学习这些课程，可以采取以下方式：

- 培训
- 指导
- 跟进
- 辅导

5.7.1.5　流程改进

大多数管理框架都强调，对流程开展评价是确保流程输出质量、确保流程得以改进的一个关键因素。通过将输出与目的进行比较，来衡量流程的效力。为了保证能够对最重要指标进行评价，应该定义一个最小可行流程，其中包含了所有必要的要素。可以将流程流转周期作为一个效率评价指标。

在最小可行流程中，必须定义：

- 目的
- 用户
- 触发因素
- 输出

在运行与改进阶段，服务集成商需要进行严密的（运营）治理，以确保所有服务提供商（包括服务集成商自身）都遵守流程要求和协议，特别是在流程集成方面（参见第 5.4 节"审计与合规"）。

在运行和改进的过程中，评价至关重要。评价应该围绕价值、效能以及有效的沟通展开，具体体现在工作团队的凝聚力、清晰的角色与职责、有效的沟通、积极向上的工作氛围等方面。在正确的环境中以正确的理由使用的流程，将简化工作，提供一致性。

流程的输入和输出由服务集成商在规划与构建阶段进行定义。服务提供商应审查流程输出，从关联性、价值等方面对流程每一步的执行进行评估，以确保流程步骤的相关性，持续检查自身流程运行的价值。以这样的方式提供更加精益的流程，来交付所要求的输出。

📖 **问题管理示例**

客户组织希望对问题进行管理，以减少由问题引发的故障数量，减轻由此带来的影响。在流程模型中，将服务提供商必须交付的内容定义为输出——要么是改进的工作方案，要么是最终的解决方案。

其中规定了流程的输出结果必须提交给哪一方，通常是进行故障处理的人员，或者是执行变更并彻底解决问题根源的人员；也规定了触发问题管理流程的决策准则，即应该对哪些问题进行跟踪或调查的标准。

然而，并没有一组固定的步骤可以保证一定能取得成功的结果。套用托尔斯泰的名言，不同的问题各有各的缘由。虽然有许多可能的方法可用于问题管理，但服务提供商和服务集成商应根据期望的结果和可用的资源，以灵活的方式运用这些方法。

应该鼓励每个服务提供商都简化自己的方法，步骤越少，交互越少，就越容易在服务提供商之间进行衔接。最小可行流程是指只需尽可能少的定义和阐释就能达到目的的流程。

传统意义上，有许多不同的流程要素，如下：

- 流程目的
- 流程负责人
- 要执行的活动及其顺序
- 触发条件
- 各种活动（以及整个流程）的输入和输出
- 各种输入的提供者和各种输出的使用者
- 执行流程活动时应遵守的规则、政策和其他约束
- 执行流程活动所需的资源
- 为支撑流程执行，这些资源使用的工具
- 流程角色及其职责
- 组织结构到流程角色的映射
- 流程文件
- 流程评价指标
- 预期的绩效级别

为了适应变化，流程需要随着时间的推移而发展，同时也应检查流程中是否引入了无价值的活动。不良流程弊大于利，并导致以下结果：

- 对业务流程和结果造成负面影响
- 客户对服务进行投诉
- 用户、客户和支持人员感到失望
- 重复或遗漏工作
- 成本增加
- 资源浪费
- 瓶颈

无论是作为持续改进计划的事项之一，还是在出现问题时，对流程相关性和价值的审查都是必要的。

此类审查的行动计划包括以下步骤：

1. 绘制流程图；
2. 分析流程；
3. 重新设计流程；
4. 必要时获取资源；
5. 实施变革，加强沟通；
6. 回顾流程。

绘制流程图

在规划与构建阶段，设计了流程模型（参见第 3.1.4 节"流程模型"），其中包括每个子流程的流程图或泳道图，直观地显示了流程中的每个步骤。泳道图比流程图稍微复杂一些，但更适合于涉及多人或多个小组的流程。细致地探究流程的每一个步骤非常重要，因为某些流程可能包含未知或假定的子步骤。

分析流程

使用流程图或泳道图来探究流程中的问题。考虑以下问题：

- 团队成员或客户在哪里感到受挫？
- 这些步骤中的哪一个会造成瓶颈？
- 成本在哪里上升？质量在哪里下降？
- 这些步骤中，哪一步所需要的时间最多，或者造成的延迟最多？

追踪问题根源的技巧可能会很有用，例如价值流图、根本原因分析法、鱼骨图分析法或"5W"方法。与受该流程影响的人们交流一下，他们认为这其中有什么问题吗？他们对此有何改进建议吗？尝试与 SIAM 生态系统各层中的有关利益相关方共同研讨，持续考虑所有流程的相关性和价值。

📖 **精益系统思维**

精益思维是一种商业方法论，针对如何组织人类活动提供了一种新的思维方式，旨在消除浪费的同时，为社会和个人带来更多收益和价值。

精益思维聚焦于流程组织方式中的以下概念，以此评估无意中产生的浪费：

- 价值
- 价值流
- 流动
- 拉动
- 尽善尽美

精益思维的目的是打造一个精益企业，通过使客户满意度与员工满意度保持一致来维持增长，并提供创新的产品或服务，同时最大限度地减少带给客户、供应商和环境的不必要的额外成本。

精益思维追求的是动态收益，而不是静态效率。这是一种卓越的运营思想，力求实现流程成本的降低。精益思维对于 SIAM 生态系统意义重大，因为在 SIAM 生态系统中存在多个利益相关方，各方之间的交互非常复杂，流程中重复处理的情况和复杂程度也随之增加。

重新设计流程

根据已发现的缺陷进行流程再造。最好与那些直接参与该流程的人员一起工作。他们的想法可能会带来新方法的启示，如果他们在早期阶段就参与其中，他们更有可能接受变革。

确保每个人都理解该流程的意义。然后，探讨如何解决上一步中发现的问题。记下每个人对变革的想法，不管需要付出多少代价。

下一步，考虑如何将团队的想法转化到现实环境中，缩减可能的解决方案清单项。进行影响分析，了解所产生想法的全部效应。然后，进行风险分析、失效模式与影响分析，找出流程中可能存在的风险和故障点，进行重新设计。根据侧重点的不同，在此阶段可能会考虑绘制客户体验图。

通过这些测试，对于所提出的每个想法，可以展示出其全部结果，因此最终结果是对每个人来说都是正确的决定。团队就流程达成一致后，创建新的图表来记录每个步骤。

最好通过流程论坛来开展这项活动。如果最近发生的问题需要迅速解决和立即采取行动，则通过工作组的形式进行。

获取资源

某些资源和成本的分配属于服务提供商管理团队或服务集成商的管理范围。如果未予考虑，则需要进行商定并获取资源和预算。可能需要编制一份商业论证大纲，简要阐明这一新的或修订的流程将如何使 SIAM 生态系统受益，同时给出进度计划、成本和风险说明。

实施变革，加强沟通

通常，新的工作方式将涉及对现有的系统、团队或流程的改变。一旦获得批准，变革就可以开始实施了。

推出一个新的流程，可以将其作为一个项目来进行管理，特别是如果该流程将对多个层带来影响。为了谨慎管理，应对此进行计划（参见第 3.2 节"组织变革管理方法"）。制订计划时应考虑到确保培训在适当的级别上进行。对于一个微小的变动，可能只需要一份简报，甚至是一次讨论。如果变动较大，则可能需要正式的培训计划。

无论由谁领导实施工作，都应该分配时间处理早期问题，同时应考虑首先进行试点，检查可能存在的问题。同样重要的是，在运行的最初几周，就应采用新的流程，确保员工不会回到旧的工作方式中去。

回顾流程

很少有事情从一开始就能完美运作。在做出任何改变之后，最好在接下来的几周和几个月内监测事情的进展情况，以确保变革符合预期。这样做也有利于发现问题。当问题发生时，优先询问参与新流程的人员，流程是如何运作的，以及他们有什么反馈（如果有的话）。

5.7.1.6 服务集成商活动

在运行与改进阶段，服务集成商开展哪些活动，将取决于生态系统所使用的 SIAM 模型。

典型的活动见表 5.1。

表 5.1 服务集成活动

活动	示例
重大故障协调	• 协调多个服务提供商的调查工作 • 向用户和利益相关方通报情况 • 获取根本原因分析报告
发布计划	• 维护并公布集成发布计划，其中包含了所有提供商（与 SIAM 模型有关）的发布版 • 对可能存在的冲突进行识别并制订化解计划 • 确保进行了端到端服务的集成测试
容量计划	• 整合业务需求预测 • 维护端到端服务的集成容量计划，并与服务提供商共享 • 检查服务提供商的容量计划，以确保及时提供产能
端到端监测	• 监测端到端服务 • 提醒服务提供商 • 协助重大故障与问题的调查
故障协调	• 协调多个服务提供商的调查工作 • 向用户和利益相关方通报情况
问题协调	• 协调多个服务提供商的调查工作 • 向用户和利益相关方通报情况 • 与业务部门一起审查优先级
变更管理	• 对风险高、影响程度高的变更，以及影响多个提供商的变更，进行变更审批管理

5.7.2 评价实践

在运行与改进阶段，重点关注的是端到端服务的交付。端到端服务评价衡量的是一个实际的服务，而不仅仅是服务中的某个技术组件或某个提供商。在规划与构建阶段定义了绩效管理与报告框架，有效的评价实践为该框架提供支撑（参见第 5.3 节"持续绩效管理与改进"）。

彼得·德鲁克的一句名言经常被引用："如果无法衡量，就无法管理。"在 SIAM 生态系统中，为了能让所有各方承担责任，客观的评价是非常必要的。

SIAM 生态系统一旦就绪，就需要根据交付给客户组织的结果对其进行衡量。此外，必须使用一个框架来评估导致绩效不达标的问题。

如何提升业务目标实现能力？指标为此提供决策支持。指标相当于一个指示，展现服务、流程或组件的当前状态。从这个意义上说，关键绩效指标是针对服务于组织的流程层面或技术层面绩效做出改进决策的指示仪。

在根据指标设定目标时，面临的挑战之一是从按指标管理转向管理指标的倾向。应注重于对协作成果——"各部分的总和"进行评价。指标是用于评估结果的评价标准。当各方试图在不管理基本结果的情况下，只是通过实现指标来"与系统博弈"时，不受欢迎的行为就会随之而来。

最终，需要运用指标来开展两项活动：

1. 对总体结果进行评价，显示从端到端服务到单个组件的向下联系，以及从组件到端到端服务的向上联系；

2. 管理服务提供商的行为，鼓励它们更多地进行协作，并注重总体目标。

在 SIAM 环境中，服务应满足客户组织及其客户和利益相关方的需求。一般而言，客户消费的是交付业务结果的顶级端到端服务，这是他们所关心的。除了对端到端服务进行评价之外，还必须对为交付端到端服务而分组的服务元素进行评价，从而确定任何问题的根源。如果端到端服务没有达到目标，那么即使所有组件都达到了目标，也从中得不到任何收益。

在实施阶段用于映射责任的服务模型，在运行与改进阶段可用于了解组件对端到端服务的贡献。

配置管理等工具和流程展示了组件、服务和服务提供商之间的联系和依赖关系。在对信息、事项、端到端环境中的统计数据，以及组件可能的影响情况进行汇总时，其中的数据特别有用。

用以衡量 SIAM 生态系统和端到端服务价值的评价指标和目标，示例如下：

- 每季度将关键服务中断故障减少x%
- 每季度将每项交付服务的绩效提高x%（持续改进）
- 每季度将技术管理成本降低x%（不包括人员）
- 在某些领域将自助服务使用率提升x%，"第一次就成功"，这是在整个价值流中推行的一项指标，目的是不将缺陷、错误或故障传递给下游
- 平均恢复时间（mean time to restore，MTTR），每季度将所有优先级为1的故障之通知、警报、记录、调查、诊断、解决、关闭和确认关闭的时间减少x%
- MTTR，每年将所有优先级为2或更低的故障之通知、警报、记录、调查、诊断、解决、关闭和确认关闭的时间减少x%
- 对于每种变更类型，所有变更必须能够在商定的时间范围内回滚或向前修复
- 对所有变更都必须进行版本控制，包括文件、软件、基础架构
- 所有服务每年都将进行一次连续性测试并通过测试，如果是关键服务，则每个季度进行一次
- 配置管理系统必须准确到x%以内，每季度评测一次
- 未经服务集成商（自动或人工）批准，任何被视为重要的变更都不能生效
- 除非另有约定，否则提供的所有服务（人员、流程、架构、软件）都要符合SIAM或公司治理政策要求
- 任何报告都必须在整个价值流中保持一致和协调

📋 **每个故障均优先处理**

一家公司签定了一项合同，其中规定所有发生的故障其优先级均为1。

这样做的意义是可以理解的，人们推崇"第一次就正确""永远不要让缺陷出现"这样的文化。两年后，故障总量减少了 60% 以上，最终服务成本下降了 18%，由于客户满意度是如此之高，所以公司不再对客户满意度进行评价。

SIAM 的目标需要与客户组织的总体目标保持同步，既关注客户组织的短期经营目标，也关注客户组织的长期经营目标。掌握了这些信息，服务集成商就可以创建与全局一致的目标。当目标明确时，更容易就衡量标准达成一致。指标是必不可少的管理工具。基于事实做出合理决策，正确的指标为此提供了信息。

应谨慎设计报告，并考虑此时对利益相关方来说重要的内容。但请记住，当这些要求发生改变时，报告可能也需要进行改变。

5.7.2.1 可视化管理

可视化管理是一组实践，通过可视化管理，人们能够快速了解正在发生的事情，了解是否存在任何问题，了解存在哪些明显的机会，同时可视化管理也能够对改进提供指导。可视化管理也是一种系统能力，通过关键指标，向站在可视化视图旁边观察的人们快速展示当前状态。

应使用能够显示实时生产状态、交付状态、流程或技术状态信息的工具进行可视化管理。可视化管理使用简单的表现形式，每个受众（包括客户组织、服务集成商、服务提供商和其他利益相关方）都会觉得有意义。

这种方法要求信息及时提供给某一领域的人员，并以该领域人人都能理解的方式进行展示。所提供的信息和指标旨在推动决策和行动，因而需要有一个明确定义的流程，以便在需要时采取行动并获得各相关方的支持。这与流程论坛和工作组的作用是一致的。

可视化控件更广泛地涵盖了生态系统的运营方式。例如，可以包括故障和问题状态、配置信息基线以及运营活动流和绩效。所有服务交付元素都可以使用这些可视控件来显示。这种在整个 SIAM 生态系统中进行评价的方法会产生一个最小可行产品的评价结果。尽管注重的是端到端协作的结果，但评价应该也能展现出单个服务提供商的失败或成功。应该提供向下钻取报告，以保持对端到端结果的关注（参见图 5.5）。

服务	趋势	上月结构	目标
服务A		96.4%	90%
服务B		73.2%	90%
服务C		98.1%	95%
服务D		100.0%	80%

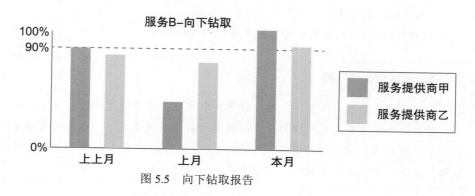

图 5.5　向下钻取报告

服务集成商应维护评测设计和计算文件，确保所有层之间的清晰度和透明度。其中应包括对评测意图的陈述，这反过来又使更广泛的理解成为可能，并有助于为未来的改进提供基础。

应该在对结果的评价和对行为的评价之间保持一个平衡，因为仅仅评价结果可能会导致非预期的行为。应该定义相关评价事项之间的关系，如果存在竞争因素，则使用层次结构或分类来清晰地阐明界限。在领先指标和滞后指标之间保持平衡，因为每个指标都从不同的角度来对结果进行衡量。定义每个评价指标的受众，以确保适当的相关性和代表性。

在整个运行与改进路线图阶段，对评价标准进行持续定义和记录非常重要。随着知识的积累、新的评价标准的确定，对持续改进可以进行进一步良好的支撑。

📖 **可视化管理**

一家经验有限的小型公司正在考虑创建一个可视化管理解决方案。该公司希望保持简单，并以数据为基础逐步完善。

公司一致同意，其想要的是：

- 构建SIAM运行与改进阶段的简单视图
- 突出所涉及的服务提供商
- 对所有的问题，在视觉上突出显示
- 能够深入挖掘更多信息
- 是可调节的，以满足不同受众的需要
- 所有相关服务提供商都能轻松参与
- 保持灵活性
- 只监视某些事项的状态显示信息
- 由服务集成商负责维护其可视化图表的视图
- 确保至少在应用程序的每个主要版本发布、增加新功能或做出技术变更时对其进行检查

公司定义了一些简单的规则，并创建了一个活动价值链。通过将各种因素结合在一起，公司迭代创建了一个模型，该模型可以灵活地被使用和更改，以及应用于各种技术工具。

提示：从一些简单的东西（比如贴在墙上的一连串大纸条的内容）开始，看看该工作流是否可行。

图 5.6 展示了一个示例流程：

- 开始顶层设计
- 测试
- 补充详细信息
- 重复

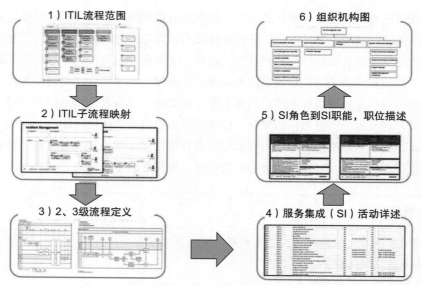

图 5.6　可视化管理——从 ITIL® 流程到组织结构图

　　然后可以将其映射至组织模型、工具、角色、RACI 矩阵等方面。当绘制流程时，确保层次细节在整个流程图中是一致的。经常会发现在一些领域进行了详细探索，在另一些领域进行的却是顶层谋划，这可能会产生歧义，并妨碍采取行动。

　　可视化管理提供了一种将流程工作方式映射到组织、工具、指标、角色等上的方法。

5.7.3　技术实践

　　在 SIAM 路线图的运行与改进阶段，所有层都需要跟上新兴技术的发展。技术领域的变革步伐正在急剧加快，组织需要了解新技术的潜力。

　　跟进当前和未来的新技术，可以关注以下几方面：

- 对不断变化的需求或要求，客户组织通常会有及时的反应。客户组织往往期望获得与个人设备同等水平的技术可访问性和功能，许多最新的创新都是基于这样的需求。将消费级技术视为非企业级技术，因而对其忽视，并不合适。客户对技术往往是密切关注的，并乐于提供他们对热点话题的看法

- 识别并接受新技术是服务提供商和服务集成商的职责。对于销售产品的服务提供商来说，跟上最新技术有助于维护和改进它们的产品，从而更好地服务于客户并满足不断变化的需求，同时实现市场开拓，取得成功，鼓励服务提供商分享它们自己的产品与服务路线图。以此作为对未来SIAM战略的投入，这是一个好的想法；但是，如果这些信息具有商业敏感性，并且与服务提供商的市场地位和长期业务成功有关，那么分享这些信息可能会面临挑战，要认识到这一点

- 对于服务集成商而言，特别是对于那些外部服务集成商来说，跟上最新的趋势并提供相关建议已成为其附加价值的一部分

　　在科技行业保持领先地位是一项持续的挑战，有一些活动将支持服务提供商和服务集成商跟上新兴技术的步伐。技术评估是对新技术的研究和评价，这是对未来业务战略的重要投入，因此也是客户组织需要承担或参与的任务（参见第 3.1.9 节"工具策略"）。

附录

附录 A：术语表

表 A.1 对本书中使用的术语进行了定义，其中涵盖了 SIAM 基础知识体系中的术语，也补充了其他术语。

表 A.1　术语表

英文	中文	定义
Aggregation	聚合	也称为服务聚合，是指把组件和元素组合起来创建一个组（或服务）
Agile	敏捷	为软件开发而设计的一套方法和实践
Agile retrospective	敏捷回顾	在每次迭代结束时召开的会议，在会议期间，团队反思所发生的事情，并确定进一步的改进措施
Agile SIAM	敏捷 SIAM	将 SIAM 模型的基本核心控制结构实现为最小可行产品，通过渐进式改进来快速、持续实现价值的方法
Association for Project Management (APM)	项目管理协会	项目领域的特许机构，致力于发展、促进项目和项目群管理
Backlog grooming	待办事项列表梳理	也称为待办事项列表优化，是指产品负责人、部分或全部团队成员对待办事项列表进行审查，以确保其中的事项均是合理的，事项优先级已得到确定，对最优先的事项已经做好了交付准备
Balanced scorecard	平衡计分卡	一个使组织能够阐明其愿景和战略，并将其转化为行动的管理体系，而不仅仅是一个评价体系
Benchmark	基准	用来比较事物的标准或参照点
Benefits realization management	收益实现管理	确定效益，使之与正式战略保持一致，并确保效益得以实现的一整套流程和实践
Benefits realization plan	收益实现计划	一份文件大纲，内容是关于实现预期效益所必须进行的活动，其中包含一张时间表，标明了为充分实现效益而在不同时间段所需要的工具和资源
Best of breed	同类最佳	一个同类最佳的系统或者一个同业最优的提供商，是在其所处的细分领域或市场定位中最优秀的系统或提供商

英文	中文	定义
Better the devil you know	认识魔鬼比不认识好	这是"认识魔鬼比不认识魔鬼要好"（beter the devil you know than the devil you don't）这句完整谚语的缩写，意思是说，与你熟悉和了解的人或事打交道，即使他们／它们并不理想，通常也比冒险与一个未知的人或事打交道要好
Blue/red/amber/green reporting (BRAG)	蓝红褐绿报告	参见"红褐绿报告"。以蓝色表示已完成的事项，添加蓝色内容从而形成 BRAG 图表或报告
Board	委员会	委员会在 SIAM 生态系统中履行治理职能，是正式的决策机构，做出决策并对所做的决策负责。委员会是一种机构小组类型
Boolean	布尔	只有 true 或 false 这两种可能值的数据类型
Business as usual (BAU)	业务常态	事物的正常状态
Business case	商业论证	对建议的行动方案及其潜在成本和收益的概括论述，用来为决策提供支持
Business process improvement (BPI)	业务流程改进	一种战略规划方法，旨在通过对可改进的运营方式和员工技能进行确定，形成更顺畅的程序和更有效的工作流，从而促进整体业务的增长
Capability	能力	做事的才能或力量
Capability assessment	能力评估	利用工具帮助识别和评估当前及未来角色的能力，并制定发展需求计划
Capital expenditure (CAPEX)	资本支出	为了提升盈利能力，企业用于购置重要实物或服务的资金支出。另见"运营支出"
Cloud services	云服务	通过互联网提供的服务，包括软件即服务（SaaS）、基础设施即服务（laaS）和平台即服务（PaaS）。通常被视为商品化服务。
COBIT®	信息与相关技术控制目标	是由国际信息系统审计与控制协会创建的 IT 治理和管理框架
Code of conduct	行为准则	也称为俱乐部规则，不属于合同协议，它为 SIAM 生态系统中各相关方如何协同工作提供了高级指导
Collaboration agreement	协作协议	一个相互协作的协议，有助于创建一种协同工作、共同交付结果的文化，使各方在协作过程中无须经常查阅合同
Commodity service	商品化服务	易于被替换的服务，例如，互联网主机托管是常见的一种商品化服务
Common data dictionary	统一数据字典	提供业务数据或组织数据的详细信息以及数据元素的标准定义、含义和取值范围的中心存储库或工具系统
Common law	普通法	有时称为判例法、法院制定法或法官制定法，是由法院而非议会制定并完善的法律
Conflict of Interest (CoI) plan	利益冲突计划	组织寻求消除、减少或以其他方式管理利益冲突或承诺冲突的工具。

英文	中文	定义
Contract	合同	两个法律实体之间的协议。SIAM 合同的期限通常比传统的外包合同的期限要短，并且具有推动协作行为和创新的目标
Cross-functional team	跨职能团队	一群具有不同职能和专长的人，为一个共同目标而一起工作。团队成员可能包括来自财务、市场营销、运营和人力资源部门的人员，通常包括来自组织各个级别的员工
Current mode of operation (CMO)	当前运营模式	现状，事物的当前状况。另见"未来运营模式"
Customer (organization)	客户（客户组织）	是 SIAM 的最终用户，正在进行 SIAM 转换，将把 SIAM 作为其运营模式的一部分。由其委托实施 SIAM 生态系统
Cynefin™	肯尼芬框架™	Cynefin 是一个威尔士语单词（发音为 ku-nev-in），表示环境中的多种因素以及经验对利益相关方解决问题的影响。肯尼芬框架™给决策者带来一个看待事物的新视角，通过对复杂的概念进行透彻的理解，解决现实世界的问题并把握机遇
Dashboard	仪表板	为特定目标或业务流程提供其数据、指标等要素的一目了然的视图
Data room	数据室	存储某个组织或某种情景的所有信息的地方，类似一个图书馆，人们可以在此对该组织或该情景进行了解，对实际情况和数据进行查看
Disaggregation	解聚	将组合分解成组件
Early life support (ELS)	早期生命支持	在转换的最后阶段，在移交至运营之前的这段时间，为所实施的变革提供特定支持
Ecosystem	生态系统	生态系统是一个网络或相互连接的系统。SIAM 生态系统包含 3 层：客户组织（包括保留职能）、服务集成商和服务提供商
Enterprise architecture	企业架构	定义了一个组织的结构组成和运营模式，它对当前的状态进行了描绘，并用于支持未来理想状态的规划
Enterprise process framework (EPF)	企业流程框架	协调 SIAM 生态系统中的流程差异、管理 SIAM 生态系统内相关复杂性的机制
Enterprise service bus	企业服务总线	一种中间件，提供把更加复杂的体系结构连接起来的服务
Entity relationship diagram (ERD)	实体关系图	展示信息系统中人员、对象、位置、概念或事件之间关联性的模式图
Escalation	升级	提升对某一议题的关注度、重视度或优先级
Estoppel	禁止反言原则	防止人们出尔反尔或进行与先前主张及行为相反的事实声明的原则

英文	中文	定义
Ethical wall	道德墙	一种防止利益冲突的保护机制，能确保人员或组织无法分享有关他人或其他组织的特定信息
Exit services schedule	退出服务日程	为应对可能的服务退出而进行的合同日程安排，在其中对即将离任的服务提供商应执行的移交活动进行了明确
External service provider	外部服务提供商	提供服务的独立的法律实体，不隶属于客户组织
Externally sourced service integrator	外部来源服务集成商	SIAM 结构类型，提供服务集成商能力的外部组织，受客户委托担任该角色
Framework	框架	用于对某一事项进行规划、决策的规则、思想、信念体系，例如 ITIL® 框架
Function	职能	通常指的是具备特定领域的知识或经验的一个组织实体 [23]
Future mode of operation (FMO)	未来运营模式	未来状况，表明在转换期之后，事情将会如何发展。另见"当前运营模式"
Gaming the system	博弈系统	也称为"博弈规则"使用本应保护系统的规则和程序操纵系统，以达到期望的结果
Governance	治理	治理是指业务运营、监管和控制应依据的规则、政策和流程（在某些情况下是法律）。在一个业务场景中，可能存在从企业到公司、再到 IT 的多层治理结构。在 SIAM 生态系统中，治理是指对政策和标准的定义和应用，它定义了授权、决策和问责所需的级别并提供保证
Governance board	治理委员会	在 SIAM 生态系统中，治理委员会是在治理方面发挥关键作用的机构小组。在 SIAM 模式的整个运营生命周期内，治理委员会作为决策机构，定期召开会议，履行治理职能
Governance framework	治理框架	内容涉及公司治理要求、客户保留的控制能力、治理机构小组、职责分离、风险、绩效、合同以及争议管理办法等，是客户组织在 SIAM 生态系统中行使和维护权力的参考框架
Governance library	治理库	参见"SIAM 库"
Governance model	治理模型	基于治理框架、角色与职责而设计，包括范围、问责机制、职责、会议形式与频率、输入、输出、体系结构、职权范围以及相关政策等内容
Greenfield (site or operation)	绿地（场所或运营）	不会受到先前工作所施加的限制的事物或情景
Hangout	环聊	通常是指一个允许各方之间进行非正式交流的虚拟论坛

23　出处：IT 流程维基。

英文	中文	定义
Heat map	热图	一种对数据进行展现的图形表示法，将包含在矩阵中的各个数值以颜色表示。热图通常用于展示从须关注（"热"）区域到已明确/稳定/成熟（"冷"）区域中所发现的结论
Hybrid service integrator	混合服务集成商	一种 SIAM 结构类型，客户与外部组织协作，共同承担服务集成商角色，提供服务集成能力
Incumbent	现任者	目前正在任职某岗位者
Infrastructure as a Service (IaaS)	基础设施即服务	一种供客户访问虚拟化计算资源的云服务类型
Insourcing	内包	从组织内部进行采购
Intelligent client function	智能客户职能	参见"保留职能"
Interdependency	相互依赖关系	两个或两个以上的人或事物对彼此的依赖
Interim operating model	过渡运营模式	转换阶段的运营模式，说明在转换阶段应如何运营，应采取哪些临时措施直到转换完全实现。另见"未来运营模式"
Interim service plan	过渡期服务计划	参见"过渡运营模式"
Internal service provider	内部服务提供商	隶属于客户组织的团队或部门，通常使用内部协议和目标管理其绩效
Internally sourced service integrator	内部来源服务集成商	SIAM 结构类型，客户组织承担服务集成商的角色，提供服务集成能力
ISO/IEC 20000	ISO/IEC 20000	一个服务管理体系标准，详述了服务提供商规划、建立、实施、运营、监测、审查、维护和改进一个服务管理体系的要求
ITIL®	信息技术基础架构库	ITIL®是全球公认的 IT 服务管理方法，是 AXELOS 有限公司的注册商标
Kaizen	持续改善	日语词汇，意思是"为了更好而改变"。全体员工自上而下参与、持续优化所有职能的活动
Kanban	看板方法	日语词汇，指的是"标牌"或"公告牌"。一种产品创造中的管理方法，既强调持续交付，又不会给开发团队带来过重的负担
Kanban board	看板墙	一个展示工具，以可视化形式展示工作流中的事项状态
Keeping the lights on	保持灯火通明	习语，是指一个企业保持正常经营或运转
Kepner-Tregoe problem analysis	KT 问题分析法	一种分析问题的方法，以系统的方法来分析问题，理解问题产生的根本原因，而不是做出假设并妄下结论
Key performance indicator (KPI)	关键绩效指标	用来衡量服务、流程和业务目标的绩效的指标

续表

英文	中文	定义
Layers (SIAM layers)	层（SIAM 层）	SIAM 生态系统分为 3 层：客户组织（含保留职能）、服务集成商和服务提供商
Lead supplier service integrator	首要供应商服务集成商	一种 SIAM 结构类型，服务集成商的角色由外部组织承担，该组织同时也是服务提供商
Leading and lagging indicators	先导与滞后指标	评估企业或组织绩效时使用的两种评价方法。先导指标通常以投入为导向，难以评价，但易于控制。滞后指标通常以产出为导向，易于评价，但难以改善或控制
Lean (systems) thinking	精益（系统）思维	一种商业方法论，提供了一种新的方式来思考如何组织人类活动，旨在消除浪费的同时，为社会带来更多利益，为个人带来更多价值
Liquidated damages	违约赔偿金	也称为可算定、可确定的损害赔偿金。在签订合同时由当事双方约定的一定数额的损害赔偿金，即当具体的违约（例如，延迟履约）行为发生时，由受害方收取的赔偿金额
Management methodology	管理方法论	与某一门学科相关的方法、规则和原则
Man-marking	紧盯模式	一种不受欢迎又产生大量浪费的微观管理方式，客户频繁检查服务集成商的工作
Master services agreement (MSA)	主服务协议	主服务协议是两个（或多个）当事方之间的合同文件，其中概述了双方（或多方）的责任。该协议通常用于一个供应商提供多种服务的情况，便于在不影响一般性责任的情况下增加、变更或取消服务。当事各方后续将在合同文件中补充附件和工作说明书
Mutually exclusive and collectively exhaustive （MECE）	相互独立，完全涵盖	发音同英文 "me see"，是一种将信息彻底细分为子元素的方法，子元素相互独立且无法再进行分割。子元素之间应该互相排斥，例如，子元素是互不相同的；并且应该穷尽了相关字段，例如，子元素包含了属于它的所有内容
Model (SIAM model)	模型（SIAM 模式、SIAM 模型）	客户组织根据 SIAM 方法论中描述的实践、流程、职能、角色和机构小组，并基于 SIAM 生态系统中层的概念所开发的适合自身的模型
Multi-sourcing	多源采购	从多个供应商处采购产品或服务
Multi-sourcing integration (MSI)	多源集成	同 "SIAM"
OBASHI	OBASHI	一个用于捕获、阐释和模拟 IT 资产与资源（所有权、业务流程、应用程序、系统、硬件和基础架构）之间的关系、依存性和数据流的框架和方法。OBASHI 是 OBASHI 有限公司的许可商标

续表

英文	中文	定义
Offboarding	退出	以受控方式从 SIAM 生态系统中清退 / 淘汰服务提供商的过程
Onboarding	进入	以受控方式将新服务提供商引进 SIAM 生态系统中的过程
Open Systems Interconnect (OSI)	开放系统互联	应用程序如何通过网络进行通信的参考模型
Operational expenditure (OPEX)	运营支出	通过资本支出产生的资产运行维护费用，另见"资本支出"
Operational level agreement (OLA)	运营级别协议	在 SIAM 体系中，指的是在各相关方（例如服务集成商和某一个服务提供商）之间签订的协议，目的是把端到端服务目标分解细化并落实到个体职责上
Operational level framework (OLF)	运营级别框架	针对一个特定 SIAM 生态系统，其所有运营级别协议和相关的运营级别评价的集合
Operations manual	运营手册	有时称为运行手册，为便于日常使用，以易于理解的术语提供了对合同、服务、交付物和责任的简要描述，有助于对流程活动和目标进行理解
Operating level measurement (OLM)	运营级别评价标准	运营级别评价与运营级别协议有关，是通过对涉及多方的服务级别承诺、可交付成果和其中的交互关系的拆析，对端到端流程所涉及的每一方提供适当的评价标准
Organizational change management (OCM)	组织变革管理	用于管理组织内部的业务流程变革、组织结构变革和文化变革的过程
Outcome	结果	事情发展到最后的状况；后果，最终成果
Output	产出	企业、行业或国家在给定时间段内生产的商品或提供的服务的体量 [24]
Outsourcing	外包	从外部组织采购产品或服务
Performance management and reporting framework	绩效管理与报告框架	• 在 SIAM 体系中，指的是针对以下事项进行的评价与报告 • 关键绩效指标 • 流程和流程模型绩效 • 服务级别目标的实现 • 系统和服务绩效 • 遵守合约及履行合同外职责的情况 • 协作 • 客户满意度

24　出处：维基百科

英文	中文	定义
Platform as a Service (PaaS)	平台即服务	一种供客户使用虚拟化平台进行应用程序开发和管理的云服务类型，客户不需要再自建基础设施
Practice	实践	一种想法、理念或方法的实际应用或运用，与之相对的是理论
Prime vendor	总承包商	是指唯一一与客户签约的服务提供商，其通过分包给其他服务提供商的方式来给客户交付服务
Process	流程	执行一系列任务或活动的可记录、可重复的方法
Process forum	流程论坛	流程论坛服务于特定的流程或实践，论坛成员共同开展有前瞻性的开发、创新与改进工作。在 SIAM 模型就绪之后，论坛将定期召开。流程论坛是一种机构小组类型
Process manager	流程经理	流程执行的负责人
Process model	流程模型	描述了流程的目的和结果，还包括：活动、输入、输出、交互、控制、评价、支持政策和模版
Process modeling	流程建模	对一个组织旨在支持特定目标或结果的实现而开展的（一系列）活动进行分析说明或表述
Process owner	流程负责人	端到端流程设计和流程绩效的负责人
Product backlog	产品待办事项列表	根据路线图和需求为开发团队制定的优先工作列表。最重要的事项罗列在列表的最上部，以便团队了解哪些内容应首先交付
Program management	项目群管理	为了实现统一的目标，负责对多个项目进行管理的过程
Project management	项目管理	采用一个可重复的方法来成功交付项目的过程
Quality gates	质量门	在某个时间点上的检查关卡（闸门），用于评估项目是否仍然可行，并有望按计划实现其收益
Responsible，accountable，consulted amd informed（RACI）	RACI 矩阵	RACI 分别表示职责（responsible）、问责（accountable）、咨询（consulted）与知会（informed），代表可以分配到一个活动中的四个主要参与方角色。通过 RACI 矩阵，可以明确组织中的所有人员或角色在全部活动与决策中的责任
Red/amber/ green reporting (RAG)	红褐绿报告	使用交通信号灯颜色标注的报告。按照计划进行的项目以绿色突出显示，有错过计划日期风险的项目以琥珀色突出显示，已错过计划日期的项目以红色突出显示
Request for information (RFI)	信息邀请	通过收集有关供应商及其能力的信息来比较供应商的商务过程

英文	中文	定义
Request for proposal (RFP)	建议邀请	允许供应商对某个项目或事项进行投标的商务过程
Responsibility	职责	工作内容或有义务去处理的事情
Results chain	结果链	计划（投入）和结果之间关系的定性图表，其中也展现了两者之间的因果（联系）
Retained capability/ capabilities	保留能力 / 保留职能	客户组织会保留一些能力。这些能力是那些负责战略、架构、业务接洽和公司治理活动的职能。服务集成商即使来源于客户组织内部，也独立于保留职能之外。服务集成能力不属于保留能力。保留职能有时被称为"智能客户职能"
Risk management	风险管理	对不确定性进行预测和评估并明确程序，目的是为避免受其影响或将其影响降低到最小程度
Roadmap	路线图	SIAM 路线图包括探索与战略、规划与创建、实施、运行与改进 4 个阶段
Role	角色	角色是指某人或某物在某个情景、组织、社会或关系中所处的位置或所起的作用 [36]
Run book	运行手册	参见"运营手册"
Scrum	Scrum 框架	一个旨在实现明确目标而强调团队合作、问责机制和迭代推进的敏捷框架
Scrum master	Scrum 主管	开发团队的推动者，对产品负责人和团队提供支持，确保敏捷流程得以遵循
Separation of duties/concerns	职责分离 / 关注点分离	是用于防止错误或欺诈的内部控制措施，对每个角色在任务中的授权范围，以及在什么情况下必须引入一位以上的参与人员等事项进行了定义。例如，开发人员可能不被允许测试和批准自己编写的代码
Service	服务	满足某种需求的系统，例如，电子邮件系统是一种促进沟通的 IT 服务
Service aggregation	服务聚合	参见"聚合"
Service assets	服务资产	一个组织的资源和能力，用于以商品和服务的形式创造价值
Service boundaries	服务边界	定义服务所包含的内容（即什么在边界之内），通常用于技术架构文件
Service consumer	服务消费者	直接使用服务的组织
Service credits	服务信用	或称服务级别信用，一种机制，如果供应商的实际绩效未能达到服务级别中设定的绩效标准，则根据合同从支付给供应商的金额中扣除相应金额
Service dashboard	服务仪表板	参见"仪表板"

续表

英文	中文	定义
Service definition	服务定义	对提供服务和支持服务所必需的服务和流程进行全面定义的文件
Service element	服务元素	或称元件，可分配给一个特定服务提供商的服务组件
Service grouping	服务分组	一组服务
Service improvement plan (SIP)	服务改进计划	提升服务级别的计划或路线图，通常在持续服务改进流程中使用
Service integration (SI)	服务集成	同 "SIAM"
Service integration and management (SIAM)	服务集成与管理	一种管理方法论，可运用于由多个服务提供商提供服务的环境中。有时也称为 SI&M
Service integrator	服务集成商	单一的逻辑实体，负责端到端服务的交付、为客户实现业务价值，以及实施端到端服务的治理、管理、集成、保证和协调
Service integrator layer	服务集成商层	SIAM 生态系统中的一层，负责实施端到端服务的治理、管理、集成、保证和协调
Service line	服务线	与一个特定的业务部门或一个特定的端到端服务相关的所有产品与服务的组合。例如，苹果公司有一个电话服务线和一个个人电脑服务线
Service management	服务管理	组织向消费者提供服务的管理实践和能力
Service management and integration (SMAI)	服务管理与集成	同 "SIAM"
Service management integration (SMI)	服务管理集成	同 "SIAM"
Service manager	服务经理	负责交付一个或多个服务的人员
Service model	服务模型	一种对服务层次结构建模的方法，把服务划分为客户组织直接使用的服务、支持服务和依赖服务
Service orchestration	服务编排	定义服务活动的端到端视图，为端到端流程建立输入和输出标准，定义控制机制。同时仍然允许服务提供商定义履行机制，确定执行内部流程的自由度
Service outcomes	服务结果	一个服务实现或交付的结果
Service owner	服务负责人	负责端到端服务绩效的角色
Service provider	服务提供商	在 SIAM 生态系统中有多个服务提供商。根据合同或协议，每个服务提供商负责向客户交付一个或多个服务（或服务元素），负责管理用于服务交付的产品和技术，同时负责运行自己的流程。服务提供商可以来自客户组织内部，也可以来自外部。历史上称之为塔，也称为卖方或供应商

英文	中文	定义
Service provider category	服务提供商分类	服务提供商分为战略、战术和商品化服务提供商 3 类
SFIA®	信息时代技能框架	信息时代的技能框架——一个国际公认的针对 IT 从业人员的能力框架，对处于不同责任和经验层级人员的职责特征和技能进行了描述
Shadow IT	影子 IT	由业务部门委托实施并未知会 IT 部门的 IT 服务和系统（有时也称为"隐形 IT"）
SIAM ecosystem	SIAM 生态系统	SIAM 模型所有各层中相互关联的各方：客户保留职能、服务集成商和所有服务提供商（包括内部和外部）
SIAM environment	SIAM 环境	参见"SIAM 生态系统"
SIAM governance lead	SIAM 治理领导人角色	这是客户保留职能中的高级角色，主要负责为 SIAM 战略与运营模式的实施和运营提供保证。另见"SIAM 运营领导人角色"
SIAM library	SIAM 库	用于存储会议记录、合同数据、模板和其他工作成果物等信息的存储库
SIAM model	SIAM 模式、SIAM 模型	参见"模型"
SIAM operational lead	SIAM 运营领导人角色	该角色负责领导、管理 SIAM 生态系统的整体运营，提供指导、指引，当发生管理问题时担当问题的升级节点，通常位于服务集成商层。另见"SIAM 治理领导人角色"
SIAM scorecard	SIAM 计分卡	对每一个与 SIAM 相关的关键绩效指标进行定义、评估的高级记分卡，其中的关键绩效指标既与规定的效益评价指标一致，更与 SIAM 模式转换的要求一致
SIAM structures	SIAM 结构	根据来源的不同，将服务集成商划分为 4 种结构，分别是内部、外部、首要供应商和混合结构
Skills map	技能图谱	关于技能的图解表示。以展现彼此之间相互关系的方式，列示出所有与就业能力相关的主要技能。图谱中内层的椭圆代表初级或基本技能，中间的圆圈代表中级技能，外层的圆圈代表特定的技能
Social network	社交网络	社交互动和个人关系的网络。在 SIAM 中，通常是一个专用网站或其他应用程序，用户可通过发布信息、评论、消息、图像等内容在其中进行相互交流
Software as a Service (SaaS)	软件即服务	一种供客户使用软件的云服务类型，可按月订阅式付费，而无须一次性支付全部费用
Sourcing	采购	组织采用的购买方式，例如在内部或外部购买服务。应用 SIAM 模式将会影响组织使用服务的方式，以及与服务提供商签订的合同类型

英文	中文	定义
Stakeholder	利益相关方	针对某事，拥有特定利害关系或受其影响的个人或群体
Stakeholder map	利益相关方图谱	参照以下因素，对不同的利益相关方进行梳理、分类后获得的图谱： • 利益相关方群体都包括谁 • 他们代表哪些利益 • 他们所拥有权力的体量 • 他们代表制约因素还是支持因素 • 与他们打交道应采用的方法
Staring contest	凝视比赛	双方都不准备让步的对峙
Statement of requirements (SoR)	需求说明书	一份概述业务问题或机会、寻求资金并获取批准、陈述具体需求的提案
Statement of work (SoW)	工作说明书	一份正式文件，规定了所涉及工作的整个范围，明确了可交付成果、成本和时间安排
Strategy	战略	为实现长期或总体目标而制定的行动计划 [25]
Structural element	机构小组	由来自不同组织和不同 SIAM 层的成员组成的团队，包括：委员会、流程论坛和工作组
Subject matter expert (SME)	主题专家	或称为领域专家，在某一特定领域或主题中具有权威性的人士
Supplier	供应商	为客户提供产品或服务的组织。另见"服务提供商"
Swim lanes	泳道	在流程流图表中使用的一种可视化元素，用于区分整个流程中子流程的职责和所分担的工作。图中每个角色都拥有一个"泳道"
Theory of Constraints (ToC)	约束理论	埃利亚胡·戈德拉特博士（Dr. Eliyahu Goldratt）开发的一组管理概念，通过识别阻碍目标实现的最重要的限制因素（例如，一个约束条件），系统地对该约束进行改进，直到它不再是限制因素
Tooling strategy	工具策略	定义哪些工具将被使用，谁将具有这些工具的所有权，以及这些工具将如何支持不同 SIAM 层之间的数据与信息流
Tower	塔	参见"服务提供商"
Town hall meeting	员工大会	在轻松的氛围中讨论议题的非正式会议
Training needs analysis（TNA）	培训需求分析	通过区分当前和未来技能／胜任力之间的差异来确定技能／胜任力差距的过程
Transformation	转型	转变的行动或转变后的状态。这里特指 SIAM 计划，在经历了路线图的所有阶段之后，完成了所有的变革，实现了 SIAM 模式的全部收益

25　出处：《牛津活辞典》。

英文	中文	定义
Transition	转换	从一种形式、状态、风格或定位向另一种形式、状态、风格或定位变化的过程。SIAM 模式转换将生态系统从之前的非 SIAM 状态带到运行与改进阶段的起点。转换是一个具有起点和终点的明确的项目
Visual management	可视化管理	可视化管理是一组实践，使人们能够快速看到正在发生的事情，了解是否存在任何问题，突出机会，并作为改进的指南。以可视化的方式进行管理必须具备以下能力，即系统能够在 30 秒内向旁站者和观察者快速显示当前状态，使用关键指标让每个人都知道事情的进展情况
War room approach	作战室方法	团队成员和利益相关方使用一个单独的会议室进行沟通，推动协作、讨论和规划
Waterfall	瀑布式方式	遵循顺序阶段和固定的工作计划（例如，规划、设计、构建和部署）进行开发和实施的方法
Watermelon effect (Watermelon reporting)	西瓜效应（西瓜报告）	一份报告从外面看是"绿色"的（一切正常），而从里面看是"红色"的（充满问题），就是西瓜效应。它指服务提供商虽然完成了其个体目标，但是端到端服务无法满足客户需求
Win-win	双赢	双赢的局面或结果是对双方或所有各方都有利的局面或结果，或者是拥有两个不同的利益的局面或结果
Working group	工作组	为处理特定问题或协助特定项目而成立的团队。通常是在应急情况下临时成立的，也有定期成立的，成员可以来自不同组织和不同的专业领域。工作组是一种机构小组类型

缩略词列表

表 A.2 对本书中使用的缩写词进行了扩展。

表 A.2　缩略词列表

缩略词	英文全称	中文释义
ADAM	Application development and management	应用程序开发与管理
ADKAR	Awareness, desire, knowledge, ability and reinforcement	认知、渴望、知识、能力与巩固
AG	Aktiengesellschaft (German: Stock Corporation)	股份有限公司
APM	Association for Project Management	项目管理协会
BAU	Business as usual	业务常态
BCS	British Computer Society	英国计算机学会

缩略词	英文全称	中文释义
BoK	Body of knowledge	知识体系
BPI	Business process improvement	业务流程改进
BRAG	Blue, Red, Amber, Green	蓝红褐绿报告
CAPEX	Capital expenditure	资本支出
CCN	Contract change notice	合同变更通知
CMMI	Capability Maturity Model Integration	能力成熟度模型集成
CMO	Current mode of operation	当前运营模式
COBIT®	Control Objectives for Information and Related Technologies	信息与相关技术控制目标
CoI	Conflict of interest	利益冲突
CSF	Critical success factor	关键成功因素
CSI	Continual service improvement	持续服务改进
EA	Enterprise architecture	企业架构
ELS	Early life support	早期生命支持
EPF	Enterprise process framework	企业流程框架
ERD	Entity relationship diagram	实体关系图
EUC	End user computing	终端用户计算
EXIN	Examination Institute for Information Science	国际信息科学考试学会
FAQ	Frequently asked questions	常见问题
FCA	Financial Conduct Authority	金融行为监管局
FCR	First contact resolution	首次联系解决率
FMO	Future mode of operation	未来运营模式
GDPR	General Data Protection Regulation	通用数据保护条例
GM	General Motors	通用汽车公司
HR	Human Resources	人力资源
IaaS	Infrastructure as a Service	基础设施即服务
IP	Intellectual property	知识产权
ISACA	Information Systems Audit and Control Association	信息系统审计与控制协会
IT	Information technology	信息技术
ITIL®	Information Technology Infrastructure Library	信息技术基础架构库
ITO	IT organization	IT 组织
itSMF	Information Technology Service Management Forum	信息技术服务管理论坛
KPI	Key performance indicator	关键绩效指标
Ltd	Limited	有限
MECE	Mutually exclusive and collectively exhaustive	相互独立，完全涵盖
MoR	Management of Risk	风险管理
MSA	Master services agreement	主服务协议
MSI	Multi-sourcing integration	多源集成
MVP	Minimum viable product	最小可行产品

续表

缩略词	英文全称	中文释义
OBASHI	Ownership, business processes, applications, systems, hardware and infrastructure	所有权、业务流程、应用程序、系统、硬件与基础架构
OCM	Organizational change management	组织变革管理
OLA	Operational level agreement	运营级别协议
OLF	Operational level framework	运营级别框架
OLM	Operating level measurement	运营级别评价标准
OPEX	Operational expenditure	运营支出
OSI	Open Systems Interconnect	开放系统互连
PaaS	Platform as a Service	平台即服务
PMBOK	Project Management Body of Knowledge	项目管理知识体系
PMI	Project Management Institute	项目管理协会
PMO	Project management office	项目管理办公室
PRINCE2®	PRojects IN Controlled Environments	受控环境下的项目管理
RACI	Responsible, accountable, consulted and informed	RACI 矩阵（职责、问责、咨询与知会）
RAG	Red/amber/ green reporting	红褐绿报告
RCA	Root cause analysis	根本原因分析
RFI	Request for information	信息邀请
RFP	Request for proposal	建议邀请
SaaS	Software as a Service	软件即服务
SCMIS	Supplier and contract management information system	供应商与合同管理信息系统
SCT	Standard contract term	标准合同条款
SFIA®	Skills Framework for the Information Age	信息时代技能框架
SI	Service integration	服务集成
SIAM	Service integration and management	服务集成与管理
SIP	Service improvement plan	服务改进计划
SLA	Service level agreement	服务级别协议
SMAI	Service management and integration	服务管理与集成
SME	Subject matter expert	主题专家
SMI	Service management integration	服务管理集成
SMS	Short message service (telephony) Service management system (ISO)	短消息服务（电话） 服务管理体系（ISO）
SoR	Statement of requirements	需求说明书
SoW	Statement of work	工作说明书
SOX	Sarbanes-Oxley	《萨班斯·奥克斯利法案》
TNA	Training needs analysis	培训需求分析
ToC	Theory of Constraints	约束理论
TOGAF	The Open Group Architecture Framework	开放群组架构框架
TOM	Target operating model	目标运营模式
TUPE	Transfer of Undertakings (Protection of Employment)	《企业转让（就业保护）条例》

缩略词	英文全称	中文释义
UDE	UnDesirable Effect	不良效应
UK	United Kingdom	英国
USA	United States of America	美国
WTO	World Trade Organization	世界贸易组织

附录 B：案例研究

这里收录了一些来自真实世界的场景和案例。撰写本书的全球作者团队成员，基于各自与客户组织合作的个人经验，提供了这些案例研究，同时，他们也对在全球范围内开发和实施 SIAM 模型提供帮助。

案例研究有助于加强对众多事项或条件及其关系的背景分析。它们是将方法论付诸实践的绝佳工具。通过研究案例，可以加强学习，简化复杂的概念，提升分析思维，并培养对同一主题不同观点的容忍度。

在开发 SIAM 模型时，一种模式当然不能适合所有情况。这些案例研究应该作为读者在自己的环境中面临类似挑战时的参考。

B.1 澳大利亚商业航空公司

2015 年，一家总部位于澳大利亚的大型航空公司，启动了一个在内部实施 SIAM 模式的转型项目。该航空公司在全球拥有约 3.5 万名员工，平均每年备案 12.5 万起故障和 12.5 万次请求。已知有 35 万个配置项，但只有一半处于活动状态，其余处于停用状态。平均每年备案和解决的问题有 1200 个，在请求目录库中，为航空公司员工提供了 1000 多种产品与服务。

在这个大型、分布式和复杂的环境中，大约 200 家服务提供商在服务交付方面发挥着作用。其中多达 12 家是主要或一级服务提供商，部分服务提供商在全球范围内拥有数千名员工，提供全天候的服务支持。

多服务提供商网络带来了许多挑战，例如：

- 存在多种语言、不同的地理位置和时区
- 文化和工作方式差异巨大
- 许多服务提供商使用定制的服务管理工具、流程和程序，自动化和集成程度较低
- 采用离岸支持模式的服务提供商对业务缺乏了解

驱动因素与挑战

除了存在前面提到的服务提供商特定挑战外，该航空公司的 IT 部门也面临着自身的挑战，包括

- 公司员工面对多个"第一个联系点"
- 员工缺乏信心，不相信他们会得到一致且及时的 IT 服务，导致 IT 声誉不佳
- IT 内部存在孤岛，随着时间的推移，在各服务提供商内部产生了孤岛

- 西瓜效应，报告显示服务提供商的服务级别达标，但经仔细查看发现存在着客户对所提供服务与产品的深度不满。由于存在多种服务管理工具，但 IT 部门并不总是能看到这些工具，因此员工对所报告数据的完整性缺乏信心
- 针对服务提供商的治理没有章法，没有一个明确的方法来进行分析及推动共同改进

成功因素

尽管存在流程和技术方面的挑战，但 SIAM 转型项目的成功因素仍然为人们所关注，主要包括以下方面：

- 改变员工对 IT 的看法
- 建立航空公司员工的信心，让他们相信 IT 确实为组织增加了价值
- 通过信任与跟踪的治理方式，赋予服务提供商权力
- 提升成熟度，使各个层面的结果更加符合 IT 战略
- 重建诚信、尊重、协作和善意的文化，也就是说，就财务机制而言，尽管合同很重要，但需要更加注重推动业务结果、加强质量和改进

与航空公司合作进行 SIAM 转换的是一家总部位于澳大利亚的托管服务提供商，该服务提供商的任务是（使用基础 SIAM 框架）实现服务中心和服务集成功能。

"文化能够把战略当早餐、午餐和晚餐吃掉"[26]，福特汽车公司总裁马克·菲尔兹（Mark Fields）将这句话奉为至理名言。因此，整合现任服务提供商与航空公司的文化、价值观和工作方式非常重要，合作关系的主要驱动因素特别与此有关。仅仅运用一种不同的方法论，例如 SIAM，本身是不够的；除了学习服务提供商带来的 SIAM 专业知识外，航空公司还希望在重建其文化结构方面得到援助。

转向 SIAM 生态系统

该航空公司将 SIAM 生态系统的实现划分为若干阶段，首先进行的是有关规划、架构方面的活动。在以下阶段中，业务变革团队在组织变革管理方面提供了重要的帮助：

- 规划
- 构建与测试
- 实施与改进

探索与战略阶段

SIAM 的实施主要由 PRINCE2® 和敏捷这两种方法提供支撑。通过 PRINCE2® 方法，确保进行了适当的规划，确保对产品的管理到位，同时通过指导委员会进行业务批准/背书。在此基础上，通过敏捷方法，确保项目在多个冲刺阶段均能够提交其可交付成果。

规划与构建阶段

冲刺方法应用于构建、测试过程中的各个方面，例如招聘、文件编写、软件开发和组织就

---

26 出处：《为什么组织文化能够把战略当早餐、午餐和晚餐吃掉》，托本·瑞克（Torben Rick）的博客网站。

绪度测试。科特的变革理论[14]虽然具有明显的时代性，但与实施具有高度的相关性。重点是确保在规划、构建和测试过程中，航空公司及其服务提供商的关键利益相关方在方方面面展开协作。各种形式包括研讨会、员工大会、一对一会谈、内部通讯、项目 T 恤与旗帜、站会甚至瑜伽课都被用来确保实施尽可能顺利进行。

在这一阶段批准实施的主要工作成果物包括：

- IT治理框架和基本角色、职责、章程
- SIAM政策、流程、标准和控制
- 用于主要流程和报告的中心服务管理工具
- 培训、作业指导、测试计划/案例
- SIAM混合运营模式，提议团队由若干流程负责人、运营经理和一个支持开发小组组成。该航空公司保留了许多治理活动，因此在航空公司内部设立了互补角色，服务集成职能采取联合方式对服务提供商开展治理
- 关系管理框架，重要的是，通过关系管理框架确保定期就协作的重要性进行讨论

实施阶段、运行与改进阶段

鉴于变革的规模及复杂程度，大爆炸实施方法在此并不适用。根据之前阶段制订的计划和形成的工作成果物，服务提供商经 3 次实施陆续进入新 SIAM 生态系统中。

在全面实施之后，实现了多项收益：

- 通过消除多个工具系统、多个服务台和服务提供商之间信息传递的"手动转椅"录入方式，降低了相关成本
- 在航空公司的服务管理工具中，实现了数据与信息的即时、持久的透明度，这完全消除了对数据完整性的担忧
- 将知识产权的所有权集中化，并移交给航空公司
- 客户对航空公司员工及高管的满意度评分显著提高，从55分的基线指数升至平均80分（满分100分）
- 故障解决时间、问题解决时间和请求满足时间得到了改进。通过工具系统的集成和建模，平均请求满足时间从8.5天减少到6.5天。依托协作流程论坛，故障待办事项列表减少了500多条记录，业务数据的可见性也得到了改善
- 与IT战略保持高度一致，根据IT关键绩效指标进行评价，表明取得了可衡量的成功。

作为持续服务改进的工作之一，已确定并部署了一系列改进措施。尽管强调了组织变革管理的重点，进行了培训，但人们在知识以及对该项目的总体理解方面仍存在差距。那些处于领导岗位的人缺乏将信息进一步向下传递的能力。

存在以下不足：

- 商业结构没有完全更新，导致各服务提供商之间缺乏一致性。服务集成职能根据端到端需求对服务提供商进行治理和支配，但未进行合同条款更新，减缓了价值实现的速度
- 对SIAM与企业服务管理的区别普遍缺乏理解。服务提供商和业务部门通常认为，以前由企业服务管理团队执行的许多活动将由服务集成商完成。通过研究更多的文献、提高认知、进行SIAM基础培训，加强了理解

■ 实施中心服务管理工具是航空公司提高数据可见性和可信度的一个关键成功因素。然而，结果是，服务提供商停用了它们的服务管理流程，在某些情况下，整个角色都被移除了。这造成了企业服务管理级别的临时真空，服务集成商不得不介入并弥合造成的差距。经过进一步的改进后，服务集成商又回归为治理角色

结论

项目很少在实施过程中不经历失败就成功。[27] 著名发明家托马斯·爱迪生曾经说过："我没有失败。我只是找到了一万种行不通的方法。"这家澳大利亚航空公司的价值实现之旅，有些路途是一帆风顺的，而另一些路途则付出了很多年的艰辛努力。2014 年，"IT 怀疑论者"罗布·英格兰（Rob England）在一篇文章中警告说，任何文化变革都需要时间，应该尊重"人类的变革速度"，并将其融入对成功的期望之中："好的领导者确实会改变文化（坏的领导者也会），但这需要很多年的时间。这不可能是一蹴而就的"。[28]

作为一种方法论和一种理念，SIAM 彻底改变了 IT 服务管理环境，使航空公司的 IT 部门最终能够与其服务提供商进行良好的对话，反之亦然。只有经过周密的规划、构建 / 测试、实施与改进，才能实现这个目标。

然而，最重要的是对企业及其服务提供商所须具备的文化和价值观进行引领的能力。需要有意识地确保 SIAM 生态系统不受"杂音"干扰，体现诚信、尊重、协作的品质和它所支持的组织价值观。如果做不到这一点，即使是最复杂、最先进的 SIAM 实施，也将被"当作早餐、午餐和晚餐吃掉"。

B.2　英国物流公司

本案例研究介绍的是英国一家大型物流公司的 SIAM 生态系统实施之旅。该公司拥有复杂的基础设施和一群多样化且要求非常苛刻的基础客户。此外，市场环境具有挑战性。市场上既有低成本同行、新进入者，也有收购了小型公司的老牌企业，该公司面临着落后于竞争对手和失去市场份额的风险，且风险不断增加。

驱动因素

该公司将所有主要的 IT 流程都整体外包给了一家供应商，7 年的合同即将结束。IT 领导层感到自身对许多 IT 流程缺乏控制和监督。

此外，服务质量不一致，使用 IT 服务的业务部门担心 IT 能力不能很好地满足他们当前和未来的需求。具体来说，业务需要敏捷性，需要快速推向市场，而当前的运营模式无法实现这一点。而且，服务中断的风险会影响最终用户的满意度，因此需要稳健的流程来预防故障的发生，并对已发生的故障进行恢复。

实现 SIAM 模式似乎是一个不错的选择。能够让特定领域内最优秀的服务提供商参与运行 IT 运营模式，这对它们非常有吸引力。此外，有必要将日常服务管理活动的责任收回，交由内部承担。

27　出处：至理名言（brainyquote）网站。

28　出处：《不要试图改变文化》，IT 怀疑论者（itskeptic）网站。

挑战

这种将服务管理的某些方面工作纳入内部的愿望，被视为未来运营模式的关键设计原则。多年的外包导致 IT 部门在日常运营中缺乏个性与创新。然而，还存在一些非常复杂的挑战：

- 缺乏在内部运营流程的能力。需要建立这种机制，并将职责从现任服务提供商转移过来
- 缺乏用于支持、提供IT服务的企业级工具。需要一种新的服务管理工具来实现新流程的自动化，引入工作流，通过工作流编排SIAM生态系统活动，并作为唯一的记录体系
- 存在与企业文化有关的问题，特别是与业务一致性有关的问题，需要加以解决
- 缺乏运营这些新流程、管理复杂的SIAM生态系统所需的技能
- 管理SIAM生态系统的基础治理模型尚未创建，因此创新、服务绩效、流程改进和工具策略的基础构建模块并不存在

探索与战略阶段

该公司决定转向 SIAM 模式。战略规划围绕两个工作计划展开。一个计划涉及现任服务提供商的退出以及新合同采购等事项，另一个计划涉及 SIAM 运营模型的设计、构建和实现。

规划与构建阶段

重要的是，建立了一个唯一的跨项目时间表，其中描述了关键事件的里程碑，例如：

- 引进新服务提供商
- 现任服务提供商合同退出
- 到新生态系统的服务转换
- 定义SIAM运营模型，包括：
  - 定义流程
  - 选择工具并部署实施
  - 增强人员实力
  - 构建配套的治理模型
  - 创建新组织

SIAM 运营模型的开发重点是定义 SIAM 运营模型的部分。

定义流程

召开了流程定义研讨会，了解未来状态时的流程需求。邀请专家参与，对未来运营模式和关键流程的必要元素进行可视化展示，其中关键流程不仅限于核心 IT 服务管理流程，还包括供应商与合同管理、项目交付生命周期等流程。

对流程进行了记录，确定由流程负责人对流程全权负责，这也得到了流程负责人的认同和承诺。流程架构师确保了流程的一致性，确保流程能够有效地彼此交互。

选择工具并部署实施

需要制定工具策略，了解工具的现状，确定工具的未来状态需求。一个主要挑战是，该公司用于 IT 服务管理、项目组合管理的许多工具都归属于现任服务提供商。要么将这些工具移交给该公司进行管理，要么采购替代产品。

使用工具的现有环境非常复杂，该公司严重依赖现任服务提供商提供的工具，这些工具在这些服务提供商的许多客户之间共享。显然，所有权无法轻易转移，需要新的工具。因此，制订了工具选型项目计划。

增强人员实力

组织设计从对员工数量、角色与技能的初步评估开始，创建了一个未来状态的组织模型，通过对预期工作量的复杂分析，对角色进行了定义和调整，确定了所需要的员工数量。

构建配套的治理模型

设计了治理流程，成立了治理论坛，目的是管理以下领域：

- 创新
- 服务提供商绩效
- 服务报告与服务评审
- 工具策略与工具变更
- 流程模型与流程变更
- 合同管理

流程负责人深度参与其中，并就如何在复杂的 SIAM 生态系统中更好地开展治理工作，征求了新任服务提供商的建议。

创建新组织

这将基于对当前组织模式的分析和对未来状态的定义而进行。

实施阶段

SIAM 运营模式的实施侧重于：

- 流程的实施
- 工具的实施
- 人才建设
- 流程治理和论坛的实施

流程的实施

在流程定义研讨会举行之后，推出了新创建的流程流和新设计的集成元素。新任命的流程负责人全权负责流程活动，拥有流程的所有权，并负责进行持续改进。

工具的实施

由于许多在用工具归现任服务供应商所有，因此必须采购替代工具。该公司开发部署了一个工具集成中心，使服务提供商能够在必要时将自己的工具与之进行对接。随着服务转换的临近，许多服务提供商选择使用客户组织的工具替代它们自己的工具，使用唯一定义的一组工作流流程，从而实现了"唯一事实来源"的目标。

人才建设

在规划与构建阶段，对当前人员配备能力进行了评估。在确定了未来状态模型后，实施了一项积极的招聘计划，以解决技能的差距。随着 IT 运营模式的变革，部分人员的角色将发生重大变化。人力资源部门参与对这些人员的管理。

承担新角色的人员被任命后，立即参与了流程定义和工具选型活动。这对于新运营模式至关重要，因为新模式将会获得他们的认同和承诺，同时也培养了他们的主人翁意识，对于整个计划的成功也是至关重要的。

流程治理和论坛的实施

流程负责人深度参与了这些流程的开发，并负责进行持续改进。现任服务提供商将其服务移交给新服务提供商。为确保新任服务提供商和内部服务集成职能具备运行关键服务的能力，实施了知识转移和测试计划。

为 IT 服务管理、服务报告编制和项目交付生命周期管理部署了新的工具。对于在服务提供商之间建立一个共同的工作流，使其像一个统一团队一样运作，这些工具起到了非常重要的作用。

运行与改进阶段

"一个统一团队"的理念是该计划成功的关键因素之一，该计划将来自多个组织的从业人员聚集在一起，组建了与流程相一致的虚拟团队，在服务提供商之间共享共同的工作流，这有助于营造一种统一团队运作的氛围。这符合了共同的目标，即为客户组织交付现有的服务和新的服务，并提供支持。

结论

SIAM 模式继续成功运作。IT 部门已经做好了更充分的准备，在交付速度和服务稳定性方面，可以更好地满足公司的需求。当发生故障时，保留服务管理团队与 SIAM 生态系统合作伙伴进行协作，协调解决问题。

从项目交付的角度来看，已经建立了一个统一的需求与项目管理流程，用以集中处理所有新的工作并进行评估，然后从整个 SIAM 生态系统中分配资源。

SIAM 计划被公认是成功的，其中所应用的许多原则也在其他 SIAM 实施中得到了推广。

B.3　爱尔兰全球银行

本案例研究来自爱尔兰的一家全球银行，该银行采用了完全外包模式，但保留了服务集成层。

驱动因素

当前服务模式沿用的是第一代外包方式 [29]，银行与现任提供商已经合作了 1 年。该提供商负责管理服务台、终端用户计算（end user computing，EUC）和环境中的特定应用程序，但工作状况不如预期，银行正在寻找替代方案。

29　第一代外包与 20 世纪 90 年代末和 21 世纪初的外包战略有关。

挑战

银行遇到的一个主要问题是，现任服务台提供商绩效欠佳。此外，它们所遵循的合同条款、服务级别协议和关键绩效指标，与正在部署和调整的新服务提供商合同模型不一致。需要在路线图的规划与构建阶段对此加以考虑。

该银行面临的主要挑战是，缺乏 SIAM 和多源环境的必要经验。因此，银行不得不依赖外部咨询和合同资源来设计其未来的运营状态，协助战略采购和控制，治理和管理其转型计划。

运营流程不成熟，必须重新设计，以便创造一个多源环境，并使总体治理能够有效发挥作用。银行内发生的其他变革进一步加剧了这一问题，银行随后在管理这些变革活动方面投入了大量精力。重点是围绕认知管理和工作方式的转变进行。

由于银行在管理这种规模的服务提供商方面经验有限，因此不仅在定义流程方面，而且在创建流程方面，都面临重大挑战。而承担服务集成商职责的内部保留团队，在 SIAM 生态系统的管理、治理和控制能力方面，也面临重大挑战。为协助解决这些问题，通过召开研讨会、学习交流等方式，对保留职能的员工进行指导，就如何与全球伙伴组织合作、如何协同工作、如何建立基于利益的关系等方面进行了培训。

完成向新 SIAM 环境的整体转变，共历时 14 个月，其中两期建设历经 12 个月，并行运行 2 个月。规划与构建团队不仅要指导、辅导、协助 SIAM 保留职能，而且要处理和重新定义模型中需要调整或改变的所有元素。

探索与战略阶段

在考虑了各种选项后，该银行决定进一步外包，以保留服务集成层的方式，将 IT 团队的职能从专注于交付转变为提供保证。

规划与构建阶段

在向 SIAM 生态系统迁移的第一期建设中，确定了 3 个额外的服务域，分别用于提供数据中心服务、硬件支持、安全和网络服务；另外还确定了 2 个服务域，应用程序开发与管理（application developmont and management，ADAM），将在转换的第二期建设中提供服务。

制定了当前 IT 组织（IT organization，ITO）的转型规划，与确定服务提供商引进流程同时进行，以确保在引进服务提供商之前，服务集成层已经就绪并开始运作。

鉴于当前所用第一代外包安排的特征，本次转型的 SIAM 元素可被视为处于一个绿地环境。在规划与构建阶段，可以由新的保留职能对 SIAM 流程组和目标运营模型（target operating model，TOM）进行开发，并进行纯净部署。

如挑战部分所述，当前服务台提供商的服务达不到预期要求。因此，在规划与构建阶段，专门针对此问题进行了额外的考虑，制订了一个改善计划，以确保现任提供商的绩效达到预期级别。银行向服务台提供商发出了合同变更通知（contract change notice，CCN），该提供商同意进行合同条款的变更，并与 SIAM 生态系统中的其他提供商保持一致。事实证明，该举措对于 SIAM 的全面实施非常有利，因为在将流程组部署到其他提供商之前，该提供商扮演了流程组件"试验场"的角色。此外，保留职能可以完成重点流程（例如故障与重大故障管理流程，变更、发布与问题管理流程）的情景测试活动。

当前使用的运营流程虽然运转正常，但是还不能适用于新的模式，无法在多服务提供商生态系统中使用。此外，从供应商管理、报告、治理或财务管理的角度来看，尚未建立或设立管理多个供应商的流程或职能，因此必须定义和建立、设立这些流程或职能，才能符合 SIAM 模式的要求。

在规划与构建阶段，结合新结构中的职能元素，定义了一组完整的流程，此时还应考虑到，在实施阶段部署 SIAM 模式的同时，还将进行新服务提供商的引进工作。因此，必须将承担服务集成职责的保留职能融入这组流程之中，对于整个生态系统中的交互、治理、控制和管理监督，这是必要的。

根据 SIAM 目标运营模型和客户组织规划，客户组织设立了运营和保证角色，必须从客户的角度界定和设计客户组织的保留职能，使保留职能与运营和保证角色相一致。这样做的影响是，某些交付角色受 TUPE 法律保护，其他角色则面临裁减。这意味着，需要人力资源部门和组织业务变革职能参与进来，对 SIAM 模式转换中的这一重要而敏感的事项进行管理。

在规划与构建阶段，银行也做出了决定，将保留对主要服务管理工具和知识管理存储库的所有权和控制权。现任提供商将负责这些工具的管理，并在新伙伴加入 SIAM 生态系统时担任监管方。其目的是维护工具和知识储存库，将其作为信息的中心点（事实的唯一版本）。此外，在知识储存库中创建了一个治理库，用以管理来自各个治理委员会和论坛的所有资料、管理报告、服务报告以及 SIAM 生态系统中相关的运营级别协议和合同资料。

在规划与构建阶段，并行启动了 SIAM 生态系统中新服务提供商的引进工作。为了做好与新服务提供商签订合同的准备，必须确保首先设立了保留职能，建立了新模式。

在转换初期，经过尽职调查后，选定了提供商。在商定了合同条款之后，提供商立即加入流程论坛，与新的流程组、工作方式和治理模式融合一致。此外，还将成立协作工作组，合作伙伴提供商可以在这里结识客户组织、保留职能和其他服务提供商内部的同行。

实施阶段

在实施阶段，决定将各个新任服务提供商的合同生效日期错开，以便内部服务集成商能够陆续将每个服务提供商纳入新的模式之中，针对每个服务提供商落实流程组、报告和开展治理。举办了研讨会，以确保服务提供商对 SIAM 模式有一个清晰的理解，并协助开展整个生态系统中的协作工作。每个服务提供商融入生态系统之后，都将与服务集成商一起参加下一次会议，以协助下一个即将到来的合作伙伴。

与主要的 SIAM 流程一起开发的其他并行流程，包括需求管理流程、业务关系管理流程、合作伙伴管理流程和财务管理流程，在现阶段对这些流程进行定义和部署，并将这些流程与总体治理和 SIAM 生态系统融合一致。

在 SIAM 转型的二期建设中，主要是将应用程序开发与管理提供商纳入生态系统。为了确保"一个统一团队"新方法的一致性，沿用了同一个流程论坛和协作会议。

运行与改进阶段

该 SIAM 生态系统已经运转了两年时间。随着业务活动模式的逐渐清晰，结合对需求管理的加强，该生态系统得到了进一步的改进。通过引进另一个提供商，强化了应用程序开发与管理元素。同时，将对绩效欠佳的提供商进行更换，银行也已适应了这种方式。

结论

新模式运行良好，并通过持续改进活动不断发展。

附录 C：精益、DevOps 和敏捷 SIAM

通常，SIAM 会应用于 IT 和数字相关的环境、产品与服务中。无论是在技术方面，还是在工作方式方面，IT 世界都在发生着迅速的变化。因此，很多人建议，SIAM 也需要发展，像"敏捷 SIAM""数字 SIAM"和"精益 SIAM"这样的术语被用在了演讲和论坛上。

在 SIAM 生态系统中，如何运用 DevOps、敏捷和精益的各种概念和原则，SIAM 基础知识体系为此提供了一些建议。SIAM 的基本原则没有改变，但可能需要调整服务提供商合作方式、自动化级别、治理考量因素和实际的协作模式，以拥抱这些变化。

如何在 SIAM 路线图中考虑精益、敏捷和 DevOps 中的各项原则，并将其融入 SIAM 生态系统，本附录对此进行简要介绍。如果在这些领域，客户组织、服务集成商或服务提供商已经具备了可以为整个生态系统增加价值的成熟能力，那么服务集成商就需要考虑，在何时、何种情况下可以采取这些工作方式，以及该如何采取这些工作方式。

C.1　SIAM 与精益

为了降低成本、提高产品与服务的交付速度和质量，组织通常会运用精益原则。精益旨在优化流程，培养注重稳定性、标准化和减少浪费的支持性文化。在 SIAM 生态系统中运用精益原则，可以增加价值，因为 SIAM 注重的是端到端的价值链、协作、配合和流动。

探索与战略阶段：运用精益方法的注意事项

在 SIAM 模式转换的探索与战略阶段，一个清晰的愿景是必不可少的。从精益的视角，这意味着在此阶段，组织对战略决策进行了充分考虑，并与利益相关方进行了充分沟通，影响者和利益相关方为变革做好了准备。用精益的术语表达，即"提前建立共识"，进行"方针管理"。

📖　**Nemawashi（提前建立共识）**

Nemawashi 是术语"根回し"的日文发音，指的是非正式接洽，通过与有关人员交谈、收集反馈意见并获得支持，暗自为一项拟议的变革或项目奠定基础。在正式推动一项重大变革之前，提前达成共识，这是变革能够成功的一个重要因素。在得到所有利益相关方的赞成后，再进行变革。

Nemawashi 的字面意思是"扎根"，其原始含义为：为移植一棵树进行准备工作，在树根周围挖掘并对根部进行修剪。

> 📖 **Hoshin Kanri（方针管理）**
>
> Hoshin Kanri 是另一个术语"方针管理"的日文发音，也称为政策实施，是将组织战略目标分解至组织的各个层面，在每个层面推动进展、推进行动的一种方法。运用这种方法，可以消除方向不一致和沟通不通畅造成的浪费。
>
> 方针管理促使每个利益相关方同时朝着同一个方向而努力，通过将组织的目标（战略）与中层管理者的计划（战术）和每一位员工执行的工作（运营）结合起来而实现这一目标。

对于精益环境和 SIAM 环境，战略意图都应该基于客户价值。在探索与战略阶段进行分析活动时，运用价值流分析方法、根本原因分析方法等精益技术非常有用。运用这些方法，可以展现出全景图，也有助于了解在依据现状进行流程和服务设计时，可能存在哪些障碍。

规划与构建阶段：运用精益方法的注意事项

在规划与构建阶段，开始启动组织变革管理活动。与 SIAM 一样，精益原则也强调了与那些即将在 SIAM 模式中工作的人员进行互动的重要性。利益相关方需要尽可能充分地、积极地参与有关生态系统的决策事项。

在设计 SIAM 模型时运用精益方法，通过最大限度地减少交接，避免流程活动周期过长，来简化工作流。在 SIAM 模式中，为了使流程适用于多服务提供商的复杂模型，需要对流程做出调整，这可能是一项挑战。在整个规划与构建阶段，如果注重精益原则的运用，那么将有助于避免活动过于复杂，以及任务的重复和遗漏，这也有助于优化工作流。

实施阶段：运用精益方法的注意事项

向 SIAM 模式转换，使用大爆炸实施方法和分期实施方法都是可能的。精益原则建议，将重点放在单件流和小批量工作上，以避免实施中过度依赖于截止日期。精益组织很可能会采用分期实施方法，这种方法允许在每一期实施之间再次加工，有助于知识的积累与改进。

运行与改进阶段：运用精益方法的注意事项

在遵循精益原则的组织中，改进是重中之重。在 SIAM 模式的组织中，也可以运用精益方法进行改进。如果在 SIAM 模型的某个元素中，已经运用了像持续改善这样的技术，那么也可以将其扩展到整个生态系统使用。

> 📖 **Kaizen（持续改善）**
>
> 这是日语"改善"的意思。持续改善是一个概念，指的是对所有职能的业务活动进行持续改进，涉及从高层到操作层的所有人员。持续改善也适用于跨组织边界的流程，因此在 SIAM 生态系统中可能非常有用。

SIAM 生态系统中的所有利益相关方或所有各层的业务活动，都会涉及持续改善。持续改善方法致力于不断努力改进工作方式，因此，服务集成商在与服务提供商和客户组织合作时，可以使用持续改善技术。

与 SIAM 一样，精益也支持"先解决，后争论"等原则，不鼓励指责，而是鼓励人们把精力集中在根本原因分析、提高质量和消除浪费方面。突破性改善也是精益原则之一，用以指导组织为更大规模的变革做好准备。

📖 **Kaikaku（突破性改善）**

Kaikaku 是日文术语"改革"，是"彻底改变"的意思。在商业领域，突破性改善指的是对生产系统进行根本性、彻底的改变，而持续改善专指渐进式的改变。

持续改善和突破性改善都可以应用于日常业务以外的活动。

突破性改善通常是由高级管理层发起的。在 SIAM 生态系统中，可以由战略委员会或战术委员会通过决策发起突破性改善，其目的是产生重大影响。与其他精益方法一样，突破性改善也致力于引入新的知识、战略、方法，改进业务交付。如此规模的改进很可能是由战略变革、市场状况和技术变化等外部因素推动的。在 SIAM 模式中，这可能与生态系统的变化有关，例如当生态系统中有服务提供商加入或退出时。

精益原则对 SIAM 生态系统的支持的重点放在标准化和消除浪费方面，而不会影响质量、成本和交付周期。

📖 **安东绳**

安东绳是丰田生产系统（Toyota Production System，TPS）中的一个概念。最初，它由一根拉绳或按钮组成，工人只要发现问题或发现可能存在问题，就可以拉动绳索或按下按钮来停止生产线，以此对管理人员发出警告。当拉起绳索时，经理和团队成员会蜂拥而至，进行调查，并在必要时解决问题。

在一个高度信任的环境中，员工感到安全，知道自己不会因此而受到指责或惩罚，安东绳就是有效的。

与生产线物理层面的停止运转不同，在 SIAM 生态系统中，安东绳是一个虚拟的概念。部分多服务提供商环境会受到影响，因为服务提供商的员工对强调某个问题没有信心，因此不必要地进行了人为变通，或进行了额外的工作。这可能会影响提供给客户组织服务的质量。服务集成商需要努力培养一种高度信任的文化，在这种文化氛围中，所有服务提供商都可以信心十足地拉起绳索。服务提供商之间通力合作，解决可能对它们造成影响的问题，即使这些问题超出了合同范围。

C.2 SIAM 与 DevOps

组织有效地运用 DevOps 方法，旨在实现高度协作和相互尊重，加强对开发和运维中的重要因素、目标和工作方式的理解。一些组织建立了包括开发和运维能力在内的多技能团队，另一些组织则将这两个职能划分为两个团队，并注重它们之间的协作。

DevOps 的价值观之一是对自动化的承诺。一些组织建议，如果一项任务执行了两次以上，则应将其自动化（与 DevOps 原则"改进日常工作比开展日常工作更重要"有关）。在 SIAM 生态系统中，当寻求对服务提供商之间的协作和集成方法进行改进时，可以运用该 DevOps 原则。

但是，在构建生态系统时必须注意保持 SIAM 松耦合的优势，在必要时仍然允许服务提供商进入和退出。

在 SIAM 模式中采用 DevOps 工作方式，需要考虑在 DevOps 带来的收益与采购环境的复杂程度之间保持平衡。

探索与战略阶段：运用DevOps方法的注意事项

支撑 SIAM 生态系统的治理模型，是 SIAM 探索与战略路线图阶段的一个重要输出物。如果在该模型中还包括了对 DevOps 原则的运用，那么也需要针对边界和责任进行特定的考虑。SIAM 模式通常侧重于 SIAM 层和服务分组，而 DevOps 将结构映射到技术级或平台级，并在应用程序团队和平台团队之间建立联系。

应用程序团队往往是一个自组织团队，运用源自 Scrum 或其他敏捷框架的原则来组建团队。在该结构中，决策点的层次结构被设计为与应用程序的结构和架构依赖关系相匹配。针对 DevOps 团队的 SIAM 治理模型，需要与其当前的工作和决策方式保持一致，以保持 DevOps 团队的自主性。

通常，对大部分应用程序技术堆栈以及流程、架构和软件部署管道，DevOps 团队拥有自主权。他们通常会参与故障管理、问题管理活动，以及开发活动。SIAM 模式可能需要反映出这种工作方式，而不是强制在开发和运维之间划分严格的界限。但根据治理要求，需要进行职责分离，又需要在二者之间保持一个平衡。在 SIAM 模式中，如果服务台由一个外部服务提供商提供，请考虑它将如何与 DevOps 团队共享知识，以及 DevOps 团队将如何了解问题。

从启动工作到完成交付，应用服务提供商的 DevOps 团队都对自己的产品或服务拥有所有权。在探索与战略阶段，必须能够理解在这种级别上的自主权与问责制，并尽可能将其构建到模型中。

规划与构建阶段：运用DevOps方法的注意事项

如果要使 SIAM 模式与 DevOps 工作方式保持一致，那么在规划与构建阶段，建立关键原则和概念就非常重要。流程模型、治理模型、协作模型和工具策略都需要反映生态系统将如何运作。文化、自动化、精益、衡量和共享等 DevOps 价值观可以作为指导，帮助将 DevOps 融入 SIAM 模式。

对于加入生态系统的服务提供商，需要对其 DevOps 能力进行评估，并且在融合过程中，需要涵盖 DevOps 原则。

📑 **自主与控制**

在将习惯于 DevOps 工作方式的产品与服务团队整合到 SIAM 模式中时，需要谨慎进行。

随着参与生态系统服务提供商数量的增加，DevOps 团队可能需要与其他组织共享更多信息，这可能是一项与其现有文化相悖的新要求。在 SIAM 模式中，如果一些团队继续以完全自主的方式行事，而无视其他服务提供商，则可能会产生负面后果。

举一个发生在奥地利的案例。在该事件中，所有自动取款机都瘫痪了，媒体对一家提供支付服务的服务提供商进行了负面报道。原因是同属一个 SIAM 生态系统的 DevOps 团队进行了变更操作，但没有通知该服务提供商。这一变更导致自动取款机网络出现故障，并严重损害了客户组织的声誉。

实施阶段：运用DevOps方法的注意事项

向 SIAM 模式转换，采用分期方法更符合 DevOps 原则，但也将取决于实际情况、需求、合同结束日期等因素。如果现有产品与服务是由 DevOps 团队开发并提供支持的，那么知识的转让和移交至关重要。小团队可能拥有大量的知识，但在向另一个服务提供商移交的过程中，这些知识可能会丢失。

运行与改进阶段：运用DevOps方法的注意事项

反馈、学习与实验是 DevOps 的原则。如果这些原则已经全部或部分融入 SIAM 模式中，则可以运用这些原则对改进活动提供保障。如果某个服务提供商、服务集成商或客户组织在这些领域拥有强大的能力，那么可以在整个生态系统中由服务集成商重点对相关做法进行推广。

C.3　SIAM 与敏捷

许多组织仍然采用传统的指挥和控制结构，采用目标和决策自上而下流动的管理层次结构。这些组织通常使用线性计划和控制机制。相比之下，敏捷组织以人为本，由跨职能团队组成，其目标是通过产品与服务的迭代及增量开发、客户的频繁反馈来推动价值的实现。在 SIAM 模式中，跨职能团队需要能够跨层、跨职能、跨流程和跨服务工作。对于敏捷 SIAM，重要的是要考虑敏捷方法对 SIAM 战略、结构、流程、人员和技术等方面的影响。

探索与战略阶段：运用敏捷方法的注意事项

在 SIAM 路线图的探索与战略阶段，利益相关方可以学习敏捷原则和技术，并将敏捷原则和技术运用于他们的工作之中。SIAM 转换通常遵循迭代和递增的路径，根据新的信息，对部分活动重复执行。

SIAM 模式需要的是，在商定的治理框架范围内，促进信任，消除微观管理，下放责任。可通过自治团队实现这些目标。如果客户组织或服务集成商具有敏捷能力，它们就可以运用敏捷方法来定义自治团队的角色和结构。敏捷领导力注重通过一种实验和学习的文化来实现，而不是控制。这可以与 SIAM 的协作、创新文化很好地结合在一起。

规划与构建阶段：运用敏捷方法的注意事项

SIAM 环境和敏捷环境都特别强调高效能跨职能团队的重要性。像工作组或论坛这样的跨职能团队可能包括来自 SIAM 各层的人员。运用敏捷方法，可建立有效的团队互动方式，创建流，推进知识共享，通过迭代改进来降低复杂性，并改善对客户的反馈循环。

在任何环境中，自管理团队和治理之间的适当平衡都是一个重要的考量因素，在敏捷方法和 SIAM 模型治理框架之间保持平衡，也是如此。

实施阶段：运用敏捷方法的注意事项

敏捷和 SIAM 中的自组织团队

自组织是敏捷方式、方法中的一个基本概念。一个常见的误解是，由于自组织团队的弹性，治理和控制很少起作用，或几乎不起作用。然而，这并不意味着放手让人们做他们想做的任何事情。自组织并不意味着没有治理或控制，实际上，治理和控制是明确的、显而易见的，只不过是以一种更微妙和间接的方式进行。

自组织团队是基于经验控制的。通过选择合适的人员，创造一个开放的环境，建立一个评估团队绩效的系统，鼓励服务提供商尽早参与而不是强迫或控制它们，以此来实施控制。

一个敏捷团队的工作，就是围绕挑战进行自组织，在企业和管理设置的边界和约束范围内开展工作，这因组织的不同而不同，因环境的不同而不同。个体围绕呈现给他们的问题进行自组织，但在定义的边界内运作。在构建 SIAM 治理框架时，确保这种机会不受限制是很重要的。

运行与改进阶段：运用敏捷方法的注意事项

SIAM 机构小组完全可以拥抱敏捷的方式、方法。诸如站会、回顾、可视化技术、评审和冲刺计划等敏捷实践，都是可以促进工作组和流程论坛取得成效的工作方式。例如，可以通过回顾来评估流程绩效，确保 SIAM 生态系统中的流程"刚好够用"。

在敏捷方法中，运用产品待办事项列表、待办事项梳理等工具与技术，来记录活动、确定活动的优先级。团队针对待办事项进行讨论，重点关注的是某件事情有多重要，需要多长时间才能完成，以及如何衡量成功。在 SIAM 转型过程中应用这些技术，有助于促进利益相关方之间的对话，并制订切实可行的计划。

在每次增量实施结束时，进行频繁的评审和成果展示，这一点很重要。这有助于利益相关方根据早期反馈进行检查和调整。在 SIAM 模式中，流程论坛和工作组都可以开展这些活动。

附录 D：雇员安置立法

在本书中，我们无法提供法律指导，但可以列举可能出现的问题，并举例说明在设计和构建 SIAM 模型时，可能需要考量的因素。

立法，如果存在的话，是特定于某一地区或国家的。其目的是，在企业合法转让或合并的情况下，在将全部或部分企业、业务转让给另一雇主时，维护和保障雇员的权利。

D.1　欧洲立法

欧洲各国之间的协调程度很高，但由于欧洲立法是一项指令，每个成员国都有自己的义务。某些类别的职工会自动受到保护，大多数职工属于该指令的覆盖范围之内，有些职工则被排除在外。

在欧洲，存在《既得权利指令》（*Acquired Rights Directive*，ARD）。这是 1977 年 2 月 14 日第 77/187 号指令的名称（于 2001 年 3 月 12 日进行了修订，合并为第 2001/23 号指令）。通过各种方式，该指令在各国法律中得以实施，例如：

- 《法定法规转让条例》《企业转让条例》（即TUPE，英国法定法规）
- 《劳动法》第L1224-1条（法国法定法规）
- 《民法典与工程宪法法案》第613条（德国）

该指令影响对国家实施情况的解释，因此雇员权利（例如法律制裁）取决于各国就业框架。

D.1.1　英国

TUPE 是英国通过的一项重要且较为复杂的立法。TUPE 的目的是在员工受雇的企业易主或被外包时保护员工。它的作用是通过法律的实施，将雇员及与其相关的法律责任从旧雇主转移给新雇主。

TUPE 保护英国企业的雇员，企业可以将总部设在另一个国家，但当该企业将位于英国业务的所有权进行转让时，就适用于该条例。TUPE 意味着：

- 雇员的工作通常会转移到新公司，除非他们被裁员，或者在某些情况下，企业破产了
- 他们的雇佣条款和条件也随之转移
- 保持了就业的连续性

企业的规模并不重要，TUPE 旨在保护所有受转让影响的雇员。

D.1.1.1　TUPE 定义

当企业从一个所有者转让予另一个所有者时，TUPE 生效，将保护雇员的雇佣条款和条件。

当企业易主时，前雇主的雇员将按照相同的条款和条件自动成为新雇主的雇员。这就好像他们最初的雇佣合同是与新雇主签订的一样。他们的服务连续性和其他任何权利都得到了保留。无论是老雇主还是新雇主，都被要求必须通知所有直接或间接受转让影响的雇员，并与他们进行协商。

该条例于 1981 年首次通过，于 2006 年进行了修订，于 2014 年又进行了进一步的修订。

📖 **TUPE 案例**

一家窗帘制造企业将 IT 部门从英国塔姆沃思的一家工厂（属于 A 公司）转移到位于以色列的 B 公司。在受影响的雇员中，没有一个人希望调动到以色列工作，因此他们被解雇了。

职工工会代表向就业法庭提起诉讼，指控 A 公司没有履行 TUPE 规定的义务，没有告知员工并与员工进行协商，违反了集体裁员协商法。为了使这一主张获得成功，工会需要证明，TUPE 适用于英国（甚至整个欧盟）以外地区的企业转让。A 公司辩称，该转移事项不受 TUPE 规定义务的约束，因为 TUPE 只适用于欧盟内部企业之间的转让。

当时，英国法院还没有对此类案件作出裁决的先例，尽管许多评论者和从业者都假定，TUPE 确实极有可能具有域外适用性。

欧洲上诉法庭（European Appeal Tribunal，EAT）承认，在企业将要转让之前的这段时间，企业仍然位于英国的情况下，TUPE 适用；在服务提供将要发生变更之前的这段时间，提供服务的是组织起来的一组雇员，且雇员在英国工作的情况下，TUPE 适用。

欧洲上诉法庭驳回了 A 公司的论点，同意工会的观点，即从理论上讲，TUPE 可以适用于跨境转让，即使在欧盟以外，尽管在执行相应的法庭裁决方面存在固有的困难。虽然承认普通法的推定，即立法通常不具有域外效力，但欧洲上诉法庭认为，英国法院拥有管辖权，因为只有在企业最初设立在英国的情况下，雇员才能利用 TUPE 规定的权利。TUPE 的目的是在雇主更换时保护雇员，这适用于跨境交易。

在 2006 年，TUPE 的服务提供条款得以修订，体现了这一国际化因素。欧洲上诉法庭指出，这一条款的变更"显然是针对新时代下的服务提供外包，无论是在欧盟内部还是外部"。欧洲上诉法庭将案件发回就业法庭，要求仔细审查证据，以确定 TUPE 是否适用于将雇员转移到受让公司的情况。

为了免受 TUPE 约束，公司可能在海外设立子公司，这一决定杜绝了这种不道德的做法。欧洲上诉法庭确实注意到，在将企业转移到另一个国家时，被转移的企业可能不保留其作为经济实体的身份，从而否定了 TUPE 在这种情况下的适用性。然而，这一点并不适用于服务提供变化的情况，对于服务提供的变化，将根据具体情况逐案进行判断。

此案引发了对涉及国际业务转移或离岸外包实践的实体在法律和实践方面的关注，这些实体属于 TUPE 管辖的范围，特别是与呼叫中心和 IT 支持有关的实体。这些实体在英国的服务经常被转移给国外的服务提供商，有些被转移到欧盟内部国家，有些被转移到欧盟外部国家。

毫无疑问，TUPE 2006 所依据的 2001 年《既得权利指令》将被修订，在其跨境适用性原

则上采取一个明确的立场，从而有机会解决域外适用性的复杂问题。

D.1.2　荷兰

在荷兰，转让方和受让方通常必须尽早与职工委员会协商，以便根据影响做出是否交易以及如何进行交易的决策。

其中涉及至少与职工委员会举行一次会议，提供后续信息，并考虑其提出的观点。如果职工委员会反对转让，则转让必须推迟至少 1 个月的时间。职工委员会也可以向企业商会提出申请，企业商会可以对正在进行的交易进行裁决。

D.1.3　法国

在法国，对违反协商规则的制裁既有刑事制裁，也有民事制裁。不过，刑事制裁通常是罚款，但从理论上讲，也可能是 1 年的监禁，而且交易可能会被搁置，直到协商完成。

必须通知两个雇主的职工委员会，并就拟议的转让事项进行磋商，这一过程必须在做出任何决定或签署任何具有约束力的文件之前完成。协商时间至少为 15 天（尽管集体协议通常规定的时间更长），然后每个职工委员会有长达 1 个月的时间进行正式回应。职工委员会可以提出推迟，但不能否决任何雇员调动事项。

可能需要征询健康与安全委员会的意见，有时还需要事先获得劳工监察员的授权。受转让影响而被非法解雇的员工可以恢复工作，也可以获得经济补偿，而且双方雇主都可能被追究责任。

D.2　欧洲以外的立法

虽然大多数国家都没有转让法，但一些国家已经效仿欧洲的《既得权利指令》，而另一些国家则推出了一些既有相似之处又有根本区别的法律。

以下是对欧盟以外的转让规则的一些概况性示例。当然，法律会定期做出修改，这不是对法律的建议；只是表明目前缺乏一致性，从而导致了复杂性，需要谨慎行事，获得正确的建议。

D.2.1　新加坡

在新加坡，《就业法》给予初级雇员的保护力度最近得到扩大，《就业法》也适用于许多管理和行政级别的雇员。这些人员拥有与《既得权利指令》中类似的自动转移权，因此有必要弄清楚哪些人受到保护，哪些人不会被转移，可能需要另找工作，或许还会收到一笔合同规定的遣散费。

在某些方面，与许多欧盟国家相比，转让法对雇主的要求更加严厉。因为劳工委员会可以推迟或禁止转让，或者可以设定条件，而非法解雇可能被裁定必须复职和赔偿。

D.2.2　南非

南非推出了类似于《既得权利指令》的法律，非法解雇可能被裁定必须复职。双方雇主对转让后 1 年内和转让前的事项都负有连带责任。协商要求相对温和，除非雇主打算同意背离标准的转让法。

D.2.3　墨西哥

墨西哥法律规定，根据雇员自愿签署的"雇主替代函"的概念，或按照国家劳工委员会的程序，来实现雇员转移。这适用于资产出售，但不适用于外包。转让后 6 个月内，雇主共同承担责任。

D.2.4　美国

目前，美国的法规与欧洲的法规有很大不同。关于雇员权利，当企业转让给新所有权方时，没有法律规定雇佣关系。由于大部分雇员是"随意"受雇的，对于卖方 / 转让方雇主的雇员，新雇主可以自由地给他们提供就业机会，或针对就业地点更改雇用条款和条件。

在一家公司被另一家公司接管的情况下，收购方没有义务保留出售方的任何雇员。然而，如果新雇主在转让后进行员工队伍重组，而导致相关工厂关闭或大规模裁员，新雇主或接管方必须提前 60 天通知雇员。

如果在员工队伍中有加入工会的雇员，那么雇主必须真诚地与工会进行谈判，讨论裁员对属于工会会员的雇员的影响。在某些情况下，还可能需要遵守既有集体谈判协议中明确规定的雇用条款和条件。

附录 E：SIAM 专业认证备考指南

E.1 概述

范围

EXIN SIAM ™ Professional 认证旨在检验应试者是否掌握了在场景中运用 SIAM ™相关知识的能力，以及在以下领域进一步分析 SIAM 概念的能力：

- 探索与战略阶段
- 规划与构建阶段

- 实施阶段
- 运行与改进阶段
- 跨阶段SIAM实践

概要

SIAM 是管理多个服务提供商的一种方法论，运用 SIAM 方法可以实现多个服务提供商的无缝集成，并将它们打造成一个统一的面向业务的 IT 组织。

EXIN SIAM ™ Professional 认证检验应试者是否掌握了 SIAM 路线图 4 个阶段相关活动的知识和技能。成功获得 EXIN SIAM ™ Professional 认证的应试者能够针对多服务提供商环境开展分析、规划、构建和审视活动。

背景

EXIN SIAM ™ Professional 认证是 EXIN SIAM ™认证项目的一部分（如图 E.1）。

图 E.1　EXIN SIAM ™认证项目

目标群体

本认证面向世界范围内对 SIAM 实践感兴趣的专业人士，以及希望在组织中运用或改进这一方法的专业人士。本认证还适用于：委托建立 SIAM 模型的客户组织、客户组织中保留职能的员工、服务集成商以及加入 SIAM 生态系统的服务提供商。

目标群体包括但不限于：

- 服务经理和从业者
- 服务提供商的产品组合经理
- 流程经理
- 项目经理
- 变更经理
- 服务级别经理
- 业务关系经理
- 项目经理
- 供应商经理
- 服务架构师
- 流程架构师
- 业务变革从业者
- 组织变革从业者
- SIAM咨询顾问

认证要求

- 顺利通过EXIN SIAM™ Professional考试
- 顺利完成EXIN授权的EXIN SIAM™ Professional培训，包括实践作业

考试细节

考试类型：选择题

题目数量：40

通过分数：65（26/40 题）

是否开卷考试 / 参考笔记：否

是否允许携带电子设备 / 辅助设备：否

考试时间：90 分钟

EXIN 的考试规则和规定适用于本次考试。

布鲁姆级别

EXIN SIAM ™ Professional 认证根据布鲁姆分类学修订版对应试者进行布鲁姆 3 级和 4 级测试。

- 布鲁姆3级：应用。表明应试者有能力在与学习环境不同的情境下使用所学信息。这类题目旨在证明应试者能够以不同的方式或新的方式应用所掌握的知识、实例、方法和规则，在新的情况下解决问题。这类题目通常包含一个简短的场景
- 布鲁姆4级：分析。表明应试者有能力将所学信息拆分并加以理解。布鲁姆级别主要通过实践作业进行测试。实践作业是为了证明应试者能够辨明动机或原因，作出推断并找到支持归纳的证据，从而检查并拆分信息。

培训

培训时长
本培训课程时长建议 21 小时。该时长包括学员实践作业、考试准备和短暂休息。该时长不包括家庭作业、备考的准备工作和午餐休息时间。

建议个人学习时间
112 小时，根据现有知识的掌握情况可能有所不同。

培训机构
您可通过 EXIN 官网查找该认证的授权培训机构。

E.2　考试要求

考试要求详见考试规范。表 E.2 列出了模块主题（考试范围）和副主题（考试重点）。

表 E.2　考试范围与考试重点

考试范围	考试重点	权重
1. 探索与战略阶段	1.1 SIAM 治理框架要素	7.5%
	1.2 现状分析	10%
	1.3 SIAM 战略的关键要素	15%
	总计	32.5%
2. 规划与构建阶段	2.1 设计完整的 SIAM 模型	20%
	2.2 策划 SIAM 实施	10%
	总计	30%
3. 实施阶段	3.1 支持不同场景下的 SIAM 实施	10%
	3.2 持续开展组织变革管理	5%
	总计	15%
4. 运行与改进阶段	4.1 运营 SIAM 生态系统并提供保证和改进	12.5%
	总计	12.5%
5. 跨阶段 SIAM 实践	5.1 SIAM 实践的运用	10%
	总计	10%
合计		100%

考试规范

1. 探索与战略阶段
1.1　SIAM 治理框架要素
应试者能够：
1.1.1　解释 SIAM 生态系统中的治理特征
1.1.2　区分 SIAM 治理角色

      1.1.3   选择监测和评价服务绩效的治理方法

  1.2   现状分析

      应试者能够：

      1.2.1   分析在用服务、服务分组、服务提供商和市场

      1.2.2   说明如何评估当前能力

      1.2.3   对决定 SIAM 模型和采购方法的影响因素进行分类

  1.3   SIAM 战略的关键要素

      应试者能够：

      1.3.1   解释 SIAM 的战略驱动因素

      1.3.2   区分 SIAM 的关键成功因素

      1.3.3   解释设计角色与职责的原则与政策

      1.3.4   选择适当的 SIAM 战略

      1.3.5   说明如何获得并维持对 SIAM 战略的支持

      1.3.6   描述 SIAM 的商业论证和模式转换项目的内容

2. 规划与构建阶段

  2.1   设计完整的 SIAM 模型

      应试者能够：

      2.1.1   分析组织特有的服务模型和流程模型

      2.1.2   选择适当的采购方法和 SIAM 结构

      2.1.3   描述角色与职责细节

      2.1.4   选择绩效评价与报告框架

      2.1.5   选择协作模式

      2.1.6   分析 SIAM 合同的考量事项

  2.2   策划 SIAM 实施

      应试者能够：

      2.2.1   描述组织变革面临的挑战

      2.2.2   区分引进服务和服务提供商的方法

      2.2.3   分析最适用于 SIAM 生态系统的工具策略和集成方法

3. 实施阶段

  3.1   支持不同场景下的 SIAM 实施

      应试者能够：

      3.1.1   根据实施方法的收益和风险，在大爆炸方法和分期方法之间做出选择

      3.1.2   说明如何转换到已获批准的 SIAM 模式

   3.2   持续开展组织变革管理

      应试者能够：

      3.2.1   选择调动士气和积极性的方法

4. 运行与改进阶段

  4.1   运营 SIAM 生态系统并提供保证和改进

应试者能够：

4.1.1 分析不同层级的机构小组

4.1.2 选择解决问题的适当机制，提高服务提供商和服务集成商绩效

4.1.3 运用审计与合规机制

5. 跨阶段的 SIAM 实践

5.1 SIAM 实践的运用

应试者能够：

5.1.1 运用探索与战略阶段的所有 SIAM 实践

5.1.2 运用规划与构建阶段的所有 SIAM 实践

5.1.3 运用实施阶段的所有 SIAM 实践

5.1.4 运用运行与改进阶段的所有 SIAM 实践

E.3 基本概念列表

本节包含了应试者应熟知的术语和缩略语，见表 E.3。

请注意仅仅了解这些术语并不足以应对考试。应试者必须理解这些概念，并且能够举例说明。

表 E.3 基本概念列表

英文	中文
Aggregation	聚合
Agile	敏捷
Agile retrospective	敏捷回顾
Agile SIAM	敏捷 SIAM
Association for Project Management (APM)	项目管理协会
Balanced scorecard	平衡计分卡
Benchmark	基准
Benefits realization management	收益实现管理
Benefits realization plan	收益实现计划
Best of Breed	同类最佳
Blue/red/amber/green reporting (BRAG)	蓝红褐绿报告
Board	委员会
Boolean	布尔
Business case	商业论证
Business process improvement (BPI)	业务流程改进
Business as usual (BAU)	业务常态
Capability	能力
Capability assessment	能力评估
Capital expenditure (CAPEX)	资本支出

续表

英文	中文
Cloud services	云服务
COBIT	信息与相关技术控制目标
Code of conduct	行为准则
Collaboration agreement	协作协议
Commodity service	商品化服务
Common data dictionary	统一数据字典
Common law	普通法
Conflict of interest (CoI) plan	利益冲突计划
Contract	合同
Contract management	合同管理
Cross-functional team	跨职能团队
Current mode of operation (CMO)	当前运营模式
Customer (organization)	客户（客户组织）
Cynefin	肯尼芬框架
Dashboard	仪表板
Data room	数据室
DevOps	开发运维一体化方法
Disaggregation	解聚
Early life support (ELS)	早期生命支持
Ecosystem	生态系统
Enterprise architecture	企业架构
Enterprise process framework (EPF)	企业流程框架
Enterprise service bus	企业服务总线
Entity relationship diagram (ERD)	实体关系图
Escalation	升级
Estoppel	禁止反言原则
Ethical wall	道德墙
Exit services schedule	退出服务日程
External service provider	外部服务提供商
Externally sourced service integrator	外部来源服务集成商
Framework	框架
Function	职能
Future mode of operation (FMO)	未来运营模式
Gaming the system	博弈系统
Governance	治理
Governance board	治理委员会
Governance framework	治理框架
Governance library	治理库
Governance model	治理模型

英文	中文
Greenfield (site or operation)	绿地（场景或运营）
Hangout	环聊
Heat map	热图
Hybrid service integrator	混合服务集成商
Incumbent	现任者
Infrastructure as a Service (IaaS)	基础设施即服务
Insourcing	内包
Intelligent client function	智能客户职能
Interdependency	相互依赖关系
Interim operating model	过渡运营模式
Interim service plan	过渡期服务计划
Internal service provider	内部服务提供商
Internally sourced service integrator	内部来源服务集成商
ISO/IEC 20000	ISO/IEC 20000 标准
ITIL	信息技术基础架构库
Kaizen	持续改善
Kanban	看板方法
Kanban board	看板墙
Keeping the lights on	保持灯火通明
Kepner-Tregoe problem analysis	KT 问题分析法
Key Performance Indicator (KPI)	关键绩效指标
Layers (SIAM layers)	层（SIAM 层）
Lead supplier service integrator	首要供应商服务集成商
Leading and lagging indicators	先导与滞后指标
Lean	精益
Lean (systems) thinking	精益（系统）思维
Liquidated damages	违约赔偿金
Management methodology	管理方法论
Man-marking	紧盯模式
Mutually exclusive, collectively exhaustive (MECE)	相互独立，完全涵盖
Model (SIAM model)	模型（SIAM 模式、SIAM 模型）
MoSCoW	MoSCoW 优先排序法则
Multi-sourcing	多源采购
Multi-sourcing integration (MSI)	多源集成
OBASHI	OBASHI 方法（所有权、业务流程、应用程序、系统、硬件与基础架构）
Offboarding	退出
On the fly	匆匆忙忙
Onboarding	进入

续表

英文	中文
Open Systems Interconnect (OSI)	开放系统互联
Operational expenditure (OPEX)	运营支出
Operational level agreement (OLA)	运营等级协议
Operations manual	运营手册
Organizational change management	组织变革管理
Open Systems Interconnect (OSI)	开放系统互联
Outcome	结果
Output	产出
Outsourcing	外包
Performance management and reporting framework	绩效管理与报告框架
Platform as a Service (PaaS)	平台即服务
Practice	实践
Prime vendor	总承包商
Process	流程
Process forum	流程论坛
Process manager	流程经理
Process model	流程模型
Process modelling	流程建模
Process owner	流程负责人
Program management	项目群管理
Project management	项目管理
Quality gates	质量门
RACI (Responsible, Accountable, Consulted, Informed)	RACI 矩阵（职责、问责、咨询与知会）
Red/amber/green reporting (RAG)	红褐绿报告
Request for information (RFI)	信息邀请
Request for proposal (RFP)	建议邀请
Responsibility	职责
Results chain	结果链
Retained capability/capabilities	保留职能 / 保留能力
Risk management	风险管理
Roadmap	路线图
Role	角色
Run book	运行手册
Scrum	Scrum 框架
Scrum master	Scrum 主管
Separation of duties/separation of concerns	职责分离 / 关注点分离
Service	服务
Service aggregation	服务聚合
Service assets	服务资产

英文	中文
Service boundaries	服务边界
Service consumer	服务消费者
Service credits	服务信用
Service dashboard	服务仪表板
Service definition	服务定义
Service element	服务元素
Service grouping	服务分组
Service improvement plan (SIP)	服务改进计划
Service integration (SI)	服务集成
Service integration and management (SIAM)	服务集成与管理
Service integrator	服务集成商
Service integrator layer	服务集成商层
Service line	服务线
Service management	服务管理
Service management and integration (SMAI)	服务管理与集成
Service management integration (SMI)	服务管理集成
Service manager	服务经理
Service model	服务模型
Service orchestration	服务编排
Service outcomes	服务结果
Service owner	服务负责人
Service provider	服务提供商
Service provider category	服务提供商分类
SFIA (Skills Framework for the Information Age)	信息时代技能框架
Shadow IT	影子 IT
SIAM ecosystem	SIAM 生态系统
SIAM environment	SIAM 环境
SIAM governance lead role	SIAM 治理领导人角色
SIAM library	SIAM 库
SIAM model	SIAM 模式、SIAM 模型
SIAM operational lead role	SIAM 运营领导人角色
SIAM scorecard	SIAM 计分卡
SIAM structures	SIAM 结构
Skills map	技能图谱
Social network	社交网络
Software-as-a-service (SaaS)	软件即服务
Sourcing	采购
Stakeholder	利益相关者
Stakeholder map	利益相关者图谱

续表

英文	中文
Statement of requirements (SoR)	需求说明书
Statement of works (SoW)	工作说明书
Strategy	战略
Structural element	机构小组
Subject matter expert (SME)	主题专家
Supplier	供应商
Swim lanes	泳道
Theory of Constraints (ToC)	约束理论
Tooling strategy	工具策略
Tower	塔
Town hall meeting	员工大会
Training needs analysis (TNA)	培训需求分析
Transformation	转型
Transition	转换
Trust-based approach	基于信任的方法
Visual management	可视化管理
War room approach	作战室方法
Waterfall	瀑布式方法
Watermelon effect (watermelon reporting)	西瓜效应（西瓜报告）
Win-win	双赢
Working group	工作组

E.4. 指定教材

必选教材

以下文献包含了考试要求掌握的知识。

- SIAM专业知识体系英文版资料*Service Integration and Management (SIAM™) Professional Body of Knowledge*，可于Scopism官网下载。或参见本书。
- 《EXIN SIAM™ Professional-案例研究》，可于EXIN官网EXIN SIAM™ Professional页面下载。

可选教材

- SIAM基础知识体系英文版资料*Service Integration and Management (SIAM™) Foundation Body of Knowledge*，可于Scopism官网下载。或参见《全球数字化环境下的服务集成与管理——SIAM》。
- ISO/IEC TS 20000-14:2023，即IT服务管理国际标准《信息技术 服务管理 第14部分：ISO/IEC 20000-1服务集成与管理应用指南》。

备注

可选教材仅作为参考和深度学习使用。

在考试之前，请确保熟悉"案例研究"。所有问题均参照"案例研究"中的见解和场景。

请注意，SIAM ™专业知识体系和 SIAM ™基础知识体系不可用于商业用途。然而，经授权的培训机构可使用以上文件开发课程材料并进行相关市场活动。未经 Scopism 有限公司的许可，不得根据以上文件开发其他商业产品和服务。

教材考点分布矩阵

表 E.4 列举了教材考点与所分布章节。

表 E.4　教材考点分布矩阵

考试规范			教材参考章节
1. 探索与战略阶段	1.1	SIAM 治理框架要素	
	1.1.1	解释 SIAM 生态系统中的治理特征	第 2.3 节
	1.1.2	区分 SIAM 治理角色	第 2.2 节，第 2.3 节
	1.1.3	选择监测和评价服务绩效的治理方法	第 2.3 节
	1.2	现状分析	
	1.2.1	分析在用服务、服务分组、服务提供商和市场	第 2.5 节
	1.2.2	说明如何评估当前能力	第 2.5 节
	1.2.3	对决定 SIAM 模型和采购方法的影响因素进行分类	第 2.5 节
	1.3	SIAM 战略的关键要素	
	1.3.1	解释 SIAM 的战略驱动因素	第 2.6 节
	1.3.2	区分 SIAM 的关键成功因素	第 2.7 节
	1.3.3	解释设计角色与职责的原则与政策	第 2.4 节
	1.3.4	选择适当的 SIAM 战略	第 2.5 节，第 2.6 节
	1.3.5	说明如何获得并维持对 SIAM 战略的支持	第 2.6 节
	1.3.6	描述 SIAM 的商业论证和模式转换项目的内容	第 2.2 节，第 2.7 节
2. 规划与构建阶段	2.1	设计完整的 SIAM 模型	
	2.1.1	分析组织特有的服务模型和流程模型	第 3.1 节
	2.1.2	选择适当的采购方法和 SIAM 结构	第 1.6 节，第 3.1 节
	2.1.3	描述角色与职责细节	第 3.1 节
	2.1.4	选择绩效评价与报告框架	第 3.1 节
	2.1.5	选择协作模式	第 3.1 节
	2.1.6	分析 SIAM 合同的考量事项	第 3.1 节
	2.2	策划 SIAM 实施	
	2.2.1	描述组织变革面临的挑战	第 3.2 节
	2.2.2	区分引进服务和服务提供商的方法	第 3.3 节
	2.2.3	分析最适用于 SIAM 生态系统的工具策略和集成方法	第 3.1 节，第 3.4 节

考试规范			教材参考章节
3. 实施阶段	3.1	支持不同场景下的 SIAM 实施	
	3.1.1	根据实施方法的收益和风险，在大爆炸方法和分期方法之间做出选择	第 4.1 节
	3.1.2	说明如何转换到已获批准的 SIAM 模式	第 4.2 节
	3.2	持续开展组织变革管理	
	3.2.1	选择调动士气和积极性的方法	第 4.3 节
4. 运行与改进阶段	4.1	运营 SIAM 生态系统并提供保证和改进	
	4.1.1	分析不同层级的机构小组	第 5.1 节，第 5.2 节
	4.1.2	选择解决问题的适当机制，提高提供商和集成商绩效	第 2.3 节，第 5.3 节，第 5.5 节
	4.1.3	运用审计与合规机制	第 5.4 节
5. 跨阶段的 SIAM 实践	5.1	SIAM 实践的运用	
	5.1.1	运用探索与战略阶段的所有 SIAM 实践	第 2.8 节
	5.1.2	运用规划与构建阶段的所有 SIAM 实践	第 3.5 节
	5.1.3	运用实施阶段的所有 SIAM 实践	第 4.4 节
	5.1.4	运用运行与改进阶段的所有 SIAM 实践	第 5.7 节

附录 F：SIAM 专业认证案例研究

F.1　简介

　　ZYX 集团公司（以下简称"ZYX"）于 1974 年在德国成立。公司提供定制银行柜台终端（bank counter terminal，BCT）以及与之配套的应用系统（BNK）的支持服务。银行工作人员利用 ZYX 的终端和应用系统为客户提供服务，包括：

- 柜台付账
- 账户取款

■ 检查客户账户余额

自 1974 年以来，ZYX 通过收购同类公司扩展了业务。如今，公司为欧洲的 30 家银行机构提供终端、应用系统和支持服务。

3 年前，ZYX 将 BNK 的支持业务外包给外部服务提供商 BANK$CO 公司。

ZYX 处于竞争激烈的市场。公司业务正在流失，因为竞争对手的产品价格更便宜，而且是在标准 PC 上运行。ZYX 认识到自身 IT 服务运行的成本过高。

F.2　企业战略

ZYX 的企业战略包含以下目标。

当前业务
■ 确保按合同交付
■ 阻止业务流向竞争对手
■ 投资以及培养ZYX全体员工

降低风险
■ 控制人力成本
■ 降低运营成本
■ 消除对遗留IT系统和遗留IT服务提供商的依赖

面向未来
■ 做好适应变革的准备
■ 在亚太地区扩展业务
■ 抓住机会在其他国家扩展业务

F.3　组织结构

ZYX 的结构如图 F.1 所示。

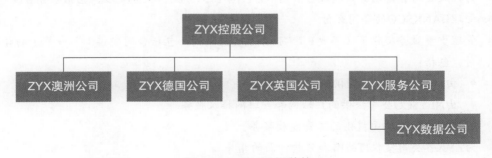

图 F.1　ZYX 组织结构

ZYX控股公司

ZYX 控股公司（以下简称"控股公司"）是集团总部，位于德国柏林，拥有 50 名员工，主要负责：

- 企业战略
- 全球投资
- 采购
- 合同治理
- ZYX集团绩效财务报告

控股公司管理团队的办公地点位于柏林，由以下人员组成：

- 首席执行官（CEO）
- 首席信息官（CIO）
- 首席财务官（CFO）
- 执行销售总监
- 执行产品总监

控股公司设有以下专业职能部门，为 ZYX 各公司提供服务：

- 财务支持部：提供财务投资、预测和会计职能
- 采购部：具有大规模采购经验
- 合同治理部：具有高价值合同治理经验
- 公司治理部：审计ZYX各公司遵守公司政策的情况
- 法务团队：对采购及合同治理提供支持

控股公司没有自己的 IT 人员，所有的 IT 支持均由服务公司提供。

ZYX服务公司

ZYX 服务公司（以下简称"服务公司"）位于荷兰阿姆斯特丹，由 ZYX 德国公司于 5 年前创建。服务公司拥有 95 名员工，主要负责：

- 为控股公司和德国公司提供IT和桌面支持
- 提供对大量遗留系统的支持
- 开发新的应用系统并提供支持
- 为控股公司、德国公司、服务公司和ZYX集团业务提供服务管理，包括服务台
- 管理BANK$CO的合同交付
- 管理少量服务提供商（参见F.7"服务及其提供商（包括合同安排）"一节）的合同交付，包括：
  - 由MAIL$CO公司提供的电子邮件服务
  - 由NET$CO公司提供的广域网和互联网接入服务
  - 由PAY$CO公司提供的工资发放服务
- 为ZYX各公司提供IT战略和架构方面的指导

服务公司由其 IT 总监领导，她曾任一家小型服务集成公司的高级服务经理。她向控股

公司 CFO 汇报工作，她带领一个管理团队，每位团队成员管理若干下属。管理团队由以下人员组成：

- 服务管理与服务台主管
- 开发与架构经理
- 运营与支持经理
- 高级项目经理

服务公司的办公地点几乎满员，只有两张空闲的办公桌，无法再扩充。

应用系统开发

服务公司拥有一个小型 IT 开发团队，他们采用精益和敏捷开发技术开发新的应用系统。12 个月前，他们基于标准 PC（而非 BCT）开始开发新版本的 BNK。新应用系统 NEWBNK 的数据库和核心应用由 CLOUD$HOST 公司托管于云端，系统目前正处于最后测试阶段。通过测试后，为所有用户部署完成 NEWBNK 系统预计需要 18 个月的时间。BNK 系统和 BCT 终端只能在 NEWBNK 系统全面部署后才能下线。NEWBNK 降低了用户的成本，预计将为 ZYX 带来显著的利润增长。

桌面支持

服务公司为控股公司、德国公司、数据公司及自己的用户提供桌面支持。

应用系统支持和主机托管

服务公司对大量遗留系统提供支持。遗留系统最早由德国公司员工开发，这些员工后来离开了 ZYX。他们还对成品软件和新开发的应用系统提供支持。整个集团使用的工资发放软件购自一家外部公司，托管于数据公司。服务公司为 ZYX 各公司提供工资发放系统的支持，同时管理该系统的合同。

除 NEWBNK 系统外，服务公司所有其他应用系统均托管于数据公司。

服务管理

服务公司是专业的服务提供商。根据技能要求，全体员工均更新了岗位说明书。所有在用流程均由流程负责人进行了完整记录。服务管理与服务台功能包括：

- 故障管理：
  - 服务公司使用一个业界知名的工具系统，并可自行对其进行配置。该工具系统托管于数据公司，有一个基础配置管理数据库，同时具备支持服务台和变更管理的功能
  - 服务公司的开发人员对该工具系统的故障管理功能进行了开发，将英国公司外包商 OUT$CO 公司的故障管理功能也集成到服务台。通过集成，有关公司电子邮件、网络和工资发放服务的故障信息可以从 OUT$CO 公司的服务台传递到服务公司的服务台，而无须再重新录入信息
- 变更管理：
  - 服务公司运营一个变更审批论坛（change approval forum，CAF），该论坛每月召开一次会议，讨论并批准服务公司、数据公司以及公司电子邮件、工资发放和网络服

务提供商所提供服务的变更事项
- 变更审批论坛要求ZYX各公司的用户代表参加，但他们的出席率极低
- 变更审批论坛由服务公司的服务管理与服务台主管担任主席，由服务管理团队的4名成员提供支持。该团队最近完成了变更管理流程的能力与成熟度评估，并获得高分
- 在过去的18个月里，由CAF批准的所有变更均已成功部署

- 配置管理
- 问题管理
- 发布与部署管理
- 容量管理

服务公司服务管理每月收集数据并报告以下指标：

- 服务公司服务台接收并解决的故障数量
- 变更审批论坛每月批准的变更数量
- 服务公司大型机的可用性

项目管理

服务公司拥有一个小型项目管理团队，在管理复杂的开发项目和基础设施项目方面经验丰富。

服务公司服务台

服务公司服务台每周 5 天（仅限工作日）24 小时运行，为控股公司、德国公司和服务公司的用户提供一线支持。服务台还为 ZYX 各公司的用户提供公司电子邮件、网络和工资发放服务方面的故障管理。

ZYX数据公司

ZYX 数据公司（以下简称"数据公司"）是服务公司的全资子公司。数据公司依托两个数据中心，为服务公司和 BANK$CO 公司提供托管服务：

- 一个位于柏林
- 另一个位于阿姆斯特丹

数据中心之间通过专用高速网络链路连接。数据中心几乎满负荷，无法再扩容。

服务公司将应用系统（包括工资发放系统）服务器均安置于这两个数据中心内。BANK$CO 公司将运行 BNK 系统的大型机托管于柏林数据中心，支付费用给数据公司。

数据公司的 10 名运营人员管理着数据中心，他们向服务公司的运营与支持经理汇报工作。部分员工有岗位说明书，但内容并未更新。所有员工均有技术背景，但都不具备服务管理资格。只有部分（而非全部）操作程序存在文档记录。

ZYX德国公司

ZYX 德国公司（以下简称"德国公司"）是最初的 ZYX 公司，位于德国柏林。德国公司负责设计 ZYX 的客户所使用的产品，销往欧洲大陆，并为德国、荷兰和比利时的 BCT 终端提供现场支持。

德国公司管理团队由以下人员组成：

- 总经理
- 财务总监
- 工程设计总监
- 现场支持总监
- 销售总监

现有 190 名员工，包括：

- 支持BNK系统终端的流动现场工程师
- 设计工程师
- 居家办公销售人员
- 行政人员

德国公司拥有自己的文化，并始终在制定自身的 IT 战略。自服务公司成立 5 年以来，德国公司的大部分 IT 服务由服务公司提供。然而，设计应用系统由当地服务提供商 CAD$CO 公司提供并进行支持，现场工程应用系统由当地服务提供商 FIELD$CO 公司提供和支持。德国公司财务总监负责管理这些当地服务提供商，但实际上管理有限，仅限于申请和核查发票。

德国公司现场工程师和居家办公人员的桌面支持由 MOB$CO 公司提供，局域网支持则由 DLAN$CO 公司提供。这两个服务提供商均由服务公司管理。

ZYX澳洲公司

ZYX 澳洲公司（以下简称"澳洲公司"）是一家位于堪培拉的新创公司，人员包括：

- 总经理
- 10名市场研究人员

澳洲公司研究 ZYX 是否应该在亚太地区扩展业务。他们正在与位于东京的一个竞争对手进行谈判，这家公司在亚洲提供银行终端服务，有自己的内部IT服务提供商，准备与 ZYX 合并。

澳洲公司员工目前使用的是私人笔记本电脑，要连接到 ZYX 广域网才能访问互联网和 ZYX 公司电子邮件服务。服务公司无法向澳洲公司提供桌面支持。因此，服务公司希望有当地服务提供商提供这项服务。DESK$CO 是一家当地公司，可以签订 12 个月周期的合同提供桌面支持。

ZYX英国公司

ZYX 英国公司（以下简称"英国公司"）是一家总部位于英国伦敦的大型公司，是英国成熟的银行终端服务提供商，拥有 345 名员工，其中有 200 名现场工程师分布于英国的 6 个区域办事处。它在两年前被 ZYX 收购。

英国公司管理团队由以下人员组成：

- 总经理
- 财务总监
- 现场支持总监

- 销售总监
- 运营总监

9 年前，英国公司与大型全球服务提供商 OUT$CO 公司签订了一份为期 10 年的合同，将所有 IT 服务和 IT 人员（包括英国公司的服务台）进行了外包。英国公司保留了 2 名服务交付经理，负责管理与 OUT$CO 公司的合同。服务交付经理向英国公司财务总监汇报工作。英国公司还保留了 3 名项目经理，他们与 OUT$CO 公司共同管理改进项目。

过去两年，OUT$CO 公司的服务绩效和质量均有所下降，服务级别常不达标。可用性服务级别连续 6 个月不合格，销售人员投诉：他们的笔记本电脑从未被及时修复。

2 年前，英国公司管理团队对 OUT$CO 公司开发新应用收取高额费用的做法很不满意。英国公司组建了一个 5 人小型团队，他们采用敏捷方法为英国公司开发小型独立应用系统并提供支持服务，向英国公司运营总监汇报工作。

英国公司的高管和高级员工不希望控股公司和服务公司干预他们的战略和运营，而且对任何强制推行的、不符合他们自身意愿的工作方式，历来也是一直反对。

6 个月前，英国公司高管聘请了咨询机构 SIAMRUS，对英国公司的 IT 服务提供战略进行审查，并为未来谋划新的战略。4 周前，SIAMRUS 公司提交了报告，建议英国公司向基于 SIAM ™的模式转换，并附上了一份 SIAM 战略大纲。

报告建议将服务提供商的服务划分为以下几类：

- 主机托管
- 网络
- 应用系统开发
- 应用系统支持
- 终端用户计算

并建议由外部服务集成商对所有提供商的服务进行管理。SIAM 战略指出，应有 5 个签约服务提供商和 1 个签约服务集成商。

SIAMRUS 公司提议自己成为该服务集成商。报告称，SIAMRUS 将使用自主的标准 SIAM 模型，这个模型在其他组织大获成功。这个 SIAM 模型中包含了一个标准化的流程模型，每个提供商将使用统一的流程，模型中还包含一个由 SIAMRUS 拥有的共享工具系统。SIAMRUS 声称，这种做法将有助于向 SIAM 模式的快速转换，并能够降低整体风险。

英国公司高管尚未就 SIAMRUS 公司的建议作出决策。

F.4　治理

ZYX 董事会负责公司治理和企业战略。董事会成员包括：

- 控股公司全体董事
- ZYX其他公司总经理

ZYX 董事会每月在总部召开例会，由 CEO 主持。

ZYX 各公司的管理团队每月召开一次会议，并向控股公司提交一份会议报告。

设立了 ZYX IT 指导小组，成员包括：

- 以下公司IT部门各一名代表：
  - 服务公司
  - 数据公司
  - 英国公司
- 控股公司的一名审计员
- 以下公司各一名用户代表
  - 德国公司
  - 澳洲公司

IT 指导小组由服务公司 IT 总监担任组长，每年在总部召开 4 次会议。英国公司未参加最近两次会议。IT 指导小组向 ZYX 董事会汇报工作。

设立了 ZYX 产品开发论坛，讨论 ZYX 所提供服务的潜在开发事项。论坛成员包括：

- 以下公司代表：
  - 控股公司
  - 德国公司
  - 澳洲公司
  - 英国公司
  - BANK$CO公司
- 服务公司IT总监

产品开发论坛每季度召开一次会议，由执行产品总监担任主席。

F.5 文化 / 风险偏好

ZYX 历来不愿冒险。控股公司和德国公司仍在使用大量遗留系统就是一个很好的例证。每次有人提议开发新系统来取代遗留系统时，董事会都认为业务风险太高。

CEO 于 4 个月前上任，她曾在世界一流汽车制造企业担任高管。她持有不同态度，更愿意承担风险，前提是：

- 预期收益明确，并支持企业战略
- 风险清晰且可控
- 须进行严谨规划以减少风险

CEO 最近启动了一项计划，继续在 ZYX 各公司、各业务领域中引入精益与敏捷方法和思维。她对将要取代 BNK 的 NEWBNK 系统有所了解，并希望在测试通过后开始部署。

F.6 变革任务

在上次董事会会议上，CIO 提交了一份关于 ZYX 新 IT 战略的文件。撰写该文件时，CIO 使用了 SIAMRUS 公司提交给英国公司报告中的部分调查结果，并补充了对 ZYX 各公司在用服务和现任服务提供商的最新分析。

CEO 建议：

- ZYX向基于SIAM的运营模式转型
- 集团所有公司都转换到统一的IT交付模式

这将需要一个跨服务的服务集成商，整合集团各个公司的所有服务。ZYX 将被视为服务提供商的单一客户。预期的收益是通过整合内部和外部服务提供商形成规模经济，推动成本节约。

两个关键要求：

- 服务集成商的成本应尽可能低，同时始终满足服务级别和高质量服务的要求
- IT战略必须支撑企业战略

目前尚未确定服务集成商，也未确定 SIAM 模型。

CEO 希望确保 ZYX 的 SIAM 模型能有助于：

- 迅速在其他国家（包括亚洲）扩展业务
- 支持快速引进新的服务和新的服务提供商

要求 CIO 就 SIAM 模式转换项目立项。项目名称为"NEWGEN"。

F.7 服务及其提供商（包括合同安排）

在用服务

ZYX 提供的服务被多家银行使用，这些用户都是 ZYX 的外部用户，如表 F.1 所示。

表 F.1　ZYX 提供给多家外部银行的服务列表

服务	描述	提供商	用户	签约方 / 管理方	合同安排	备注
BCT 终端支持	提供对 BCT 终端的现场支持	德国公司、英国公司	使用 ZYX 服务的银行	使用 ZYX 服务的银行	滚动合同，可提前 12 个月发出终止通知	遗留设备，流动现场工程师受雇于德国公司和英国公司
BNK 应用系统支持	提供 BCT 终端所用的定制遗留系统支持	BANK$CO 公司	使用 ZYX 服务的银行	控股公司 / 服务公司	滚动合同，可提前 3 个月发出终止通知	遗留系统
BNK 大型机	对运行 BNK 应用系统的遗留大型机提供支持	BANK$CO 公司	使用 ZYX 服务的银行	控股公司 / 服务公司	滚动合同，可提前 3 个月发出终止通知	遗留大型机
BNK 主机托管	BNK 大型机托管	数据公司	BANK$CO 公司	BANK$CO 公司 / BANK$CO 公司	3 年合同，3 个月内到期	

其他提供给 ZYX 内部的所有服务或正在开发中的服务如表 F.2 所示。

表 F.2 ZYX 内部使用的服务和正在开发中的服务列表

服务	描述	提供商	用户	签约方/管理方	合同安排	备注
应用系统开发与支持	定制应用系统的开发与支持	服务公司	控股公司、数据公司、服务公司	服务公司与控股公司、德国公司签约；服务协议；与数据公司不签约	无合同	包括遗留系统
NEWBNK应用系统	替代BNK而开发的新应用系统	服务公司	尚无，仍将是银行	尚无合同或协议	尚无合同期	目前正由服务公司开发中，将替代BNK系统
NEWBNK主机托管	NEWBNK云主机托管	CLOUDSHOST公司	尚无，仍将是银行	控股公司/服务公司	滚动合同，可提前3个月发出终止通知	目前托管NEWBNK的测试环境；NEWBNK正式部署后将托管实时环境
桌面支持	所有办公室用户的桌面支持	服务公司	控股公司、数据公司、服务公司	服务公司与控股公司、德国公司签订运营协议；服务协议；与数据公司不签约	无合同期	
应用系统主机托管	服务器托管	数据公司	控股公司、数据公司、服务公司、德国公司	均与服务公司签订运营协议	年度审查，1个月内到期	托管服务公司的所有服务器
工资发放支持	对使用工资发放系统的用户提供一线支持	服务公司	ZYX各公司	服务公司与ZYX其他公司签订运营协议	无合同期	
工资发放服务	工资发放托管服务	PAYSCO公司	ZYX各公司	控股公司/服务公司	5年合同，剩余2年	公司合同；工资发放服务与公司电子邮件服务集成，用于发放每月工资
广域网	连接ZYX各地的网络	NETSCO公司	ZYX各公司	控股公司/服务公司	5年合同，剩余4年	全球广域网提供商
互联网接入	广域网接入互联网	NETSCO公司	ZYX各公司	控股公司/服务公司	5年合同，剩余4年	全球广域网提供商
控股公司、数据公司和服务公司的局域网	控股公司、数据公司和服务公司的内部局域网支持	服务公司	控股公司、数据公司、服务公司	尚无	无合同期	
德国公司局域网	德国公司内部局域网支持	DLANSCO公司	德国公司	德国公司/服务公司	1年合同，6个月后续签	当地服务提供商，由服务公司代德国公司管理

续表

服务	描述	提供商	用户	签约方/管理方	合同安排	备注
英国公司局域网	英国公司内部局域网支持	OUTSCO 公司使用 NETSCO 公司作为分包商	英国公司	英国公司/英国公司	10 年合同，剩余 1 年	英国公司与 OUTSCO 公司外包合同的一部分；OUTSCO 公司将支持服务分包给 NETSCO 公司
澳洲公司局域网	澳洲公司内部局域网支持	澳洲公司员工	澳洲公司	无合同	无合同	由某个用户安装和支持
云电子邮件	云托管公司电子邮件服务	MAILSCO 公司	ZYX 各公司	控股公司/服务公司	滚动合同，可提前 1 周发出终止通知	全球性的商品化云托管电子邮件服务
计算机辅助设计	设计软件，由德国公司设计工程师使用，由数据公司托管	CADSCO 公司	德国公司	德国公司/德国公司	滚动合同，可提前 12 个月发出终止通知	专为欧洲市场定制，由数据公司托管的成品软件
移动设备支持	德国公司现场和居家办公用户所用设备的桌面支持	MOBSCO 公司	德国公司	德国公司/服务公司	2 年合同，剩余 6 个月	服务公司代德国公司管理合同
现场工程应用系统	在 FIELDSCO 公司自己的数据中心托管，现场工程师专用的应用系统	FIELDSCO 公司	德国公司	德国公司/德国公司	滚动合同，可提前 1 个月发出终止通知	FIELDSCO 公司托管的商品化服务
外包服务	由 OUTSCO 公司向英国公司提供的一些 IT 服务，包括应用系统的定制开发与支持、应用系统的主机托管，桌面支持和网络支持	OUTSCO 公司	英国公司	英国公司/英国公司	10 年合同，剩余 1 年	英国公司与 OUTSCO 公司的外包合同；OUTSCO 公司将英国公司网络支持服务分包给 NETSCO 公司，将英国公司服务台服务分包给 ZYXSDESK 公司

现任服务提供商

现任服务提供商如表 F.3 所示。

表 F.3　现任服务提供商列表

服务提供商	提供的服务类型	备注
BANK$CO 公司	BCT 终端和 BNK 系统支持	• 代表 ZYX 向银行提供遗留系统的支持服务。公司没有明确的服务管理规范。公司文化是严格遵守合同，经常针对特定条款的含义提出异议 • BANK$CO 公司拥有 4 个内部部门：BCT 支持部、BNK 开发部、BNK 支持部和 BNK 大型机支持部。这些部门在解决问题和计划发布更新时往往缺乏协作 • 仅有一个服务级别指标：当月解决的问题数量
CAD$CO 公司	CAD 成品软件	• 提供用于计算机辅助设计的成品软件。有一个小型服务台，用户可以通过直接发送电子邮件进行联系
CLOUD$HOST 公司	云主机托管服务	• 拥有标准服务目录的全球性云主机托管服务提供商
DESK$CO 公司	办公室用户的桌面支持	• 澳洲公司的潜在服务提供商，是当地的一个小公司，有 5 名工程师和 2 名行政人员
DLAN$CO 公司	局域网支持	• 仅在德国提供服务，有 25 名员工
FIELD$CO 公司	现场工程应用服务	• 一个小型托管服务提供商，只有 5 名员工
MAIL$CO 公司	电子邮件服务	• 基于云的、商品化的全球性电子邮件服务提供商
MOB$CO 公司	现场和居家办公用户的桌面支持	• 在德国和英国提供服务
NET$CO 公司	网络服务	• 全球性的网络服务提供商，OUT$CO 公司的分包商。在全球拥有 3500 多名员工，均使用统一的运营模式、流程和工具系统 • 服务级别一直保持达标，但与其他同类服务提供商相比，成本似乎较高
OUT$CO 公司	为英国公司提供 IT 外包服务，包括桌面支持/终端用户计算、主机托管、基础设施支持、应用系统开发、应用系统支持和网络服务	• OUT$CO 公司是一家全球性的外包服务提供商，拥有 ISO 20000 认证。其通常的做法是将客户的相关员工调遣到自己公司，并会针对每个客户定制流程 • OUT$CO 公司采用全套服务管理流程，每个流程均由流程负责人完整记录并定期审计。公司使用商品化的基于云的工具系统服务，其中包括基础设施和网络监控服务 • OUT$CO 公司根据详尽的运营水平协议由内部部门提供桌面支持、应用系统支持和应用系统开发服务。OUT$CO 公司也将这些服务作为独立产品提供给许多客户 • OUT$CO 公司还为一些组织（包括 ZYX 的一个竞争对手）提供服务集成服务。公司作为灵活可靠的服务集成商享有良好声誉，愿意修改其 SIAM 模型以适应特定情况 • OUT$CO 公司将主机托管、基础设施支持、网络和服务台服务进行分包，由其他组织提供服务。OUT$CO 公司将英国公司的网络支持服务分包给 NET$CO 公司；将英国公司的全年 7×24 小时服务台服务分包给 ZYX$DESK 公司。对服务台的满意度很高，据报告，代理商对服务及其使用方式有很好的了解

服务提供商	提供的服务类型	备注
PAY$CO 公司	工资发放服务	• PAY$CO 提供工资发放系统的服务台，工作日朝九晚五时段用户可以直接与其联系。用户表示对服务非常满意
SIAMRUS 公司	服务集成咨询和服务	• 一家大型全球性组织，服务集成商，在制造业拥有经验。公司采用一套标准化但灵活性有限的 SIAM 模型，拥有自己的 SIAM 工具系统。该模型中包括全年 7×24 小时支持的服务台
ZYX$DESK 公司	服务台服务	• 在英国和澳大利亚知名的服务台提供商，有能力提供全年 7×24 小时支持服务
数据公司	主机托管服务	• ZYX 的下属公司，为 ZYX 和 BANK$CO 公司提供主机托管服务。其服务级别一直保持达标，但服务公司对数据公司部分员工的态度进行了投诉，认为他们似乎更关注技术而不是客户体验 • 其服务级别指标为各服务器／大型机的可用性
服务公司	集团业务的应用系统支持、网络支持、应用系统开发、桌面支持、中央服务台、变更管理	• ZYX 集团的下属公司之一。控股公司对其提供的服务感到满意。但是，德国公司的报告指出，该公司的服务经常无法达标，而且不愿提供协议中未明确规定的服务。最近一次发生的问题是，周六上午上班的用户无法向服务公司的服务台报告故障 • 数据公司、英国公司和澳洲公司都曾经向 IT 指导小组投诉，指出服务公司似乎认为自己比其他团队成员更重要，尤其是在提供 IT 战略指导时

附录 G：SIAM 专业认证中文样题

中文样题

202203修订版

G.1　说明

这是 EXIN BCS SIAM ™ Professional (SIAMP.CH) 考试样题。EXIN 考试准则适用于该考试。

本试卷由 40 道选择题组成。每道选择题有多个选项，除非另有说明，这些选项中只有一个是正确答案。

本试卷的总分是 40 分。每答对一题获得 1 分。得分在 26 分及以上，才能通过本考试。

考试时间为 90 分钟。

祝您好运！

G.2 样题

1 / 40

ZYX 决定聘请外部服务集成商并使用其提供的工具。

ZYX 集团各公司中，哪家公司的整体治理模式可能会发生**最大**变化？

A）澳洲公司

B）数据公司

C）英国公司

D）服务公司

2 / 40

ZYX 希望聘请外部服务集成商。CIO 请咨询机构 SIAMRUS 提供一些初步建议，说明未来 SIAM 生态系统应如何治理，需要哪些角色，以及应在何处设立这些角色。

SIAMRUS 公司正在考虑对拟任 SIAM 治理领导人这一角色提出建议。

谁**最**可能担任这一角色？

A）ZYX CEO

B）ZYX CIO

C）服务公司 IT 总监

D）服务公司的服务管理与服务台主管

3 / 40

作为 NEWGEN 转换项目的一项措施，控股公司的合同经理被借调到项目团队工作。他们正在研究新合同的结构和措辞，包括如何评价服务绩效。

在参加过 SIAM 培训并了解相关要求后，合同经理现在正在征集业务代表和 IT 工具专家的意见，以确定每项签约服务拟监测的绩效指标。

合同经理应该采取哪一种做法？

A）设计标准化绩效指标，设定标准化目标，并以此对 ZYX 各部门每项签约服务进行监测，从而形成标准化方法

B）设计标准化绩效指标，并以此对 ZYX 每项签约服务进行监测；然后，根据实际服务和要求的服务级别设定不同的目标

C）为每一类服务设计不同的标准化绩效指标；针对每一类服务的每一项签约服务，设定其具体目标，无须考虑 ZYX 的哪个部门正在使用该服务

D）为每一类服务设计不同的标准化绩效指标；然后，根据实际服务和 ZYX 要求的服务级别设定不同的目标

4 / 40

为了建立 SIAM 模型，英国公司建议对 ZYX 现任服务提供商的能力进行评估。

应如何进行初步评估？

A）服务公司于 1 年前进行了能力评估，这可以作为确定 ZYX 当前能力的基础，再补充评估其中未包含的当前服务信息，这将有助于快速评估现状

B）聘请 SIAMRUS 公司对外部服务提供商的当前能力进行分析，还应对现用流程进行成熟度评估，从而为确定是否需要额外资源提供合理依据

C）ZYX 应委托其他机构对现任服务提供商的能力水平进行独立调研，形成一份能力组合方案。SIAMRUS 公司的提案应与其他可行方案一并考虑

D）由控股公司与服务公司、数据公司、OUT$CO 公司、NET$CO 公司和 SIAMRUS 公司进行访谈，重点关注它们支持 SIAM 模型的能力。利用它们提供的信息形成一份精准的能力组合方案，用作计划的初始基准

5 / 40

向 SIAM 模式转换预计将在 12 个月后完成。ZYX 的 CIO 担心，对于新 SIAM 模型所要求的合同变更，部分现任服务提供商可能不同意执行。

转换期间不会买断遗留合同。

哪家服务提供商可能不打算同意所要求的变更？

A）BANK$CO 公司

B）CAD$CO 公司

C）FIELD$CO 公司

D）OUT$CO 公司

6 / 40

ZYX 的资源分布多地，实施新 SIAM 模型时，这些资源也应被保留组织所用。SIAMRUS 公司已审查了现有文档。

ZYX 需要通过什么来深入了解当前能力？

A）人力资源培训记录

B）RACI 矩阵

C）资源改进

D）培训和发展计划

7 / 40

ZYX 正在考虑 SIAMRUS 公司提议的 SIAM 模型。

出于对合规性要求和标准的考虑，CEO 想要了解，ZYX 向其他国家拓展业务会对 SIAM 模型产生何种影响。她希望将 ZYX 的盈利风险降至最低。

业务拓展对 SIAM 模型可能造成影响，以下哪一项表述最准确？

A）业务拓展对模型的影响将非常显著，有可能扰乱商定的服务提供。应该对每个受影响

的合同完成续签后，再进行对模型的更改

B）影响将因所涉国家而异。在可能的情况下，只有在审慎评估能力、风险和变更的潜在价值后，才对 SIAM 模型进行更改

C）影响将是已知的，因为增长是一项已被纳入 SIAMRUS SIAM 模型的明确要求。因此，业务地点增加造成的风险极小

D）影响将很小，因为合规性要求和标准是国际概念，造成的任何风险都会被识别。无论风险程度如何，对模型的变更都可以接受

8 / 40

SIAM 模式转换成功后，ZYX 企业战略的哪一部分最可能实现？
A）做好适应变革的准备
B）控制员工人数的变化
C）确保按合同交付
D）消除对遗留系统的依赖

9 / 40

ZYX 的 CIO 正在编制 SIAM 模式转换的商业论证大纲。
商业论证大纲中的哪一项内容对应 NEWGEN 的关键成功因素？
A）构建、实施和支持 ZYX IT 服务的成本显著降低
B）考虑解决当前数据中心容量问题的服务分组策略
C）在企业和提供商之间建立积极和富有成效的关系
D）在 ZYX 各公司成功部署 NEWBNK 应用系统

10 / 40

NEWGEN 项目正处于探索与战略阶段：
- SIAMRUS仅作为咨询公司
- OUT$CO被选为服务集成商，但尚未签署合同

ZYX 征求意见，以确定新 SIAM 模型下的角色。SIAMRUS 的咨询顾问与 ZYX 的 CIO 进行了一些讨论。

SIAMRUS 建议首先对 ZYX 员工现有技能进行一次基准梳理，然后再根据 SIAM 模型调整标准框架，形成角色侧写。

CIO 认为这样做成本太高，而且没有必要。CIO 想要直接选择一个标准框架，从中完全照搬角色侧写，并表示没有必要进行基准技能梳理。

谁是正确的，为什么？
A）CIO，因为他更适合监督成本风险，更清楚基准技能梳理是否真的有必要
B）CIO，因为最好先直接采用标准技能框架中的角色侧写，一段时间后再进行基准技能梳理
C）SIAMRUS，因为进行基准技能梳理可以确保现有技能得到利用，员工得到正确安置
D）SIAMRUS，因为选择该公司来担任顾问，所以该公司在这件事上有行政管理权

11 / 40

ZYX 董事会希望确认 ZYX 的 SIAM 战略。他们要求提供更多关于 SIAMRUS 的标准化 SIAM 模型的信息。

SIAMRUS 建议 ZYX 使用以下服务提供商：

- 主机托管：SIAMRUS公司
- 网络：NET$CO公司
- 应用系统开发：OUT$CO公司
- 应用系统支持：OUT$CO公司
- 终端用户计算：MOB$CO公司
- 服务集成商：SIAMRUS公司
- 服务台：SIAMRUS公司

ZYX 董事会担心其中忽略了服务公司。SIAM 模型应支持 ZYX 的企业战略和 ZYX 的变革任务。

哪一项是针对服务公司的最佳做法？

A）增加服务公司为内部服务提供商

B）将服务公司的服务排除在 SIAM 模型之外

C）将服务公司纳入保留职能

D）将服务公司的服务转移到 OUT$CO

12 / 40

ZYX 集团由 5 家不同的公司组成，包括澳洲公司、德国公司、控股公司、英国公司和服务公司。

NEWGEN 项目已经立项，SIAM 战略治理委员会已经成立，ZYX SIAM 战略的制定工作即将开始。

6 个月前，英国公司高管聘请了咨询机构 SIAMRUS，对英国公司的 IT 服务提供战略进行审查，并谋划未来的新战略。4 周前，收到了 SIAMRUS 的报告，报告中包含了一份 SIAM 战略大纲，SIAMRUS 建议英国公司向基于 SIAM 的模式转换。

英国公司的高管和高级员工不希望控股公司和服务公司干预他们的战略和运营，而且对任何强制推行的、不符合他们自身意愿的工作方式，历来也是一直反对。英国公司未参加 ZYX IT 指导小组最近的两次会议。

CEO 希望确保 ZYX 的 SIAM 战略适用于各公司，她也希望英国公司能够接受这项战略并积极支持实施工作。

哪种做法能够最成功地实现这些目标？

A）采用 SIAMRUS 提交给英国公司报告中的 SIAM 战略作为 ZYX 的 SIAM 战略

B）任命英国公司运营总监为 SIAM 治理领导人，负责 ZYX SIAM 战略

C）要求英国公司的 IT 人员加入 IT 指导小组，因为他们未参加最近两次会议

D）向英国公司管理委员会发送一份 SIAM 战略的副本文件，并要求其转发给员工

13 / 40

ZYX 希望尽快构建 SIAM 环境，因为 CEO 计划加速在美国扩展业务。

哪一项是启动 NEWGEN 项目最适当的方式？

A）制定 SIAM 战略，编制商业论证和 SIAM 模型实施大纲

B）确定关键成功因素以及项目持续绩效沟通计划

C）建立瀑布式项目群，确定一系列具有最小可行产品的敏捷项目

D）引入敏捷团队，负责快速、优先实施所需的服务组件

14 / 40

SIAM 项目委员会决定，选择首要供应商作为服务集成商的 SIAM 结构。

■ OUT$CO已获授服务集成合同，目前正在设计局域网的服务分组

■ SIAM生态系统的中央服务台将由服务公司提供

哪一家公司将会是为澳洲公司提供局域网支持的最佳服务提供商？

A）DESK$CO 公司

B）DLAN$CO 公司

C）NET$CO 公司

D）OUT$CO 公司

15 / 40

由控股公司委托建设 SIAM 生态系统。SIAMRUS 是推荐的服务集成商。已选择下列服务分组和服务提供商：

■ 应用系统服务：服务公司

■ 桌面支持：DESK$CO公司

■ 主机托管：数据公司

■ 局域网：OUT$CO公司

■ 广域网：NET$CO公司

广域网将局域网与主机托管服务连接起来，以便 ZYX 的用户能够访问应用系统服务。

NET$CO 公司还会与哪些公司存在运营和职能关系？

A）选定的所有其他服务提供商和 SIAMRUS 公司

B）选定的所有其他服务提供商、SIAMRUS 公司和控股公司

C）OUT$CO 公司、数据公司、服务公司和 SIAMRUS 公司

D）OUT$CO 公司、服务公司、DESK$CO 公司和 SIAMRUS 公司

16 / 40

ZYX 董事会制定了 SIAM 战略。他们想要借鉴 SIAMRUS 公司的专业经验，但 ZYX 保留对架构、战略和业务关系管理的控制权。

ZYX 应选择哪一种 SIAM 结构？

A）控股公司与 SIAMRUS 公司作为混合服务集成商，二者分担具体职责

B）SIAMRUS 公司作为外部服务集成商，控股公司提供保留职能

C）SIAMRUS 公司作为首要供应商服务集成商，承担更多的应用支持职责

D）控股公司作为内部服务集成商，利用 SIAMRUS 公司扩充资源

17 / 40

SIAM 模式转换已完成：

- SIAMRUS公司被确定为外部服务集成商

- 控股公司为ZYX提供了保留职能

过去 3 个月，OUT$CO 公司未能达到服务级别协议目标，SIAMRUS 公司打算执行服务信用规则。应如何执行服务信用规则？

A）由 SIAMRUS 公司根据服务信用规则计算出应付款项，将数据提交给控股公司，然后由控股公司负责收款

B）SIAMRUS 公司通知 OUT$CO 公司因未遵守信用而应支付的款项，并告知 OUT$CO 公司去联系控股公司采购部门

C）由 SIAMRUS 公司向控股公司通报服务不达标情况。然后，控股公司进行核实、计算并收取应收款项

D）SIAMRUS 公司根据委托授权提高服务信用，收取应收款项，再转给控股公司

18 / 40

ZYX 已确定了服务集成商：

- OUT$CO公司成为服务集成商

- 服务公司成为内部服务提供商，负责提供开发、支持和服务台服务

- 所有其他现任服务提供商继续提供服务

服务公司服务管理人员询问 OUT$CO 公司，服务公司是否可以继续报告其当前指标和目标：

- 服务台接收并解决的故障数量

- 每月批准的变更数量

- 服务可用性

控股公司和德国公司询问 OUT$CO 公司，是否可以每月收到报告，其中包含每个服务提供商对上述 3 个目标的达成情况。OUT$CO 公司第一步应做什么？

A）制订绩效评价计划，收集和分析每个服务提供商的相关数据

B）为以上这些指标和目标确定一套通用的计算方法，供所有服务提供商使用

C）指导所有服务提供商调整其内部模型，汇报以上所述指标和目标

D）组织所有服务提供商讨论采用以上所述指标和目标的影响

19 / 40

ZYX 的 SIAM 模式已经运营了 2 个月：

- OUT$CO公司是服务集成商

- 服务公司使用不同的团队提供服务台和应用开发与支持服务

- 数据公司托管着服务公司的应用系统

服务公司和数据公司各自的服务级别均已达标。但是，OUT$CO 公司发现，服务公司和数据公司的不同团队之间经常出现矛盾和冲突。

哪一项是确保这些团队更有效地协作的最佳方法？

A）召集服务公司和数据公司的团队讨论问题，商定合适的解决之法

B）上报给 SIAM 运营领导人，并要求向服务公司和数据公司发出正式警告

C）与 ZYX 所有服务提供商建立协作论坛，在第一次会议上提出这个案例

D）在关键绩效指标体系中引入一项特定目标，评价所有服务提供商的协作表现

20 / 40

ZYX 决定沿用除 OUT$CO 公司外的其他现任服务提供商。

目前已与所有提供商签订了新的合同，内容包括对服务集成的要求和对服务级别的修订。SIAMRUS 公司对新合同的内容提出了建议。

但是，由于 SIAMRUS 公司报价太高，于是 ZYX 决定选择 OUT$CO 公司作为服务集成商。ZYX 目前正在与 OUT$CO 公司进行合同谈判。

哪一项是在合同中激励 OUT$CO 公司履行服务集成商职责的最佳做法？

A）只要某个服务提供商未能达到服务级别目标，就对 OUT$CO 公司执行服务信用规则，OUT$CO 公司再向该服务提供商追索赔偿

B）只要某个服务提供商未能达到服务级别目标，就对 OUT$CO 公司和该服务提供商同时执行服务信用规则

C）OUT$CO 公司将因实现端到端服务绩效、协作和改进目标而获得奖励

D）每个周期，OUT$CO 公司将在每个服务提供商均达到其服务级别时获得奖金

21 / 40

ZYX 决定使用不同的服务提供商分别提供主机托管、应用开发、网络、应用支持、桌面支持和网络服务，并尽可能使用云服务和商品化服务。OUT$CO 公司被选为主机托管服务提供商，同时还成为了服务集成商。

在讨论服务提供商和服务集成商的新合同条款时，ZYX 的 CEO、CFO、CIO 和服务公司 IT 总监之间产生了分歧。

- ZYX CEO希望全体服务提供商使用统一的合同结构，确保它们遵守共同的规则和治理要求
- ZYX CFO也希望全体服务提供商使用统一的合同结构，因为这样可以尽可能降低复杂性以及伴随的成本
- ZYX CIO希望OUT$CO公司使用一种合同结构，而其他服务提供商使用另一种合同结构，因为这样可以确保尽可能低的服务提供成本
- 服务公司IT总监希望有几种不同的合同和结构，因为这样可以获得最大的灵活性

谁是最正确的？

A）ZYX CEO

B）ZYX CFO

C）ZYZ CIO

D）服务公司 IT 总监

22 / 40

SIAM 模式转换已经开始：

- SIAMRUS被选为服务集成商
- 与OUT$CO公司的合同已经续签

参与 SIAM 模式转换的ZYX项目团队认识到,成功的转换取决于组织变革管理的实施方式。他们决定聘请一名组织多革管理专家。作为遴选流程的一环，ZYX 项目团队要求每位候选人思考组织变革管理对控股公司、SIAMRUS 公司、OUT$CO 公司和服务公司这 4 家公司的影响。

如何在 SIAM 模式转换期间战胜挑战，哪个回答对此理解的最为到位？

A）在 SIAM 模式实施期间，重点是获得项目参与人员的承诺，这非常有必要。必须保持和展现控股公司的积极性，减少组织抵触情绪，SIAMRUS 公司应通过同一渠道与服务公司和OUT$CO 公司的所有员工进行沟通

B）组织变革管理非常重要,项目开始时就应该确定实施方法,让控股公司、SIAMRUS 公司、OUT$CO 公司和服务公司的员工认识到变革的必要性非常关键。分析在职员工对变革的接受度，将能够为每家公司定制全面的沟通计划和实施方法

C）人们的态度会影响组织是否能实现 SIAM 模式转换。因此，组织变革管理应在项目早期规划，且必须得到 OUT$CO 公司所有员工的支持。SIAMRUS 公司应每周向服务公司和控股公司发邮件通报项目进展情况，以保持项目的势头

D）在规划与构建阶段，SIAM 模式转换项目应考虑其对新员工结构的影响。SIAMRUS 公司必须建立服务公司和控股公司员工的信心，以此来全力促进即将到来的变革。应通过每周视频会议和电子邮件与所有公司的高级员工进行沟通

23 / 40

服务集成商在模式转换期间组织了一系列融合研讨会。ZYX 被要求主持一次会议。

在会议期间，ZYX 如何最好地协助融合事宜？

A）为新方法和工作模式做出贡献

B）定义每项服务的低级运营接口

C）指导解决实施中的运营细节问题

D）强调其业务目标，确保目标的一致性

24 / 40

一家大型银行决定停用 BNK 系统和 BCT。这将严重影响 ZYX 的收入。

CEO 要求 CIO 考虑：将当前由服务公司和数据公司提供的所有服务转移给 OUT$CO 公司。

采用这一策略的最大风险是什么？

A）修改与 BANK$CO 公司的托管合同条款

B）改变服务公司和数据公司团队的员工文化

C）维持服务公司和数据公司现有员工提供的支持服务

D）OUT$CO 公司获得运营该项服务所需的知识

25 / 40

ZYX 正在考虑采用 SIAMRUS 公司提出的服务隔离方式，包括确定 SIAMRUS 为服务集成商。ZYX 希望现任服务提供商与新服务提供商共同提供服务。

ZYX 正在了解什么工具策略和集成方法能更好地支持新的服务模型。解决方案应无缝、经济、高效，并尽可能降低复杂性。

哪种工具策略和集成方法最符合 ZYX 的要求？

A）在规划与构建阶段，ZYX 应强制 SIAM 生态系统中的所有提供商统一使用 SIAMRUS 的工具系统。系统将自动批量更新服务提供商的数据，然后根据端到端服务绩效报告的格式要求转换数据，供 SIAMRUS 公司汇报使用

B）ZYX 应在实施阶段找到并选定一家提供集成服务的外部服务提供商。此项集成服务应为 SIAM 模型中所有服务提供商的数据传输提供便利，无须服务提供商进行任何变更。其工具系统还应提供实时状态跟进和审计跟踪服务

C）在探索与战略阶段，应了解市场上现有的潜在工具系统；在规划与构建阶段，应分析集成数据需求，将分析结果作为输入，结合可用的工具、服务提供商的能力和 SIAM 模型一并考虑工具策略的制定

D）ZYX 应在规划与构建阶段之前选择统一的工具系统并进行实施。策略是强制要求所有服务提供商必须与该工具系统进行对接。必须将涉及与该工具系统进行数据集成的任务减到最少，并以最小的开销实现无缝报告

26 / 40

ZYX 各公司与服务提供商之间有各种各样的合同安排，包括内部运营协议。有些合同会在相对较短的时间内终止，有些合同在明年内终止，但有些合同的期限比较长。OUT$CO 公司为英国公司提供所有 IT 服务的合同将在 12 个月后到期，不会再延长。

SIAMRUS 公司刚刚被确定为外部服务集成商。除 OUT$CO 外，现任服务提供商都表示愿意加入新的 SIAM 生态系统，但当前合同至今尚未变更。

ZYX 董事会要求 CIO 推荐适用于整个 ZYX 集团的 SIAM 实施方法，要求该方法既能最有效地实现 SIAM 任务，又能确保 ZYX 及各公司的风险和成本最小。

哪一项是最适当的实施方法？

A）与 OUT$CO 公司的合同到期后，ZYX 各公司的所有服务和服务提供商同时向 SIAM 模式转换

B）在 6 个月内，ZYX 各公司的所有服务和服务提供商完成 SIAM 模式转换，从而解决当前的集成问题

C）首先由英国公司的新服务提供商转换到新的 SIAM 模式，试点 3 个月，然后 ZYX 的

所有其他服务提供商进行模式转换

D）先要求数据公司转换到新 SIAM 模式，试点 3 个月，再要求服务公司进行转换，试点 3 个月，然后所有其他服务提供商进行转换

27 / 40

ZYX 的 IT 指导委员与 CIO 一起讨论分期实施方法。

针对这种实施方法，业务部门会提出什么关键问题？

A）ZYX 不确定会对业务部门预算产生什么影响

B）ZYX 不确定会涉及多少业务部门

C）ZYX 需要整合新旧工作实践

D）ZYX 采用分期实施方法会提高风险水平

28 / 40

ZYX 目前正在进行 NEWGEN 项目，旨在实现 ZYX 集团向 SIAM 模式转换。

针对引进新服务集成商和服务提供商的模式转换，ZYX 管理团队正在考虑一些建议的备选方法。

对于 ZYX，哪一项是最佳转换方法？

A）· 确定并引进服务集成商，与其共同设计完整的 SIAM 模型
  · 分次引进 ZYX 各公司特定的服务提供商
  · 刚开始时，允许每个服务提供商使用自己的流程，无需任何改动，待所有提供商都加入进来后再对所有流程进行集成

B）· 定义完整的 SIAM 模型并获得批准
  · 让服务集成商参与进来，由其负责在引进不同服务提供商的过程中对转换活动提供支持
  · 与各相关方进行用户场景测试，以验证新 SIAM 生态系统中服务提供商的流程集成情况

C）· 根据 ZYX 所需服务确定并引进合适的服务提供商
  · 密切监测服务提供商的绩效，然后选择绩效最佳的服务提供商作为服务集成商
  · 要求其他服务提供商进行模式转换，以便与新服务集成商定义的流程保持一致

D）· 对不纳入新 SIAM 生态系统的现任服务提供商，确定它们退出的逻辑顺序
  · 让服务集成商参与进来，按照约定的顺序，管理现任服务提供商服务到新服务提供商服务的转移
  · 确保引进新服务提供商时遵循 SIAM 模型的特定要求

29 / 40

MOB$CO 公司为德国公司和英国公司的现场和居家办公用户提供桌面支持。

ZYX 决定，在新的 SIAM 模式下，不再由 MOB$CO 公司继续提供服务。OUT$CO 公司将作为 ZYX 各公司桌面支持的新服务提供商。

MOB$CO 公司知悉后反应强烈，不配合 OUT$CO 公司的工作。

为了确保桌面支持服务成功实现 SIAM 模式转换，OUT$CO 公司应如何做？

A）建立一个流程模型，展现 MOB$CO 公司在用流程之间的所有交互

B）了解 ZYX 各公司用户对桌面支持的期望和要求

C）通过服务公司获取 MOB$CO 公司的所有已关闭故障、问题、变更和发布的完整历史记录

D）利用流程论坛机构小组，鼓励 MOB$CO 公司多配合

30 / 40

ZYX 的 SIAM 模型中将纳入一家负责应用系统开发的内部服务提供商。该服务提供商的员工将来自服务公司和英国公司当前的开发团队。

一家外部咨询公司受邀向服务公司和英国公司宣贯新的 SIAM 模型，以启发那些受到影响的员工，使他们在工作实践和文化方面做出必要改变。该活动将采用电子邮件沟通和研讨会相结合的方式进行。

哪一项是使宣传活动达到最佳效果的做法？

A）对员工态度的变化和结果达成情况进行持续评测

B）评价应用系统开发团队对精益和敏捷方法的运用情况

C）监测英国公司利益相关方出席 IT 指导小组会议的情况

D）查看统计信息，了解收到的响应沟通的电子邮件数量

31 / 40

NEWGEN 项目已经启动：

- ZYX董事会决定，英国公司应终止与OUT$CO公司的合同
- 新SIAM模型中纳入的外部服务提供商和服务集成商必须招标筛选

在与英国公司的当前合同结束之前，为了激励 OUT$CO 公司确保其提供优质服务，哪一项是最佳做法？

A）由 SIAM 模式转换执行指导委员会安排 OUT$CO 公司成为首要供应商

B）确保与 OUT$CO 公司和所有其他现任服务提供商进行定期沟通

C）指导英国公司服务交付经理每月与 OUT$CO 公司召开服务审查会议

D）尽可能晚地向 OUT$CO 公司宣布合同将被终止

32 / 40

到新 SIAM 模式的转换已完成：

- SIAMRUS公司是服务集成商
- 控股公司为ZYX提供保留职能
- 服务公司提供应用、支持和服务台服务
- 网络、应用开发和应用支持服务仍由模式转换前的服务提供商提供

上周，BNK 和 NEWBNK 系统的所有用户都收到了"关于发布 NEWBNK 新移动应用"的电子邮件。昨天，新应用的访问量过大，导致网上银行系统中断了 4 个小时。原因被认为是网络服务过载。

在中断期间，服务公司牵头组织了服务恢复工作，未让服务集成商参与。服务公司记录并评估了用户反馈的故障情况，为了诊断故障原因和恢复服务，让网络服务提供商参与进来。

接下来应该采取什么做法？

A）· 由于 SIAMRUS 公司负责端到端服务的交付，因此 SIAMRUS 应全面主导系统中断的调查工作
· 服务公司和 NET$CO 公司的战术治理委员会应独立调查系统中断的原因，并向 SIAMRUS 报告
· SIAMRUS 应据此形成报告并提交给战略治理委员会

B）· 故障的进一步调查应由故障管理流程论坛牵头进行
· 论坛应发挥服务公司 Scrum 团队和其他服务提供商的专业技能，审查哪些方面进展顺利，哪些方面需要改进
· 若实施改进措施需要额外资金，则首先向运营治理委员会提出申请

C）· 应将故障上报给临时问题管理工作组进行调查
· SIAMRUS 公司应派人担任工作组组长，其余成员来自 NET$CO 公司、DLAN$CO 公司、BANK$CO 公司和服务公司
· 如果需要进一步上报，将上报给相应的运营、战术或战略委员会。控股公司将在所有治理委员会中担当重要角色

D）· 这是一次重大中断故障，因此服务公司应立即通知 ZYX 高管
· 控股公司应派代表与相关服务提供商进行调查
· 找到解决方案时，服务公司应留意细节并通报给相关流程论坛和运营委员会
· SIAMRUS 公司可以据此编制报告并提交给战略治理委员会

33 / 40

ZYX 的 SIAM 执行指导委员会正在制定第一次会议的议程。

听取项目实施的最新进展已经列入了议程。

议程中还应包括什么？

A）若澳洲公司与日本竞争对手合并可能带来的影响
B）关于数据公司数据中心扩容问题的介绍
C）服务公司变更论坛参与度不足
D）英国公司 IT 团队内部开发的应用系统的处理情况

34 / 40

BNK 系统现已被 NEWBNK 系统取代：

■ OUT$CO是服务集成商
■ 服务公司提供应用支持
■ 数据公司提供主机托管
■ NET$CO公司提供广域网

服务公司设定 NEWBNK 的服务级别目标为可用性 99.9%。

4 周前，所有用户均有 6 小时无法访问 NEWBNK 系统。服务公司经过调查，未发现应用系统存在任何问题，而且系统在未采取任何措施的情况下就得到了恢复。

服务公司从 NET$CO 公司的服务报告中发现，由于 NET$CO 的设备出现故障，与数据公司的广域网连接中断了 6 个小时。这与 NEWBNK 用户遭遇服务中断的时间相吻合。数据公司的服务报告表明，NEWBNK 托管的可用性达到 100%。

OUT$CO 公司要求服务公司提交在这段时间的服务报告。

服务公司应该怎么做？

A）与 NET$CO 公司和数据公司成立工作组，调查服务中断的原因

B）向 NET$CO 公司提出正式投诉，要求其赔偿用户的损失

C）向 OUT$CO 公司提供关于服务中断和延迟提交服务报告的完整信息

D）报告 NEWBNK 系统的可用性为 100%，并对 6 小时的服务中断发表评论

35 / 40

新 SIAM 模式已运行了 6 个月：

- SIAMRUS公司被选为服务集成商
- OUT$CO公司现在向ZYX的所有公司提供服务
- 数据公司托管OUT$CO公司的服务
- 服务公司是应用开发和支持的内部服务提供商
- 数据公司是服务公司的全资子公司
- 数据公司的所有员工都向服务公司运营与支持经理汇报工作

最近，OUT$CO 公司一直未能达到 99.5% 的可用性服务级别。OUT$CO 公司将服务中断原因归咎于数据公司，但数据公司拒绝配合调查过错在哪一方。数据公司表示，自己已达到服务级别，即 90% 的正常运行时间。上周，数据公司和 OUT$CO 公司的两名员工会面，但发生了激烈的争执，包括指控对方不称职。

经 SIAMRUS 公司调查，得出结论：OUT$CO 公司与数据公司之间彼此不信任，合作不愉快。

SIAMRUS 解决配合不足的最佳做法是什么？

A）组织召开 OUT$CO 公司 CEO 与服务公司运营与支持经理之间的会议

B）确保 OUT$CO 公司和数据公司的员工不再会面，防止进一步的争吵

C）提供 OUT$CO 公司和数据公司的合同责任要点，以明确预期

D）成立由 OUT$CO 公司和数据公司的员工参与的工作组，确定端到端评价指标

36 / 40

SIAMRUS 公司被确定为服务集成商。

该公司最近询问了 BANK$CO 公司、NET$CO 公司、OUT$CO 公司和服务公司的代表，确认他们对必要的审计与合规流程有所了解。正如预期的那样，回答各不相同，这与每个服务提供商的经验有关。SIAMRUS 编写了对每个服务提供商所用审计方法的要点。

哪一个要点最适宜作为 SIAMRUS 开发 SIAM 生态系统审计方法的起点？

A）对 BANK$CO 公司的审计工作由具有资质的专人负责。针对任何重大问题都会进行审计，

明确待改进之处，重点针对不符合监管标准并可能导致 ZYX 受到处罚的领域。服务公司向审计员提供流程和程序可疑问题的详细信息和证据。BANK$CO 公司必须在两个月内纠正所有已通报的问题

B）对 NET$CO 公司每年进行一次审计，或在发生重大问题后进行审计。审计内容包括与其他服务提供商的协作、端到端交付以及合规性等事项。审计结果将正式报告给服务公司，报告的细节包括对每个不符合项的描述，以及支撑证据和改进建议。服务公司制订行动计划并监测计划的执行情况，确保所有不符合项都得到纠正

C）根据合同中约定的时间表对 OUT$CO 公司进行合规性审计。由独立评估员以 ISO/IEC 20000 作为评估基准开展工作，所有不符合项都做好书面记录，并正式汇报给英国公司的质量经理。OUT$CO 公司负责制订和管理所有的行动计划，并在明确需求后提供额外的培训

D）由服务公司对服务公司和数据公司进行年度内部审计，审计内容包括对书面流程、程序和岗位说明书的遵守情况。有时还须审查是否符合特定的内部或外部监管要求。审计员只有在发现不符合项时才会出具审计报告。由控股公司审查审计报告

37 / 40

SIAMRUS 咨询公司已编制了一份 SIAM 战略报告，以帮助形成 SIAM 商业论证大纲。

报告详细考虑了业务、流程和技术实践。

商业论证大纲中必须包含与 ZYX 相关的哪些人力方面的内容？

A）ZYX 各公司所有员工确切的岗位说明书

B）IT 人员的雇佣法及其工作地点

C）ZYX 集团各公司 IT 人员的性别分布情况

D）激励绩效的风险与奖励方法

38 / 40

在 NEWGEN 项目的规划与构建阶段，ZYX 已确定 NEWBNK 系统的部署将延迟。

NEWBNK 的模式转换将在 SIAM 进入运行与改进阶段后进行。这意味着在新 SIAM 模式下，服务公司在相当长的一段时间内需要保留 BANK$CO 公司来支持 BNK 系统。

哪一项策略有助于最大程度地降低 NEWBNK 转换给其他各方带来的运营风险和成本？

A）应用企业流程框架，并确保合同、流程和工具与该框架保持一致

B）确保所有合同都有退出条款，并针对运营数据进行数据记录治理

C）实施由所有服务提供商共享的通用工具系统，并确保其与端到端流程相一致

D）对所有服务提供商内部运行的流程进行标准化，并确保其与端到端流程相一致

39 / 40

SIAMRUS 公司是服务集成商。

在准备实施 SIAM 之前，为了进行会议室模拟演练，SIAMRUS 创建了一些场景。这些场景围绕服务公司、数据公司、ZYX$DESK 公司、NET$CO 公司、OUT$CO 公司和 PAY$CO 公司提供的服务，以及其他必要的支持服务。为每个单项服务大约创建了 20 个场景。

但是，没有足够时间逐一测试每个流程的所有场景。

为了在可用时间内最大限度地从测试中获益，哪一项是进行模拟测试的最佳做法？

A）从计划中排除 OUT$CO 公司的场景，因为它服务过其他客户，有运用 SIAM 的经验；同时忽略 PAY$CO 公司，因为它的服务并不直接支持核心银行业务

B）优先考虑服务公司、数据公司、ZYX$DESK 公司、NET$CO 公司、OUT$CO 公司和 PAY$CO 公司的场景，确保所有已明确的服务集成场景至少完成一次测试，按业务影响重新确定剩余测试的优先次序

C）将每个场景简化为单独的服务组件，连接起来形成服务。单独测试这些组件，确保测试充分覆盖所有主要服务

D）重新设计场景，重点关注端到端服务，移除 ZYX$DESK 公司从故障记录到服务恢复的所有活动，同时独立测试 ZYX$DESK

40 / 40

在 ZYX 成功实施 SIAM 一年后，服务集成商的问题经理确信问题管理流程没有达到预期的效果。

哪一项是改进问题管理流程的最佳做法？

A）确定所需的变更，并以备忘录的形式将其递交给服务提供商

B）聘请精益顾问审查流程并提出改进建议

C）聘请 ITSM 顾问，根据行业最佳实践彻底重写流程

D）召开跨服务提供商的研讨会，排查流程，确定改进措施

G.3 答案解析

1 / 40

A）错误。该公司是服务消费者，不是服务提供商。因此，SIAM 治理对其影响极小，引入 SIAM 不太可能改变治理模式

B）错误。该公司已经是在服务公司治理之下的服务提供商。因此，该公司习惯于接受外部运营治理

C）错误。该公司主要是服务消费者，只具备少量的服务提供职能，因此 SIAM 治理对其影响较小。只有服务提供这部分职能需要对运营治理进行一些改变

D）正确。该公司目前负责管理外部服务提供商，这部分职责转移给服务集成商，将影响该公司的战略治理模式。该公司还必须遵守新服务集成商的治理要求，因为其将成为 IT 开发、支持和服务台服务的内部服务提供商。因此，该公司将发生战略、战术和运营层面的治理变革（参见本书第 2.3.3 节）

2 / 40

A）错误。CEO 在 ZYX 的级别太高，她在客户组织内，但不在保留职能内。此外，CEO 不太可能有时间履行这一职责，也不太可能具备 IT 治理、服务管理和 IT 运营方面的必要技能

和经验

　　B）正确。CIO 是客户组织中保留职能的高级职位，也会在 IT 治理和风险管理、服务提供商关系建立、IT 运营、大型项目群管理和服务管理方面具备必要的技能和经验（参见本书第 2.3.7.1 节）

　　C）错误。虽然这是一个高级职位，且任职者具有为服务集成商工作的经验，但服务公司将成为新 SIAM 生态系统中的一个新服务提供商，并不是客户保留职能的一部分，而 SIAM 治理领导人最应该来自于客户保留职能。此外，人选出自控股公司是最有可能的，因为控股公司已经设立了采购、合同治理、公司治理和企业战略等保留能力的部门或职能

　　D）错误。虽然服务公司的服务管理与服务台主管具有服务管理方面的经验，但服务公司将成为新 SIAM 生态系统中的一个新服务提供商，并不是客户保留职能的一部分，而 SIAM 治理领导人最应该来自于客户保留职能。此外，人选出自控股公司是最有可能的，因为控股公司已经设立了采购、合同治理、公司治理和企业战略等保留能力的部门或职能

3 / 40

　　A）错误。设计和设定适用于所有服务的标准化绩效指标和目标是不切实际的，由此带来的价值极低。由于服务和服务级别各不相同，用同一套标准衡量和比较未达到的目标是不合适的，必须设计高水平的指标

　　B）错误。虽然应该根据实际服务和合同规定的服务级别设定不同的目标，但设计适用于所有服务的标准化绩效指标是不切实际的，由此带来的价值极低

　　C）错误。虽然对每一类服务的绩效指标进行标准化是有意义的，便于比较类似服务，但目标的设定应取决于实际服务和合同规定的服务级别

　　D）正确。对每一类服务的绩效指标进行标准化是有意义的，便于比较类似服务。但是，服务目标应根据具体服务而定，因为实际目标可能会因服务（例如，新的高弹性服务与存在已知问题的老旧遗留服务）和所采购的服务提供商的服务级别不同而显著不同（参见本书第 2.3.14 节）

4 / 40

　　A）错误。一年前编制的能力组合方案可能已经过时。

　　B）错误。这忽略了对内部提供商的能力评估。交由 SIAMRUS 公司承担该项工作，可能无法满足如此重要活动所要求的独立性

　　C）正确。在确定服务替代范围和服务提供商结构修改需求之前，需要对现状有清晰的了解。应了解内部和外部服务提供商，以及不同服务分组的状况（参见本书第 2.5.6 节）

　　D）错误。评估必须包括所有服务提供商，这种做法遗漏了其中几个，尤其是 BANK$CO 公司

5 / 40

　　A）正确。不久前与 BANK$CO 公司签订了遗留系统的服务合同。在未来 18 个月内，随着服务被 NEWBNK 和 Windows 终端取代，BANK$CO 的收入将持续下降，如果部署按计划进行，

与 BANK$CO 的合同将在 SIAM 模型实施 6 个月后终止。因此，BANK$CO 不太可能只为改变这短短时间内的运营方式而同意进行投资。所以，BANK$CO 将带来最大的挑战。重要的是，在探索与战略阶段，需要了解既有合同状况（包括义务和期限），并考虑每个提供商为什么要同意拟定的变更（参见本书第 2.5.1、2.5.5 和 2.5.6 节）

B）错误。CAD$CO 公司提供成品软件。这类服务提供商对 SIAM 模型的参与度非常有限，仅限于故障信息传递，这不太可能需要对当前合同做大幅变更。因此，该公司不会带来最大的挑战

C）错误。与 FIELD$CO 公司签订的是滚动合同，可提前 1 个月发出终止通知。与该公司签订包含服务集成需求的新合同应该比较简单。如果是因为 FIELD$CO 员工少而难以做到这一点，那么应该可以在 12 个月内用另一家服务提供商提供的服务取代这项商品化服务。OUT$CO 公司已经为英国公司的现场工程师提供了这样的服务

D）错误。与 OUT$CO 公司的合同将终止，服务也将在 SIAM 模型生效的同时被取代，因此 OUT$CO 不会加入 SIAM 生态系统，不需要做任何变更。如果决定续签或延长合同，服务集成要求将被纳入修订后的合同中。与任何替代提供商签订的合同都将包括服务集成要求

6 / 40

A）错误。培训记录会显示进行了哪些培训，但不会显示实际存在哪些能力

B）正确。ZYX 团队或职能中现有的每一项能力都应被识别，然后对应到当前的运营模型中（参见本书第 2.5.4 节）

C）错误。资源改进并不直接展现 ZYX 目前所需要的能力

D）错误。保留组织的发展和培训计划将在评估结果公布后制定

7 / 40

A）错误。在合同续签之前不考虑其他国家的情况，将严重限制 ZYX 的业务拓展计划，而这是 ZYX 战略中的关键因素

B）正确。随着业务拓展到新的地区，SIAM 模型需要符合所在国标准。基于这种现实，需要对扩展到的每个国家对模型的变更需求进行评估（参见本书第 2.5.8 节）

C）错误。由于合规性要求和标准极可能因地而异，因此造成的影响也会不同。业务每拓展到一个国家都需要评估影响，然后进行风险和价值决策

D）错误。影响并不稳定，风险可能非常严重。忽视风险可能会给 ZYX 带来非常不利的后果

8 / 40

A）错误。为了确保 SIAM 模式的灵活性，变革能力会作为 SIAM 战略的一项内容，但组织做好变革准备不是 SIAM 模式转换带来的直接结果

B）错误。SIAM 模式转换无助于控制员工人数

C）正确。ZYX 与多方签订了合同，从案例研究中可以看出存在服务不达标的现象。SIAM 设立了一个服务集成商，负责代表客户管理合同交付，而不是由客户单独管理和评价各个服务

提供商。通过集中管理合同来提高效率是 SIAM 战略力量的一个例子（参见本书第 2.6.2 节）

D）错误。虽然向 SIAM 模式转换能够引入新的服务提供商，但转换本身不会消除对遗留系统的依赖，尤其是在继续沿用同一服务提供商的情况下

9 / 40

A）错误。节约成本是 ZYX 的目标之一，但并非关键成功因素

B）错误。在建立 SIAM 模型期间，应通过选择服务提供商的服务寻求解决这一问题的方法，但这个问题的解决方案并不是关键成功因素

C）正确。有效的 SIAM 模式转换要求认识到 IT 部门在利用技术帮助实现业务目标方面所发挥的作用，IT 部门应成为战略伙伴（参见本书第 2.7.2 节）

D）错误。NEWBNK 应用系统的部署不是 SIAM 模式转换中的一个环节

10 / 40

A）错误。即使 CIO 更适合监督，SIAMRUS 的建议也会更好。没有进行基准技能梳理，无法回答"我们掌握了什么技能"这一问题，有可能会遗漏组织中已经存在但未被使用或维护的技能。从长远来看，这可能比进行基准技能梳理的成本更高

B）错误。角色侧写不应直接照搬自任何标准技能框架，相反，它们应该适应 SIAM 模型。明智的做法是先进行基准技能梳理，避免浪费资源

C）正确。咨询公司正确地指出，基准技能梳理必须在建立角色侧写之前进行。这有助于将 ZYX 内部可用的所有技能纳入新 SIAM 模型中。咨询公司还正确地指出，应参照标准框架，根据所用的特定 SIAM 模型对其进行调整，再形成角色侧写（参见本书第 2.4 节）

D）错误。虽然 SIAMRUS 是正确的，但不存在授权或行政管理权支持该公司必须纠正问题或实施某种行动方案。该公司只负责提供咨询服务

11 / 40

A）正确。将服务公司作为内部服务提供商，是对投资培养 ZYX 员工这一战略的支撑。SIAM 战略绝不应孤立存在，它必须支撑企业战略。应将拟定 SIAM 模型中所设定的未来状态包含于 SIAM 战略之中。这种做法避免了将服务和员工转移到 OUT$CO 公司，否则将会耽误 NEWBNK 系统的部署，并难以实现预期的成本节约。因此，SIAMRUS 必须修改其标准 SIAM 模型以适应 ZYX 的要求（参见本书第 2.6.3 节）

B）错误。服务公司负责 NEWBNK 系统，并为控股公司和德国公司提供服务。将其排除在 SIAM 模型之外是不可行的，因为该公司的服务与其他服务提供商（包括 NET$CO 公司）的服务（包括 SIAMRUS 服务台）有交互

C）错误。根据 SIAM 中的定义，保留职能是指负责战略、架构和业务接洽以及公司治理活动的职能。服务公司提供 IT 服务，因此是服务提供商，不属于保留职能部分

D）错误。虽然这是一个选择，但它会让服务公司的员工分心，从而可能耽误 NEWBNK 系统的部署。这也可能导致关键员工离职，从而进一步危及 NEWBNK 系统的预期收益

12 / 40

A）错误。虽然这可能会得到英国公司的认可，但这项只考虑了英国公司的战略不太可能适用于整个集团

B）正确。通过树立意识并获得利益相关方的支持，可以克服对战略的抵制。英国公司的运营总监是关键的、高职位的利益相关方，由其担任 SIAM 治理领导人，英国公司将负责 SIAM 战略。采用这种做法将确保英国公司的观点在战略中得以考虑，包括其对提议方法的可能反应及其对转换计划的影响。然后在整个项目群全周期过程中和路线图的各个阶段，运营总监将在战略中考虑到英国公司，并会在英国公司内部倡导这一战略。在这种情况下，ZYX 其他公司将不会抗拒（参见本书第 2.6.5 和 2.3.6 节）

C）错误。IT 指导小组是否参与了 SIAM 战略尚不清楚。如果指导小组参与了创建或实施，可能有助于获得支持。但是，让英国公司 IT 人员参与进来，获得支持的可能性较低，而让英国公司高级利益相关方领导战略制定工作，可能更会得到认可

D）错误。英国公司历来对战略的干预不满。要求该公司审查英国公司战略，不太可能让其接受一个自己未参与制定的战略。将战略发送给该公司不如面对面沟通有效

13 / 40

A）正确。这些是商业论证大纲的首要组成部分。启动投资之前，必须了解成本、收益、战略和治理结构顶级框架（参见本书第 2.2.1 和 2.7 节）

B）错误。关键成功因素是商业计划大纲的内容之一，沟通通常是其中一个因素。但更重要的是战略、大纲模型、成本估算、（特别是）预期收益

C）错误。虽然这可能是一个适合于该项目的结构，但这项活动是编制完成商业论证大纲之后的活动

D）错误。虽然这可能是一个适合于该项目的结构，但这项活动是编制完成商业论证大纲之后的活动

14 / 40

A）错误。DESK$CO 公司不提供此类服务

B）错误。DLAN$CO 公司只在德国境内提供服务，这个地区不在其服务区

C）错误。NET$CO 公司可以为该地区提供服务，但成本高于其他服务提供商。另外，该公司还需要与 OUT$CO 公司和服务公司的工具系统进行集成，因此 OUT$CO 是更好的选择

D）正确。OUT$CO 公司是一家拥有 ISO 20000 认证的全球性提供商，局域网支持是一项独立服务，因此该公司可以为该地区提供该服务。由于选定的 SIAM 结构由首要供应商作为服务集成商，OUT$CO 既可以提供局域网支持又可以提供服务集成。OUT$CO 公司的工具系统与服务公司服务台所用的工具系统已经集成，这令后续集成工作变得更加简单（参见本书第 3.1.1.1 节）

15 / 40

A）正确。服务提供商会与所有其他服务提供商以及服务集成商存在运营和职能关系（参

见本书第 3.1.2 节，图 3.4）

B）错误。服务提供商会与客户组织存在合同关系，但不存在职能或运营关系

C）错误。NET$CO 公司还会与桌面支持提供商 DESK$CO 存在职能和运营关系

D）错误。NET$CO 公司还会与数据公司存在职能和运营关系，因为该公司将是 SIAM 模型中的服务提供商，不再是像目前这样的服务公司分包商

16 / 40

A）错误。控股公司不具备成为混合服务集成商所必要的服务集成能力。架构、战略和业务关系管理属于客户组织的保留职能，这个角色适合控股公司

B）正确。这种模型利用了 SIAMRUS 公司的专业知识及其服务集成能力。架构、战略和业务关系管理属于客户组织的保留职能，这个角色适合控股公司（参见本书第 1.6 节）

C）错误。SIAMRUS 公司不是应用系统支持专家，因此其可能会将该服务进行分包，而这违背了 SIAM 原则

D）错误。控股公司不具备必要的服务集成能力

17 / 40

A）正确。由服务集成商根据服务信用机制确定并计算出应付款项。由于合同关系存在于该服务提供商和控股公司之间，只有控股公司可以收取费用（参见本书第 3.1.5 和 5.3.2.2 节）

B）错误。根据服务信用规则确定并计算应付款项是服务集成商的职责

C）错误。虽然控股公司负责收取费用，但根据服务信用规则确定并计算应付款项是服务集成商的职责

D）错误。SIAMRUS 公司与 OUT$CO 公司不存在合同关系，因此 SIAMRUS 公司不能要求 OUT$CO 公司支付费用

18 / 40

A）错误。服务集成商首先需要确认所述指标是否可以且应该成为评价所有服务提供商的指标，以及是否应成为框架的一部分。然后，将指标和相关的目标纳入绩效评价计划

B）错误。在确认指标的可行性之前，不应先确定通用的计算方法。根据德国公司的报告，服务公司的服务目标经常不达标，因此需要对目标的正确性进行调查

C）错误。在没有分析影响的情况下强制采用，可能会导致一些服务提供商无法提供指标，例如商品化和小型服务提供商，还可能导致成本增加或一些服务提供商退出生态系统

D）正确。收集关于上述指标和目标可行性的反馈（包括任何资源或成本的影响）非常重要。结合反馈，围绕影响情况展开讨论，所有服务提供商都需要知情和参与，尤其是在 SIAM 生态系统中交付模式各异的情况下（参见本书第 3.1.6.1 节）

19 / 40

A）正确。最好在 SIAM 生命周期的早期，在问题加剧和变得根深蒂固之前直接解决问题。

让团队一起讨论并了解彼此的观点可能是最成功的方法，尤其是他们均为 ZYX 的成员单位（参见本书第 3.1.7 节）

B）错误。如果最初使用温和的方法并未解决问题，那么在早期阶段上报可能是必要的，但这样做可能会引起团队之间的不满，并且可能不会出现预期的协作行为

C）错误。虽然这样做可以将问题公开化，但在其他服务提供商面前提出，容易造成与服务公司和数据公司的对立，最终可能会适得其反

D）错误。定义和评测有关协作的关键绩效指标充满挑战，这种机械式的方法无法真正解决问题

20 / 40

A）错误。应根据端到端服务、改进和协作情况来评价服务集成商的绩效。服务集成商不应承担个别服务级别不达标的责任，尤其是在它们未参与提供商筛选的情况下

B）错误。应根据端到端服务、改进和协作情况来评价服务集成商的绩效。服务集成商不应承担个别服务级别不达标的责任，尤其是在它们未参与提供商筛选的情况下

C）正确。服务集成商合同的目标应关注整个 SIAM 生态系统的端到端绩效、协作和改进（参见本书第 3.1.2 节）

D）错误。虽然服务集成商可以帮助服务提供商达到服务级别，但这种做法没有考虑服务集成商自身的绩效。此外，这还会造成 OUT$CO 公司未开展具体工作却获得奖励的情况，因为它关注的是单个服务提供商，而不是端到端服务

21 / 40

A）错误。尽管服务提供商遵守共同的规则和治理要求很重要，而且这可能是合同的内容之一，但对于服务集成商与所有服务提供商来说，采用相同的合同结构并不是一个好主意，因为服务集成商具有完全不同的职责。另外，云服务提供商和商品化服务提供商不太可能同意使用标准合同

B）错误。合同类型较少，似乎可以降低复杂性，但这样的合同既要结构统一，又要包含所有完全不同的职责，可能导致非常复杂且难以理解，也可能无法体现出服务集成商所特有的职责。另外，云服务提供商和商品化服务提供商不太可能同意使用标准合同

C）错误。虽然 OUT$CO 公司使用不同的结构是个好主意，但因为其既是服务集成商又是服务提供商，不同的合同结构本身不太可能确保最低价格

D）正确。服务公司 IT 总监的做法是正确的，因为她的建议考虑了完全不同类型的服务提供商，以及 OUT$CO 公司作为服务集成商将承担的职责。如果一个服务提供商同时又提供服务集成能力，那么需要一个与其他服务提供商不同的结构，云服务提供商和商品化服务提供商也是如此。如果有不同类型的服务提供商，最好有几个不同的结构来适应不同的类型（参见本书第 3.1 节）

22 / 40

A）错误。项目人员只是组织变革管理中需要考虑的一个群体。SIAM 模式将对运营中涉

及的所有人员产生影响，所以需要所有人员的支持。客户的积极性不太可能改变服务集成商或服务提供商的态度。内部和外部人员可能需要不同的渠道。此外，组织变革管理活动应由全体相关方完成，而不仅限于服务集成商

　　B）正确。应尽早建立组织变革管理。作为 ADKAR 模型的要素之一，让客户组织、服务集成商和服务提供商的员工认识到变革的必要性，对于成功至关重要。沟通的重要性意味着，应该基于对特定利益相关方群体的态度、角色和需求的分析，对其进行适当规划和定制（参见本书第 3.2 节）

　　C）错误。员工参与的时机并不确定。这个回答仅仅关注 OUT$CO 公司，但应该考虑各公司的员工。仅仅发送邮件是不够的。服务集成商承担促进者的角色，但组织变革管理也应适用于它们

　　D）错误。第一个建议的启动时间过迟，所述活动应在探索与战略阶段尽快开始。第二个建议能起到帮助作用，但忽略了 OUT$CO 公司。沟通渠道是单向的，没有后续行动来确认理解情况，没有就员工关心的任何问题获取反馈。将沟通对象限于高级员工，不太可能成功得到所有员工对变革的支持

23 / 40

　　A）错误。ZYX 应做贡献，但讨论的重点是服务集成商与服务提供商

　　B）错误。服务集成商将主导与服务提供商低级运营接口的讨论

　　C）错误。服务集成商负责指导解决运营细节问题

　　D）正确。成功转换的关键，是新加入的服务提供商要与客户的业务目标和业务关键点保持一致。只有 ZYX 才能够提供此信息，因为其最清楚自身业务目标（参见本书第 3.3.1 节）

24 / 40

　　A）错误。这是一个风险，但是服务提供商发生变化时更换合同是标准做法，因此风险很低。

　　B）错误。虽然这是一个风险，但是良好的组织变革管理可以缓解这种情况，因此不是最大风险。

　　C）正确。在 OUT$CO 公司能够承担全部职责之前，这些员工在提供服务支持和知识转移方面将发挥重要作用。但是，他们面临可能失去工作的风险，积极性和意志会受影响，可能会在交接之前离职。这是最大风险，因为它可能影响当前服务的可用性和 NEWBNK 系统的部署，这将对预期的成本节约战略造成直接影响（参见本书第 3.3.3.4 节）

　　D）错误。9 年前，英国公司的 IT 人员被外包给大型全球服务机构 OUT$CO 公司，因此，OUT$CO 会拥有这方面的流程。虽然存在风险，但作为一家知名的外包公司，OUT$CO 具备成熟的服务承接程序。此外，很多现有员工可能会带着知识转移到 OUT$CO 公司。因此，这一风险将得到缓解，不算最大风险

25 / 40

　　A）错误。这一做法给服务集成商带来了诸多不必要的限制，因为其负责代表客户设计流

330 | 全球数字化环境下的服务集成与管理——SIAM 进阶导论

程和决定所用工具。这并不表明已经与相关方一起分析了现有的选项。另外，各服务提供商尚不知情，因此无法选择一个特定的工具系统

B）错误。在实施阶段才确定工具策略为时已晚。在邀请服务提供商加入 SIAM 生态系统之前，需要做出决策，以便明确它们是否接受对其工具系统进行任何必要的变更。另外，在案例研究中，选定最佳的工具系统还为时过早，因为目前对服务提供商的情况还不完全了解

C）正确。虽然这个方法比较通用，但这是最佳答案。根据实际评估结果、SIAM 模型构成以及所选服务提供商能力的不同，进行决策的很多具体依据都会发生变化。在确定工具策略之前，关键是要明确服务提供商配合对其工具系统进行变更的能力和意愿（参见本书第3.1.8节）

D）错误。如果过早决定使用哪种工具系统，可能会对选择最合适的服务提供商造成限制，因为它们可能无法与该工具系统对接。另外，在案例研究中，要选定最佳的工具系统还为时过早，因为目前对服务提供商的情况还不完全了解

26 / 40

A）错误。在这个阶段，还未制订任何计划对降低大爆炸实施方法伴随的高风险进行分析。在 SIAM 任务中，未看到有时间表信息。ZYX 属于跨国组织，所有服务同时转换将极度复杂。因此，这并不符合董事会的意愿

B）错误。在这个阶段，还未制订任何计划对降低大爆炸实施方法伴随的高风险进行分析。在 SIAM 任务中，未看到有时间表信息。ZYX 属于跨国组织，所有服务同时转换将极度复杂。因此，这并不符合董事会的意愿。如此规模和复杂度的生态系统极不可能在 6 个月内完成转换

C）正确。OUT$CO 公司合同到期，这是确定实施阶段时机的标志性事件。由于 OUT$CO 合同即将终止，英国公司在用服务和服务提供商必须在 12 个月内完成更换。如果这些服务提供商未被纳入 SIAM 模型，服务连续性和可用性将面临高风险。将与新服务提供商签订新合同，合同中将包括 SIAM 模式的要求。由英国公司试点，服务集成商只须关注一家 ZYX 公司，而如果采用大爆炸实施方法，将涉及 ZYX 各公司和所有服务提供商，会给英国公司的业务带来更高风险，因为在这种情况下项目资源和服务集成商需要关注的将不仅仅是英国公司（参见本书第 4.1.1.1 节）

D）错误。在案例研究中，没有任何内容表明内部提供服务的问题在于缺乏服务集成，因此服务公司进行模式转换不是当务之急。但是，由于 OUT$CO 合同在 8 个月后到期，将其替代服务纳入模型中的时间比较紧迫。如果在这种情况下重点考虑数据公司和服务公司的模式转换，那么将造成整个 SIAM 转换项目的风险

27 / 40

A）错误。分期方法可能成本更高，但实施活动可以尽可能围绕财务周期和预算分步进行

B）错误。如果涉及多个部门，分期实施更可取，可以降低每个部门的风险

C）正确。整合工作实践是分期转换中最困难的一个环节。如果新的工作方式是分散实施的，则需要考虑新旧两种方式如何协同以及持续多长时间（参见本书第 4.1.3 节）

D）错误。对于 ZYX，分期实施是最安全的方法，对服务的影响较小，与合同终止时间同步衔接，同时又能够首先引入服务集成商，开展 SIAM 模式试点

28 / 40

A）错误。必须在每个服务提供商加入生态系统后立即进行集成

B）正确。理想情况下，应定义完整的 SIAM 模型，先引进服务集成商，再引进服务提供商（参见本书第 4.2 节）

C）错误。服务集成商应尽可能在引进服务提供商之前参与进来。另外，一家公司作为服务提供商绩效良好，并不意味着它拥有成为一个成功的服务集成商的技术和能力

D）错误。这种方法未考虑保留现任服务提供商的情况

29 / 40

A）错误。新服务提供商将需要为服务范围内每个流程编制新的文档，并了解关键的交接项目。但是，由于不会将 MOB$CO 公司纳入新 SIAM 模型，因此了解 MOB$CO 的流程交互毫无益处

B）正确。运营交接要求新服务提供商去了解业务和需求状况。了解用户期望有助于OUT$CO 公司为提供服务做好准备。如果 MOB$CO 公司不配合，这会是最佳行动方案（参见本书第 4.2.1.1 节）

C）错误。这些信息的作用有限，因为 MOB$CO 公司只向德国公司和英国公司提供桌面支持。了解 ZYX 各公司的需求更有价值。历史信息的作用也可能有限

D）错误。流程论坛主要面向新服务提供商。此外，鉴于这种情况，MOB$CO 公司不太可能愿意与其他服务提供商进行会谈

30 / 40

A）正确。应建立一个监测体系，监测态度变化指标，审查流程结果是否成功（参见本书第 4.3.3 节）

B）错误。虽然这可以监测在整个 ZYX 推广使用精益和敏捷方法的目标是否成功，但这种做法没有涉及对新结构的任何了解，也没有涉及作为 SIAM 服务提供商进行运营所需的行为变化

C）错误。这项举措可以展现英国公司主要利益相关方对 IT 指导小组的态度变化，但是在案例研究或本问题中没有任何内容表明 IT 指导小组在 SIAM 生态系统中的作用。此外，出席情况并不能评测对新组织结构的认知，也不能评测受影响的员工在其中发挥的作用

D）错误。这种做法无法评测宣传活动是否达到了预期效果

31 / 40

A）错误。这种做法会带给 OUT$CO 公司超越其他潜在服务提供商的不公平优势，不太可能符合治理要求

B）正确。OUT$CO 公司是当前重要的利益相关方，可能有兴趣竞标加入新的 SIAM 模式。定期沟通有助于建立和维持良好的利益相关方关系，从而激励 OUT$CO 提供优质服务，直到当前合同结束（参见本书第 4.3.1 节）

C）错误。虽然继续与即将退出的服务提供商召开服务审查会议是一种常见做法，但这种做法对解决 OUT$CO 公司的态度问题毫无帮助

D）错误。OUT$CO 公司极有可能在规定的终止通知日期之前发现 ZYX 在向 SIAM 模式转换。晚于预期时间、延迟通知该公司合同将终止，这可能会让该公司认为，ZYX 并不希望它竞标成为新 SIAM 模式下的服务提供商。这样会打击 OUT$CO 公司的积极性，有可能导致其服务质量下滑

32 / 40

A）错误。战术治理委员会的职责不包括调查服务问题。这项工作由服务集成商推动工作组进行

B）正确。流程论坛负责确定涉及多方的流程改进工作。流程论坛的成员由服务集成商和服务提供商（包括服务公司）的代表组成。服务公司 Scrum 团队将带来敏捷技术方面的专业技能（例如敏捷回顾），流程论坛可利用这些专业技能来确定需要改进的领域。若解决运营问题需要资金，则首先向运营治理委员会提交申请（参见本书第 5.1 节）

C）错误。涉及多个服务提供商的流程改进工作由流程论坛而非工作组负责。战术委员会由服务集成商和服务提供商的代表组成，客户不参加，因此控股公司并不会在其中担当任何角色

D）错误。这与引入 SIAM 方法论之前 ZYX 的运营方式有关。服务公司现在是服务提供商，不应直接上报给客户。控股公司是客户，不应直接与服务提供商合作。这两个事项都属于服务集成商的职责

33 / 40

A）正确。这是会影响项目整体范围的高级别战略问题（参见本书第 5.1.1 节）

B）错误。此类低级别行动不属于执行指导委员会的职责范围

C）错误。这是一个需要解决的问题，但也是一个当前的运营问题，需要在较低层面上解决，也不是 SIAM 项目所特有的问题

D）错误。这属于运营问题，应在较低层面上解决

34 / 40

A）错误。召集工作组调查特定问题是服务集成商的职责

B）错误。尽管补偿用户是个好办法，但 NET$CO 公司与用户不存在合同关系，因此 NET$CO 无法直接补偿 NEWBNK 的用户。与 ZYX 具有合同关系的是银行。在 SIAM 模式中，接收和调查对服务提供商的投诉是服务集成商的职责。在本例中，服务公司应向 OUT$CO 公司投诉，而不是直接向 NET$CO 公司投诉

C）正确。在本例中，未达目标的原因属于服务提供商无法控制的情况。受到影响的服务提供商是服务公司，其应向服务集成商 OUT$CO 提供全面的信息，以便服务集成商能够与 NET$CO 公司展开调查。如果服务中断的原因经确认属于 NET$CO 公司而非服务公司的责任，OUT$CO 公司可以允许服务公司删除服务报告中的故障问题。在这种情况下，服务集成商应

在其端到端服务报告中包括端到端服务的中断和可用性描述（参见本书第 5.3.1.2 节）

　　D）错误。在服务集成商接受任何免责请求之前，无论服务中断的责任方是谁，服务提供商都必须真实汇报其服务可用性。在本例中，服务可用性低于 100%，服务公司需要提出正式的免责请求，而不仅仅是在报告中提及服务中断

35 / 40

　　A）错误。服务提供商之间需要建立运营层面而非战略层面的关系。应首先尝试在运营层面解决问题，如果在此时将问题上报到高层，更有可能加剧局势紧张，尽管这是问题继续存在时的必要做法

　　B）错误。更多面对面的交流会增加服务提供商之间的信任。不见面无助于改善合作

　　C）错误。厘清合同责任无助于服务提供商之间协同工作

　　D）正确。让个体在服务集成商的推动下一起工作，将有助于建立个体乃至组织之间的信任。从单个服务提供商的目标转向端到端评价目标，将有助于消除竞争感，并建立信任和合作（参见本书第 5.3 节）。

36 / 40

　　A）错误。审计可以在重大问题发生后进行，但也应该按计划定期进行。是否合规只是审计事项之一，对于 SIAM，需要额外强调针对生态系统中的协作和端到端服务提供情况的审计

　　B）正确。这种审计方法中包含了很多针对 SIAM 生态系统审计的建议项，包括协作、端到端交付、含有不合规事项的正式报告，以及行动计划管理。尽管以往是控股公司接收报告并监测行动计划，但这很容易调整为由 SIAMRUS 公司作为服务集成商来代表客户行事（参见本书第 5.4.1、3.1.4 和 2.3.12 节）

　　C）错误。这种方法的主要问题是，ISO/IEC 20000 不涉及 SIAM 对有效协作和集成的关键要求，因此无法作为开发 SIAM 审计方法的最佳基准

　　D）错误。这种方法的范围不包含 SIAM 中的特定目标，仅在发现不符合项时才会出具报告

37 / 40

　　A）错误。这个问题需要在规划与构建阶段解决，但并非商业论证大纲的必要内容

　　B）正确。各国雇佣法将影响因实施 SIAM 而导致的员工重组成本，成本估计需要列入商业论证大纲。这种冲击也可能影响 SIAM 模型的设计（参见本书第 2.8.1 节）

　　C）错误。尽管从人力资源的角度来看，这一项可能重要，但它与商业论证大纲没有任何关联

　　D）错误。这个问题需要在规划与构建阶段考虑，但与商业论证大纲没有关联

38 / 40

　　A）正确。应用企业流程框架可进行因素调整，有助于避免某个服务提供商的变化影响其他服务提供商。其中包括流程接口和流程交互的标准化，这能够降低因某一方（或其分包商）

的运营风险和转换成本带给其他方的关联风险（参见本书第 3.5 节和图 3.12）

B）错误。这种做法有助于降低风险，但其本身并不完整，而且这种做法是包含于企业流程框架的全面实施中的

C）错误。通用工具系统自身不足以降低转换风险。这种方法用于实现自动化流程交互，但不实现所有交互

D）错误。服务提供商运行的流程不在 SIAM 的范围内。SIAM 确保端到端流程运转到位，服务提供商与其他各方之间的流程交互被记录，而且在理想情况下这些交互是标准化的

39 / 40

A）错误。会议室模拟测试的本质是确保流程流正确、服务集成正确。将部分服务或服务提供商排除在场景外违背了该原则

B）正确。会议室模拟的关键目标是测试服务组件与流程的集成，完整展现一个准备就绪的端到端视图。这项答案确保了每一项集成都至少完成一次测试，然后将重心转移到剩余测试中的那些影响最大者，确保其被优先考虑（参见本书第 4.4.1.1 节）

C）错误。这些是证明每个服务组件正确性的基本测试。这种做法并未测试服务是否通过流程实现了集成

D）错误。服务提供的一项关键内容是服务台，因为它是用户与服务提供商的主要交互点。服务台相关流程在支持实时服务方面起着至关重要的作用，因此必须包括在端到端测试中

40 / 40

A）错误。这种做法缺少流程中其他用户的反馈，因此可能无法涵盖所有可能的改进措施。此外，如果强制实施变更，问题经理可能会面临服务提供商的抗拒

B）错误。尽管精益技术可能有用，但这种做法不涉及任何现有服务提供商，因此不会获得对变更的必要支持

C）错误。这种做法无法受益于流程实际用户的任何经验，而且可能会产生比当前流程更多的问题

D）正确。流程运营方通常最清楚当前故障，因此最适合提出改进建议。所有服务提供商的共同参与可以确保获得对所建议变更的支持（参见本书第 5.7.1.5 节）

G.4 参考答案

表 G.1 为本套样题的正确答案，供参考使用。

表 G.1 样题答案

问题	答案	问题	答案
1	D	21	D
2	B	22	B
3	D	23	D
4	C	24	C
5	A	25	C
6	B	26	C
7	B	27	C
8	C	28	B
9	C	29	B
10	C	30	A
11	A	31	B
12	B	32	B
13	A	33	A
14	D	34	C
15	A	35	D
16	B	36	B
17	A	37	B
18	D	38	A
19	A	39	B
20	C	40	D